现代中兽医方剂辨证应用及解析

范开　赵学思　刘明江　主编

化学工业出版社
·北京·

图书在版编目（CIP）数据

现代中兽医方剂辨证应用及解析 / 范开，赵学思，刘明江主编. -- 北京 ：化学工业出版社，2025. 3.
ISBN 978-7-122-47237-3

Ⅰ. S853.9

中国国家版本馆 CIP 数据核字第 20256ZT899 号

责任编辑：邵桂林　曹家鸿　　　　　装帧设计：关　飞
责任校对：王　静

出版发行：化学工业出版社
（北京市东城区青年湖南街 13 号　邮政编码 100011）
印　　装：河北鑫兆源印刷有限公司
787mm×1092mm　1/16　印张 22½　字数 543 千字
2025 年 5 月北京第 1 版第 1 次印刷

购书咨询：010-64518888　　　　　售后服务：010-64518899
网　　址：http://www.cip.com.cn
凡购买本书，如有缺损质量问题，本社销售中心负责调换。

定　　价：98.00 元

编写人员名单

主编

范　开　赵学思　刘明江

其他参编

刘嘉怡　陈建辉　万　天　陈慧敏
韩诗童　陈一帆　毕家琛　胡重重
于凯蓝　吴　磊

前言

中兽医学是我国传统兽医学，中药是中兽医学治疗疾病的重要手段之一。中药多以方剂的形式使用，通过药物配伍而加强功效、制约不良反应。本书在精选兽医临床常见方剂的基础上，着重于对方剂功能和作用的介绍、方剂中药物配伍意义的解析，以及方剂的辨证应用和加减化裁方法。书中内容包括中兽医和中医的传统方剂，以及近年来新提出的中成药方剂。

全书分 18 章。第一章为总论部分，概括阐述了中兽医治疗中辩证立法、依法立方的原则和方剂的理法要点。在其后的各论部分，首先介绍具有中兽医学特色的“中兽医十大名方”。各方历史悠久、法则清晰、组方严谨、疗效确切，有助于初学者更好地理解中兽医方剂的特点；之后各章，按功效不同分别介绍解表及和解方剂、清热方剂、通泄方剂、止咳化痰平喘方剂、理气方剂、理血方剂、温里方剂、祛湿方剂、补养方剂、收涩方剂、防治瘟疫方剂、畜产质量促进方剂、安神开窍方剂、治风方剂、外用方剂、驱虫方剂。各论共 17 章，共列方剂条目 343 首。

在对每个方剂的具体描述中，本书分别列出了方剂的源流出处、组成及用法、功能主治、方义解析、临证应用、加减化裁、注意事项等项目。在方义解析部分，主要按君、臣、佐、使的原则对全方的配伍意义进行了分析，对部分方剂从现代研究的角度简要解释了其作用机理。中兽医方药治疗，贵在不拘一格、随证应变。本书在临证应用和加减化裁部分，对方剂在不同病情的辨证使用和随证加减的方法作了介绍，并列举了部分典型病例和原方加减产生的衍生方。

中兽医学是中医学的分支，很多中兽医临床常用方剂也是中医的经典方剂。本书所列方剂中，既有来源于中医的传统方剂，也有中兽医独有的方剂。对最初来源于中医的方剂，书中首先标明了人的用量、用法，再说明在动物使用时的方法。在大部分方剂的组成介绍中，本书以现代计量单位明确了每味药物的用量；对部分来源于古代典籍的方剂，一方面沿用了各药物古代用量及计量单位，另一方面也在括号中标明其相应的现代常用量；读者也可根据总论附录中提供的不同朝代计量单位换算关系，计算该方古代用量对应的现代剂量。

近 20 年来，伴侣动物诊疗行业对中兽医学知识的需求增长较快。中药方剂在伴侣动物临床诊疗工作中显示出良好的疗效。本书所列方剂条目中，近半数与犬、猫等伴侣动物诊疗有关，其内容均来源于作者的临床经验，所述及相关病情均为真实案例，可作为伴侣动物中兽医诊疗的借鉴资料。

另外，由于近年来中药的市场价格波动较大，很多传统方剂变得不再廉价，导致其临床应用受到一定的限制，但这并不影响其组方原则对相应病机、药效的提示意义。这些方剂仍是我们学习中兽医学知识的重要途径，指导我们加深对疾病本质的理解，启发我们扩展治疗的思路。

中兽医学的理论与实践源远流长、内容繁多，一时间难以全面掌握。但是，如能在领会中兽医学理论内涵的基础上，精通数个常见方剂的临床运用，并在诊疗中灵活变通，就可以解决很多实际问题。希望本书能为广大临床兽医、养殖业工作者，以及各界有志于中兽医研究的同仁提供参考，对中兽医方剂学的拓展和创新起到积极的作用。

我们谨以本书纪念中兽医学前辈张克家先生。

编　者

2024 年 12 月

目录

第一章　总论　/ 001

第一节　中兽医的治疗原则　/ 001
一、治病求本　/ 001
二、标本缓急　/ 001
三、虚实补泻　/ 002
四、正治反治　/ 002
第二节　中兽医的治法　/ 002
一、汗法　/ 002
二、下法　/ 002
三、吐法　/ 003
四、和法　/ 003
五、温法　/ 003
六、清法　/ 003
七、补法　/ 003
八、消法　/ 004
第三节　辨证立法、依法立方　/ 004
一、辨证论治　/ 004
二、立法与组方　/ 004
第四节　配伍的原则　/ 005
一、相须性配伍　/ 006
二、相使性配伍　/ 006
三、相制性配伍　/ 006
四、配伍禁忌　/ 007
第五节　方剂的剂型　/ 007
一、散剂　/ 007
二、汤剂　/ 008
三、丸剂　/ 008
四、新剂型　/ 008
第六节　成方的变化　/ 009
一、药味加减的变化　/ 009
二、药量加减的变化　/ 009
三、剂型的变化　/ 009
第七节　方剂的拓展与创新　/ 009
一、研究内容方面　/ 009
二、研究方法方面　/ 010
三、加强对传统理论的验证　/ 010
四、注意及时调整研究方向　/ 011
五、剂型与给药途径的改进　/ 011
附 1　古方药量换算　/ 011
附 2　不同年龄、不同种类动物用药剂量比例　/ 012

第二章　中兽医十大名方　/ 014

第一节　概述　/ 014
第二节　十大名方　/ 014
三圣散　/ 014
无失丹　/ 016
乌梅散　/ 017
归芪益母汤　/ 018
郁金散　/ 019
定痛散　/ 020
通肠芍药汤　/ 021
消黄散　/ 022
清肺散　/ 024
猪苓散　/ 025

第三章　解表方剂与和解方剂　/ 027

第一节　概述　/ 027
一、解表方剂　/ 027
二、和解方剂　/ 027
第二节　常用解表方剂　/ 028
麻黄汤　/ 028
桂枝汤　/ 030
发表汤　/ 032
感冒清热颗粒　/ 033
风寒感冒颗粒　/ 034
小青龙汤　/ 035
九味羌活颗粒　/ 036
发汗散　/ 037
败毒散　/ 038
参苏丸　/ 039
鼻通丸　/ 040
银翘散　/ 041
桑菊饮　/ 042
桑杏汤　/ 043
杏苏散　/ 044
麻杏甘石汤　/ 045
清解汤　/ 046
葛根芩连汤　/ 048
第三节　常用和解方剂　/ 048
小柴胡汤　/ 048
旋覆代赭汤　/ 050
四逆散　/ 051
逍遥散　/ 052
半夏泻心汤　/ 053
白术芍药散　/ 054
防风通圣散　/ 055

第四章　清热方剂　/ 057

第一节　概述　/ 057
一、常用的清热剂种类及其适应证　/ 057
二、清热剂的药理作用　/ 059
三、清热剂应用中的注意事项　/ 060
第二节　清气分热方剂　/ 060
白虎汤　/ 060
栀连二石汤　/ 063
仙露汤　/ 064
蒲公英汤　/ 064
三石汤　/ 065
第三节　清热解毒方剂　/ 066
黄连解毒汤　/ 066
仙方活命饮　/ 067
五味消毒饮　/ 068
降气散　/ 069
牛黄解毒片（丸、胶囊、软胶囊）　/ 070
五福化毒丸　/ 070
第四节　清营凉血方剂　/ 071
清营汤　/ 071
犀角地黄汤　/ 072
第五节　清脏腑热方剂　/ 074
洗心散　/ 074
泻心汤　/ 074
导赤散　/ 075
紫雪丹　/ 076
清开灵口服液　/ 077
泻黄散　/ 079
玉女煎　/ 080
郁金散　/ 081
白头翁汤　/ 082
泻白散　/ 083
千金苇茎汤　/ 084
鱼腥草注射液　/ 085
双黄连口服液　/ 086
升降散　/ 087
茵栀黄口服液　/ 090
开光复明丸　/ 091
黄连羊肝丸　/ 092
耳聋丸　/ 093
第六节　清热祛暑方剂　/ 094
天水散　/ 094

香薷散 / 095
清暑香薷饮 / 096
第七节　清虚热方剂 / 097
青蒿鳖甲汤 / 097
竹叶石膏汤 / 098
黄连阿胶汤 / 099

第五章　通泄方剂 / 100

第一节　概述 / 100
一、泻下方剂 / 100
二、消导方剂 / 101
三、通腑降浊方剂 / 101
四、临证注意事项 / 101
第二节　峻下方剂 / 102
大承气汤 / 102
猪膏散 / 104
凉膈散 / 105
大黄附子汤 / 106
第三节　缓下方剂 / 107
通关散 / 107
麻子仁丸 / 108
麻仁润肠丸 / 109
当归苁蓉汤 / 110
第四节　逐水剂 / 111
十枣汤 / 111
第五节　攻补养施方剂 / 112
黄龙汤 / 112
增液承气汤 / 113
第六节　消导方剂 / 114
曲蘖散 / 114
和胃消食汤 / 115
消食散 / 116
消滞汤 / 117
保和丸 / 118
加味保和丸 / 119
枳术丸 / 120
木香槟榔丸 / 121
香砂养胃丸（浓缩丸） / 121
第七节　通腑降浊方剂 / 122
尿毒清颗粒 / 122
肾衰宁胶囊 / 123

第六章　止咳化痰平喘方剂 / 125

第一节　概述 / 125
第二节　止咳化痰平喘剂代表方剂 / 126
二陈汤 / 126
理痰汤 / 127
半夏散 / 128
止嗽散 / 129
白矾散 / 131
款冬花散 / 132
理肺散 / 133
贝母散 / 134
百合固金汤 / 134
贝母瓜蒌散 / 135
辛夷散 / 136
百合散 / 137
三子养亲汤 / 138
通宣理肺丸 / 139
止咳橘红丸 / 140
养阴清肺丸 / 141
川贝枇杷露 / 142
清金解毒汤 / 142
清凉华盖饮 / 143
金水六君煎 / 144

第七章　理气方剂 / 146

第一节　概述 / 146
第二节　常用理气方剂 / 147
一味莱菔子汤 / 147
越鞠丸 / 147
左金丸 / 148
橘皮散 / 149

醋香附汤 / 150
枳壳散 / 151
丁香散 / 151
三子下气汤 / 153
四磨汤口服液 / 154
沉香舒气丸 / 155
舒肝和胃丸 / 156
小金丸 / 156

第八章　理血方剂 / 158

第一节　概述 / 158
第二节　活血祛瘀剂 / 158
当归乳没汤 / 159
血府逐瘀汤 / 159
当归散 / 161
生化汤 / 162
五灵脂散 / 163
三七伤药片 / 163
大活络丸 / 164
回生第一散 / 166
接骨七厘散 / 167
活血止痛胶囊 / 168
桃红四物汤 / 169
五加化生胶囊 / 169
大黄䗪虫丸 / 170
养血荣筋丸 / 171
理冲汤 / 172
消乳汤 / 173
舒心降脂片 / 173
第三节　止血方剂 / 174
十黑散 / 175
秦艽散 / 176
槐花散 / 176
黄土汤 / 177
仙鹤草散 / 179
云南白药 / 179
补络补管汤 / 180

第九章　温里方剂 / 181

第一节　概述 / 181
第二节　回阳救逆方剂 / 181
四逆汤 / 181
参附汤 / 183
真武汤 / 184
麻黄附子细辛汤 / 185
第三节　温里除寒方剂 / 186
桂心散 / 186
理中丸 / 187
茴香散 / 188
小建中汤 / 189
第四节　温经散寒方剂 / 190
当归四逆汤 / 190
阳和汤 / 191

第十章　祛湿方剂 / 193

第一节　概述 / 193
第二节　芳香化湿方剂 / 194
藿香正气散 / 194
平胃散 / 195
三仁汤 / 197
枫蓼肠胃康片 / 198
第三节　清热祛湿方剂 / 199
茵陈蒿汤 / 199
八正散 / 201
龙胆泻肝汤 / 202
滑石散 / 204
苍术散 / 205
四妙丸 / 206
甘露消毒饮/丸 / 207
砂淋丸 / 207
清肾汤 / 208
天水涤肠汤 / 208
三金片 / 209
皮肤病血毒丸 / 210

第四节　利水渗湿方剂 / 211
五苓散 / 211
猪苓汤 / 212
五皮散 / 213
萆薢分清饮 / 215
宣阳汤 / 216
济阴汤 / 216
第五节　祛风胜湿方剂 / 217
防风散 / 217
蠲痹汤 / 218
独活寄生汤 / 219
健运汤 / 220

第十一章　补养方剂 / 221

第一节　概述 / 221
第二节　常用补养方剂 / 222
四君子汤 / 222
参苓白术散 / 224
补中益气汤 / 225
益气黄芪散 / 226
内托生肌散 / 227
扶中汤 / 228
十全育真汤 / 228
来复汤 / 229
生脉饮 / 230
四物汤 / 231
当归补血汤 / 233
归脾汤 / 234
人参归脾丸 / 235
人参健脾丸 / 236
复脉汤 / 237
六味地黄丸 / 238
二至丸 / 239
玉液汤 / 240
知母散 / 241
增液汤 / 241
肾气丸 / 242
荜澄茄散 / 243
壮阳散 / 244
七补散 / 246
白术散 / 247
催情散 / 249
滋乳汤 / 251
石斛夜光丸 / 252
琥珀还睛丸 / 252
壮骨关节丸 / 253

第十二章　收涩方剂 / 255

第一节　概述 / 255
第二节　固表止汗方剂 / 255
牡蛎散 / 256
玉屏风散 / 257
当归六黄汤 / 258
第三节　涩肠固脱方剂 / 259
乌梅散 / 259
真人养脏汤 / 260
桃花汤 / 261
四神丸 / 262
第四节　涩精止遗方剂 / 263
金锁固精丸 / 263
缩泉丸 / 264
第五节　敛肺止咳方剂 / 265
九仙散 / 265

第十三章　安神开窍方剂 / 267

第一节　概述 / 267
第二节　常用安神方剂 / 268
朱砂散 / 268
朱砂安神丸 / 269
镇心散 / 270
天王补心丹 / 272
镇痫散 / 273
医痫丸 / 274

芍药甘草汤 / 275
甘麦大枣汤 / 276
第三节　常用开窍方剂 / 277
苏合香丸 / 277
十香返生丸 / 278
复方丹参滴丸 / 279
人丹 / 280
十滴水 / 281

第十四章　治风方剂 / 283

第一节　概述 / 283
一、平熄内风剂 / 283
二、疏散外风剂 / 283
第二节　常用治风方剂 / 284
镇肝熄风汤 / 284
镇风汤 / 285
牵正散 / 286
消风散 / 287
千金散 / 288
秦艽散 / 290
胆南星散 / 291
羚羊钩藤汤 / 292
八宝惊风散 / 293
琥珀抱龙丸 / 295
拨云退翳丸 / 295

第十五章　外用方剂 / 297

第一节　概述 / 297
一、外用方剂的主要适应症 / 297
二、外用方剂使用注意事项 / 298
第二节　常见外用方剂 / 298
桃花散 / 298
生肌散 / 299
冰硼散 / 300
青黛散 / 300
锡类散 / 301
如意金黄散 / 301
雄黄散 / 302
九一丹 / 303
砒枣散 / 304
姜矾散 / 305
烫火散 / 306
五虎丹 / 306
防风汤 / 307
吹鼻散 / 308
十滴水 / 309
紫金锭 / 310
皮肤康洗剂 / 311

第十六章　驱虫方剂 / 312

第一节　概述 / 312
第二节　常用驱虫方剂 / 312
化虫丸 / 312
贯众散 / 313
肝蛭散 / 314
君子仁散 / 314
搽疥方 / 315
灭弓汤 / 316
槟榔南瓜子方 / 316
乌梅丸 / 317

第十七章　防治瘟疫方剂 / 319

第一节　概述 / 319
第二节　防治瘟疫代表方剂 / 320
太平散 / 320
矾雄散 / 320
二花二黄散 / 321
四味麦 / 321
大黄饵 / 322
三黄粉 / 322
大蒜饵 / 322
大蒜浸液 / 323

乌蔹莓煎 / 323
苦参煎 / 323
五倍子煎 / 323
十神散 / 324
感冒汤 / 324
复方柴胡注射液 / 325
抗菌灵注射液 / 325
嵌药 / 326
阿石枣汤 / 326
三石散 / 327
大青解毒散 / 327
白花蛇舌草散 / 327
穿心莲片 / 328
穿心莲散 / 328
禽康灵 / 328
金蒲散 / 328
通鼻散 / 329
喉炎净散 / 329
扶正解毒散 / 329
复方黄芪饮 / 329
银翘参芪饮 / 330
定喘汤 / 330
镇喘散 / 330
银翘蓝根煎 / 331
参芪蓝根煎 / 331
喘咳清 / 331
鱼腥草散 / 331
三黄汤 / 332
四黄药谷 / 332
鸡痢灵 / 333
四味穿心莲散 / 333
雏痢净 / 333
三白散 / 333
制痢散 / 334
四二三合剂 / 334
蓼马汤 / 334
鱼鳅串合剂 / 334
板蓝根汤 / 335

第十八章　畜产质量促进方剂 / 336

第一节　概述 / 336
一、促进动物产品产量方剂 / 336
二、改善动物产品品质方剂 / 336
第二节　常用畜产品质量促进方剂 / 337
艾叶散 / 337
降脂增蛋散 / 337
增重散 / 338
肥鸡散 / 338
味香肥鸡散 / 339
健鸡散 / 339
雄黄散 / 339
五味胡椒散 / 339
激蛋散 / 340
蛋鸡宝 / 340
蒜糖液 / 340
八味促卵散 / 341
蛋黄增色剂 / 341
鸡宝康 / 341
龙胆保健砂 / 342
十味育雏散 / 342
梅花鹿增茸添加剂 / 343
鱼宝 / 343
改善鱼肉风味饵 / 344
杜仲饵 / 344
虾蟹脱壳促长散 / 344
当归液 / 345

参考文献 / 346

第一章 总论

方剂，是理、法、方、药中的一个重要环节，是中兽医治疗的基础之一。方剂必须在辨证立法的基础上才能恰当运用，所以首先要明确“方”与“法”之间的关系。

第一节　中兽医的治疗原则

在四诊合参、全面收集临床资料的基础上，对疾病综合分析和判断，提出临证治疗应遵循的规律，是各种证候具体治疗方法的指导原则。中兽医学的治疗原则包括治病求本、分清标本缓急、注意虚实补泻、正治与反治等，对于指导临床具体立法和组方用药有重要意义。

一、治病求本

所谓本，就是疾病发生和发展的病因病机。从病因方面来看，最主要可分为外感和内伤两大类。外感病是因自然界六淫病邪侵入动物机体后所致经络、脏腑或卫气营血的不同病理变化，所以外感病初期应以“祛邪”为治病之本；内伤杂病的病因，则多系对机体功能的不恰当使用所致脏腑失调，故杂病应以恢复或重建脏腑的正常功能为治病之本。所谓病机，就是疾病发生、发展的逻辑关系。分析病机，就是全面审查疾病过程中各阶段变化、描绘出疾病发展主要道理的过程。而所谓辨证，是对疾病某一个阶段的核心矛盾的简要总结，辨出的证型名称，是对某一阶段病机的简化称谓。所以，病因病机是辨证论治的本质所在，是诊断治疗的依据。同一病因作用在不同机体，可以引起不同的表现，但只要根本的病机一致，那么治疗原则就相同。

二、标本缓急

从根本上讲，疾病的症状表现为标，病因病机为本。机体的各种症状，如发热、咳嗽、呕吐、泄泻、昏迷等，多具有明确的自我保护意义，是正气的体现；但症状同时也会消耗机体资源，如果症状过激，引起新的紊乱，则成为邪气。当疾病症状处于一定的可控范围时，可以主要针对病机来治本；但当疾病的症状过激而容易造成危险时，就必须及时控制症状。此谓“急则治标，缓则治本”。

另外，在不同的书籍中，“标、本”的含义常随应用的场合不同而异。从正邪来分，当以正气为本，病邪为标，治当分辨正邪之盛衰，或祛邪安正，或扶正祛邪，或祛邪与扶正同用；从受邪先后看，则先受邪为本，后受邪为标，治法以祛邪为主；从新病旧病来分，则新病为标，旧病为本，一般是先治新病，后治旧病，以免新病发展再影响旧病，使病情更为复杂；从内外来分，以外为标，内为本，外感病邪在浅表为轻，明显引动里邪（有称“入里”）为重。分清标本，目的是从复杂病情中辨明证候的主次先后，为立法用方找出明确目标。

三、虚实补泻

“邪气盛则实，精气夺则虚”“实则泻之，虚则补之”。这是虚症和实证的概念和治疗原则。这一原则在运用时应密切联系标本缓急。一般，正为本，邪为标，正虚用补，邪实用攻，虚实并见，则攻补兼施。立法用方应很好地掌握虚实补泻。

四、正治反治

正治，指逆着疾病症象治疗，如见烧退烧，见泻止泻；反治指顺着疾病症象治疗。但反治并非单纯促进症状表现，而是要充分发挥症状的自我保护意义，提高症状的修复效率，从而缩短病程，反倒可节约机体资源。

第二节　中兽医的治法

中医和中兽医的方药内治疗法主要分为汗、下、吐、和、温、清、补、消八大法。

一、汗法

汗法是通过开泄腠理，调和营卫，发汗祛邪的治疗方法。《素明·阴阳应象大论》曰：“其在皮者，汗而发之”。这是汗法的应用原则。汗法具有解表、透疹、退肿等作用。对于外感六淫之邪的表证，欲驱邪外达，应用汗法。所谓腠理，可理解为机体浅表微循环，而对汗法则可理解为开张浅表微循环的方法。在人、马等有汗动物，汗是机体浅表微循环开张程度的标志——机体有内热，浅表微循环又处于开张状态，即会有汗。所以，虽然大多数动物的汗腺并不发达，但同样可以采用汗法改善因浅表微循环不足造成的问题。

由于病性的寒热，邪气的兼夹，体质的强弱，汗法又有辛温、辛凉的分类。另外，熏蒸、药浴等外治法，亦均可起到与汗法相似的作用。

二、下法

下法是涤荡肠胃、泻下大便、逐邪下出的治疗方法，具有排出燥结，涤荡邪热，逐水，攻下宿食、痰结、虫积等作用，不仅可以用来排出肠道内积存的外物，也可以通过刺激肠道的分泌排出体内已有的废物。凡邪在肠胃，燥屎内结，痰湿、邪热内蕴等邪盛而正气尚不虚的情况，可酌情使用。但由于病性的寒热，正气的虑实，病邪的兼杂，因此下法又分寒下、温下、缓下、逐水，以及攻补兼施等与其他治法的配合运用。广义来说，通腑降浊、排出体内代谢废物的方法也属于下法。

三、吐法

吐法是运用具有催吐作用的方药，引起呕吐，从而解除疾病的治疗方法。吐法的作用，能使停留于咽喉、胸胁、胃脘等部位的有害异物经呕吐排出，故对于痰涎阻塞咽喉，或停滞胸膈，或宿食停积胃脘，均可使用吐法，及时排除病邪。但吐法多用于病情急剧，必须迅速吐出的实证。药物催吐在人医多用，在兽医应注意，部分动物（如马属动物）一般不易呕吐。对杂食性的中、小动物，欲催吐，可用前低后高、大量灌肠的方法致吐。另外，呕吐对心、肺功能不全，脑部有充血、出血风险的动物存在危险性，当予注意。

四、和法

又称和解法，其原理常被表述为“运用具有疏通、和解作用的药物以祛除病邪，扶助正气和调整脏腑间关系的一种治疗方法”。清代戴天章称：“寒热并用谓之和，补泻合剂谓之和，表里双解谓之和，平其亢厉谓之和”。所谓和法，常是治疗同一疾病过程中矛盾症状并见的方法。若寒热、表里、虚实之类矛盾症状并见，则重点要考虑机体存在气滞、痰湿、表闭等气血流转受阻的情况。和法的重点在于疏通，针对不同部位、不同性质的阻塞，采用不同类型的药物，并非以单一类型的药物为主。因此，和法的分类很多，常用的有和解少阳，调和寒热、肝脾，疏肝和胃等。

五、温法

温法是治疗寒证的基本方法。但寒证原因有外感与内伤的区别，病变部位有表寒、里寒、表里俱寒的差别，所以温法中又有回阳救逆、温中散寒、温阳通经、温肾纳气、温下寒积、温胃降逆、温化寒痰，以及温煦表寒等。其中温煦表寒、温下寒积、温中散寒、温肾纳气等，又是温法与汗法、下法、补法的配合运用，尤其是补法与温法常合用。所谓温法，总的来说，是加强机体组织的代谢活动，并通过对组织代谢需求的提升，来促进微循环的供血。

六、清法

清法是清解热邪的一种治疗方法，多适用于里实热证。清法可以清热除烦，坚阴保津。但由于热证中有热在气分、营分、血分，以及热在某一脏腑之分，因而在清法之中，亦有清气分之热、清营、凉血、清热解毒等不同类型，以及清脏腑之热等。清法所用药物均为寒凉性质，可以降低组织代谢，控制组织的充血，从而减少代谢废物的产生，减少热邪对机体水液的消耗。

七、补法

补法是针对机体气血不足或某一脏腑之虚证加以补养的方法。在正气虚弱不能抗病时，可适当应用补法扶助正气，达到扶正以祛邪的目的。补法的具体运用，有补阳、补气、补血、补心、补肝、补脾、补肺、补肾等，如阴阳俱衰、气血两虚者，又当阴阳同助、气血两补。应当注意，药物本质上只是一种模拟机体信号的指令，导致机体功能发生变化，纯粹作药用的补药也只是在调用、拆借机体的资源，从而加强某些方面的功能，只有食物或药食同源的药物，才能对机体产生真正意义的补益作用。

八、消法

指消散气滞、痰饮、血瘀、食积等的聚积。药物作用途径方面，主要包括用行气解郁药治疗全身气机不畅或消化道实形气胀，用活血化瘀药治瘀血阻滞不通，用消食导滞药帮助消化胃肠食积等。

上述治疗方法，不能孤立对待；有时病情复杂，单用一法不能解决，应当数种方法结合运用，才能全面兼顾。因此，临症处方，必须针对具体病情，恰当掌握八法，灵活应用，才能提高疗效。

第三节 辨证立法、依法立方

一、辨证论治

辨证论治是中兽医诊治疾病的重要指导原则，是对理、法、方、药的高度概括。辨证是立法和组方的依据。它是将四诊收集来的症状运用八纲、脏腑、经络、六经、卫气营血、气血津液、三焦等辨证方法，加以分析、归纳，以确定疾病的病因、病位、病机，抓住疾病的本质，分清证候的主次的过程。在辨证过程中，应注意“症”“证”与“病”概念不同。

症：即症状，指能由兽医的感官直接感知的、机体病理变化的种种外部表现，如发热、汗出、咳嗽、喘促、腹泻等。但是零星、单一的症不能完全说明疾病的本质。通常要通过各症状间的先后、轻重、兼杂等关系分析其病机，这是中兽医辨证的主要依据。

病：是疾病比较固定的模式，是不因患畜或地域差异而改变的一组临床表现，如感冒、痢疾等。

证：即证候类型，既非症状，亦非病名，是全面分析了各种症状之间的逻辑关系后，经综合与抽象而得出的关于疾病的诊断结论，是病机关系中的本质矛盾、核心矛盾，是对病机的浓缩和概括。能用来完全支撑辨证结论的症状组合，称为该证型的“主症”或“必有症”，那些非必需但可强化诊断的症状，称为“或有症”。

中医诊断要求在四诊合参、详查“症”表现的基础上，将辨“病”与辨“证”相结合。例如，感冒病，见发热、恶寒、头身疼痛等症状；但由于致病因素和机体反应的不同，有风寒和风热两证。只有四诊合参，把疾病的性质搞清，才能选择正确的治疗方法。

二、立法与组方

“立法”，即确定疾病的治则，是根据临床证候，经过辨证、审证求因，在中医理论的指导下审因论治而制订出来的。只有根据立法，才能选择适当药物组成方剂。此种关系即为

“辨证立法，依法立方”。例如临床遇发热、微恶风寒、无汗或少汗、咳嗽、口微渴、苔薄白、脉浮数的患畜，根据辨证，诊断为风热表证，依照“在皮者，汗而发之”“热者寒之”的原则，当用辛凉解表法，据此则可选用银翘散，也可依法创立新方进行治疗。

方剂，是在中兽医理论指导下，在辨证“立法”的基础上，根据病情的需要．选择主药和辅药，并酌定剂量，按一定的配伍原则，组合而成的一种处方，是中医辨证论治的具体体现，其组成原则和配伍规律，贯穿着辩证思想。应当根据主要疾病和兼症确立“治法”，依法选药。

“法”是制订方剂的准绳。

一个方剂中可体现出一个甚至多个的“法”，因此“法”亦有主次之分。依法选出的药物，亦会有“主”与“辅”的区别。组织方剂，必须处理好这些关系。中药理论把这种主辅关系概括为“君、臣、佐、使”的组方原则。

君药是一方中的主药，是针对疾病的主要矛盾起主要治疗作用的药物。主证，是疾病主要病因所引起的一组症状，是疾病发展的主要矛盾。所以，主证是选择君药的依据。应当注意，主要病因可能是一个也可能是两个以上，必须通过分析比较来确定。

臣药是辅助君药和加强君药功效的药物。

佐药的意义有二，一是对主药有制约作用，二是能协助主药治疗一些次要症状。前者适用于主药有毒或性味太偏，后者适用于兼症较多的病例。兼证是指伴随主要病因，同时存在的众多病因所引起的一组症状群，对疾病的发展不起决定作用，是次要矛盾。所以，兼证可作为选择佐药的依据之一。除主证和兼证之外往往可以伴随出现一些个别症状，可随主证的消失而消失，应作为次要症状对待，也是选择佐药的依据。

使药，一般解释为引经药，具有引导其他药物直达病所的作用；但有时使药并不是引药，而起调和诸药的功用。

以麻黄汤为例，麻黄汤由麻黄、桂枝、杏仁、甘草四味药组成，功能发散寒邪，宣肺平喘；治风寒表实证，证见发热恶寒，无汗而喘，脉浮紧等。麻黄汤可使在表之寒邪随汗出而解。其中，麻黄辛温，发汗解表，宣肺平喘，为君；枝枝辛温、解肌，助麻黄发汗解表，为臣；杏仁，苦涩，助麻黄宣肺平喘，为佐药；炙甘草甘温，调和诸药，为使。

如上分析药方中各药物使用目的、配伍关系，分析全方适应症，称为“方义解析”。君臣佐使的药方组织原则，只是为了提示在组方的时候要注意药物的配伍和主次关系，并不是死板的格式要求。组织方剂，主要要根据病情需要，不必强制凑齐君臣佐使的结构。

中药在组方时既要突出重点、抓主要矛盾，又要兼顾全面，以适应复杂的病证需要；同时还要注意因地、因时、因个体制宜，立法处方，才能发挥最佳的治疗效果：这种对具体事物作具体分析的辨证思想，是中兽医学的重要特点之一。

第四节　配伍的原则

中药治疗疾病，是从单味药开始的。当使用单味药不能适应复杂病证治疗的需要时，就出现了多种药物组合应用，即药物配伍，以提高疗效、缓和毒副作用，即逐渐发展到使用复方治疗疾病。

配伍，指根据治疗的需要，将多种药物配合应用，其意义在于配伍后药物之间发生的变化关系。这种变化关系，有的可能相互促进，提高疗效；有的可能相互抑制并降低某些不良反应；配伍不当时，也有可能降低疗效或发生副作用，甚至使毒性升高等。这些变化关系，既说明药物配伍后其效能发生了变化，也说明药物配伍有“宜、忌”的不同。中医和中兽医在长期的实践中，积累了许多药物配伍的经验，并把这些药物配伍后发生变化的关系概括为单行、相须、相使、相畏、相杀、相恶及相反七种配伍形式。

单行：指用单味药物治疗疾病。在病情比较单纯，单用一味针对性较强的药物即可获得疗效的情况下使用。药物七情，除“单行”没有配伍关系外，“相须”、“相使”、“相畏”及“相杀”都是方剂学中经常用到的配伍方法。

一、相须性配伍

凡性质、功能相类似的同种药物配伍，取其互相协同、增强药效的作用，即七情中的“相须”。相须药物配伍，其功能既有一定的共性，又有个性，这种配伍主要是利用它们的共性加强药效，同时也利用它们的个性，使病证的特殊情况得到兼顾，以增强治疗效果。

如大黄、芒硝均为苦寒泻下药，凡邪热与积滞相结而致实热便秘者急需峻下热结，皆为常用之品。大黄主要荡涤肠胃积滞，芒硝重在润肠、软坚，两药配伍应用，大大增强泻热荡积之功，泻下作用猛烈。现代药理实验证明，大黄因含结合性大黄酸等，刺激肠壁增强蠕动而致泻；芒硝主要成分硫酸钠在肠内不被吸收而形成高渗盐溶液，使肠道保持大量水液，因扩张肠管引起蠕动增强而促使排便，

其他如大戟与芫花，羌活与独活，川芎与当归，附子与干姜，乳香与没药，黄连、黄柏、大黄三药配伍应用等，都属于相须性配伍。

二、相使性配伍

指性质、功能不相同的药物合用，利用各自的特性，相互补充或发挥各自特长而提高疗效的配伍方法，即七情中的“相使”。这种配伍方法内容广泛，其要点是根据病情需要进行药物配伍，药物与药物之间互为佐使，对各自的性能无制约作用。例如脾虚食滞、腹胀痞满，单纯补虚则易助邪，单纯祛邪则易伤正，故补法与消法同用，将白术和枳实相互配伍。白术补脾益胃，枳实行气消积，二药配合，一补一消，从而祛邪不致伤正，扶正而不助邪，以达健脾胃、消痞满的目的。

其他如桂枝与芍药，半夏与陈皮，黄芪与当归，黄柏与苍术等都属于相使性配伍的例子。这种配伍是根据病证的需要，充分发挥各药个性的互补而发挥疗效。

三、相制性配伍

指性质、功能不同的药物配伍合用，利用一种药物抑制或消除另一种药物的偏性或毒副作用的配伍方法。包括七情中的“相畏”和“相杀”。其中，相畏是指一种药物能抑制另一种药物的偏性；相杀是指两种药物配伍后，一种药物能降低或消除另一种药物的毒性或不良反应。这种配伍是利用药物性能间的互相制约来实现的。例如麻黄辛、苦、温，具有发汗解

表、宣肺平喘的性能，对热邪壅肺的喘咳，麻黄虽宣肺平喘咳功效突出，但因温性、发汗力强的效能对热邪壅肺的患畜不宜单味服用，故麻杏石甘汤中生石膏与麻黄配伍，以抑制其温性而发挥平喘咳的效能。

再如大黄与细辛、附子（大黄附子汤），芍药与附子（真武汤），半夏与生姜，熟地与砂仁，石膏与粳米、甘草等，都是相制性配伍的例子。

四、配伍禁忌

包括“相恶”与“相反”，属于配伍禁忌，处方用药时一般不能配伍应用。相恶，是指两种药物配合应用后，药效降低或丧失，属于配伍禁忌；相反，是指两种药物配伍后，能产生毒性作用者，亦属配伍禁忌。《元亨疗马集》总结有“十九畏”及“十八反”歌诀，其中“十九畏”实为“十九恶”，供参考。

十九畏歌

硫黄原是火中精，朴硝一见便相争；
水银莫与砒霜见，狼毒最怕密陀僧；
巴豆性烈最为上，偏与牵牛不顺情；
丁香莫与郁金见，牙硝难合荆三棱；
川乌草乌不顺犀，人参又忌五灵脂；
官桂善能调冷气，石脂相见便跷蹊；
大凡修合看顺逆，炮服炙博莫相依。

十八反歌

本草明言十八反，半蒌贝蔹及攻乌，
藻戟遂芫俱战草，诸参辛芍叛藜芦。

目前，“十八反”作为法定的用药禁忌，在临床组方中应避免出现。

第五节　方剂的剂型

药物配伍组成方剂之后，还必须依据病情或药物特点选择适宜的剂型，才更能适合病情变化的需要。历代医家经过长期的医疗实践，创制了丰富多彩的剂型，如汤、散、丸、膏、丹、酒、露、锭、药线，以及熏洗剂等，部分是至今行之有效的剂型。随着现代科学的发展，很多传统剂型采用了新技术，利用现代制作方法，研制出许多新剂型，如注射剂、片剂、冲剂、糖浆剂、胶囊剂等，可适用于临床各种治疗的需要。

一、散剂

散剂，是将药物碾细后均匀混合的干燥粉末。散剂加工简便、便于携带使用、起效较快、不易变质，是中兽医临床上最传统的剂型。散剂有内服与外用两种。内服者，临用时加水调和，以牛角制的灌角或胃管灌服，也可煎煮后灌服；外用散剂，一般研为更细末，外敷或掺撒疮面，如桃花散等，亦有作点眼、吹鼻等之用。在部分程度上，某些丹剂（含有砷、汞、铅等重元素混合物的粉末剂型）也可视为散剂的一种。

二、汤剂

汤剂，是将方剂中的药物加水煎煮一定时间，去渣滤取药液使用的剂型，是中医最常用的剂型。由于需煎煮，在兽医临床上较散剂少用。但在传统制剂中，汤剂较其他剂型吸收快，易发挥疗效，适用于急性病，利于急救。另外，汤剂便于随证加减组方，能全面照顾各种病证的特殊要求，充分体现中兽医辨证论治、依法立方的特点。汤剂可用于内服或外洗。

三、丸剂

丸剂，是将药物研成细末，以蜜、蜡、水、米糊、面糊、酒、醋、药汁等为赋形剂制成的固体剂型。丸剂吸收缓慢、药力持久，由于体积小，服用、携带、贮存都比较方便，是一种中医常用的剂型，一般适用于慢性疾病。亦有用于急救者，如安宫牛黄丸等。某些峻猛药品，为了使其药效较缓慢而稳定地释放，可为丸剂；毒性大难入煎剂的药，或贵重、芳香、不宜久煎的药物（如牛黄、麝香等），亦应作丸剂。临床上常见的丸剂有蜜丸、水丸、糊丸、浓缩丸等几种。

1. 蜜丸

系将药料细粉，以炼制过的蜂蜜作赋形剂制成的丸剂。蜜丸性质柔润，作用缓和，并有补益作用。市售常见6～9克的大蜜丸、3克的小蜜丸等。

2. 水丸、糊丸

分别系将药物细粉用冷开水、米糊、面糊等调和后用人工或机械制成的小丸剂，其丸粒小，易于吞服，适用于多种疾病，是一种比较常用的丸剂。其中，水丸较蜜丸易于溶解，吸收快；糊丸黏性强，比水丸、蜜丸崩解缓慢，内服后在体内徐徐吸收，可延长药效，又能减少某些药物对胃肠道的刺激。

3. 浓缩丸

由组方中某些药材煎汁浓缩后再与其他药物的细粉混合成形后干燥制成。其优点是有效成分含量高、体积小、剂量小，易于服用、适用于治疗各种疾病。

四、新剂型

注射剂、片剂、冲剂等，是中药的新剂型。其中，注射剂是中药经提取、精制、配制等步骤而成的灭菌溶液。中药注射剂的出现为中兽医临床用药带来了新的途径。近年来出现了大量注射剂型的人用及兽用中成药，在兽医临床上广泛使用，如清开灵注射液、双黄连粉针剂、鱼腥草注射液等。相对来说，注射剂作用迅速、方便强制给药，在动物昏迷、不能吞咽时也可有效给药，利于急救。但在临床工作中需严格注意中药注射剂的不良反应。历史上积累下来的中药用药经验，主要为经口给药，而将这些药物改由注射给药，尚有大量需要观察和验证的问题。值得注意的是，很多中药注射剂在静脉、肌内或皮下注射时，易致不良反应。中药成分相当复杂，潜在过敏源很多，越是药味较多的药方，制成注射剂后就越容易发生不良反应。临床用药时，对能口服的药物，应尽量避免注射给药。

第六节　成方的变化

方剂的组成虽然应当遵守一定原则，但在临床运用时还必须根据疾病的具体情况、患畜的个体差异，以及节气、地域的不同而灵活加减化裁，才能切合实际、取得良好疗效。方剂组成的变化，包括药味加减变化、药量加减变化、剂型变更等。

一、药味加减的变化

在主证和君药不变的情况下随着兼证或次要症状的增减变化而加减其臣、佐、使药。亦作“随证加减”。例如桂枝汤是由桂枝、芍药、生姜、大枣、甘草五味药组成，解肌发表、调和营卫，主治外感风寒表虚证。若患畜兼见喘症，则可加杏仁降逆平喘。

二、药量加减的变化

指药物组成不变，而改变其中某些药物的药量，从而增强或减弱某方面的药力。

三、剂型的变化

指同一方剂，根据患畜种类、病情、使用部位等的不同而改变剂型。其治疗作用有时也有相应的区别。

方剂的变化是灵活的，但必须以临床辨证为依据。

第七节　方剂的拓展与创新

方剂是中国传统医学和兽医学理、法、方、药的重要组成部分，有许多优越性，是临床用药的主要形式和手段。方剂的形成经历了复杂而漫长的过程，几千年来的临床实践中，出现了大量行之有效的方剂。方剂也是随着中医和中兽医学理论的不断完善而逐渐成熟起来的，是辨证施治理论的体现。随着中医理论的发展、主要疾病种类的变化、研究手段的进步，对中药方剂也应不断研究，进行拓展和创新，以适应新形势的需要。

一、研究内容方面

在中药方剂的现代研究方面，运用现代科学技术和方法，对中药复方进行了多方面的研究。在中医方剂研究中，对补益剂研究最多，其中增强机体免疫力、抗衰老的研究占多数；其次是理血剂的研究；清热剂、解表剂、和解剂、温里剂等所占比例较少。从研究内容看，近年来中药复方的基础研究，多集中在药效学和药理学方面，有关作用机理、方剂组成、配伍加减的研究也有不少；复方化学组成与药效的相关研究已经起步；在观察指标上，有整体、组织、细胞水平的研究，亦有分子水平的研究。

在中兽医方面，由于畜牧业生产的特点，对清热剂、保健增产方剂研究较多，研究焦点多在中药及方剂的抗菌、抗病毒、免疫促进作用，其他方面的研究少，思路上受到一定的限制。

从上述研究的目的和内容来看，主要为现代医学研究，对整体、活体动物自然病例研究的重视明显不足。应当大力加强以中医理论分析疾病、方剂和疗效的研究，加强中医自身的理论建设和方剂创新。

二、研究方法方面

中医药是世界传统医学的代表，属于临床医学。传统医学是在古代朴素唯物主义哲学观点的指导下发展而来的。中药方剂是在临床用药经验的基础上建立起来的，在其传统的发展中并未受到商品社会生产方式的干扰。方剂学知识的积累，是通过长期、极大量的临床病例摸索出来的，经过了时间和空间的考验，这是中医药的优势所在。

目前，兽医中药及方剂研究的主流思想仍然是按西医药的模式，其缺点主要是，对实验室检验指标重视有余，而一定程度上忽视了与中医理论的联系；研究紧密联系生产，以药品的生产销售为重，研究周期似乎较短；研究中注意分析药物和方剂有效成分的提取和定量测定，以图寻找方剂质量控制的化学指标，而忽视了中药成分的复杂性。

疾病是复杂的，现代医学对多数疾病的理解和解释也并非全面和完善。所以，在中医药研究中，不能单纯依靠某些实验指标作为疗效判定的标准。在方剂的拓展和创新工作中，应充分重视临床实践的重要意义。对医学而言，临床永远是第一位的。研究的过程应是从临床到实验室，再到临床。在观察和研究中，应充分重视心法和顿悟的传统思维方式，注意与中医传统理论的联系。

中药成分是多样的，药理作用也是复杂的，要对一味中药或一个方剂的功效和副作用等有较全面的了解，必须经过长期、大量的临床观察，而常常不是单纯一项或几项实验就可以解决的。研究中应有充分的耐心。

三、加强对传统理论的验证

尽管传统方剂学的理论和经验经得起临床反复验证，并已上升到理性认识，形成了方剂学的一套理论，如“理、法、方、药”的组方理论，以及“君、臣、佐、使”的配伍原则等，但由于历史条件的限制，和整个中医理论一样，论述只能用宏观、形象的文字加以描述，有时文字不够确切；只能凭借直观的望、闻、问、切四诊所获得的资料加以逻辑推理、归纳总结，回顾性的总结多，前瞻性的研究少。又由于现代人哲学观点的变化，传统的医学理论难以同现代医学接轨，难以被现代人所理解和接受。所以对传统理论的现代验证和解释也是方剂拓展研究的重要环节。部分传统原则已被后人修正。

如，“十九恶”和“十八反”，均属传统的配伍禁忌。在调配处方时，除医生特需外，一般禁止配伍应用。但现代临床不乏“反、恶”药同用的例子。今人应用海藻、甘草配伍用于治疗动脉硬化性高血压的临床报道屡见不鲜，均收到较好的疗效；此外，还有甘遂与甘草配伍治疗腹水等，未发现有毒性反应发生。相恶合用的例子也有报道，如党参与五灵脂配伍应用治疗胃病；人参与五灵脂配伍以抗疲劳为指标进行动物实验，与对照组相比较，其功效未发现有任何降低等。以上案例说明，虽然“十八反”目前仍是法定配伍禁忌，但在某些病情下并非绝对不可配伍使用，当条件允许时，应进行更充分的研究。

所以，在方剂的拓展研究中，对传统理论应充分重视，但也不应过分拘泥。这样，才有利于临床与理论上的创新。

四、注意及时调整研究方向

从现代观点看，传染病由病原微生物引起，感染后常导致明显的炎症反应。传统上认为治疗中应以清除病原为主，但近年来的研究发现，感染是炎症的始动因素，而炎症本身导致的微循环障碍等问题常是引致严重症状和死亡的直接原因。所以改善微循环的研究亟待加强。对应于中医理论，主要包括活血化瘀等的研究。在这方面，中医界已经起步，而在中兽医领域仍很不足。所以中兽医方剂的研究范围，应不局限于清热解毒剂而应有所拓展。

另外，目前兽医的治疗对象正逐渐发生变化。在动物种类上，除奶牛外，大家畜不断减少，经济动物、伴侣动物逐渐增加。在疾病种类上，传染病虽仍占主导地位，但其他内、外、产科病及老年病的比例慢慢上升。年老体衰引起的虚证、过食甘腻引起的湿证等均是中兽医研究较少的方面。中药方剂在伴侣动物上如何合理应用，也有待摸索。

针对这种形势，兽医方剂学研究应注意及时扩展和调整研究方向，以应对种类对象的变化。

五、剂型与给药途径的改进

很多行之有效的方剂，由于剂型的限制，使用不十分方便，不利于畜主配合兽医治疗。在中药新制剂层出不穷的今天，中兽医领域亦应加强传统方剂剂型改革的研究，以利中兽药得到更广泛的使用。

与剂型密切相关的是给药途径。给药途径对药效有重大影响。中药多有特殊气味，动物对传统口服剂型在接受上有一定的困难。部分药物是否可通过变更剂型而达到便于给药、提高药效，也是值得探讨的内容。如对伴侣动物改中药口服方剂而采取直肠给药的方式，可起到加快吸收、降低损失、减少动物反抗的作用。

总之，方剂是中国传统兽医学的重要组成部分，也是世界传统医学的遗产，在临床上有其特殊的地位和影响，对生产有不可忽视的作用。中兽医方剂是兽医界的宝贵资源，需要兽医同仁们继承并不断发扬。

附 1　古方药量换算

现代中医药计量方法多使用公制单位，与古代差异较大；中国古代的度量衡制度在不同时期亦有所不同。阅读中医古籍、应用古方时，当注意对方药的计量进行折算，按现行规定标准计量用药，不使古、今度量衡混淆。本书各论部分之方剂组成、用法中介绍药味用量时，以“斤、两、钱”等市制单位及“各等份”等表示方法指明了原方出处、用法或古代通行用法，而以“克”为单位的公制用量则指现代经验用法。同一方剂的古今用法请读者注意。

古秤（汉制）以黍、铢、两、斤计量，而无分名。到了晋代，则以十黍为一铢，六铢为一分，四分为一两，十六两为一斤（即以铢、分、两、斤计量），沿用至唐代。

宋代，衡制开始用斤、两、钱、分、厘、毫。十毫为一厘，十厘为一分，十分为一钱，十钱为一两，十六两为一斤。元、明、清沿用宋制，很少变化。故宋、元、明、清之方，凡涉及分者，是分厘之分，不同于晋代二钱半为一分之分。

清代以后使用市秤，一直沿用到1978年。

古医籍中容量计量中有斛、斗、升、合、勺之名，但其大小，历代亦多变易。

从1979年1月1日起，我国中医和中兽医处方中的用量一律采用公制单位。

现将方药计量单位的换算列在附表1和附表2中，以供参考。

附表1　历代质量单位与公制单位的换算

时代	质量单位/两	折合公制/克	时代	质量单位/两	折合公制/克
秦	1	16.1346	隋、唐	1	31.4844
西汉	1	16.1346	宋	1	37.3099
新莽	1	13.9219	明	1	37.3099
东汉	1	13.9219	清	1（库平）	37.3125
魏晋	1	13.9219	至1978年以前	1（市秤）	31.2500
北周	1	15.6594			

附表2　历代体积单位与公制单位的换算

时代	体积单位/升	折合公制/毫升	时代	体积单位/升	折合公制/毫升
秦	1	170	隋、唐	1	290（强）
西汉	1	170	宋	1	330（强）
新莽	1	100	明	1	535（强）
东汉	1	100	清	1（营造）	517.75
魏晋	1	105（弱）	至1978年以前	1（市升）	500
北周	1	105（弱）			

附2　不同年龄、不同种类动物用药剂量比例

不同年龄、不同种类动物用药剂量比例见附表3和附表4。

附表3　不同年龄动物用药剂量

动物种类	年龄	用药剂量比例	动物种类	年龄	用药剂量比例
马	2～19岁	1	猪	10个月以上	1
	19岁以上	1/2～3/4		6～10个月	3/4～1
	1～2岁	1/8～1/2		3～6个月	1/4～3/4
	1岁以下	1/16～1/8		1～3个月	1/8～1/4

续表

动物种类	年龄	用药剂量比例	动物种类	年龄	用药剂量比例
牛	2～14岁	1	羊	1岁以上	1
	15岁以上	1/2～3/4		6～12个月	1/4～1
	1～2岁	1/8～1/2		1～6个月	1/10～1/4
	1岁以下	1/16～1/8			

注：引自《中华人民共和国兽药典》2000年版（二部）下册。

附表4　不同种类动物用药剂量比例

动物种类	用药剂量比例	动物种类	用药剂量比例
马（体重300千克）	1	猪（体重60千克）	1/8～1/5
黄牛（体重300千克）	1～1.25	狗（体重15千克）	1/16～1/10
水牛（体重500千克）	1～1.5	猫（体重4千克）	1/32～1/20
驴（体重150千克）	1/3～1/2	鸡（体重1.5千克）	1/40～1/20
羊（本重40千克）	1/6～1/5		

注：引自《中华人民共和国兽药典》2000年版（二部）下册。

本书方剂中所标明的公制剂量，除明确规定动物品种者外，均为2～19岁马的参考用量。

第二章 中兽医十大名方

第一节 概述

中医的十大名方包括大承气汤、小青龙汤、小柴胡汤、五苓散、六味地黄丸、归脾汤、血府逐瘀汤、补中益气汤、逍遥散和温胆汤。

中兽医有自身的特色，也有许多著名方剂。中兽医十大名方首推三圣散、无失丹、乌梅散、归芪益母汤、郁金散、定痛散、通肠芍药汤、消黄散、清肺散和猪苓散。

中兽医十大名方的历史均比较悠久，主要从清代以前的古方中遴选，其法则清晰，组方严谨，药味不太多，功效较宽泛，疗效好，充分体现了中兽医的特点。

笔者推出中兽医十大名方，主要是想由博返约、执简驭繁，以便进一步弘扬中兽医学术；也为研学者提供一条入门途径。

实践证明，在全面掌握中兽医学内涵的基础上，如能精通几个方剂，并在生产实践中游刃有余地变通应用，就有可能成为一个好的中兽医师，甚至是一代名医。

将中兽医的十大名方与中医的十大名方作比较能发现其中的一些相似之处以及各自的特点。这对于我们既借鉴中医，又发挥中兽医的特色，也是很有益处的。

第二节 十大名方

三圣散

（一）源流出处

出自明代喻仁、喻杰《元亨疗马集》之八证论，为治寒证的代表方。

（二）组成及用法

干姜 60 克、木香 30 克、厚朴 50 克。为末，以酒、盐、葱为引，灌服；或煎汤服。马、牛 150～300 克；猪、羊 30～80 克。

（三）功能主治

功能温中散寒、燥湿行气。主治寒伤脾胃。

（四）方义解析

寒伤脾胃，常见的病证是痛与泻，其病机离不开寒凝、湿困和气滞。三圣散以干姜为君，温中散寒以治本；苍术、厚朴分别燥湿、行气；三药各司其职，实为治脾胃寒伤最简明又最具代表性的基础方。

方中的干姜、厚朴经常一起配伍，也是一个药方。如《圣济总录》中主治脾胃虚寒、洞泻下痢的厚朴汤，《妇人良方》中治妊娠洞泻寒中的厚朴丸，均由这两味药组成。

关于本方，原文歌诀为："除湿建脾三圣散，干姜术朴酒盐葱，同煎三沸温和灌，自然痛可得安宁"。其中的"术"字，在有的版本上为"木"字（即木香）。如以"术"字来看，则既可是苍术，也可是白术；若为"木"，则应为木香。究竟是苍术、白术还是木香，问题并不太大，实践中可根据临证需要酌情应用。

（五）临证应用

关于三圣散适用之主证，《元亨疗马集》所描述的是："凫脉沉迟，按之无力，耳鼻俱冷，口色青黄，前蹄刨地，回头觑腹，浑身发颤，腹内如雷，不时起卧。此谓冷伤之症也。"据此可以说，本方是治疗马属动物脾胃寒伤的基本模式方，临床应用时其加减变化的空间很大。

（六）加减化裁

(1)《元亨疗马集》中治马患脾气痛的健脾散（当归、白术、甘草、菖蒲、砂仁、泽泻、厚朴、官桂、青皮、陈皮、干姜、白茯苓、五味子组成，以姜、盐、酒为引）就是在三圣散的基础上加味而成。

(2)《新刻注释马牛驼经大全集》中的健脾三圣散（苍术、白术、干姜、茯苓、泽泻、枳壳、厚朴、官桂、细辛、槟榔、肉桂、陈皮、人参、甘草、炮姜、香附、伏龙肝组成，以酒、盐为引），功能温暖脾胃、顺气止痛，主治马脾寒腹痛，也是三圣散加味而来，理法也是一脉相承。

(3)《元亨疗马集》中的桂心散（桂心、青皮、白术、厚朴、益智、干姜、当归、陈皮、砂仁、甘草、五味子、肉豆蔻组成，以飞盐、青葱、酒为引），能温中散寒、理气健脾，主治马脾胃寒，亦为三圣散加味而得。

(4) 河北《中兽医验方》中的三阳汤（炮姜、苍术、厚朴、鲜姜组成，以葱须、黄酒为引），治马、骡肠入阴症，与三圣散更相似。

(5) 部分验方，如《民间兽医本草》中的治牛"湿寒秘结方"（干姜、肉桂、茱萸、乌药、厚朴、木香、槟榔、苍术、草豆蔻、二丑、续随子、大黄、熟附子、陈皮组成，煎汤服），《青海省中兽医经验集》中的益胃散（草豆蔻 9 克、益智仁 12 克、厚朴 12 克、陈皮 12 克、砂仁 9 克、苍术 9 克、干姜 15 克、五味子 15 克、建曲 12 克、枳壳 12 克、麦芽 18 克，以炒盐为引，功能温中散寒、健脾和胃，主治脾胃寒冷），温中暖肠散（山西省验方，益智仁 12 克、陈皮 12 克、厚朴 15 克、白术 15 克、小茴香 15 克、青皮 15 克、官桂 15 克、当归 15 克、白芍 15 克、细辛 15 克、肉豆蔻 15 克、干姜 12 克、甘草 10 克，功能温中散寒、理气健脾，主治胃寒、冷痛等），其组分中均含有三圣散，立方法则也相近。

(6)《医学衷中参西录》中的温降汤（白术、清半夏、山药、干姜、赭石、白芍、厚朴、生姜组成，主治胃寒而气不降），虽谈不上以三圣散为基础，但也含有姜、术、朴三味药，且与三圣散理法相近，可供化裁三圣散时参考。

无失丹

（一）源流出处

最初出自唐代李石《痊骥通玄论》。《元亨疗马集》引载时更名为马价丸，用于“治马七结”；《中兽医方剂学》《中兽医方剂大全》《中兽医方剂精华》等教材、专著中均有收载。《中华人民共和国兽药典》（2000 年版）收载时更名无失散。

（二）组成及用法

槟榔、黑牵牛、郁李仁、木香、木通、青皮、三棱、朴硝、大黄，各等份。为末，熔黄蜡为丸，如弹子大。以好酒为引，捣葱白数根为泥，化开药丸灌服；或为散剂调灌。

（三）功能主治

泻下通肠，主治马中结。

（四）方义解析

无失丹为治马患中结而设。马患中结，胃肠阻塞不通、腹痛起卧、病情重剧；急宜攻逐峻下、破结通肠。方中大黄、朴硝破结通肠，为主药，剂量宜大；槟榔、牵牛攻逐峻泻，郁李仁润肠通便，助硝、黄峻下，均为辅药；木香、青皮、三棱理气消滞，木通利尿降火，均为佐使药。诸药合用，共奏破结通肠、理气消滞之功。原方云：“此方万无一失，屡屡经验”，故名无失丹。

无失丹与《伤寒论》中大承气汤（由枳实、厚朴、大黄、芒硝组成）比较，攻逐泻下之力更强。本方的突出特点是组分中有牵牛子和槟榔，牵牛子峻下积滞、槟榔消积除胀，二药相伍，泻下攻逐之力甚宏；且这二味药常组成药对应用，如《圣济总录》中的槟榔丸、牵牛散（治风秘，大便不通），《本草纲目》及《医方类聚》中的牛榔散或牵牛汤（治虫积），《摄生众妙方》中的琥珀散（治虫积），《串雅补》中的牛郎串（治积食腹胀）等。丑、榔与硝、黄等药相配，峻逐攻下之力比大承气汤更强。故大承气汤适用于阳明腑证、热结胃汤、粪干难下；而无失丹适用于草料积聚、胃肠阻塞、粪结不通。

（五）临证应用与加减化裁

无失丹是治疗马、骡秘结最具代表性的方剂，后世治马、骡秘结的中药处方大多不离此方之框架。

(1)《活兽慈舟》中治马“大便燥结”方（大黄、芒硝、皂角、牛膝、槟榔、车前子、枳壳、厚朴、滑石组方），治牛“大便闭塞”方（丑牛、大黄、牙硝、桃仁、滑石、麻仁、当归、莱菔、地榆、木通、蚯蚓、枳壳、槟榔、升麻组方），以及《新刻注释马牛驼经大全集》中“治驼草豆胀肚”的通肠散（神曲、麦芽、香附、槟榔、乌药、木通、大黄、芒硝、枳实、厚朴、生地、当归、火麻仁组方）等，均与本方相似。

(2)《中兽医诊疗经验》第 4 集（又名《福兽全集》）治“马七结”的七结饮（巴豆 7 粒，土炒后去皮；大黄 90 克、芒硝 90 克、麻仁 90 克、续随子 60 克、枳实 15 克、槟榔 15 克、滑石 15 克、牵牛子 9 克、青皮 9 克、泽泻 9 克、猪苓 9 克、木通 9 克、酒知母 9 克、酒黄柏9克、厚朴12克、赤芍12克、郁李仁60克、莱菔子60克，煎汤，以菜油、鼠粪、灰汁为引），《疗马录》中治马“中结”的七结散（大黄60克、牵牛子45克、枳壳30克、槟榔30克、木香30克、香附30克、厚朴24克、木通12克、芒硝120克组成），以及《中华人民共和国兽药典》（2000年版）中木香槟榔散（木香15克、槟榔15克、炒枳壳15克、陈皮15克、醋制青皮50克、醋制香附30克、三棱15克、醋制莪术15克、黄连15克、酒炒黄柏30克、大黄30克、炒牵牛子30克、玄明粉60克组成，主治痢疾腹痛、胃肠积滞），这些方剂法则均不离无失丹，且方中都包含有无失丹的大多数药味。

(3) 南京农业大学治马、牛、猪秘结的木槟硝黄散［木香30克、槟榔30克、大黄100克、芒硝200克，以食用油为引；《中华人民共和国兽药典》（2000年版）收载］与本方理法相同，组方更加简化。

乌梅散

（一）源流出处

出自《安骥药方》，但原名诃子散；《蕃牧纂验方》引载时更名为乌梅散。《元亨疗马集》及《中华人民共和国兽药典》（2000年版）引载；在《中兽医治疗学》《中兽医方剂大全》《中兽医方剂精华》以及各种中兽医学教材、专著及实用书籍中也经常收载，而且均多以郁金易姜黄。

（二）组成及用法

乌梅（去核）一个、干柿半个、黄连二钱、姜黄二钱、诃子肉二钱。各味药共为末，开水冲调，候温灌服（原方擂罗共为细末，白汤半盏，同调灌之，后移时喂乳）。

（三）功能主治

涩肠止泻、清热燥湿。主治新驹奶泻。

（四）方义解析

新驹奶泻是幼驹乘饥食热乳所致。正如《元亨疗马集》中说：“新驹奶泻者，热乳所伤也。皆因大马喂拴暴日之中，又或远骤归来，喘息未定，幼驹乘饥误食热乳……此谓大马血热，新驹奶泻之症也。”治宜涩肠止泻、清热燥湿。方中乌梅涩肠止泻，为主药；黄连清热燥湿、厚肠胃而止泻，为辅药；姜黄破血行气而止痛，干柿、诃子涩肠止泻，共为佐使药。诸药合用，共奏清热燥湿、涩肠止泻之功。

从新驹奶泻病的标本而论，热为本、泻为标，当以苦寒泻火之药为主。但因新生幼驹气血未全，稚阳之体不任克伐，故本方以收涩为主而辅以清热，只有这样，才能使邪去泻止而正气不伤。

（五）临证应用与加减化裁

(1) 乌梅散是治疗幼畜病的最著名方剂，主治新驹奶泻。临床应用时，热盛者，可加金银花、蒲公英等以清热解毒，并减干柿、诃子；水泻重者，可加猪苓、泽泻等以利水渗湿；体虚者，可加党参、白术以益气健脾。

(2) 原中国人民解放军兽医大学用乌梅散之化裁方乌梅止泻散（由乌梅45克、猪苓6克、黄连6克、姜黄6克组方，与甘草末或淀粉一起做成舐剂服）治幼驹下痢，经过验证，效果良好。

(3)《全国中兽医经验选编》中的梅柿煎(乌梅 30 个、柿子 20 个，煎汤服，功能涩肠止泻；主治新驹奶泻）就是本方的一个简化方。

(4)《全国中兽医经验选编》中的乌梅汤（乌梅 20 克、诃子各 20 克、黄芩 25 克、黄连 20 克、姜黄 20 克组方，主治猪湿热泄泻）也是源于本方。

(5) 在《中兽医治疗学》中，还有用乌梅散用于治疗猪痢疾的记载。

归芪益母汤

(一)源流出处

出自清沈莲舫《牛经备要医方》,《中兽医方剂学》《中兽医方剂大全》《中兽医方剂精华》等教材、专著中均有介绍。

(二)组成及用法

生黄芪三两，益母草二两，当归一两。水煎，去渣，候温灌服；亦可研末，开水冲调，候温灌。

(三)功能主治

补气生血。主治过力劳伤、气血俱虚。

(四)方义解析

归芪益母汤原为牛过力劳伤而设。过力劳伤，气血俱虚，治宜补气生血。方中重用黄芪大补脾肺之力，以资生血之源，为主药；当归养血和营，使阳生阴长、气旺血生，为辅药；益母草疏血中之滞气，为佐使药。诸药合用，共奏补气生血、疏滞益营之功。方中用益母草，意在补而毋滞，因其“非濡润之物，体本枝叶，仅可通散，不可滋补，惟用之疏滞气，即所以养真气，用之行瘀血，即所以生新血耳”。

归芪益母汤是由当归补血汤（见《内外伤辨惑论》）加益母草而成。当归补血汤原方用黄芪（一两)、当归（二钱)，主治劳倦内伤、血虚气弱。方中黄芪与当归之比为 (3∶1) ～(5∶1)，重用黄芪意在补气生血。正如《名医方论》中说：当归味厚，为阴中阴，故能养血；黄芪则味甘补气者也。今黄芪多数倍而补血者，以有形之血不能自生，生于无形之气故也。内经云“阳生阴长，是之谓耳”。归芪益母汤在当归补血汤的基础上加益母草，体现了兽医的特点。因为马、牛等动物比人更容易发生气血瘀滞，故在补气生血之时，常宜补中兼疏。

(五)临证应用

归芪益母汤原方治“牛无力疲倦多眠。”并云：“牛行路太多，或日夜负重，以致气血俱虚，其症疲倦多眠。宜归芪益母汤主之。”临床上，凡过力劳伤所致的气血俱虚，产后气血虚弱，子宫、阴道垂脱等证，均可酌情应用。

(六)加减化裁

(1) 山西省山阴县验方利宫汤（当归 75 克、黄芪 50 克、白术 50 克、茯苓 50 克、益母草 150 克、桂枝 45 克、葶苈子 40 克、肉桂各 40 克、升麻 35 克、柴胡 35 克、党参 30 克组成，功能益气升提、暖宫助阳，主治牛宫缩不全、子宫积液）与归芪益母汤相近，但重用益母草、当归，并有较多加味。

(2)《兽医验方新编》中的枳壳益母散（炒枳壳30克、益母草各30克、炙黄芪24克、党参30克、当归15克、升麻15克，功能益气升提，主治牛、羊阴道脱），亦为归芪益母汤之加味。

(3)《辽宁畜牧兽医》刊载的党参益母鸡冠散（党参50克、黄芪50克、当归30克、桃仁30克、红花30克、丹参50克、益母草70克、鸡冠花60克、贯众60克、蒲公英50克、香附40克、血余炭25克，功能益气补血、化瘀通经，主治奶牛慢性子宫内膜炎），也可以看成是以归芪益母汤为基础加味而成。

(4)《羊病及防治》中治母羊乳汁不足或缺乳方（王不留行18克、黄芪12克、当归12克、川芎12克、天花粉12克、炮穿山甲9克、通草9克、党参9克、益母草9克、白芍9克、甘草6克，由《中兽医方剂大全》收载）也是以归芪益母汤为基础，重用王不留行，并加味而成。

郁金散

（一）源流出处

出自明代喻仁、喻杰《元亨疗马集》。《中华人民共和国兽药典》（2000年版）收载，《中兽医治疗学》《中兽医方剂大全》《中兽医方剂精华》以及各种中兽医学教材、专著、工具书中均多有收载或引用。

（二）组成及用法

郁金30克、诃子15克、黄芩30克、大黄60克、黄连30克、黄柏30克、栀子30克、白芍15克。用时为末，开水冲调，候温灌服；或适当加大剂量煎服（原方八味药等分为末，每服二两，白汤调灌；急者，连灌三服）。

（三）功能主治

清热解毒、散瘀止泻。主治马急慢肠黄。

（四）方义解析

本方为治马肠黄所设。《元亨疗马集》中说，肠黄是因为“热毒积在肠中，脏腑壅极，酿成其患也。”治宜解毒清热、散瘀止泻。方中郁金清热凉血、行气破瘀，主治热毒壅极于肠中；黄连、黄芩、栀子、黄柏，即黄连解毒汤，清热解毒；以上五味药是方中的主辅药。大黄泄热散瘀，芍药敛阴和营，诃子涩肠止泻，三味药各行其职而同为方中佐使药。诸药合用，共奏清热解毒、散瘀止泻之功。

（五）临证应用

郁金散是治疗马急慢肠黄的一个常用方。凡马急性胃肠炎、痢疾而属于热毒壅极者，均可酌情加减应用。

（六）加减化裁

(1) 临床应用时可酌情加减。热毒盛者，加银花、连翘；腹痛盛者，加乳香、没药、延胡索；粪稀如水者，加猪苓、泽泻、车前，去大黄。其中诃子一味，病初可去，病久可加；

或病初生用，使之清开而存降泄之性；病久煨熟，令其温敛而取收涩之长。

(2) 中国人民解放军某军马所用郁金散加减（郁金 30 克、黄连 9 克、黄芩 24 克、黄柏 30 克、栀子 30 克、连翘 30 克、杭芍 18 克、诃子 30 克、当归 60 克、蒲公英 60 克、金银花 30 克、炒莱菔子 15 克、续随子 30 克、木香 9 克、厚朴 18 克组成，水煎，加木香服）治疗马骡胃肠炎 79 例，治愈 76 例（见《全国中兽医经验选编》）。

(3) 据资料介绍，内蒙古军区后勤部防疫队等单位用四黄元金汤为主治疗马骡急性胃肠炎 22 例，均治愈。此四黄元金汤实际上也可看成是郁金散的加减方，其组方是，黄连 30 克、延胡索 30 克、郁金 30 克、黄芩 21 克、黄柏 21 克、大黄 30 克、川朴 21 克、广木香 15 克、香附 15 克、当归 21 克、木通 21 克、陈皮 15 克，水煎服。体温高加连翘、双花；肠臌气加乌药、草果；排稀粪加诃子、乌梅，减大黄；疝痛停止后继续服药时，黄连、延胡索可减量。

(4)《新刻注释马牛驼经大全集》中的郁金散（郁金、黄芩、大黄、黄连、黄柏、栀子、诃子、甘草、麦冬、玄参各 30 克，为末，开水冲调，候温灌服。功能清热解毒、凉血止泻。主治马急慢肠黄）即本方减白芍，加甘草、麦冬、玄参而成。

(5)《青海省中兽医经验集》中的郁金散（郁金 75 克、大黄 30 克、黄连 30 克、黄芩 30 克、甘草 15 克、当归 30 克、红花 18 克、知母 30 克、天花粉 30 克、白芷 12 克组成，为末，开水冲调，候温灌服。功能清热解毒，厚肠止泻；主治马慢肠黄），也是源于本方。

(6)《青海省中兽医经验集》中的三黄散（郁金 21 克、诃子 15 克、大黄 15 克、黄连 9 克、黄柏 18 克、栀子 18 克、白芍 24 克、金银花 15 克、连翘 15 克、青皮 15 克、陈皮 15 克、甘草 9 克组成，为末，开水冲调，候温灌服。功能清热解毒、厚肠止泻。主治马慢肠黄），亦为郁金散略事加减而成。

(7) 沈阳农业大学验方三黄加白散（载于《中兽医方剂大全》，黄连 50 克、黄柏 20 克、黄芩 20 克、白头翁 50 克、苍术 30 克、白术 30 克、茯苓 30 克、猪苓 30 克、罂粟壳 30 克、诃子 30 克、大黄 15 克、木香 15 克，共为末，文火煎 15 分钟，候温灌服。功能清热燥湿、利水涩肠；主治马肠黄。腹痛重者，加延胡索、香附；口渴重者，加花粉、芦根；气血不足者，加党参、当归。据沈阳农业大学验证，用此方治疗马肠炎 21 例，治愈 16 例，明显好转 2 例，好转 2 例，无效 1 例，总有效率为 92%），可看成是由郁金散、白头翁汤（出自《伤寒论》）和五苓散（出自《伤寒论》）合方化裁而成。

(8)《中兽医治疗学》中的三黄加白散（黄连 25 克、黄芩各 20 克、黄柏各 30 克、白头翁 25 克、枳壳 15 克、砂仁 15 克、泽泻 15 克、猪苓 15 克、苍术 15 克、厚朴 15 克，共为末，开水冲调，候温灌服。功能清热燥湿、利水止泻；主治马肠黄、湿热泄泻），是由郁金散、白头翁汤、猪苓散和平胃散（出自《和剂局方》）合方化裁而成。

(9) 黑龙江省畜牧兽医学校治犬出血性肠炎方（《中兽医方剂大全》引载时名香连郁金散，其组方：木香 2 克、黄连 3 克、郁金 3 克、黄芩 3 克、天花粉 3 克、赤芍 2 克、诃子 2 克、青皮 2 克）则是由郁金散与香连丸（木香、黄连组成，出自《政和本草》）合方化裁而成。

定痛散

（一）源流出处

出自明代喻仁、喻杰《元亨疗马集》。《中兽医方剂学》《中兽医方剂大全》《中兽医方剂精华》等现代中兽医著作中多有收载或引用。

（二）组成及用法

全当归（三钱）、鹤虱（三钱）、乳香（二钱）、没药（二钱）、血竭（二钱）、红花（三钱）。用时为末，开水冲调，候温灌服；亦可加酒为引（原方前五味为末，红花三钱，酒一升，同煎三沸，入小便半盏）灌之。

（三）功能主治

活血定痛。主治马跌打损伤、筋骨疼痛。

（四）方义解析

定痛散为治跌扑损伤之剂。凡跌扑闪挫、筋骨损伤、瘀血疼痛，治宜活血化瘀、消肿止痛。方中当归活血止痛，为主药；《药品化义》云："当归头补血上行，身养血中守，梢破血下行，全活血运行周身"。乳香活血定痛，没药散瘀定痛，二药每相兼而用，血竭能祛瘀行滞而缓和疼痛，红花辛温行散，亦能祛瘀止痛，均为辅佐药。至于鹤虱，味苦辛，性平，有小毒，古今多作为杀虫药，可用于多种肠寄生虫病。定痛散用鹤虱，意在取其辛散止痛之功，但实践中多不用。以上诸药，合而用之，具有活血化瘀、消肿定痛之功。

（五）临证应用

原方云："治马跌扑，损伤筋骨，和血定痛"。故一般跌打损伤均可应用。但由于闪伤部位不同，畜体禀赋不一，临证应用时还需酌情加味。

（六）加减化裁

（1）治跌损伤常用的七厘散（由血竭、乳香、没药、红花、儿茶、朱砂、麝香、冰片组方，出自《良方集腋》）、定痛和血汤（由乳香、没药、红花、当归、秦艽、续断、蒲黄、五灵脂、桃仁组方，出自《伤科补要》），以及成药跌打丸（由当归、川芎、䗪虫、血竭、没药、乳香、麻黄、麝香、自然铜、马钱子组方）等，都与定痛散相近。

（2）《吉林省中兽验方选集》中治马闪伤夹气痛的乳香散（乳香 25 克、没药 25 克、当归 30 克、续断 15 克、红花 15 克、硼砂 12 克、骨碎补 15 克、土鳖虫 25 克、自然铜 12 克、血竭 25 克、川军 10 克、儿茶 10 克、桂枝 15 克组成，黄酒 125 克为引）即是以定痛散为基础加味而成。

（3）定痛散亦可用于治牛及其他家畜的跌打损伤，如治牛扭伤的疗伤散，即是本方去鹤虱，加泽兰叶、白芷、自然铜、续断、牛膝、防风而成（见《牛马病例汇集》）。

通肠芍药汤

（一）源流出处

出自清代沈莲舫《牛经备要医方》。《中兽医方剂学》《中兽医方剂大全》《中兽医方剂精华》中等均有收载；《中华人民共和国兽药典》（2000 年版）中收录的通肠芍药散也是本方。

（二）组成及用法

大黄（一两）、槟榔（八钱）、山楂（一两）、枳实（六钱）、赤芍药（一两）、木香（六钱）、黄芩（八钱）、黄连（三钱）、玄明粉（六钱）。用时水煎，去渣，候温灌服；或研末开水冲服。

（三）功能主治

清热泻火、导滞止痢。主治牛热毒痢疾。

（四）方义解析

通肠芍药汤原为夏秋之际牛患痢疾所设。治疗之法，一方面应清热解毒以泻火，另一方面应调气和血而导滞。方中黄连、黄芩苦寒泻火、坚阴止痢，为主药；大黄、玄明粉通肠泻热，以助芩、连，为辅药；木香调气，赤芍和血，槟榔、山楂、枳实消导积滞，共为佐使药。诸药合用，共奏清热泻火、导滞止痢之功。

通肠芍药汤与刘河间《医学六书》中的芍药汤（芍药、当归、黄连、槟榔、木香、甘草、大黄、黄芩、肉桂组成）相似。《删补名医方论》对芍药汤的解释是，用当归、白芍以调血，木香、槟榔以调气，血和则脓血可除，气调则后重自止；芩、连燥湿而清热；甘草调中而和药；若窘迫痛甚，或服后痢不减者，加大黄通因通用也。本方与芍药汤比较，更重于行气导滞，这是因为牛的胃肠广大，容物量多，易生胀滞的缘故。

（五）临证应用

通肠芍药汤原方所治，为“牛患痢疾。由于痧秽暑毒内伏五脏，至夏末秋初而发。其症欲泻不泻，点滴难出，一日或十余次，或数十次，所下之物，其色赤白，或如粉红水，其牛水草不食，肚腹硬满。”在临床实践中，凡牛湿热泻痢、腹痛后重者，可酌情应用本方。

（六）加减化裁

(1)《养耕集》中的连芍汤（茯苓、连翘、赤芍、苍术、栀子、川芎、商陆、苦参、黄连、杏仁、泽兰、豆蔻、土炒当归、马鞭草组成，生姜为引，煎水擂服。功能清热燥湿、行血止痢；主治牛泻痢）与通肠芍药汤理法相近。

(2)《养耕集》中的固肠散（由白术、常山、栀子、青皮、苦参、苍术、黄连、黄芩、白芍、薄荷、柏叶、青蒿、瓦松、柴胡、地榆、当归组方，用时为末，水煎，候温灌服。功能清热健脾、燥湿止痢，主治牛伤寒转痢）亦与通肠芍药汤类似。

消黄散

（一）源流出处

原为宋代王愈《蕃牧纂验方》“四时适之宜”中的一个处方。《元亨疗马集》《中兽医治疗学》《中兽医方剂大全》《中兽医方剂精华》等许多古今中兽医书籍中均有收载或引用，《中华人民共和国兽药典》(2000年版）也有收载。

（二）组成及用法

黄药子、贝母、知母、大黄、白药子、黄芩、甘草、郁金，各等份。用时为末，开水冲调，候凉灌服（原方为粗末，每用药一两，新水半升、蜜二两调灌）。

（三）功能主治

清热散壅、泻火解毒。主治马火热内壅、气促喘粗，或生黄肿。

（四）方义解析

消黄散的“黄”（或作癀），是指火热壅滞于脏腑或肌肤所出现的各种病证，如脑黄、肠黄、肺黄、体表的黄肿等。

马为火畜，性情急烈，值夏季炎热天气之际，则易生火热壅盛之症（俗称“黄”）。消黄散清热解毒，一派寒凉，为夏令常用之方。黄多属火热之证，火热之性炎上。故方中以知母、贝母、黄芩清上焦肺热为主药；二药子清热解毒，大黄泻火，郁金凉血散郁，共为辅佐；甘草为使药，以缓和诸药的寒凉之性而保护脾胃。综观全方，虽属清热泻火消黄之通剂，但就脏腑而论，侧重治肺；以气血而言，偏于气分。

夏季给马匹适当灌服，能调整畜体阴阳，以适应炎天热暑。对于火热壅毒诸证，可防患于未然，或制止于病初。

（五）临证应用

（1）消黄散这一方剂名称在中兽医界被广泛采用。古今名为消黄散的处方很多，理法也大同小异。本方是名为消黄散的方剂中流传最广、最具代表性的方剂，既可用于治疗，又可用于预防调理。

（2）消黄散适用于马夏季火热内壅之症，证见身热、气促喘粗、有时出汗，或生疮黄肿毒、口色红、脉洪数。如：《元亨疗马集》用本方加热鸡清、童便调灌，治“马束颡黄”；《陕西省兽医中药处方汇编》用此方治牛肺热；《牛经大全》亦用本方治“牛患热病”，但名三黄散。

（六）加减化裁

（1）《元亨疗马集》中另一消黄散（知母、黄药子、栀子、黄芩、大黄、甘草、贝母、白药子、连翘、黄连、郁金、朴硝各等份，功能清热泻火、凉血解毒；主治马、牛火热壅盛），即本方加黄连、栀子、连翘、朴硝组成。

（2）《元亨疗马集》中用于治“马遍身黄”的消黄散，是本方去黄连，加防风、黄芪、蝉蜕组成；治“马心经积热”的消黄散，则是由大黄、知母、甘草、瓜蒌、朴硝、黄柏（酒炒）、山栀子组成，加减的药味更多一些。

（3）《新刻注释马牛驼经大全集》中的消黄散（由知母、贝母、黄药子、白药子、黄柏、黄芩、栀子、连翘、大黄、天花粉、桔梗、木通、滑石、淡竹叶、灯心草组方，用时为末，开水冲调，候温灌服。功能清热解毒、通便利水，主治黄肿、肺热），也是夏季预防马病的调理方，与本方比较，减少了郁金、甘草，增加了黄柏、栀子、连翘、天花粉、桔梗、木通、滑石、淡竹叶、灯心草。

（4）《新编集成马医方牛医方》中的消黄散（大黄、黄芩、栀子、黄连、黄柏、滑石、甘草、桔梗、瓜蒌根、薄荷组方，用时为末，水调灌服。功能清热泻火，暑月灌马，可消热壅）与本方大同小异。

（5）《元亨疗马集》中“治马热毒、槽结、喉骨胀，咽水草难病”的济世消黄散，即本方去连翘，加冬花、黄柏、秦艽组成；治“马患喉骨胀”的黄芪散，则是本方去黄连、连翘、朴硝，加当归、黄芪、桔梗组成。

（6）《中华人民共和国兽药典》（2000 年版）中的加减消黄散处方为：大黄 30 克、玄明粉 40 克、知母 25 克、浙贝母 30 克、黄药子 30 克、栀子 30 克、连翘 45 克、白药子 30 克、郁金 45 克、甘草 15 克。功能清热泻火、消肿解毒，主治脏腑壅热、疮黄肿毒。

清肺散

（一）源流出处

出自宋代王愈所撰之《蕃牧纂验方》，原名凉肺散。《元亨疗马集》《中兽医治疗学》《中兽医方剂大全》《中兽医方剂精华》以及各种中兽医教材、专著中均有收载；《中华人民共和国兽药典》（2000 年版）也予以收载。

《痊骥通玄论》引载时名甜葶苈散，其中的“木猪苓”为“木苓”；《元亨疗马集》引载时即名清肺散，其中的“木猪苓”名“木桹根”。木猪苓、木狼苓、木桹根，三者可能是同物异名。《元亨疗马集》使用歌方中亦名清肺散，但无以上三个名称的药味。有人认为“木桹根”为“木棉根”之误，而木棉根即锦葵科植物草棉的根或根皮，有定喘作用。也有人认为，“木桹根”是“目浪根”，即无患树之根，能化热痰、治咳喘。不管叫什么名称，这一味药后世多不用。

（二）组成及用法

甘草、甜葶苈、桔梗、贝母、板蓝根、木猪苓，各等份。用时为末，以蜂蜜、糯米粥为引，同调灌服。

（三）功能主治

清热平喘。主治马喘咳及非时热喘。

（四）方义解析

清肺散是为治马热喘粗所设。方中板蓝根清热解毒，为主药；葶苈子泻肺平喘，贝母清肺止咳，桔梗清肺利膈，共为佐药；甘草调和诸药，且能润肺金而护脾土，为使药。诸药合用，共奏清泻肺火、平喘止咳之功。

（五）临证应用

以清肺散为方名，或类似本方法理的方剂，在古今文献及实际应用中均很常见；但本方只适用于实热喘、虚喘不宜。

（六）加减化裁

（1）原方“治马肺热喘粗及非时恶喘。”临床应用时，可酌情加栀子、黄芩、知母、瓜蒌、天花粉等药味；或与消黄散合方，则清热平喘的功效更强。

（2）《痊骥通玄论》中的甜葶苈散（甜葶苈、桔梗、川贝、甘草各等份为末，引杏仁、糯米粥、酥油为引，调灌；能止咳平喘，主治马咳喘），与清肺散相近。

（3）清肺止咳散（原载于《中兽医学杂志》，《中兽医方剂大全》收录，由瓜蒌 60 克、冬瓜仁 45 克、贝母 30 克、桔梗 30 克、款冬花 30 克、桑白皮 30 克、枇杷叶 30 克、天花粉 30 克、板蓝根 30 克、黄芩 25 克、杏仁 25 克、知母 25 克、连翘 25 克、大黄 25 克、甘草 15 克组方，功能清热化痰，止咳平喘；主治马外感咳嗽）也是清肺散的加减方。

（4）《抱犊集》中的清肺散（由桔梗、贝母、白矾、葶苈子、甘草、车前、槟榔、郁金、桑白皮、杏仁、款冬花、百部、麻黄、细辛、苍术、牙皂组方，蜂蜜为引。功能化痰止咳平喘，主治牛咳喘）与本方同中有异。

(5)《中华人民共和国兽药典》(2000年版)中的清肺散处方为：板蓝根90克、葶苈子50克、浙贝母50克、桔梗30克、甘草25克，功能清肺平喘、化痰止咳，主治肺热咳喘、咽喉肿痛。

猪苓散

(一)源流出处

出自明代喻仁、喻杰《元亨疗马集》；《中华人民共和国兽药典》(2000年版)收载的处方有数味加减。

(二)组成及用法

猪苓60克、泽泻60克、青皮30克、陈皮30克、莨菪(天仙子)15克、牵牛子15克。用时为末，粟米二合煮粥，同调灌服。

(三)功能主治

利水止泻。主治马冷肠唧泻。

(四)方义解析

从药味组成看，本方是由《安骥药方》中的泻煮散、二橘散发展变化而来，即泻煮散(由天仙子、牵牛子、黑豆组方)加青皮、陈皮、粟米，减黑豆，为二橘散(由牵牛子、青皮、莨菪、陈皮、粟米组方)；二橘散加猪苓、泽泻，即猪苓散。

猪苓散为治马“冷肠唧泻”(即水泻)所设。水泻之证，急宜分别清浊、利水止泻。方中猪苓、茯苓淡渗利水，善治水泻，为主药；青皮、陈皮行气理脾，以助运化，泽泻清热利湿，牵牛子利小便、逐水邪，莨菪止泻，共为辅佐药；亦可用粟米健脾养胃以止泻，为引。诸药合用，共奏利水行气、祛湿止泻之功。

(五)临证应用与加减化裁

(1)猪苓散原方治马“冷肠唧泻”，《元亨疗马集》云：“唧泻者，水泻也……令兽肛门唧水，腹内如雷，饮多食少，肷吊毛焦。”凡急性胃肠卡他，表现为水泻者，可酌情应用。但若为寒泻(“冷肠”)者，宜加干姜，肉桂之类以除寒；若兼虚者，宜加党参、白术之类以益气健脾，并去牵牛子；若泻久，还宜适当收涩。若配伍芩、连、郁金等药，亦可以治疗湿热泄泻。

(2)《中华人民共和国兽药典》(2000年版)中的猪苓散(猪苓30克、泽泻45克、肉桂45克、干姜60克、天仙子20克组成，功能利水止泻、温中散寒，主治冷肠泄泻)即源于本方，但减去了青皮、陈皮、牵牛子，加了肉桂和干姜。

(3)《新刻注释马牛驼经大全集》中的猪苓散(由猪苓、泽泻、青皮、陈皮、滑石、牵牛子、白术、茯苓、车前子、黄芪、官桂、香附、枳实、槟榔、木通、升麻组方，功能利水性气、健脾止泻，主治马水泻)亦源于本方，但减去了莨菪，并有较多加味。

(4)《中兽医治疗学》中治马冷肠泄泻所用的加味猪苓散(由砂仁、车前子、酒军、乌梅、白芍、猪苓、泽泻、白术、青皮、官桂组方)就是由猪苓散加减变化而来。

(5)《牛经备要医方》中的猪苓泽泻饮(由猪苓、泽泻、青皮、陈皮、木通、滑石、车前子组方)与猪苓散相近，治“牛肠水胀”。原书云：“牛发水胀者，其小便必短涩，甚则点滴不通，系膀胱之气不化。宜通小便，猪苓泽泻饮主之”。

(6)《校正驹病集》中治“驹儿寒热不分食粪作泻病”用猪苓泽泻散以健脾利水，温中散寒，歌曰：“苍白二术妙不差，猪苓泽泻与升麻，陈皮良姜同官桂，炙草用之甚可夸，共为细末五钱用，生姜汤灌意可嘉，努稀远者就可治，遗粪腿流令人嗟”。与猪苓散同中有异。

第三章 解表方剂与和解方剂

第一节 概 述

一、解表方剂

解表方剂是以解表药物为主组成，具有发汗解表、透疹等作用，用于解除表证的方剂。在八法中属于“汗法”。《素问》中说：“其在皮者，汗而发之”“因其轻而扬之”；《三农纪》中说：“中风者散之，感寒者表之”等，就是这类方剂的立法原则。

解表剂多用于六淫之邪侵入肌表，主要是寒、热外感的初期。

常见的表证有风寒和风热两种。风寒表证治宜辛温解表；风热表证治宜辛凉解表。若表证而兼有正气虚弱的，还须结合补益法，以扶正祛邪。因此，解表剂可分为辛温解表、辛凉解表和扶正解表等类。

解表剂所用药物大多辛散轻扬，不宜久煎，否则药性蒸腾散失，作用减弱。灌药后，患畜宜置暖圈，避风寒，甚至适当覆盖，以助药效。

解表剂使用不当，容易造成耗气伤津，故只适用于表邪未解之时。若表邪已解，或病邪入里、麻疹已透、疮疡已溃、虚证水肿、泄泻、失血等情况，均不宜用。

二、和解方剂

辛温解表剂，适用于外感风寒表证，患畜表现恶寒（被毛逆立、寒战、蜷卧暖处等）发热、精神短少、腰背弓起、有汗或无汗、脉浮、苔薄白等症状。常用辛温解表药为方中的主要药物，如麻黄、桂枝、荆芥、细辛、生姜等。辛温解表的代表方剂有麻黄汤、桂枝汤、发表汤等。

辛凉解表剂适用于外感风热表证，患畜表现发热、微恶风寒、精神短少、口干，或咳嗽、气喘，脉浮数、舌红、苔薄白或稍黄等症状。常用辛凉解表药为方中的主要药物，如金银花、薄荷、菊花、升麻、葛根等。辛凉解表的代表方剂如银翘散、桑菊饮等。

和解方剂是以疏畅、调和药物为主要组成，具有和解少阳、调和脏腑气血等作用，用于治疗少阳病、肝脾不和等病症的方剂，在八法中属于“和法”。

和解方剂原是为治疗少阳病而设。但由于和解少阳的一些方剂兼有疏解肝郁的作用，因此，调和肝脾的方剂也就归入和解剂之内。

和法，从其含义来讲是比较广泛的。《医学心悟》中说："有清而和者，有温而和者，有消而和者，有补而和者，有燥而和者，有润而和者，有兼表而和者，有兼攻而和者，和的含义则一，而和之法变化无穷焉"。但通常所指主要是和解少阳、调和肝脾、和解表里等方面。和解剂的代表方剂有小柴胡汤、逍遥散、白术芍药散、防风通圣散等。

第二节　常用解表方剂

麻黄汤

（一）源流出处

出自东汉张仲景《伤寒论》；在《中兽医方剂大全》《中兽医方剂精华》中均有收录。

（二）组成及用法

麻黄三两去节（9克）、桂枝二两去皮（6克）、杏仁七十个去皮尖（9克）、甘草一两炙（3克）。上以水九升，先煮麻黄，减二升，去上沫，内诸药，煮取二升半，去津，温服八合。覆取微似汗不须啜粥，余如桂枝法将息。现代用法：水煎服，温覆取微汗。

动物用量：各药按比例为末，开水冲调，候温灌服；马、牛150～300克；猪、羊30～60克。

（三）功能主治

发汗散寒、宣肺平喘，主治外感风寒表实证。患畜表现恶寒发热、精神短少、弓腰、无汗而喘、舌苔薄白、脉浮紧。

（四）方义解析

在《伤寒论》中，麻黄汤原为主治太阳伤寒而设。所谓太阳伤寒，为外感风寒之邪过重所致。动物浅表微循环闭塞严重，阳气欲外达时受到郁闭，出现发热、恶寒、无汗、身痛、脉浮紧的表现。浅表微循环闭塞严重，导致恶寒，并使机体内部的产热无法外泄而被动蓄热，同时，机体为解决问题而加强代谢、主动产热。故太阳证发热与恶寒并见。脉浮源于机体受邪后心搏亢进和浅表微循环闭塞两方面，同时，外感初期水液尚未过度充盈到血管内，气亢而血尚未过度充盈。太阳伤寒的疼痛以表闭、里热相争引起"身如被杖"的胀痛为主，同时也存在因肌肤供血不足，组织无氧代谢升高、有氧代谢降低导致的酸性产物聚积而产生的肌肉酸疼。痛重导致脉管紧张程度升高，形成紧脉。肺合皮毛，外寒作用于一身之表，肺亦可受邪，发生喘咳。太阳伤寒的治疗宜用发汗宣肺之法，以解除在表之寒邪，开泄郁闭之肺气，使表邪得解，肺气宣通，自然寒热退而喘咳平。

方中麻黄发汗解表以散风寒、宣肺利气以平喘咳，为主药；桂枝发汗解肌、温经散寒，助麻黄发汗解表，为辅药；杏仁宣畅肺气，助麻黄平喘，为佐药；炙甘草调和诸药，为使药。四药配伍，共奏发汗散寒、宣肺平喘之效。全方以开泄为主，疏通浅表气血循环，直接宣散内热外出。

老中医刘渡舟认为：麻黄汤中麻黄的剂量应该大于桂枝、甘草的剂量，否则会起不到发汗解表的作用。这是因为，桂枝、甘草能监制麻黄之发散，如果麻黄量小，则失去了麻黄汤发汗解表的意义。应该先煎麻黄，去上沫，以免服后发生心烦。

（五）临证应用

（1）麻黄是一味比较常用的辛温发散类药物，或称宣扬类药物，味辛，微苦而性温，入肺和膀胱经，能发汗平喘、利水，一般用于外感风寒引起的恶寒发热。注意，外界风寒较重时，恶寒较重，表闭导致里阳不得外达，所以热也相对较重；同时，也由于表闭造成肺气不宣，引发咳喘。所谓的平喘，是宣降肺的气机，发散寒邪，使腠理得开。气机宣降正常，喘自可平息。由于麻黄能开表发汗，因此有利水作用，同时在治疗消化道疾病方面，或者是尿闭时，往往用麻黄宣扬上焦、开表，使肺气得宣、升降有序，达到通利二便等作用，也是所谓提壶揭盖法之意。

麻黄发汗力较强易伤阴，故阴虚津亏不可使用。用发汗法宣阳开表，需机体津液较充足。若因表闭伴有吐泻又因吐泻造成津伤，应先进行补液生津，待脉恢复后才能使用麻黄宣阳。临证欲以麻黄开表，须先查其脉，脉不细弱者方可考虑发散，否则既达不到开表目的，又徒然伤津耗气。

另外，对皮肤病尤其是脂溢性皮肤病，可酌情使用麻黄。在风湿类关节病上，亦有用麻黄配附片、细辛等开郁、止疼、祛风湿，一般还可加入淫羊藿、巴戟天、续断、杜仲、威灵仙、海风藤等助阳强腰、祛风除湿通络的药物。

麻黄配苍术，是临床上常用的药对，两药均能宣阳燥湿，用于湿阻诸病，相得益彰。表闭湿阻所致腹泻最为常用。

（2）在配制麻黄汤时，麻黄与杏仁的比例常可取 1∶1 或 1∶2。麻黄发汗宣肺力猛，易生燥伤肺，杏仁降气平喘，质地油润，与麻黄配合可以防麻黄伤肺阴。如果仅仅外感风寒，体质较好，症状仅为咳喘，则可考虑去掉桂枝，使发汗相对缓和，而以蜜麻黄、杏仁配炙甘草（即三拗汤，出自《和剂局方》），并可加入桔梗，以增强平喘祛痰作用。

（3）以小剂量麻黄汤与熟地、阿胶、石膏、黄连等滋腻药和寒凉药合用时，能宣导气机，防止养血药滋腻气机，或防止寒凉药凉遏气机。麻黄汤小剂量使用可宣导百药，防止气机壅塞，但易伤阴，故阴亏血虚时慎用。麻黄用于开表，当表闭时鼻镜干燥，脉高度紧绷、充盈有力，可用麻黄；药后如鼻镜逐渐湿润则为表闭已解，脉的充盈度也有所缓和，即达到用药目的。

（4）宠物临床运用　麻黄汤用于里有郁热兼有表闭，里热不能外透，因此症状表现相对严重。用麻黄、桂枝行阳开表，使里热外散即可。麻黄发表力量强于其他同类药物，凡有表郁、表闭皆可使用。风温表郁里热，也可用麻黄开表，但剂量宜小，只起开表无伤津作用。对有心脏病的犬要慎重使用麻黄，尤其是正在服用西药强心剂的犬，不论生麻黄或炙麻黄，都应慎用。

应特别注意，部分犬，尤其是小型犬对生麻黄比较敏感，应慎用。临床上曾多次见到使用 1 克生麻黄导致中枢神经系统亢奋的案例。故需宣降肺气、发散平喘时，多宜用相对较为安全的蜜麻黄。蜜麻黄在小型犬用至 6 克/日，亦未见明显中枢兴奋作用。蜜麻黄开表力虽较生麻黄弱，但配伍桂枝、生姜后仍较其他药物强。若患犬确实表闭严重，确需用生麻黄宣开者，应根据犬体型大小，先从 1～3 克开始，并严格观察其中枢兴奋性。煎煮麻黄汤时，一般应撇去药汤表面的泡沫，但麻黄用量较小时，不一定会出现泡沫。

（六）加减化裁

麻黄汤主要适用于外感风寒。如《中兽医治疗学》中载本方治猪的风寒咳嗽，处方为杏仁 10 克、麻黄 6 克、桂枝 6 克、甘草 3 克，水煎服。

《抱犊集》中载有麻黄汤（由麻黄、桂枝、杏仁、苍术、厚朴花、苏叶、陈皮、葛根、细辛、茯苓组方），功能辛温解表、行气化湿，主治牛感冒。为麻黄汤与平胃散合方加减而成。

麻黄汤去桂枝、加生姜，名三拗汤（见《和剂局方》），功能宣肺止咳平喘，主治外感风寒咳嗽气喘。

麻黄汤倍用麻黄、炙甘草，加石膏、生姜、大枣，名大青龙汤（见《伤寒论》），外解风寒郁闭、内清里热烦躁。主治风寒表实证而兼有里热者。义取青龙兴而云升雨降，郁热顿除，烦躁乃解也。

桂枝汤

（一）源流出处

出自东汉张仲景《伤寒论》；在《中兽医方剂大全》《中兽医方剂精华》中均有收录。

（二）组成及用法

桂枝（去皮）三两（9 克），芍药三两（9 克），甘草（炙）二两（6 克），生姜（切）三两（9 克），大枣（擘）十二枚（6 克）。此五味，㕮咀，以水七升，微火煮取三升，适寒温，服一升。服已须臾，啜热稀粥一升余，以助药力。温覆令一时许，遍身漐漐微似有汗者益佳，不可令如水流漓，病必不除。若一服汗出病瘥，停后服，不必尽剂；若不汗，更服如前法；又不汗，后服小促其间，半日许，令三服尽。若病重者，一日一夜服，周时观之，服一剂尽，病证犹在者，更作服；若汗不出，乃服至二三剂。禁生冷、黏滑、肉面、五辛、酒酪、臭恶等物。现代用法：水煎服，温覆取微汗。

动物用量：各药按比例为末，开水冲调，候温灌服；马、牛 200～400 克；猪、羊 40～80 克。

（三）功能主治

解肌发表、调和营卫，主治外感风寒虚证。患畜表现发热、汗出恶风、舌苔薄白、脉浮缓。

（四）方义解析

《伤寒论》原以桂枝汤治太阳中风。所谓太阳中风，亦为外感风寒之邪所致。但中风脉浮缓、有小汗，与伤寒的机理和表象均有所不同。冬春转换时期，机体代谢需求开始增强而气血供应相对滞后，此虽为随季节变化的正常生理过程，但机体确实处于相对偏虚而易于感邪的状态，即使外邪不甚重也可致发病。邪不甚重，则浅表气血循环闭塞程度不如伤寒重，故内热逐渐蓄积的过程中可有小汗出，但由于气血相对不足，其汗的效率既不足以发散里热，又不断消耗机体津液，导致血中津伤、脉体绵软，称为脉缓。太阳中风之脉缓，是相对于太阳伤寒之脉紧而言，并非指脉率缓慢。太阳中风的身痛，以酸疼更为明显。

桂枝汤方中，桂枝解肌，生姜辛温助热并解表；大枣补气补血，白芍养阴充实血脉，甘草补气并调和诸药，全方具有温、补的性质，补血、补气、养阴，鼓动气血，又解肌发表，提高了出汗开泄里热的效率，实为通补结合的方剂。

桂枝汤可治疗机体气血资源不足，内热无力透散于表的情况。同时提示汗法应在津液不亏的前提下使用，也提示发汗后存在气津损伤的风险。这一原则对后世温病学派治疗原则也有着重要的指导意义，桑叶、薄荷虽然辛凉，但仍为发散之品，使用不当则可损伤津液、耗散正气，因此也应佐以生津之品，作到扶正祛邪兼顾。桂枝汤是扶正祛邪法的典型方剂，是透邪存津的范例。桂枝汤中，白芍配炙甘草酸甘化阴，生姜、甘草配大枣辛甘化阳、甘温补中，临床效果较好，在整部《伤寒论》中的出现频率很高。

《删补名医方论》云："以桂芍之相须，姜枣之相得，借甘草之调和阳表阴里，气卫血营并行而不悖，是刚柔相济以为和也。"

据研究，桂枝汤与麻黄汤比较，药理作用有所不同：麻黄汤降低发热家兔肛温的作用较桂枝汤缓慢而弱；对小鼠正常皮温的降温作用以麻黄汤为速；麻黄汤促使小鼠唾液分泌的强度大于桂枝汤；麻黄汤能使小鼠肺支气管灌流时间缩短 20.39%，而桂枝汤则无此作用［中医杂志，1984（8）：63］。

（五）临证应用

《名医方论》说："此方为仲景群方之冠，乃滋阴和阳、解肌发汗、调和营卫之第一方也。凡中风、伤寒、杂证、脉浮弱、汗自出而表不解者，咸得而主之；其但见一二证即是，不必悉具矣"。

据山西省岢岚县兽医院经验，桂枝汤可广泛应用于家畜一些表证性疾病，尤其适用于表虚患畜。诸如伤风感冒或流行性感冒（尤其是劳役过重的骡马感冒）、风寒犯肺、"外感性腹痛""风寒束腿"、母畜产后发热、"过劳中风证"等，均可用桂枝汤适当加味加以治疗。（见《全国中兽医经验选编》）。

宠物临床运用：犬猫每日常用剂量，桂枝 3～6 克、芍药 3～6 克、炙甘草 3～6 克、生姜 3～6 克、大枣 3～6 克，水煎，分 3 次服。需要注意的是，此方中生姜应切片或切丝，大枣应掰开。药后应对动物作保暖，不得再受风寒，亦不得再饮冷水。在某些较虚弱的动物，药后可再使其服下温暖浆汁，补气生津，以助药力。桂枝汤具有加速血液运行、开张体表循环、鼓动津液外透，并且有一定补养的作用。部分平日体弱怕冷的犬，口服一段时间桂枝汤后，其抗寒能力可有明显提高。日本学者称桂枝汤为强壮剂是有一定道理的。

（六）加减化裁

桂枝汤加厚朴、杏仁，名桂枝加厚朴杏子汤（见《伤寒论》），主治宿有喘而病太阳中风证者。

桂枝汤倍芍药、君饴糖，名小建中汤（见《伤寒论》），功能温中补虚、缓急止痛，主治虚寒腹痛。再加黄芪，名黄芪建中汤，用于虚寒腹痛而气虚盛者。

麻黄桂枝汤，出自《抱犊集》，《中华人民共和国兽药典》（2000 年版）中的麻黄桂枝散也即本方，此方由麻黄、桂枝、细辛、羌活、防风、桔梗、苍术、荆芥、苏叶、薄荷、槟榔、甘草、皂角、枳壳组成，功能解表散寒、疏理气机；主治牛外感风寒。《抱犊集》中另外还收录有两个麻黄桂枝汤，组成大同小异，分别用于牛风寒束肺和感冒咳嗽等。

桂枝加龙骨牡蛎汤，出自《金匮要略》，是在桂枝汤的基础上加入龙骨、牡蛎。二药镇心平喘效果较好，一些慢性病出现心动过速、心慌气喘时，可考虑使用桂枝加龙骨牡蛎汤。对属于热性的狂躁症可考虑给予小柴胡汤合桂枝龙骨牡蛎汤加减，以调肝镇心。

桂枝汤加附子，用于桂枝汤证并出现四末逆冷的症状。桂枝汤用于心胃阳虚，心阳虚较重者加附子。附子温阳走窜。因此虚寒出现的四末逆冷往往使用附子助阳通脉。另外肢体周身疼痛往往也加入附子，与真武汤中的附子白芍意义相同，通络止痛。附子止疼可能多在肢节末梢，白芍止疼可能多在肌肉。

桂枝汤倍芍药，这里芍药指的是白芍，这味药小剂量使用敛阴养阴，与甘草同用酸甘化阴，与黄连苦寒同用酸苦泄热。在桂枝汤中使用是为了敛阴养阴，而加量使用目的是止痛。桂枝汤治疗心胃阳虚，体表阳气弱气血循行相对较差，会出现不荣则痛的现象，加大白芍的目的就是为了增强止疼效果。根据文献报道，白芍可以抑制平滑肌痉挛，起止疼作用。

发表汤

（一）源流出处

出自清代兽医著作《抱犊集》；在《中兽医方剂大全》《中兽医方剂精华》中有收录。

（二）组成及用法

尖杏仁 45 克、北细辛 20 克、炙麻黄 30 克、漂苍术 30 克、酒知母 30 克、嫩桂枝 30 克、广陈皮 30 克、炒枳壳 30 克、炙桑白、30 克、栝蒌仁 45 克、马兜铃 30 克、款冬花 30 克。用时各药为末，开水冲调，候温灌服；或适当加大剂量煎汤灌服（原方用白蜂蜜为引）。用量：马、牛 200～400 克，猪、羊 40～80 克。

（三）功能主治

发表汤功能辛温解表、利肺止咳，主治牛外感风寒。症见恶寒发热、咳嗽气促、鼻流清涕、脉浮。

（四）方义解析

风寒外感，证属表寒；但寒邪束表、郁闭肺气，又往往容易引起咳嗽。发表汤所治风寒表证而兼有咳嗽的情况，悉为临证所常见。方中药物大体可分两方面：一方面是麻黄、桂枝、细辛、苍术，辛温发散，以解肌表寒邪，为主辅药；另一方面是剩下的杏仁等 8 味药，宣肺利气、润肺止咳，为佐使药。诸药合用，共奏发汗解表、利肺止咳之功。

（五）临证应用

发表汤治牛咳嗽。咳嗽的原因有多种，本方所治为外感风寒引起的咳嗽，而且风寒束表是其主证，故名曰“发表汤”。《中兽医治疗学》中治牛感冒的苏陈散与发表汤有相似之处，但药力较轻。其组成是苏子 18 克、陈皮 18 克、薄荷 18 克、桂皮 9 克、甘草 9 克、杏仁（去皮尖）25 克、桑白皮 25 克，大腹皮 25 克和麻黄 6 克。

（六）加减化裁

发表青龙汤（见《抱犊集》）由麻黄、杏仁、川芎、桂枝、苏叶、陈皮、枳壳、桔梗、干姜、贯众、茯苓、甘草、苍术、厚朴、前胡组方。用时为末冲服，其功能辛温解表，温燥化湿，利气止咳。发表青龙汤原方为“治牛患雨淋闭症瘦弱方”，从其药味组成来看，可以认为是麻黄汤合平胃散（见祛湿剂）加味变化而来。牛体素虚，不任客邪，倘受雨淋，则寒湿侵犯肌表，而发生感冒、咳嗽等，并可导致脾胃运化功能减退。方中有麻黄汤并苏叶解表散寒；有枳壳、桔梗、前胡以及陈皮、杏仁等利肺止咳；又有平胃散及干姜、茯苓等温中燥湿运脾；因此用于上述病症是相当合适的。

感冒清热颗粒

（一）源流出处

出自《中华人民共和国药典》。

（二）组成及用法

荆芥穗 200 克、薄荷 60 克、防风 100 克、柴胡 100 克、紫苏叶 60 克、葛根 100 克、桔梗 60 克、苦杏仁 80 克、白芷 60 克、苦地丁 200 克、芦根 160 克。此十一味，取荆芥穗、薄荷、紫苏叶提取挥发油，蒸馏后的水溶液另器收集；药渣与其余防风等八味加水煎煮二次，每次 1.5 小时，合并煎液，滤过，滤液与上述水溶液合并。合并液浓缩成相对密度为 1.35～1.38（55℃）的清膏，取清膏，加蔗糖、糊精及乙醇适量，制成颗粒，干燥，加入上述挥发油，混匀，制成 1600 克；或将合并液浓缩成相对密度为 1.32～1.35（55℃）的清膏，加入辅料适量，混匀，制成无糖颗粒，干燥，加入上述挥发油，混匀，制成 800 克；或将合并液减压浓缩至相对密度为 1.08～1.10（55℃）的药液，喷雾干燥，制成干浸膏粉，取干浸膏粉，加乳糖适量，混合，加入上述挥发油，混匀，干轧制成颗粒 400 克，即得。

每次 12 克/60 千克体重，每日 2 次，口服。

（三）功能主治

疏风解表、解肌清热。用于风寒闭表、里热无法外透。症见发热恶寒、鼻流清涕、身痛咳嗽、舌淡暗苔薄白、脉浮略数。

（四）方义解析

本方以荆芥穗为君药，辛香走窜力强，药性偏温，解表散风。防风、苏叶、白芷三药辛温，疏风散寒、祛湿，为外感寒湿之要药，扶助荆芥穗解表透邪的作用，又以柴胡、葛根、薄荷辛凉三药，提升阳气、解肌透热，增强解表透邪力量、解除肌腠闭塞，上述共为臣药。佐以地丁、芦根，清透里热，又防辛温药助热。以桔梗、杏仁为使药，宣降气机，引药入上焦，同时也宣降肺气，治咳嗽兼证。

本方并非经方，但在治疗外感风寒、内有轻度郁热的证候时效果较好，该方以辛温药配辛凉药强力开发腠理，并以此恢复肺的宣降功能。

（五）临证应用

（1）本方性质辛香宣散，大剂量使用或长期使用，易耗伤津气，导致动物疲乏。另外，本方禁用于易严重伤阴的温热病。

（2）使用本方或运用其他汗法药物后，切勿再使动物受寒，否则易加重病情。药后应在暖和的环境下盖被休息，等候腠理开泄。亦可仿照服桂枝汤法，药后服温粥或温水。切不可药后洗澡或药后外出。犬用该药后病情加重或无效者，多为药后未注意上述事项。

（3）宠物临床应用　曾接诊一 10 月龄古老牧羊犬，体型略胖，平日以肉与狗粮为主，在江西1月份洗澡后未吹干，并带其外出玩耍约1小时。在外时犬精神亢奋，回家后约3小时精神不振，时有恶寒，回家后约5小时开始精神不振，恶寒严重，遂就医。见鼻镜干热，鼻孔有少许清稀鼻液，舌质淡红，薄白苔，脉浮数，沉取不绝，腹壁发热，四肢末梢凉，就诊时部分被毛手感仍发潮，体温39.9℃。据发病过程，结合脉、舌等体征，诊断为外感风寒。又因平素饮食膏粱厚味，多有内热。治则以散寒解表、清热透邪为主，给予感冒清热颗粒成药半包，以100毫升热水溶解，温服，30分钟内服完，药后盖薄被，并开取暖器增加室内温度。药后2小时内见排尿1次，量少，色黄，气味重，体温降至39.7℃，精神未见明显改善；药后3小时，第二次排尿，尿量大，色黄，气味重，排尿后体温降至39.0℃，鼻镜变湿润，精神明显好转，已基本不见恶寒表现。嘱再服感冒清热颗粒1/4包，巩固疗效。药后该犬再未见异常。

风寒感冒颗粒

（一）源流出处

出自《中华人民共和国药典》。

（二）组成及用法

麻黄100克、葛根150克、紫苏叶150克、防风150克、桂枝100克、白芷100克、陈皮100克、苦杏仁150克、桔梗100克、甘草100克、干姜100克。此十一味，将紫苏叶、防风、白芷提取挥发油，备用；将提取挥发油后的药渣中，加入整个处方总投料重量6～10倍的水，煮沸，投入苦杏仁饮片，再煮沸，投入麻黄、葛根、桂枝、陈皮、桔梗、甘草、干姜七味药，煎煮3小时，过滤，得滤液和滤渣；滤渣中加入总投料重量5～9倍的水，煎煮2小时，过滤，得滤液和滤渣，完成第二次煎煮。滤渣中再加入总投料重量4～8倍的水，煎煮1小时，过滤，得到滤液，完成第三次煎煮。将三次滤液合并进行减压浓缩，浓缩至相对密度为1.05～1.15（60℃）的清膏，喷雾干燥得到浸膏粉，将甜菊糖苷、羧甲淀粉钠和适量的麦芽糊精辅料加入浸膏粉，然后投入干法制粒机内，制成颗粒，喷入挥发油，混合均匀。

一次8克/60千克体重，一日3次。开水冲服。

（三）功能主治

发汗解表、疏风散寒。用于感冒风寒表证，症见恶寒发热，鼻流清涕，头痛，咳嗽。

（四）方义解析

方中麻黄性味辛苦温，发汗解表以散风寒、宣利肺气以平咳喘，桂枝性味辛甘温，解肌发表、温经散寒，同为君药。防风、白芷、紫苏叶祛风散寒、温经止痛，加强君药解表之力，为臣药。葛根解肌发表；陈皮、干姜理气和胃、散寒降逆；桔梗、杏仁宣降肺气、止咳平喘；以上五味，共为佐药。甘草调和诸药，为使药。诸药配伍，共奏发汗解表、疏风散寒之功。

（五）临证应用

（1）本方用于外感风寒，鼻镜干而恶寒发热为本病主症。

（2）本方的特点在于开腠理而透邪。若将本方以汤剂形式用于犬、猫，每味药用量均不宜超过 3 克。药后可食用热粥以助发汗。

（六）注意事项

（1）本方使用需要注意用量，应严格按照体重折算后使用。

（2）鼻头湿润者不宜使用本方，腠理已然开泄，妄用本方涂上津液，易向热发展。

（3）本方对于心脏形态较大的病例，即使出现风寒外感也应慎重使用。

（4）鼻流脓黄鼻涕，舌质红暗，多为热盛，不可使用本方。

（5）服用期间尽量清淡饮食，如果气血较差者不宜使用本方，用后腹胀喘满加剧。

小青龙汤

（一）源流出处

出自东汉张仲景《伤寒论》。

（二）组成及用法

麻黄去节三两（9 克）、芍药三两（9 克）、细辛三两（3 克）、干姜三两（6 克）、甘草炙三两（6 克）、桂枝去皮三两（9 克）、五味子半升（9 克）、半夏洗半升（9 克）。此八味，以水一斗，先煮麻黄，减二升，去上沫，内诸药，煮取三升，去滓，温服一升。

动物用量：根据人用量，按体重比例折算。用法同。

（三）功能主治

解表蠲饮、止咳平喘。主治风寒外伤、水饮内停，恶寒发热，无汗，咳喘，痰多而稀，或痰饮咳喘，不得平卧，或身体疼重，肢体浮肿，舌苔白滑，脉浮者。

（四）方义解析

因治疗目的不同，小青龙汤的方义可有不同的解释：

（1）外感风寒闭表，阳气不得外达，正邪交于胸中，治疗需要散寒为主，侧重散寒解表，逐邪外出。使水饮外发，减其内压，咳喘即可缓解。以麻黄、桂枝为君散寒解表；细辛、干姜、半夏为臣，助君药散寒解表而缓咳喘；芍药、五味子、炙甘草为佐使药，防君臣之药耗散太过。

（2）心肺阳虚，水液升降失常，蓄于上焦，而咳痰喘频作，则治疗侧重水饮咳喘，以温肺化饮为主，则可视干姜、细辛、五味子为君药，三者属经典配伍，温肺行水止咳喘。对于肺受寒、肺阳虚而水饮内停所致咳痰喘不论外感还是内伤均可应用。臣以麻黄、桂枝、半夏解表开郁，助散水饮；白芍、炙甘草为佐使防止君臣药耗散太过。

（五）临证应用

（1）由于五味子用量加大药味极酸，但重病动物未必能感知，但药后病情减轻后再用此量多难以配合口服汤药。治疗内伤咳喘多用蜜麻黄替代生麻黄。

（2）因外感风寒或外感寒湿导致的重症肺炎，症见恶寒发热，恶寒，咳痰喘，不得平卧，舌质不红，脉无绵软无力之象者，可考虑使用本方。

（3）因过用抗生素、误用寒凉化痰药、清热解毒药等导致寒凝气机、阳气被药所遏制，出现恶寒，咳痰喘，不得平卧者，可使用本方。

(4) 孕犬外感风寒或寒湿，咳痰喘严重，不得平卧，舌质淡白或舌质淡红白苔，气轮青紫，脉无绵软无力之象，可速用小青龙汤，1～2 剂即可祛痰平喘。中病既止，不可多用。

（六）注意事项

(1) 小青龙汤仅适用于外感风寒或外感寒湿，或心肺阳虚、水饮停聚上焦的咳痰喘。

(2) 若影像学检查见双肺白化，为风寒、寒湿所致，舌质淡白泛青，可用小青龙汤；若口内脓味明显，眼气轮血丝满布，脉滑数者不可使用小青龙汤。

(3) 本方辛温发散，散利水饮，药后必见小便增多，鼻镜由干渐湿。

(4) 本方辛散利水，因此脉绵软无根者不可使用。

(5) 若外感风寒日久，肺中郁热已起，使用本方易动血发热，多见鼻出血、咳嗽带血等。

(6) 服用本方宜少量多次频服，随服药随观察，舌质渐红，小便渐多，精神渐好，咳痰喘减轻，即可逐渐减量或延长口服时间，务必作到中病既止，切勿过服。

九味羌活颗粒

（一）源流出处

出自《中华人民共和国药典》，原方为九味羌活汤，出自元代王好古《此事难知》引张洁古方，又名羌活冲和汤。

（二）组成及用法

羌活 150 克、防风 150 克、苍术 150 克、细辛 50 克、川芎 100 克、白芷 100 克、黄芩 100 克、甘草 100 克、地黄 100 克。此九味，白芷粉碎成粗粉，照流浸膏剂与浸膏剂项下的渗漉法，用 70%乙醇作溶剂，浸渍 24 小时后进行渗漉，收集漉液，备用。羌活、防风、苍术、细辛、川芎提取挥发油，蒸馏后的水溶液另器收集；药渣与其余黄芩等 3 味加水煎煮 3 次，每次 1 小时，合并煎液，滤过，滤液与上述水溶液合并，浓缩至约 900 毫升，加等量的乙醇使沉淀，取上清液与漉液合并，回收乙醇，浓缩至相对密度为 1.38～1.40（60～65℃）的清膏。取清膏 1 份、蔗糖粉 2.5 份、糊精 1.5 份，制成颗粒，干燥，喷入上述羌活等挥发油，混匀，即得。一次 15 克，一日 2～3 次。姜汤或温开水冲服。

动物用量：根据人用量，按体重比例折算。

（三）功能主治

疏风解表、散寒除湿。用于外感风寒夹湿所致感冒，症见恶寒发热、无汗、头重而痛、肢体酸痛。

（四）方义解析

方中羌活性味辛温，散风寒、祛风湿、利关节、止痛行痹，为君药。防风辛甘微温，长于祛风湿、散寒止痛；苍术辛苦燥湿，可发汗祛湿，二药共助君药散寒祛湿止痛，为臣药。细辛、川芎、白芷散寒祛风通痹，以止头身疼痛；黄芩、生地清泄里热，生地并可防止辛温燥烈之品伤阴之弊，共为佐药。甘草调和诸药，为使药。诸药配伍，共奏疏风解表、散寒除湿之效。

（五）临证应用

（1）治外感风寒湿邪之感冒，症见恶寒发热、肌表无汗、头疼项强、肢体酸楚疼痛。

（2）治风寒湿邪所致之痹痛，症见关节疼痛。

（3）较为肥胖的老龄犬常见关节疼痛、起慢卧快，阴天降温等阴寒潮湿天气病情加重。肌肉软无力、失常站立、肢体抖动、两脉沉滑、少力、舌质淡红、舌体滑而厚者可考虑使用本方加减治疗。

（4）犬猫常用剂量为：羌活 6 克、防风 6 克、生苍术 6 克、细辛 3 克、白芷 3 克、川芎 3 克、黄芩 3 克、生地 3 克、炙甘草 3 克。煎汤温服，一剂可分 1～2 日服。寒湿较重者可加入生姜 3～6 克。

（5）若使用中成药，可用生姜 6 克煮水，冲泡药物或送服胶囊。

（六）注意事项

（1）服药期间，禁食生冷、油腻；与其他解表药同样宜温服。

（2）本品气味浓郁，个别犬、猫服后呕吐。建议饭后使用。无食欲犬、猫药后尽可能分散注意力。

（3）方中用生苍术辛温燥湿、发汗祛湿。处方必须写明“生苍术”，否则药店多会给予炒苍术。

发汗散

（一）源流出处

出自清代兽医专著《牛经大全》，《中兽医方剂大全》中有收录。

（二）组成及用法

升麻 20 克、当归 30 克、川芎 30 克、干葛 20 克、麻黄 25 克、芍药肉 20 克、人参 30 克、紫荆皮 15 克、香附子 15 克。用时为末，开水冲调，候温灌服；或适当加大剂量煎汤灌服（原方用葱三根、姜三片、好酒一升灌之）。用量：马、牛 180～350 克。

（三）功能主治

表散风寒、补气和血。主治牛体虚外感风寒。患畜表现恶寒发热、咳嗽流涕、体质瘦弱、脉浮。

（四）方义解析

发汗散所治，为牛体质素虚，气血不足，而又有风寒表证者。方中麻黄散寒解表为主药；人（党）参补气，当归、川芎、白芍补血和血，以扶正气，且芍药能敛阴和营以防麻黄发散太过，共为辅药；葛根解肌，升麻解表升阳，二药合用，助麻黄散解表邪，紫荆皮、香附子活血理气，为佐药。诸药合用，共奏补气和血、表散风寒之功。

（五）临证应用

对于牛体虚内伤、气血不足的风寒感冒，可酌情应用发汗散加减使用。马或其他动物也可酌情应用本方。

（六）加减化裁

发汗散与《和剂局方》中的十神汤（麻黄，葛根，升麻，川芎，白芷，紫苏，甘草，陈皮，香附，赤芍药，姜，葱）相似。《医方集解》称十神汤为“阳经外感之通剂。”并说：“古人治风寒，必分六经见证用药。然亦有发热头痛，恶寒鼻塞，而六经之证不显者，亦总以疏表利气之药主之。是方也，川芎、麻黄、升麻、乾葛、白芷、紫苏、陈皮、香附，皆辛香利气之品，故可以解感冒气塞之证；而又加芍药和阴气于发汗之中，加甘草和阳气于疏利之队也。”

《猪经大全》中治“猪时行感冒”方（干葛，绿升麻，陈皮，大草，川芎，紫苏，白芷，赤芍，麻黄，香附，姜、葱煎水灌下），实际上也是《和剂局方》中的十神散。

败毒散

（一）源流出处

又名人参败毒散。出自宋代钱乙《小儿药证直诀》，《中兽医方剂大全》《中兽医方剂精华》均有收载。

（二）组成及用法

柴胡、前胡、川芎、枳壳、羌活独活、茯苓、桔梗（炒）、人参各一两（各 30 克），甘草半两（15 克）。用时为末，加生姜、薄荷少许，开水调，候温灌服；或适当加大剂量煎汤灌服（原方入生姜、薄荷煎）。

动物用量：马、牛 200～400 克，猪、羊 40～80 克。

（三）功能主治

益气解表、散风祛湿，主治正气不足，外感风寒湿邪。患畜表现恶寒发热、咳嗽有痰，或肢节疼痛、脉浮、沉取欠力、舌苔白腻、体质瘦弱。

（四）方义解析

方中羌活、独活散风寒湿邪，配川芎行血祛风，加强宣痹止痛之效；柴胡、前胡、薄荷宣解表邪；枳壳、桔梗宽胸利气；前胡配枳壳、桔梗又能宣肺祛痰；茯苓、生姜、甘草和中健脾以化痰；人（党）参扶正祛邪，以鼓邪从汗而解。正如《医方考》所说：“培其正气，败其邪毒，故曰败毒”。

喻嘉言《寓意草》中说：“伤寒病有宜用人参入药者，其辨不可不明。盖人受外感之邪，必先汗以驱之，惟元气大旺者，外邪始乘药势面出；若元气素弱之人，药虽外行，气从中馁，轻者半出不出，留连为因；重者随元气缩入，发热无休……所以虚弱之体，必用人参三五七分，入表药中少助元气，以为驱邪之主，使邪气得药，一涌而去，全非补养虚弱之意也”。

（五）临证应用

败毒散可用于体质虚弱而外感风寒湿邪之证，凡主气虚明显、年老体弱、产后及病后复感风寒湿邪的动物，均可酌情使用。

（六）加减化裁

败毒散去人参、生姜、薄荷，加荆芥、防风，名荆防败毒散（见《摄生众妙方》），功效发汗解表、散风祛湿。主治外感风寒湿邪，以及时疫、痢疾、疮疡具有风寒表证者。败毒散与荆防败毒散比较，功效主治大致相同，但前者兼顾气虚之体；后者祛风寒之力较强。兽医上治疗感冒一类疾患属于风寒表证者，多用荆防败毒散。因此，《中华人民共和国兽药典》（2000 年版）收载有荆防败毒散。《抱犊集》治牛“肩上生痛”，除局部用药洗敷外，也说“吃药服荆防败毒散”（另《外科理例》中的荆防败毒散有人参）。

败毒散去人参，加银花、连翘，名银翘败毒散（见《医方集解》），主治痈疮红肿疼痛，属热毒为患者。

《抱犊集》中还收载有一个荆防败毒散，“治牛患癞疮软脚不起症”，处方为：“防风六钱，银花八钱，五加皮八钱，荆芥六钱，茯苓六钱，白术六钱，薄荷六钱，牛膝六钱，桂枝四钱，当归六钱，秦艽八钱，甘草四钱，水酒煎服”。

《鸡谱》中的冲和丸（羌活、防风、苍术、白芷、川芎、生地、黄芩、细辛、甘草、生姜汁及枣泥和丸。功能辛温解表、散寒除湿，主治鸡伤寒）与荆防败毒散相近。

参苏丸

（一）源流出处

出自《中华人民共和国药典》。

（二）组成及用法

党参 75 克、紫苏叶 75 克、葛根 75 克、前胡 75 克、茯苓 75 克、半夏（制）75 克、陈皮 50 克、枳壳（炒）50 克、桔梗 50 克、甘草 50 克、木香 50。此十一味，粉碎成细粉，过筛，混匀。另取生姜 30 克、大枣 30 克，分次加水煎煮，滤过。取上述粉末，用煎液泛丸，干燥，即得。

丸剂：口服。一次 6～9 克，一日 2～3 次。

动物用量：根据人用量，按体重比例折算。用法同。

（三）功能主治

益气解表、疏风散寒、祛痰止咳。用于身体虚弱、感受风寒所致感冒，症见恶寒发热、头疼鼻塞、咳嗽痰多、胸闷呕逆、乏力气短。

（四）方义解析

（1）方中紫苏叶、葛根发散风寒、解肌透表，为君药。前胡、半夏、桔梗止咳祛痰、宣肺降气；陈皮、枳壳理气宽胸、燥湿化痰，以上五味共为臣药。党参益气健脾、扶正祛邪；茯苓健脾补中、渗湿化痰；木香行气疏通、调中宣滞；生姜佐助君药，疏散表邪；大枣益气补中、滋脾生津，以上五味共为佐药。甘草补气安中、调和诸药，为使药。

（2）本方分成三部分，既然是益气解表，益气则用党参、茯苓、木香、炙甘草，笔者开药时以四君子汤入方，作益气之用。解表则是苏叶、葛根、前胡、桔梗，引阳气升发于表而达开腠理之效。二陈加枳壳、木香作为除痰调气之用。

（五）临证应用

（1）感冒身体素虚，复感风寒所致恶寒发热、头痛鼻塞、咳嗽痰多，胸闷呕逆、乏力气短、舌胖苔白、脉虚；反复上呼吸道感染见上述证候者。

（2）冠状病毒幼犬平素气虚，受风寒所致呼吸道感染及消化道感染，表现恶寒、咳痰、痰稀白、舌质淡嫩、两脉软弱无力。可使用本方结合归脾丸使用。

（3）犬常用剂量：党参10克、苏叶10克、葛根10克、前胡10克、桔梗6克、陈皮6克、半夏6克、茯苓6克、枳壳6克、木香3克、炙甘草6克。煎汤，做2日服。药后鼻头应渐湿润，咳痰减轻，精神好转。若药后咳嗽加重则需要配合八珍汤口服。

（4）本方幼龄犬、猫因体弱而受风寒多用，临床表现如通宣理肺证，而用通宣理肺无效者，或用小青龙汤无效反胀气者，多气虚外感，可考虑使用本方加减。

（六）注意事项

（1）本品为益气疏风解表剂，风热外感不可使用。

（2）怀孕犬猫慎用。

鼻通丸

（一）源流出处

出自《中华人民共和国药典》。

（二）组成及用法

苍耳子（炒）187.5克、辛夷62.5克、白芷125克、鹅不食草62.5克、薄荷187.5克、黄芩187.5克、甘草62.5克。此七味，粉碎成细粉，过筛，混匀。每100克粉末加炼蜜150～170克，制成大蜜丸，即得。

每次1丸/60千克体重，每日2次，口服。

（三）功能主治

疏散风热、宣通鼻窍。用于外感风热或风寒化热所致鼻塞流涕、头痛流泪；慢性鼻炎见上述证候者。

（四）方义解析

方中苍耳子温和疏达、味辛散风，主入肺经，散风热、升清阳，通窍止痛，故为君药。辛夷辛温发散，芳香透窍，其性上达，升达清气，有散风邪、通鼻窍之功；白芷辛散疏风、通窍止痛；薄荷散风清热，三药配伍，辅助君药，增强散风、通窍、止痛之功，共为臣药。用黄芩清热燥湿、泻火解毒，鹅不食草祛湿化浊，二药佐助君、臣药物，以清热燥湿、泻火解毒，共为佐药。甘草具有调和诸药之功，为使药。诸药配伍，共奏疏风清热、宣通鼻窍之用。

（五）临证应用

（1）本方疏散风热、宣通鼻窍，为治疗外感风热或风寒化热所致鼻窒的中成药。症见鼻塞，时轻时重，或交替性鼻塞，遇冷则塞减，鼻气灼热，鼻涕色黄量少，嗅觉见退，头昏头痛，流泪，舌红，苔薄黄，脉浮有力，常导致慢性鼻炎。

（2）加减后用于猫疱疹病毒或杯状病毒所导致的鼻炎，以及长期使用抗生素无效而反复发作的慢性鼻炎。

（六）注意事项

（1）肺脾气虚、气滞血瘀者慎用。

（2）服药期间宜清淡饮食，以免生热助湿，加重病情。

（3）本品含有苍耳子，不宜过量、长期应用。

银翘散

（一）源流出处

出自清代吴鞠通《温病条辨》，在《中兽医方剂大全》《中兽医方剂精华》和《中华人民共和国兽药典》（2000 年版）中均有收载。

（二）组成及用法

连翘一两（30 克）、银花一两（30 克）、苦桔梗六钱（18 克）、薄荷六钱（18 克）、竹叶四钱（12 克）、生甘草五钱（15 克）、芥穗四钱（12 克）、淡豆豉五钱（15 克）、牛蒡子六钱（18 克）。上杵为散，每服六钱（18 克），鲜苇根汤煎，香气大出，即取服，勿过煮。肺药取轻清，过煮则味厚而人中焦矣。

病重者，约二时服，日三服，夜一服；轻者三时服，日二服，夜一服。病不解者，作再服。现代用法：加入芦根适量，水煎服，用量按原方比例酌情增减。

动物用法：各药按比例为末，开水（或鲜芦根煎汤）冲调，候温灌服；也可适当加大剂量煎汤灌服。马、牛 250～400 克；猪、羊 40～100 克；犬、猫 10～20 克。

（三）功能主治

疏散风热、清热解毒，主治温病初起。患畜表现发热、微恶风寒、精神短少、口干、舌红、脉浮数。

（四）方义解析

《温病条辨》称银翘散为“辛凉平剂”，适用于温病初起、风热表证。方中金银花、连翘清热解毒、轻宣透表，为主药；荆芥穗、薄荷、淡豆豉辛散表邪、透热外出，为辅药，其中荆芥穗虽属辛温之品，但温而不燥，且与银翘、竹叶、芦根等配伍，温性被制，可增强本方辛散解表之功；牛蒡子、桔梗、甘草能解毒利咽散结、宣肺祛痰；淡竹叶、苇根甘凉轻清、清热生津以止渴，并有一定通利大便的功效，加强热邪（代谢产物）的外排，均为佐药；甘草并能调和诸药，为使药。方中清热解毒与辛散表邪药物配伍，共奏疏散风热、清热解毒之功。

吴鞠通《温病条辨》中说：“本方谨遵内经风淫于内，治以辛凉，佐以苦甘；热淫于内，治以咸寒，佐以甘苦之训；又宗喻嘉言芳香逐秽之说，用东垣清心凉膈散，辛凉苦甘；病初起，且去入里之黄芩，勿犯中焦；加银花辛凉，芥穗芳香，散热解毒；牛蒡子辛平润肺，解热散结，除风利咽，皆手太阳药也……此方之妙，预护其虚，纯然清肃上焦，不犯中下，无开门揖盗之弊，有轻以去势之能，用之得法，自然奏效”。

（五）临证应用

银翘散为辛凉平剂，可用于治疗温病范围的各种疾病的初期，如流行性感冒、肺炎、脑炎以及其他发热性流行病初期，凡是表现卫分风热症状者。

疮黄疔毒初起而有风热表证者亦可用银翘散治疗，或酌加蒲公英、地丁等药，以加强清热解毒作用。

据报道，用银翘散加减治疗猪风热感冒250例，取得了较好疗效，其基本处方名银翘柴芩汤（由银花、连翘、柴胡、黄芩、荆芥、薄荷、桔梗、甘草组方，芦根为引，煎汤）。因猪患病初期，往往不易察觉，一经发现，风热之邪大多将入里或已入里，故用柴胡、黄芩和解少阳，表里兼顾（见《中兽医科技资料选辑》第一辑）。

《中兽医医药杂志》2002年第2期中所载治牛、马流感方（金银花30克，连翘、栀子、桔梗、牛蒡子、黄芩各20克，羌活24克，防风、槟榔、板蓝根、大黄各20克，滑石30克，甘草10克，生姜、薄荷为引），即为本方的加减方。

（六）加减化裁

银翘汤，出自《温病条辨》。原方云："下后无汗脉浮者，银翘汤主之"。方由银花、连翘、竹叶、生甘草、麦冬、生地组成，具有滋阴透表之功，主治温病阳明腑实证经过泻下法治疗后，邪气还在表、津液受损者。因其邪微津又伤，无需像银翘散那样用荆、豉解表，桔梗、牛蒡子宣肺，而是用银花、连翘、竹叶、甘草即可胜任清热宣透之能；又因阴津受损，不能增液作汗，故加入生地、麦冬以养阴增液。因此，银翘散与银翘汤两者不可混淆，银翘散是"辛凉平剂"，而银翘汤为"辛凉合甘寒"轻剂。

桑菊饮

（一）源流出处

出自清代吴鞠通《温病条辨》《中兽医方剂大全》《中兽医方剂精华》中有收录；《中华人民共和国兽药典》（2000年版）中的桑菊散即本方。

（二）组成及用法

桑叶二钱五分（7.5克）、菊花一钱（3克）、杏仁二钱（6克）、桔梗二钱（6克）、甘草生八分（2.5克）、薄荷八分（2.5克）、连翘一钱五分（5克）、苇根二钱（6克）。水二杯，煮取一杯，日二服。现代用法：水煎温服。

动物用法：杏仁30克、连翘30克、薄荷15克、桑叶40克、菊花30克、桔梗30克、甘草15克、苇根30克。用时为末，开水冲调，候温灌服；或适当加大剂量煎汤服，马、牛150～300克；猪、羊30～50克。

（三）功能主治

疏散风热，宣肺止咳。主治风温初起或风热咳嗽。患畜表现有风热表证的症状，但咳嗽较重；或以咳嗽为主证。

（四）方义解析

桑菊饮为《温病条辨》治风温之邪侵入肺经的一个方剂，主要症状是咳嗽。方中以桑叶、菊花甘凉轻清，疏散上焦风热，且桑叶善走肺络，清肺热而止咳嗽，同为主药；薄荷协助桑、菊以疏散上焦风热，杏仁、桔梗宣肺止咳，为辅药；连翘苦辛寒而质轻，清热透表，芦根甘寒，清热生津而止渴，共为佐药；甘草调和诸药，为使药，且与桔梗相伍，并利咽喉。诸药配伍，使上焦风热得以疏散，肺气得以宣畅，则表证解，咳嗽止。

吴鞠通《温病条辨》中说："此辛甘化风，辛凉微苦之方也。盖肺为清虚之脏，微苦则降，辛凉则平，立此方所以避辛温也……风湿咳嗽，虽系小病，常见误用辛温重剂，销烁肺液，致久咳成劳者，不一而足。”

桑菊饮与银翘散一样，均出自《温病条辨》，吴鞠通称其为“辛凉轻剂”，具有轻清宣透的作用。凡有郁热或外感风热，均应从肺肝两经入手，不能仅着眼于清肺热。桑叶、菊花宣透肝肺郁热，使气机升降正常，咳自可止。此方中另一组常用药对，杏仁、桔梗则是宣通肺气的要药。桑菊饮是宣透肝肺郁热的要药，对于外感风热咳嗽效果非常好。

（五）临证应用

桑菊饮可用于治疗属于风热的各种病症，如流行性感冒、急性支气管炎、咽喉炎等。若药力嫌轻，可酌情加知母、贝母、黄芩、花粉等。

原方加减法：“气粗似喘，热在气分者，加石膏、知母；舌绛，暮热甚，热邪初入营，加元参一钱，犀角一钱；在血分者，去薄荷、苇根，加麦冬、细生地、玉竹、丹皮各二钱；肺热者，加黄芩；渴者，加花粉”。

江西省中兽医研究所治牛风热咳嗽用桑菊饮加减，处方为：鲜桑叶 250 克（干品 45 克）、白菊花 30 克、苦杏仁 30 克、桔梗 45 克、鲜芦根 150 克（干品 45 克）、栀子 24 克、薄荷叶 21 克、连翘 37 克、甘草 25 克，水煎服。山西省保德县兽医院所用于治猪咳嗽方（由知母、贝母、枇杷叶、桑叶、菊花、连翘、杏仁、桔梗、薄荷、马兜铃、栀子、黄芩、百合、甘草组方），也是由桑菊饮加减而成（见《全国中兽医经验选编》）。

据报道，用桑菊饮加减（桑叶、菊花、杏仁、连翘各 50 克，甘草 20 克，桔梗、薄荷、芦根各 30 克）治疗牛流行热，效果良好。热盛者，加黄芩 30 克；喘促者，加苏子、葶苈子各 50 克，桑皮易桑叶；肺气不利者，加蚕沙 60 克、海风藤 40 克；表实重者，加麻黄 30 克（见《中兽医医药杂志》1997 年第 4 期）。

桑杏汤

（一）源流出处

出自清代吴鞠通《温病条辨》。

（二）组成及用法

桑叶 3 克、杏仁 4.5 克、沙参 6 克、象贝（浙贝）3 克、香豉 3 克、栀皮 3 克、梨皮 3 克。水二杯，煮取一杯，顿服之，重者再作服。现代用法为水煎服。

（三）功能主治

轻宣润燥，用于外感温燥邪气所致身热不甚、咽干口渴、干咳无痰或痰少而黏、舌红、苔薄干、脉数大。

（四）方义解析

桑杏汤证为温燥外袭、肺津受灼所致。秋感温燥之气、卫气不利，故发热头痛；燥气伤肺、耗津灼液，故咽干口渴。燥伤肺阴、肺失清肃，故干咳无痰，或痰少而黏；舌红、苔薄白而燥、脉浮数为温燥灼伤肺阴之象。治宜轻宣燥热、凉润肺金。方中桑叶辛凉解表、疏散风热，亦能润燥止渴；杏仁宣利肺气以止咳，同为君药。豆豉轻宣透表；沙参、梨皮甘寒润肺生津，共为臣药。栀子皮清泄肺热；浙贝母化痰止咳，共为佐药。本方的配伍特点为轻宣、润燥、清热合用，且诸药用量较轻，使燥热除而肺津复，则诸证自愈。

（五）临证应用

（1）治疗因温燥之邪侵袭肺卫导致的上呼吸道疾病，症见发热、咽干口渴、干咳无痰或少痰而黏脉浮数、舌红口干等。

（2）治疗因外感温燥之邪侵袭肺系导致的慢性支气管炎、百日咳，症见干咳、口渴、口鼻欠润甚至干燥、咳嗽少痰或无痰、夜间干咳频繁、尿少而黄、脉浮数、苔薄白。

（3）犬瘟热、犬气管炎、猫气管炎等凡属于温燥袭肺证均可考虑使用本方，其主要特点鼻是镜干、干咳少痰、口渴、喜湿凉（涮爪）、舌面干或舌苔干、脉数。

（4）曾于江西11月接诊一例幼犬，发病2日，口渴、鼻镜干、干咳频繁、痰黏难咯、嗜睡、纳差、大便干少、小便黄、腹部无明显胀痛、体温39.4℃、口内干、脉数、少力、肺部无明显湿啰音、白细胞略高。给予桑叶10克、杏仁6克、淡豆豉6克、栀子3克、沙参10克、麦冬3克、桑白皮10克、地骨皮10克、川贝粉1克、炙甘草3克，水煎冲川贝粉，候温频服，每日1剂，连用3日。药后反馈口服1天半后咳嗽未闻。

（六）注意事项

（1）本方用于治疗外感温燥之邪所致干咳，起病急、咳嗽剧烈、病程短。肺阴虚咳嗽多为内伤久耗阴液，也可由外感温燥之邪留恋肺系，耗损肺阴，肺阴虚起病慢，病程较长，夜晚干咳较重，舌体多瘦，脉细。

（2）本方证邪气轻浅，诸药用量较轻，且煎煮时间也不宜过长。

（3）对犬猫使用本方宜频服。

杏苏散

（一）源流出处

出自清代吴鞠通《温病条辨》。

（二）组成及用法

苏叶、半夏、茯苓、前胡、杏仁各9克，苦桔梗、枳壳、橘皮各6克，甘草3克，生姜3片，大枣3枚。水煎温服。

（三）功能主治

轻宣凉燥、理肺化痰。主治外感凉燥证。患畜恶寒无汗、头微痛、咳嗽痰稀、鼻塞咽干、苔白脉弦。

（四）方义解析

本方证为凉燥外袭、肺失宣降、痰湿内阻所致。凉燥伤及皮毛，故恶寒无汗、头微痛。所谓头微痛者，不似伤寒之痛甚也。凉燥伤肺，肺失宣降、津液不布、聚而为痰，则咳嗽痰稀；凉燥束肺，肺系不利而致鼻塞咽干；苔白脉弦为凉燥兼痰湿佐证。遵《素问·至真要大论》“燥淫于内，治以苦温，佐以甘辛”之旨，治当轻宣凉燥为主，辅以理肺化痰。方中苏叶辛温不燥，发表散邪、宣发肺气，使凉燥之邪从外而散；杏仁苦温而润，降利肺气、润燥止咳，二者共为君药。前胡疏风散邪、降气化痰，既协苏叶轻宣达表，又助杏仁降气化痰；桔梗、枳壳一升一降，助杏仁、苏叶理肺化痰，共为臣药。半夏、橘皮燥湿化痰、理气行滞；茯苓渗湿健脾以杜生痰之源；生姜、大枣调和营卫以利解表、滋脾行津以润干燥，是为佐药。甘草调和诸药，合桔梗宣肺利咽，功兼佐使。

本方乃苦温甘辛之法、发表宣化、表里同治之方，外可轻宣发表而解凉燥，内可理肺化痰而止咳嗽，表解痰消、肺气调和，诸症自除。

（五）临证应用

（1）本方为治燥剂，具有轻宣凉燥、理肺化痰之功效。主治外感凉燥证。症见恶寒无汗、头微痛、咳嗽痰稀、鼻塞咽干、苔白脉弦。临床常用于治疗上呼吸道感染、慢性支气管炎、肺气肿等证属外感凉燥（或外感风寒轻证）、肺失宣降、痰湿内阻者。

（2）本方为治疗轻宣凉燥的代表方，亦是治疗风寒咳嗽的常用方。临床应用以恶寒无汗、咳嗽痰稀、咽干、苔白、脉弦为辨证要点。

（3）若无汗，脉弦甚或紧，加羌活以解表发汗；汗后咳不止，去苏叶、羌活，加苏梗以降肺气；兼泄泻腹满者，加苍术、厚朴以化湿除满；头痛兼眉棱骨痛者，加白芷以祛风止痛；热甚者，加黄芩以清解肺热。

（4）犬猫冬季、夏季受寒，咳嗽频繁、痰鸣音明显、时能咯出稀白痰、夜间咳嗽频繁。脉不数、少力者可用，未必见浮弦脉。

（5）犬、猫外感，凉遏气机，出现呼吸道症状，纯用抗生素口服、雾化，药后病不减者，可考虑配合杏苏散口服。

（6）猫久食膏粱厚味，内蕴痰湿，导致气机不畅、皮肤枯燥或油腻、大便稀软或排出困难、少饮尿少或多饮多尿等均为内蕴痰湿所致，杏苏散恰可轻宣气机去除痰湿，有利于改善内蕴痰湿较为肥胖猫的体质。用于降脂除痰时，可口服一段时间，症状得到缓解后停药。

（7）本方分为两部分，前者为苏叶、杏仁、前胡、桔梗、枳壳，为宣通气机之品，后者为二陈汤除痰祛湿之方，若咳嗽频繁可酌情加入乌梅以增强止咳之功。

（六）注意事项

（1）温燥之邪，忌用。

（2）咳嗽黄浓痰多属于湿温、痰热，不可使用本方。

麻杏甘石汤

（一）源流出处

出自东汉张仲景《伤寒论》。原名麻黄杏仁甘草石膏汤，又名《中兽医方剂大全》《中兽医方剂精华》《中华人民共和国兽药典》（2000年版）中的麻杏石甘汤麻杏石甘散。

（二）组成及用法

麻黄（去节）6克、杏仁（去皮尖）9克、甘草（炙）6克、石膏24克。此四味，以水七升，煮麻黄，减二升，去上沫，内诸药，煮取二升，去津。温服一升。现代用法：水煎温服。

动物用法：各药为末，开水冲调，候温灌服，或适当加大剂量煎汤服。马、牛150～300克；猪、羊30～60克。

（三）功能主治

辛凉宣泄、清肺平喘。主治表邪化热、壅遏于肺所致咳喘。患畜表现发热、咳嗽、气促喘粗、口干舌红、苔白或黄、脉浮数。

（四）方义解析

麻杏甘石汤是《伤寒论》中一个清宣肺热的重要方剂。方中石膏辛甘而寒、清泄肺胃之热以生津；麻黄辛苦温，宣肺解表而平喘，共为主药。二药相制为用，既能宣肺，又能泄热，虽然一个辛温、一个辛寒，但辛寒大于辛温，使麻杏甘石汤仍不失为辛凉之剂。杏仁苦降，协助麻黄以止咳平喘，为佐药；炙甘草调和诸药，为使药。

麻杏甘石汤也可看成是麻黄汤加减变化而来。《删补名医方论》中说："于麻黄汤去桂枝之监制，取麻黄之专开，杏仁之降，甘草之和，倍石膏之大寒，除内外之实热，斯溱溱汗出，而内外之烦热与喘悉除矣"。

关于煎法，据报道，麻杏甘石汤无论复方或单味药的麻黄碱和苦杏仁苷煎出量都以先煎后下法（麻黄先煎，杏仁后下）为妙。对于用伤寒-副伤寒甲-副伤寒乙三联菌苗静脉注射发热的家兔，两种煎法（先煎后下法、混合煎法）的第一煎皆有解热作用，而混合煎的第二煎则无解热作用［哈尔滨中医，1965（1）：29］。

（五）临证应用

（1）麻杏甘石汤原治"汗出而喘，无大热者"。据《中国医药汇海》解释："按仲师大论，于发汗后不可更行桂枝汤。汗出而喘，无大热者，麻杏甘石汤主之。柯韵伯于此，则谓'无汗而喘，大热'。盖汗出而喘者，热壅于肺也；无汗而喘者，热闭于肺也。壅于肺者，皮毛开，故表无大热；热闭于肺，则皮毛亦闭，故表热甚壮。是以不论有汗无汗，皆以麻杏甘石为主"。

（2）家畜患肺热咳喘，或急性支气管炎、肺炎属于肺热炽盛的，均可用麻杏甘石汤治疗。如甘肃省兽医研究所治马热喘方（由麻黄45克、杏仁45克、生石膏120～130克、银花30克、连翘30克、桑白皮30克、生甘草24克，用时为末，蜜120克为引），广东省海丰县东风兽医站彭石清治牛热喘方（由麻黄30克、杏仁30克、石膏60克、瓜蒌21克、栀子21克、桑白皮21克、葶苈子21克、地龙21克、甘草15克、百部15克、黄芩30克、木通21克组方，水煎）等，都是以麻杏甘石汤为基础加味而成。山西省闻喜县拱水兽医站则用本方（麻黄6克、杏仁15克、生石膏30克、甘草9克）治猪外感风热咳嗽（见《全国中兽医经验选编》）。

（3）麻杏甘石汤与麻黄汤同治身热而喘，但麻黄汤治风寒实喘，麻杏甘石汤治风热实喘，寒温不同，不能混淆。

（4）麻黄发表，如遇脉微细，当慎用麻黄，因无可发之力。

清解汤

（一）源流出处

出自清末民初张锡纯《医学衷中参西录》。

（二）组成及用法

薄荷叶四钱、蝉蜕去足三钱、生石膏六钱，生甘草一钱五分。原书未写明煎煮方法。可将生石膏先煎，随后下入甘草，起锅之前下入薄荷叶，蝉蜕研细冲服。

动物用量：根据人用量，按体重比例折算。用法同。

（三）功能主治

辛凉清解，主治温病初得、头疼、周身骨节酸痛、肌肤壮热、背微恶寒无汗、脉浮滑数者。

（四）方义解析

方中薄荷叶中宜用其嫩绿者，至其梗宜用于理气药中，若以之发汗，则立减半矣。若其色不绿而苍，则其力尤减。若果嫩绿之叶，方中用三钱即可。

薄荷气味近冰片，最善透窍。其力内至脏腑筋骨，外至腠理皮毛，节能透达。故能治温病中之筋骨作疼者。若谓其气质清轻，但能发皮肤之汗，则浅之乎视薄荷矣。

蝉蜕去足者，去其前之两大足也。此足甚刚硬，有开破之力。若用之退翳、消疮疡，带此足更佳。若用之发汗，则宜去之，该不欲其于发表中，寓开破之力也。

蝉蜕性微凉味淡，原非辛散之品，而能发汗者，因其以皮达皮也。此乃发汗中之妙药，有身弱不任发表者，用之最佳。且温病恒有兼瘾疹者，蝉蜕尤善托瘾疹外出也。

石膏性微寒，《本经》原有明文，虽系药石，实为平和之品。且其质甚重，六钱不过一大撮耳。其凉力不过与知母三钱等。而其清火之力则倍之，因其凉而能散也。尝观后世治温之方，至阳明腑实之时，始敢用石膏五六钱，岂能知石膏者哉。然必须生用方妥，煅者用之一两，即足偾事……用石膏透达其热，则不恶寒矣。

上述原文所述与笔者用药感知不同。薄荷叶确能发汗，但汗发不透，且薄荷用至可发汗的剂量时，其性质恐已超过辛凉而主要转为寒，易于造成表闭，并对胃肠道有较强刺激性而导致呕吐、纳差、腹泻等。若用温病初起，而热盛者透热亦可使用少许辛温药，起到疏导透热作用，若嫌麻黄辛温发汗太过，可减少麻黄用量。本方去热功效仍以石膏为主。

蝉蜕是否去其前足无明显意义，而蝉蜕发汗也无明显感知，蝉蜕磨粉口服未见能发汗。服药能否发汗与温热汤药对消化道的刺激有关。蝉蜕确有透邪的作用，但机理尚不明确，服后发散的感知度也不明显。儿科外感用药最喜用蝉蜕其中道理或许与镇静有关联。

本方实为从麻杏石甘汤中化出，以薄荷叶、蝉蜕替代麻黄、杏仁。但若透热笔者仍然认为麻杏石甘汤更为合适，但若在炎热环境下，机体腠理又有郁闭，当清透卫、气分之郁热时，以本方煎汤代茶饮，较为合适。

（五）临证应用

(1) 可用于内热不透所致目赤、皮肤泛红、口臭、便干、尿少。

(2) 大剂量薄荷凉膈快脾，最易腹泻。有利于清除内热，用于内热亢盛、内扰心神、大便不通。可加石膏以助清热之功。10 千克体重犬的临床常用剂量为：薄荷 10 克、蝉蜕 10 克、生石膏 18 克、生甘草 6 克。

（六）注意事项

(1) 本方薄荷用量较大，脾虚或经常腹泻的犬、猫慎用。

（2）对于内热较重所导致的口臭、口炎、皮肤发烫，用此方宜填充胶囊，小剂量使用。

（3）气虚不足、津液已伤、阳虚体弱者慎用本方。

（4）此方宜温服，不宜冷服。

葛根芩连汤

（一）源流出处

出自东汉张仲景《伤寒论》。

（二）组成及用法

葛根半斤（15 克）、黄芩三两（9 克）、黄连三两（9 克）、炙甘草二两（6 克）。此四味，以水八升，先煮葛根，减二升，内诸药，煮取二升，去滓，分温再服。

动物用量：根据人用量，按体重比例折算。用法同。

（三）功能主治

解表清热。主治太阳阳明合病，症见鼻干、发热、下痢、喜饮、烦躁，或喘而鼻湿、舌红苔黄、脉数或促。

（四）方义解析

葛根芩连汤用于表证未解而伴有下痢，称为协热下痢。表证未解主要指腠理闭塞、阳气不能宣散，出现无汗、发热、恶寒；协热下痢指表邪向里发展，影响胃肠而出现下痢。

本方重用葛根，升阳解表、生津止泻，配黄芩、黄连，清热燥湿、清胃肠湿热以治痢，合入炙甘草，缓和苦寒太过。葛根芩连汤所致腹泻主要是下痢恶臭黏稠、里急后重。

（五）临证应用

（1）制作汤剂时宜先煮葛根，再入诸药，候温频服。

（2）外感湿热性腹泻，症见鼻头干、发热、喜饮、大便黏腻恶臭、里急后重、舌质红、脉数，可考虑使用本方。

（3）犬细小病毒病、冠状病毒病、猫瘟等过程中见急性胃肠炎属湿热下痢者，见鼻镜干、发热、喜饮、腹痛、大便黏腻恶臭、里急后重、舌红脉数者，可使用本方。

（六）注意事项

（1）腹痛，大便水稀无味，且频繁，为虚寒泄泻，不可使用本方。

（2）本方味苦，脾胃虚弱慎用。

（3）平日心率过缓、脉迟、低血压者，如出现腹泻，慎用本方。

第三节　常用和解方剂

小柴胡汤

（一）源流出处

出自东汉张仲景《伤寒论》；《中兽医方剂大全》《中兽医方剂精华》中均有收录；《中华

人民共和国兽药典》（2000 年版）中的小柴胡散即本方。

（二）组成及用法

柴胡 12 克、黄芩 9 克、人参 6 克、半夏（洗）9 克、甘草（炙）5 克、生姜（切）9 克、大枣（擘）4 枚。此七味药，以水 1.2 升，煮取 600 毫升，去滓，再煎取 300 毫升，分两次温服。

动物用法：按药物比例研末，开水冲服；或用时水煎，去渣，候温灌服。马、牛 150～300 克，猪、羊 30～60 克。

（三）功能主治

和解少阳，主治少阳病。患畜表现精神短少、食欲不振、寒热往来、口干、苔薄白、脉弦。

（四）方义解析

从伤寒论所述，少阳证的典型表现为“寒热往来，口苦、咽干、目眩、心烦喜呕、胸胁满闷、嘿嘿不欲饮食，脉弦”。在正常机体，风寒外感一般不引起弦脉，脉弦者多为素有肝气不舒。肝主疏泄，指机体内部的疏通和内外之间的开泄，涉及一身气机的流转。如果肝气郁滞、疏泄不通，则见一身各处虚实夹杂的证候，常以郁热为主，郁热反过来又可造成气机流转不畅。此类机体感受外邪后，不仅浅表循环不利，内部气机流转不畅亦加重，其所引起的心烦、喜呕、满闷、不欲饮食等均属涉及脏腑的里证表现。其寒热往来，主要是由于疏泄不通而内热时时受阻于里，或因气血不足而气机外达不畅，故出现发热时作时休。

小柴胡汤的适应症主要是气郁生热、痰湿阻塞、气血不足的机体又新感外寒。方中，柴胡疏肝解郁；黄芩清热，入手少阴、阳明，手足太阴、少阳六经，作用范围广，可清由气郁而致的各种郁热，两药相配，疏肝、清热，通畅一身的气机，为主药。痰湿积聚，既可由气机不畅所引起，反过来也造成气机不畅。目眩、呕逆、满闷亦常与痰湿有关。生姜配半夏，既是降逆止呕的组合，也是开散痰湿的基本药对。生姜并能辛温发散。由上述可看出，肝气不舒、气机不畅、疏泄不通是小柴胡汤要对应的主要病机。脉弦即是肝气不舒的典型体征。肝气不舒日久，不仅可有郁热、痰湿等实证，还可引起气虚、血虚等虚证。方中人参、甘草、大枣则是《伤寒论》中培补气血时常用的药物组合。

（五）临证应用

《伤寒论》原书云，本方证为：“口苦、咽干，目眩”及“往来寒热，胸胁苦满，嘿嘿不欲食，心烦喜呕”等，指出其病机“……必有表，复有里也……此为半在里半在外也……可与小柴胡汤”。并说：“但见一证便是，不必悉具”。

据报道，用小柴胡汤治疗马、猪、牛、羊的外感病和其他疾病引起的脾胃失和、脏气欠调或肝气郁滞诸症，每收良效。兽医临床上应用小柴胡汤的指征为：①外感发热，纳食不佳，反刍减弱，或食滞不消，或腹胀，或二便失调，或兼咳者；②外感五六日以上，甚者月余，少阳证（寒热往来，精神时好时差，纳食和反刍欠佳等）仍在者；③其他疾病所致脾胃失和，食欲、反刍久不恢复，服健胃药效果不佳者；④肝气郁滞所致神疲、食减、睾丸肿痛，或见黄疸者［中兽医药杂志，1984（2）：32］。

小柴胡汤还可用于治疗各种杂症，如疟疾、黄疸、产后发热等具有半表半里症状者。

杨斌等用“抗病毒 1 号”（由柴胡、黄芩、鱼腥草、穿心莲、大青叶、葛根、野菊花、麻黄、杏仁、甘草等组方）治疗鸡霉形体病，效果与 Tylosin（泰乐菌素）相当［动物医学与动物科学，2004（12）：56～58］，从其方剂组成看，可视为小柴胡汤合麻黄汤再加减而成。

犬、猫常用剂量：柴胡 6～15 克、黄芩 3～6 克、生姜 3～6 克、半夏 3～6 克、党参 3～6 克、大枣 3～9 克、炙甘草 3～6 克。水煎去渣，再煎。免煎剂应煮沸。候温频服。

（六）加减化裁

小柴胡汤去人参，加生姜、大枣泥，为丸，名小柴胡丸，其功能和解表里，主治鸡感冒等外感病证。

小柴胡汤去人参、甘草，加大黄、枳实、白芍，倍生姜，名大柴胡汤；也可以说大柴胡汤是由小柴胡汤合小承气汤加减而来。大柴胡汤功能和解少阳、内泻热结；主治少阳、阳明合病。据《中兽医医药杂志》1995 年第 5 期报道，用减化大柴胡汤（由柴胡 40 克、黄芩 30 克、大黄 30 克、小苏打 40 克、红糖 150 克组方）治疗高寒地区牛外感下痢症，效果良好。

《牛医金鉴》中的柴胡清凉散（由柴胡、黄芩、芒硝、大黄、黄连、郁金、白蜜、竹叶组方），治牛“火热伤心胆”，与大柴胡汤法相近，可酌情应用。

柴胡注射液，出自《中华人民共和国兽药典》（2000 年版），为柴胡制成的注射液，每 1 毫升含生药 1 克。柴胡注射液功在解热，主治感冒发热。肌内注射给药；用量：马牛 20～40 毫升，猪、羊 5～10 毫升，犬、猫 2～3 毫升。

另有复方柴胡注射液（由柴胡、细辛、独活 3 味药制成，出自《中兽医方药应用选编》），功能解表退热、祛风止痛，主治猪感冒。

旋覆代赭汤

（一）源流出处

出自东汉张仲景《伤寒论》。

（二）组成及用法

旋覆花三两、人参二两、生姜五两、代赭石一两、甘草炙三两、半夏洗半升、大枣（擘）12 枚。以水一斗，煮取六升，去滓，再煮取三升，温服一升，日三服。现代用法：水煎服。

动物用量：根据人用量，按体重比例折算。用法同。

（三）功效主治

降逆和胃、益气化痰。治胃虚痰阻证。症见噫气频作、反胃呕吐、吐涎沫、舌苔白滑、脉弦而虚。

（四）方义解析

旋覆代赭汤证由胃虚痰阻、气逆不降所致。胃主受纳，腐熟水谷，其气以下行为顺。胃气虚则升降失常，胃气因虚而上逆，则噫气频作，反胃呕吐，或吐涎沫；胃虚运化失职，湿聚生痰，痰阻气机，则心下痞；舌苔白滑，脉弦而虚，为中虚痰阻之征。胃虚宜补，痰浊宜化，气逆宜降。虽实虚并见，但以气逆痰阻为主，治宜降逆化痰，兼以益气和中。方中旋覆花功专下气消痰、降气止噫，为治痰阻气逆之要药，重用为君药。代赭石质重而沉降，善镇肝胃之冲逆，坠痰涎、止呕吐，为臣药。半夏、生姜祛痰散结，降逆和胃；人参、炙甘草、大枣健脾益胃，以复中虚，共为佐药。甘草又能调和诸药，兼使药之用。诸药合用，集祛痰、降逆、补虚于一方，使痰除、气降、脾健，诸证自愈。

（五）临证应用

本方煎煮时应遵循原方“煮后去渣再煎”，以降低药物对胃的刺激。曾多次给犬分别尝试煎煮后直接温服，以及煮后去渣再煎，然后再温服。确实后种方法止呕效果较好，药后呕吐频率显著降低。而煮后直接温服者，多药后 10 分钟内出现呕吐。说明煮后去渣再煎的这个方法能有效降低药物中的某些成分对胃的刺激性。另外，半夏用量不宜过大，否则反易引起呕吐，且呕吐物相对黏稠。

犬、猫使用旋覆代赭汤一般侧重于代赭石的重镇、止呕、止血作用。配置旋覆代赭汤时剂量与上述不同。在中等体型犬，可用旋覆花 6～9 克、代赭石 15～30 克、半夏 6 克、生姜 6～9 克、党参 6 克、炙甘草 6 克、大枣 10 克。犬、猫用药剂量普遍较低。

临床往往旋覆代赭汤、小柴胡汤、半夏泻心汤三方合并加减使用，灵活地运用于各种枢机不利导致的呕吐、胀满、发热、腹泻、癫痫等。

（六）加减化裁

旋覆代赭汤与小柴胡汤、半夏泻心汤，可作比较学习。

覆代赭汤：旋覆花三两、赭石一两、半夏半升、生姜五两、党参二两、大枣十二枚、炙甘草三两。

小柴胡汤：柴胡半斤、黄芩三两、半夏半升、生姜三两、党参三两、大枣十二枚、炙甘草三两。

半夏泻心汤：黄连一两、黄芩三两、半夏半升、干姜三两、党参三两、大枣十二枚、炙甘草三两。

三方均匀以党参、大枣、炙甘草固护脾胃之气。半夏与姜，和胃绛逆。区别在于旋覆花、赭石侧重重镇绛逆力量，主要用于因气逆导致的顽固性呕吐。柴胡、黄芩侧重开郁行气，主要用于气滞胀闷。黄连、黄芩重在清热燥湿，主要用于寒热不调。

四逆散

（一）源流出处

出自东汉张仲景《伤寒论》；《中兽医方剂大全》中有收录。

（二）组成及用法

甘草（炙）、枳实（破、水渍、炙干）、柴胡、芍药各三钱。每服方寸匕，白饮（煮米饭过程中前期出现的米汤）和服，日 3 次。

动物用法：各药为末，开水冲调（或稍煎），候温灌服；亦可煎汤服。马、牛 200～400 克，猪、羊 40～50 克。

（三）功能主治

四逆散功能透解郁热、疏肝理脾，主治热厥证。患畜表现四肢厥冷，或食欲缺乏，或肚腹胀满，或泻泄，脉弦。

（四）方义解析

四逆散所治，为热郁于内、阳气不能外达的四肢厥冷之证。方中柴胡、白芍疏肝解郁清热，为主药；枳实泻胃肠之壅滞、调中焦之运化，为辅药；甘草调和诸药，为使药。柴胡与枳实同用，可加强疏肝理气之功；白芍与甘草配伍，又能缓急止痛。诸药合用，共奏透解郁热、疏肝理脾之功。

《医方论》云："四逆散乃表里并治之剂。热结于内，阳气不能外达，故里热而外寒。又不可攻下以碍厥，故但用枳实以散郁热，仍用柴胡以达阳邪，阳邪外泄，则手足自温矣。"

（五）临证应用

《伤寒论》原书云："少阴病，四逆，其人或咳，或悸，或小便不利，或腹中痛，或泄利下重者，四逆散主之"。

凡肝脾不和、肝胆郁热所致腹胀腹痛、食欲缺乏等，均可酌情运用。兼食滞者，可加神曲、山楂；兼发黄者，可加茵陈、郁金；兼气滞者，可加木香、槟榔。

逍遥散

（一）源流出处

出自宋代官修成方药典《太平惠民和剂局方》；《中兽医方剂大全》《中兽医方剂精华》中均有收录。

（二）组成与用法

柴胡 10 克、当归 10 克、芍药 10 克、白术 10 克、茯苓 10 克、炙甘草 5 克、煨生姜 3 克、薄荷 3 克。前六味为粗末。每服二钱，水一大盏，加烧生姜一块（切破），薄荷少许，同煎至七分，去滓热服，不拘时候。

动物用法：甘草（炙）20 克、当归（微炒）45 克、茯苓 45 克、白芍药 45 克、白术 45 克、柴胡 45 克，共为散。用时加薄荷、生姜少许，开水冲调，候温灌服；或适当加大剂量水煎服。马、牛 200～400 克，猪、羊 40～80 克。

（三）功能主治

疏肝解郁、健脾养血，主治肝郁血虚、肝脾不和。患畜表现口干食少、神疲乏力，或见寒热往来、舌淡红、脉弦而虚。

（四）方义解析

逍遥散所治，为肝郁血虚，以致脾土不和之证。此类证治宜疏肝解郁、养血健脾。方中柴胡疏肝解郁，当归、白芍养血补肝，三药配合，补肝体而助肝用，为主药；茯苓、白术补中理脾，为辅药；薄荷、生姜助柴胡疏散条达，为佐药；甘草补中并调和诸药，为使药。诸药合用，使肝郁得解、血虚得养、脾虚得补，则诸证自愈矣。

《删补名医方论》赵羽皇曰："盖肝为木气，全赖土以滋培，水以灌溉。若中土虚，则木不升而郁；阴血少，则肝不滋而枯。方用白术、茯苓者，助土德以升木也；当归、芍药者，益荣血以养肝也；薄荷解热；甘草和中；独柴胡一味，一以为厥阴之报使，一以升发诸阳。经云：木郁则达之，遂其曲直之性，故名曰逍遥"。

据试验观察，逍遥散有使肝细胞的变性、坏死减轻，以及血清谷丙转氨酶活力下降的效能。在方中，以茯苓、当归的作用最显著，其作用，除使气球样变性、坏死明显减轻，SGPT 活力显著下降外，并使肝细胞内糖原核酸含量趋于正常［山西医药杂志，1976（2）：71］。

（五）临证应用

逍遥散适应证为口干、食欲下降，或见寒热往来、舌稍红、脉弦而虚。凡具有这些症状而属于肝脾不和者，可酌情应用本方。

可用于由精神因素引起的食欲缺乏或消化机能紊乱（即肝脾不和）。在动物虽然这种情况比较少见，而且症状较轻，但并不罕见。据认为，精神创伤（如将犊牛牵走、兴奋、变换系留地、孤立于畜舍中、粗暴的管理等）能造成家畜食欲缺乏（见胡体拉等著《家畜内科学》，盛彤笙译）。

据四川省犍为县畜牧兽医站王建武介绍，应用逍遥散加减治疗耕牛肿脚病（结合西药局部消毒）21 例，均收到了比较满意的效果。

（六）加减化裁

逍遥散加丹皮、栀子，增强疏肝清热作用，名丹栀逍遥散（见《内科摘要》）。

半夏泻心汤

（一）源流出处

出自东汉张仲景《伤寒论》。

（二）组方及用法

半夏半升，黄芩、干姜、人参、炙甘草各三两，黄连一两，大枣十二枚掰。此七味，以水一斗二升，煮取六升，去渣，再煎，取三升，温服一升，日三服。

动物用量：根据人用量，按体重比例折算。

（三）功能主治

和胃绛逆、开结除痞。主治胃气不和、心下痞满不痛、干呕或呕吐、肠鸣下痢、舌苔薄黄而腻、脉弦数。

（四）方义解析

方中半夏开痰散结、绛逆水饮。干姜大辛大热，助散阴邪，可利水饮。黄芩、黄连清热燥湿、苦寒折热，四药合用达辛开苦降之功、行水气而除满，共为君药。人参、炙甘草、大枣三药共为臣药，三药皆有补性，防止君药峻猛过伤正气。

半夏泻心汤属于泻心汤类方剂。同系列还包括生姜泻心汤、甘草泻心汤。三方主要围绕心下痞证进行治疗，心下为部位概念，痞属自感不适症状。人之心下痞证，多为胃腹部满闷等不适感。《伤寒论》和《金匮要略》中记载："伤寒五六日，呕而发热者，柴胡汤证具，而以他药下之，柴胡证仍在者，复与柴胡汤。此虽已下之，不为逆，必蒸蒸而振，却发热汗出而解。若心下满而硬痛者，此为结胸，大陷胸汤主之。但满而不痛者，此为痞，柴胡不中与之，宜半夏泻心汤……呕而肠鸣，心下痞者，半夏泻心汤主之"。

由上所述，柴胡汤证误用下法，出现心下满而硬痛的结胸证，以及满而不痛的痞证。此处所说的“以他药下之”，多为用辛热刺激性攻下药，此类药物可导致肠黏膜水肿，因此所谓“痞满”应指胃肠道水肿，严重的水肿导致疼痛，可使用大陷胸汤，疼痛不严重的使用半夏泻心汤。犬等中小型动物发生呕吐、腹泻，触诊腹部可清晰地摸到胃壁和肠管肿胀，或超声影像学检查见消化道水肿者，可使用半夏泻心汤、生姜泻心汤或甘草泻心汤，多可取良效。

（五）临证应用

(1) 急慢性胃肠炎因饮食不洁，所致急性胃肠炎，出现恶心、呕吐、纳差、大便稀软或溏稀，腹中肠鸣，心下痞满等症状，可适用本方。

(2) 犬细小病毒病、冠状病毒病、犬瘟热胃肠炎型、犬猫胃肠炎等消化道疾病，出现恶心、呕吐、肠鸣，触诊胃肠壁增厚者，均可使用本方。对细小病毒病过程中见呕吐黏腻、大便稀酱恶臭、里急后重等中焦湿热证，宜多先用半夏泻心汤灌肠清肠，效果较佳，不少病例可一剂而愈。

(3) 犬猫口腔糜烂溃疡出现口腔黏膜肿胀者，可考虑使用本方。

(4) 体重为15千克的犬使用半夏泻心汤时，适宜剂量为：法半夏6克、干姜6克、黄芩6克、黄连3克、党参6克、炙甘草6克、大枣6克。可温服或灌肠。

(5) 对胃中寒、胃壁明显增厚、腹中肠鸣、呕吐水液频繁者，可重用生姜。若有烦躁、心神不安、心率渐快、腹中肠鸣、下痢完谷不化者，可重用炙甘草。

(6) 因长期摄入高蛋白饲料导致的慢性腹泻、蛋白丢失性肠炎、炎性肠病等，凡具备肠鸣、腹泻、肠黏膜水肿、舌体宽厚、脉非迟而无力者，多可先用半夏泻心汤治疗，可取得一定效果。

（六）注意事项

(1) 凡用饮片配置半夏泻心汤、生姜泻心汤、甘草泻心汤及小柴胡汤煎煮时均需要煮后去渣再煎，从临床效果看，煮后去渣再煎，可减少药物对胃的刺激，从而减少因药物的刺激性而发生的呕吐。

(2) 胃肠热盛者不宜使用本方。

白术芍药散

（一）源流出处

又名痛泻要方。出自明代张景岳《景岳全书》，《中兽医方剂大全》《中兽医方剂精华》中均有收载。

（二）组成及用法

白术（炒）10克、白芍（炒）9克、陈皮（炒）9克、防风9克。或煎，或丸，或散皆可用。

动物用法：各药共为末，开水冲调，候温灌服；或适当加大剂量煎汤服（原方或煎或丸或散皆可用）。马、牛200～400克，猪、羊40～80克。

（三）功能主治

疏肝补脾，主治肝郁脾虚之泄泻。患畜表现肠鸣腹痛、大便泄泻、精神不安、舌苔薄白、脉弦而缓。

（四）方义解析

白术芍药散所治，乃肝旺脾虚、木郁乘脾，或肝脾不和、脾湿不运所形成之肠鸣腹痛泄泻。治宜健脾疏肝。方中白术健脾燥湿，为主药；白芍缓急止痛，为辅药；陈皮芳香化湿、理气和中，助白术健脾祛湿，为佐药；防风味辛性温，归肝入脾，助术、芍以舒肝理脾，为使药。四药合用，泻肝补脾、补中寓疏、调和气机，故痛泻可止。

原书谓白术芍药散乃“治痛泻要方”。《医方考》云：“泻责之脾，痛责之肝，肝责之实，脾责之虚；脾虚肝实，故令痛泻”。故本方又名痛泻要方。

《谦斋医学讲稿》云：“因为肝旺脾弱，故用白芍敛肝，白术健脾；又因消化不良，腹内多胀气，故佐以陈皮理气和中，并利用防风理肝舒脾，能散气滞”。

（五）临证应用

白术芍药散为治肝脾不和之泄泻腹痛的常用方。《谦斋医学讲稿》说：“肝旺脾弱的腹泻，多系腹内先胀，继而作痛，泻下不多，泻后舒畅，反复发作，脉多弦细，右盛于左”。

白术芍药散可用于治家畜某些急性肠卡他或肠功能紊乱之腹泻属于肝旺脾虚者，尤以精神兴奋、躁动不安所引起的腹泻更为适宜。

据介绍，黑龙江省肇源县兽医院礼从周用加减痛泻要方（由陈皮 21 克、白芍 21 克、白术 30 克、防风 21 克、泽泻 30 克、车前 30 克、米壳 15 克组方，共为细末，开水冲调，候温灌服）治马、骡冷肠泄泻，效果良好。

方中之防风有疏风解表作用，故白术芍药散亦治痛泻兼有外感风寒者。另外，原方用法后云：“久泻者加炒升麻六钱”。如水泻者，亦可加炒升麻以升脾止泻。

防风通圣散

（一）源流出处

防风通圣散出自金元时期刘完素《黄帝素问宣明论方》，《新刻注释马牛驼经大全集》中有收录。

（二）组成与用法

防风 15 克、荆芥 15 克、连翘 15 克、麻黄 15 克、薄荷 15 克、川芎 15 克、当归 15 克、白芍（炒）15 克、白术 15 克、黑山栀 15 克、大黄（酒蒸）15 克、芒硝 15 克、石膏 30 克、黄芩 30 克、桔梗 30 克、甘草 30 克、滑石 60 克。共为末，每服 6～15 克，加生姜 3 片，水一大盏，煎至六分温服。近代多按原方比例斟酌用量，作为汤剂服用，或水泛为丸剂，每服 6～9 克，温开水送下。

动物用法：用时为末，开水冲调，或稍煎，候温灌服。牛 200～400 克，猪、羊 40～80 克。

（三）功能主治

解表通里、疏风清热。主治风热壅盛、表里俱实。患畜表现恶寒壮热、目赤口干、咳嗽气喘、鼻脓黏稠、粪便燥结、尿赤短等症状。

（四）方义解析

防风通圣散是解表、清热、攻下并用的方剂，主治外感风邪、内有蕴热、表里皆实之证。方中防风、荆芥、麻黄、薄荷疏风解表，使风邪从汗而解；大黄、芒硝荡热于下，配伍山栀、滑石泻火利湿，使里热从二便而解；更以桔梗、石膏、黄芩、连翘清解肺胃之热，上下分消，表里并治。当归、川芎、白芍和血祛风；白术健脾燥湿；甘草和中缓急，诸药合用，则汗不伤表、下不伤里，从而达到解表通里、疏风清热的目的。

防风通圣散在伤寒温病方面，提出了发汗与清里攻下并用的范例，故前人推崇为表里并治之方。从其组成来看，是以清热为主、解表为辅，虽有硝、黄之攻下，其意仍在泄热。《医方证治汇编》云："此为表里、气血、三焦通治之剂，汗不伤表，下不伤里。名曰通圣，极言其用之神耳。"

（五）临证应用

防风通圣散适用于外感风邪、邪在于表、恶寒壮热、内有蕴热、粪干尿赤者。凡属此等表里俱实之证，均可酌情加减运用。

防风通圣散亦可用于疮疡肿毒属于风热壅盛者。

防风通圣散在临床运用时，可根据具体情况灵活加减。无恶寒，可去麻黄；热不壮，可去石膏；无便秘，可去硝、黄；归、芍、芎、术之类，如无必要，亦可不用。

（六）加减化裁

《元亨疗马集》中的润肺散即防风通圣散少一味白术，用于"治马肺气把前把后，项脊紧硬，胸膈腰胯疼痛，低头不得，大便粪紧，小便溺涩，并皆治之"。

《抱犊集》中亦引载有防风通圣散，但方中无麻黄、白术、石膏，多一味枳实。用于"治牛五脏七结不通"。

第四章 清热方剂

第一节 概 述

清热方剂的组成以清热药为主，多有清热解毒、凉血泻火的作用，常用于治疗里热证。但根据病情深浅、正邪消长，里热证可分为不同的证型，应使用不同的治疗原则和不同的清热方剂对症治疗。

卫气营血辨证以温热病发展过程中病情的深浅、轻重为线索，是温热病诊断中常用的辨证体系。其中，卫分热属表证，气分热、营分热、血分热属里热证。

一、常用的清热剂种类及其适应证

（一）清气分热剂

气分发热，是病情由浅入深、由表及里、邪入脏腑、正盛邪实的阶段，正邪相争激烈，阳热亢盛，热多在肺和胃肠。临床上常见肺热壅滞所致的呼吸气粗、身热喘咳，以及热结肠道所致的粪便燥结或热结旁流等。尽管病情多样，但症状均以“但热不恶寒”为特点，体温明显升高，多呈稽留热，伴有口渴、多汗、舌红、苔黄、脉洪数、尿短赤等。对应于现代医学体系，气分热证常见于急性传染病的症状明显期，以毒血症引起的症状及高热引起的体液和电解质代谢紊乱为主，脏器功能紊乱，此期可见各种传染病的示病征候和特异性病理变化。气分热证治疗以通宣理肺、泻火解毒为主要原则。清气分热剂的代表方有白虎汤、清瘟败毒饮。

（二）清热解毒剂

清热解毒剂具有清热、泻火、解毒的作用，适用于温疫、温毒或疮疡疔毒等证。若三焦火毒炽盛，症见烦热、吐衄、发斑及外科的疔毒痈疡等；胸膈热聚，可见身热面赤、胸膈烦热、口舌生疮、便秘溲赤等症。本类方剂常以黄芩、黄连、连翘、金银花、蒲公英等清热解毒泻火药物为主组成。若便秘溲赤，可配伍芒硝、大黄等以导热下行；疫毒发于头面而红肿者，可在清热解毒药中配伍辛凉疏散之品，如牛蒡子、薄荷、僵蚕等；热在气分则配伍泻火药；热在血分则配伍凉血药。

（三）清营凉血剂

清营凉血剂用于热入营血。营，为水谷之精气注于脉中的部分，血为营气所化，循行脉中，周流不息。营气通心，营分热多扰心和心包，故营分证可见心神被扰的症状，其发热以午后加重、入夜更甚为特征，常见高热不退、神昏躁动、呼吸急促、口舌红绛、斑疹隐隐、脉数等。症状表现相当于急性传染病的极盛期，除各种传染病的特殊病变进一步加深外，中枢神经系统的损害较为突出，凝血功能紊乱、血管的中毒性损害进一步发展。营分证多由气分传入，邪热初入营，若能及时将入营之邪清解外透而转入气分，则病情转轻。否则，待正气损伤、邪热内盛，则有内陷入血趋向。邪热入营，治宜清营泄热，透热转气，方药选用清营汤加减；若邪热内闭心包，神昏躁动严重时也可用清心开窍法。

营是血的前身，营分有热，常累及血分。血分发热，热多在心、肝、肾，其发热在夜晚尤甚，同时见神经症状，临床表现除了营分热所见症状外，还有动血之象，如口舌深绛、斑疹密布、吐衄、便血、尿血等。血分热的症状表现相当于急性传染病的衰竭期，各重要脏器（如中枢神经、心、肺、肾、肝等）的损害较前更为严重，机体反应性及抵抗力下降，重者出现毛细血管内弥散性凝血和休克等。治疗以凉血散瘀、改善微循环为主。由于此阶段的特点是邪毒炽盛而正气已虚，临床需要扶助正气以防闭脱，治疗应在凉血解毒的基础上加用益气养阴之药物。临床上可选用犀角地黄汤加减。

（四）清脏腑热剂

清脏腑热剂具有清解脏腑、经络邪热的作用，适用于邪热偏盛于某一脏腑所产生的火热证候。本类方剂是按所治脏腑火热证候不同，分别使用不同的清热方药。如心经热盛，用黄连、栀子、莲子心、木通等以泻火清心；肝胆实火，用龙胆草、夏枯草、青黛等以泻火清肝；肺中有热，用黄芩、桑白皮、石膏、知母等以清肺泻热；热在脾胃，用石膏、黄连等以清胃泻热；热在大肠，用白头翁、黄连、黄柏等以清肠解毒。

（五）清热祛暑剂

清热祛暑剂适用于夏月暑热证。患畜表现身热、出汗、气喘，甚至中暑倒地、神志昏迷、四色鲜红、脉象洪大等。其治法基本与温热病相同。但夏月淫雨，天暑下迫，地湿上蒸，湿热之邪易于相间为患，故暑多挟湿；暑为阳邪，易伤气阴；夏暑炎热，每多喜纳凉饮冷，故又易兼表寒。对暑病的治疗，如暑月感寒，应祛暑解表；兼湿邪者，法当清暑利湿；暑伤元气，兼气虚者，又当清暑热而益元气。常用清热祛暑药如香薷、荷叶、绿豆、白扁豆等及其他清凉药为方中的主要药物。清热祛暑的代表方剂如天水散、香薷散、十滴水等。

（六）清虚热剂

里热证，按正邪的消长关系又有虚实之分。实证主要指邪气实，正气一般不虚，实证发热，正邪斗争激烈，热势亢盛，病程多较短。虚证指正气虚，多见于年老或重病后，发热时热势不甚，病程多较长。虚证发热主要包括气虚和阴虚。气虚发热以神疲乏力、用阳则发热自汗为主；阴虚发热以午后潮热、盗汗、烦热为主。

清虚热的方剂适用于热病后期邪热未尽、阴液已伤，或久热不退的虚热症。患畜表现发热、舌红口干、少苔、脉细数等症状，常用养阴透热或滋阴清热药作为方中的主要药物，如青蒿、鳖甲、生地黄、知母、地骨皮等。清虚热剂的代表方剂如青蒿鳖甲汤、清骨散等。

二、清热剂的药理作用

现代研究表明，清热方剂的药理作用主要有抗感染、抗炎和调节免疫功能。

（一）抗感染作用

清热剂的抗感染作用主要体现在抗菌和抗病毒方面。

清热剂具有体外抗菌作用，许多清热方剂在体内、体外试验中对某些致病菌表现抑制作用。如临床常用的黄芩、黄连、黄柏、栀子、公英、地丁、金银花、连翘、大青叶、板蓝根、山豆根等均具有较广谱的抗菌作用。由于各药物作用于细菌的不同代谢环节，配伍应用还能延缓细菌耐药性的产生。

清热剂具有抗病毒作用，目前国内外筛选出的在机体内外具有不同程度抗病毒活性的二百余种中药中，清热药物占40%以上。清热方剂的抗病毒作用包括对病毒的直接杀伤作用、阻断病毒的合成代谢、诱发动物体内干扰素的合成等。

清热剂可对抗毒素引起的发热。细菌的内、外毒素均可导致机体发生高热，临床可见烦躁、口鼻干、出汗多、便秘，甚则神昏、心悸、抽搐、惊厥、发斑等症状。具有此类解热作用的常用中药包括金银花、连翘、黄芩、黄连、大青叶、野菊花、石膏、知母、紫草、山豆根、白花蛇舌草、穿心莲等；常用的清热方剂有葛根芩连汤、黄连解毒汤、白虎汤、紫雪丹以及某些近年研制的中药新制剂。有些方剂通过抑制内源性致热原的释放起作用，有些通过发汗或利尿等多方面的作用而解热。

此外，部分清热方药还有抗真菌、寄生虫等其他病原体的作用。

（二）抗炎作用

很多清热药物和方剂能增强垂体-肾上腺皮质系统的功能，提高内源性皮质激素水平，影响炎性介质的释放，抑制血管通透性的升高，具有抗急性渗出性炎症和消除慢性增生性炎症的功能。

（三）调节免疫功能

清热解毒方药治疗感染性疾病常通过促进非特异性或特异性细胞、体液免疫功能，来间接杀灭病原体，消除毒素，从而“扶正祛邪”，致使机体达到康复。

细胞免疫方面，据国内文献报道，部分单味中药（如银花、公英、大青叶、鱼腥草、白花蛇舌草、紫花地丁、黄连、虎杖等）以及部分复方（白虎汤、黄连解毒汤等）均可促进淋巴细胞的转化。复方大黄牡丹皮汤、白虎汤、六神丸、肺炎剂（青黛、陈皮、地骨皮、银杏）和热毒清注射液，以及临床外科常用的抗感染中药（如意金黄散、玉红膏、黄连膏等）都能提高巨噬细胞的吞噬功能。黄芩注射液（黄芩、柴胡、银花、鱼腥草）和黄连解毒汤等均能提高白细胞总数并增强白细胞吞噬功能，使病人康复。

体液免疫方面，部分单味中药（银花、鱼腥草、白花蛇舌草、夏枯草等）和部分复方（如白虎汤等）均能增强人体内备解素、溶菌酸、补体的水平；从而有利于增强机体中和病毒或细菌外毒素能力，进而促进吞噬细胞功能，抑制病原体的黏附与繁殖，最终达到抗感染的目的。

三、清热剂应用中的注意事项

里热证常表现明显的炎症过程。炎症是机体对致病因素的防御反应，有利于感染原的清除，但如果炎症反应过于剧烈，亦会对机体造成严重损伤。在临床治疗时，应注意控制和利用机体的这种防御反应。

发生表证，尤其是表寒未解时，需辛温解表以提高机体的代谢、促进机体的防御反应，从而使阳气通达，驱邪外出。清热剂常有抗炎作用，在一定程度上能抑制机体的反应性，故表证不宜过用清热剂，否则易伤正留邪，引邪入里，造成热象时作时休，迁延不退。里热炽盛而表邪未解时，亦宜表里两解，即解表和清里同时进行。

里热症状明显的疾病，机体因正邪抗争而发生高热，免疫活动大大增强。多数情况下，引起感染的病原体因此而受到抑制或清除，但如果炎症过于剧烈，则易对机体造成损伤。此时用抑制炎症反应的清热方剂最适合，而用量不宜过于拘谨。

感染被清除、里热已退之后，疾病进入恢复期，此时宜扶正补虚、通达阳气，以促进机体的修复过程。若继续大量使用清热方剂，容易伤正。另外，清热剂常有明显的抗菌作用，过用清热剂对胃肠道正常菌群亦有破坏，易导致消化紊乱、食欲不良。故清热方剂宜中病即止，不应在里热消退后仍长期或大量应用。

虚证发热，虽属里热，但主要矛盾是正气虚弱，热势本又不高，故也宜慎用清热方剂。

第二节　清气分热方剂

白虎汤

（一）源流出处

出自东汉张仲景《伤寒论》。

（二）组成及用法

石膏（碎）一升（50克），知母六两（18克），甘草（炙）二两（6克），粳米六两（9克）。此四味，以水一斗，煮米熟，汤成去渣，温服一升，日三服。或将石膏打碎，先煎；再与其它几味药物水煎至米熟汤成，去渣温服；或各药共为细末，冲服。

动物用量：根据人用量，按体重比例折算。用法同。

（三）功能主治

清热存津。可治温热病气分热盛或阳明经热盛，症见高热，口津干燥，舌苔黄，烦渴欲饮，恶热，大汗出，脉洪大有力或滑数。

（四）方义解析

原书云："三阳合病，腹满身重，难以转侧，口不仁，面垢，谵语遗尿。发汗则谵语；下之则额上生汗，手足逆冷。若自汗出者，白虎汤主之……伤寒，脉滑而厥者，里有热，白虎汤主之"。

温热病气分证与伤寒阳明经证的病机与症状表现均类似。以伤寒阳明经证为例，多由太阳伤寒失治发展而来。太阳证热势积累至一定程度，可冲破表闭而见大汗出，身不再恶寒，蓄热也随汗宣泄而出。此时如汗出热减，则为蓄热、产热均消退，为太阳欲解，而非阳明证，之前之发热亦为机体的自救反应，不宜视作邪热。阳明证则是因之前表闭太重，机体被动蓄热和主动产热太过，以致表已开、汗已出，高热仍旧不退，从现代医学的角度看，可以认为是太阳证阶段发热时产生的大量代谢产物（内生性致热原）导致机体自我调节紊乱所致。

典型的阳明经证者，见高热、大汗、大渴、脉洪大的“四大”症状，在八纲辨证体系中常被划为“里实热”范畴，白虎汤也因此常被归入典型的清热方。但阳明经证的病机实已经存在虚实夹杂，仅注重“里、实、热”的问题，是不全面的。

分析阳明经证的病机可见：高热虽为里热蓄积的实象，但同时会耗气，高热引起的大汗亦致津伤，可造成气阴两虚；脉洪大为脉的搏动过于亢进，同时脉管内血液也过度充盈，确实可归于“实”，但结合大渴症状分析，高热时机体为加强血流的散热效率，将脉外津液大量转运至脉内，导致脉内过度充盈而脉外组织津液亏虚，造成大渴，是为虚实夹杂。所以，阳明经证不仅可转归为虚证，而且实际已是虚实夹杂之证。至此，由于表闭已解，机体的主动产热已经失去了原有的保护性意义，而变为对机体气津无意义的消耗，成为有害邪热，若不及时纠正，易转入气津欲脱或亡阳的证候。

白虎汤多被归类于清热方，重点强调其清热作用，而润、养作用仅作为辅助。其方义常被理解为：生石膏辛甘寒，清热除烦；知母苦寒质润，清热润燥；甘草、粳米益胃养阴又缓石膏、知母之寒凉，防止伤中，甘草并调和诸药。

但如从阳明经证存在虚实夹杂的角度来看，其方解则可有另外的理解。石膏属矿物类药物，按中医对“重剂”的传统观点，当有“重镇”的作用。临床使用中亦发现，对心搏亢进者使用生石膏，确有镇心作用。生石膏主要成分为硫酸钙，其在水中难以解离出大量可吸收的钙离子，其镇心功效很可能是通过石膏微粒贴附于肠道，作用于某些感受器，经神经反射来抑制心搏。心为火之源，通过石膏之重镇作用将心搏控制在一定程度，则可使热有上限，防止过耗，此为生石膏之“寒”。生石膏实际口尝并无任何味道，而单独服用时亦无其它辛香解表药之发汗功效，故其“味辛”之说，恐主要因其与龙骨、牡蛎、蛤粉、石决明等其它高钙类药物相比，虽同样有质重、镇心的特点，但并不收涩，不易在阳明高热仍需要汗出时反收敛止汗。

方中知母确属苦寒清热之品，但在清热之外，尚因其质地柔润而可养阴生津，是清、补兼备的药物。按焦树德先生的经验，如侧重清热，可用知母；侧重生津则可用天花粉代替知母，使方剂更具补虚生津之意。

阳明高热既耗气又伤阴，需要补虚。但药补多数只是调动气血，并非真正带来可供机体正常代谢的物质，食补才是真正意义上的“补”，属气、血、阴、阳俱补。粳米粥是古代常见食物中相对最易消化者，可作为性质中正平和而消耗消化能最低的食物来平补气津，适合发热导致气津两亏时的补虚之用。另外，粳米煮后汁浆甚稠，生石膏微粒在米糊中悬浮，可较持久地贴附在消化道绒毛、微绒毛上，使药效持久（亦有以山药替粳米者）。由此看来，白虎汤中用粳米并非只为保胃气和生津，而是亦作为白虎汤的剂型辅料。

方中炙甘草甘缓补气，既作调和诸药，又可缓高热之耗气，亦是明确的补虚药物。

可以看出，全方除生石膏为单纯止损药物，其余各药均有明确的补虚意义。如按此观点，则白虎汤中尚有一味很重要但常被忽视的药物，即水。高热、大汗均消耗水液，口渴即为组织缺水之表现，须直接以水来补充而无法用其它药物替代。在此，白虎汤中水的作用已不仅是普通汤剂中提取其它药物的介质，而是真正成为实际参与纠正机体偏态的药物。所以，石膏、知母、粳米、甘草四味药物必须以汤剂形式服用，此亦含有补虚之意。

阳明经证常由太阳伤寒传变而来，虽然从大部分显著的表象上看，可称为“里、实、热”，但在病机分析时应加以注意，高热、大汗、脉洪大三个症状已存虚之隐患，而大渴则是明确的虚象。故，对白虎汤的方义亦可作如下理解：生石膏控制热之上源，知母清热，两者用于制止无意义的高热消耗；知母、粳米、甘草、水，用于补已成之虚。以阳明经证之“表已解、热不退、气耗津伤”之病机来看，白虎汤不仅可视作清热方剂，更应明确强调其止损并补虚之含意，而清热之目的亦是止损。以此观点分析白虎汤，则更可深入体会到中医既病防变的防治法则。

（五）临证应用

(1) 马用量　生石膏 250 克、知母 45 克、粳米 300 克、炙甘草 15 克。凡证见发热、口干、舌红、苔黄燥、脉洪大而数者均可应用。用于治疗某些传染性或非传染性热性病（如流感、脑炎、肺炎等）的高热期，常能收到较好效果。

(2) 据河北省冀州市宋同仁介绍，用加减白虎汤治疗骡马气分热证、马里实热便干证、马里虚热便稀证、马乙型脑炎、牛高热证、猪高热证等共 1499 例，治愈 1364 例，好转 115 例，有效率 98.6%。

（六）加减化裁

(1) 白虎加人参汤　《伤寒论》中收载有白虎加入参汤，本方由知母、石膏、甘草（炙）、粳米、人参，即白虎汤加人参而成。用时以水一斗，煮米熟汤成，去渣温服一升，每日三服。白虎加人参汤在白虎汤清热除烦、生津止渴的基础上加人参，以兼顾益气养阴。主要用于表邪已解、热盛于里、津气两伤、火热伤肺；也用于中暑身热口渴、汗多神疲、脉象虚大者。方中，人参可以显著增强机体神经体液调节机能，增强免疫系统、心血管系统、呼吸系统及消化系统机能而提高机体的非特异和特异性抵抗力，提高机体对病理状态的耐受力，增强和扩展了白虎汤的作用。白虎汤加入人参后还表现出显著的降血糖效果。临床上白虎加人参汤主要用于急性感染性疾病气分大热而有气阴两亏者，也可用于中暑的防治，中医临床上本方尚用于糖尿病，也获较好疗效。

(2) 白虎加桂枝汤　《金匮要略》中收录白虎加桂枝汤，本方由知母、炙甘草、石膏、粳米、桂枝组成，用时水煎至米熟汤成，去渣温服。白虎加桂枝汤功能清热解肌、通络止痛、和营卫；主治风热湿痹。白虎加桂枝汤以白虎汤清热生津、除烦止渴，加桂枝以和营卫解表，并能平逆、通络。本方除用于治温疟，也常用于治疗风热湿痹。白虎加桂枝汤常用于急性风湿性关节炎，见有汗出畏风、舌红苔腻、关节红肿灼痛等症，属于热痹。日本学者以此方治疗重症成人变应性皮炎之阳明实证，方用白虎加桂枝汤合四物汤，并酌加荆芥、连翘，偏虚者加人参，以橡木皮易连翘；胃内停水者与人参汤合用，以阿胶易四物汤获得令人满意的疗效。白虎加桂枝汤也用以治外感表里同病，见发热恶寒、头身疼痛、自汗出、口渴引饮、舌红少津、脉洪数者。

（3）白虎承气汤　白虎承气汤是《重订通俗伤寒论》中方剂，由生石膏、生大黄、玄明粉、陈仓米组方，水煎服。白虎承气汤功能清气泻下，主治胃火炽盛、高热烦躁、大便秘结、小便短赤，甚至神昏、脉弦数有力、大汗出、口渴多饮。白虎承气汤用白虎汤清气分热，生津除烦止渴，加生大黄、玄明粉以泄热通便、软坚散结。诸药相配，可使胃火得清，里实得下，而诸症自除。

（4）化斑汤　化斑汤在《温病条辨》中收载，为白虎汤加玄参、犀角而成，功能清热凉血、滋阴解毒，主治温病发斑。

（5）凉膈白虎汤　凉膈白虎汤见《医宗金鉴》，由生大黄 9 克、朴硝 6 克、生石膏 9 克、连翘 6 克、栀子 9 克、黄芩 6 克、薄荷叶 6 克、生甘草 5 克、知母 6 克，粳米一把组成，用时煎汤，调饲料内自饮。凉膈白虎汤为白虎汤与凉膈散（见《和剂局方》）合方［《中兽医治疗学》第 597 页］，著名中兽医高国景用治猪实喘。

栀连二石汤

（一）源流出处

出自清沈莲舫《牛经备要医方》。

（二）组成及用法

黄连 15 克、生石膏 200 克、鲜生地 60 克、木通 20 克、滑石 60 克、车前子 60 克、白矾 30 克、青皮 30 克、皮硝 30 克、生甘草 30 克、广木香 24 克、青木香 30 克、栀子 30 克。用时水煎，去渣，候凉灌服（原方云："水煎服，身凉为度。"）。

（三）功能主治

清热泻火，利水调气。主治牛里实热证，患畜表现身热、角热、目赤、尿赤短、口渴、苔黄、脉洪数。

（四）方义解析

栀连二石汤为《牛经备要医方》中治牛患热证的通用方。方中黄连、生石膏、栀子清热泻火以除烦热，为主药；鲜生地清热生津，木通、滑石利小肠导热下行，共为辅药；原方适应证中有"便通"一项，故佐以车前子、白矾利水止泻，又鉴于热病时胃腑易生胀滞，故又用青皮、芒硝、广木香、青木得等理气疏导，亦为佐药；生甘草甘缓和中，为使药。诸药合用，共收清热泻火，利水调气之功。

（五）临证应用

（1）栀连二石汤通治牛的热证。临证应用时，可根据所患热证的气血、虚实和脏腑不同，酌情加减。

（2）据《牛经备要医方》原方载；"牛角热，目赤，皮毛肌肉俱热，躁扰不眠，口渴苔黄，便秘溺赤，皆属实热在于五脏。宜以大黄芩连汤通泄之；便通者，宜栀连二石汤主之。"可供参考。大黄芩连汤原方由大黄（二两）、黄芩（三两）、赤芍药（二两）、车前子（三两）、黄连（六钱）、生石膏（三两）、白矾（一两）、朴硝（四两）、滑石（四两）、生甘草（一两）、木通（二两）、野椒根（一两）、陈茶叶（八两）、生姜（二两）组成，水煎服。

（3）栀连二石汤和白虎汤均能清热生津，但白虎汤以石膏配知母等，主于肺胃；而本方以石膏配黄连等，治重胃肠，且本方佐理气利水之药，更能切中牛热病的特点，是其同中之异。

仙露汤

（一）源流出处

出自清末民初张锡纯《医学衷中参西录》。

（二）组成及用法

生石膏 45 克、玄参 15 克、连翘 6 克、粳米 9 克。

上四味水煎，煎至米熟，其汤即成。分三次服，中病即止，或药后大便稀软即止。

动物用量：根据人用量，按体重比例折算。用法同。

（三）功效主治

清热解毒，养阴生津。治寒温阳明证。症见表里俱热、烦热、喜饮、燥渴、脉象洪滑、舌苔白厚，或苔微黄。

（四）方义解析

张锡纯在《衷中参西录》中指出："《伤寒论》白虎汤，为阳明腑病之药，而兼治阳明经病；此汤为阳明经病之药，而兼治阳明腑病。为其所主者，责重于经，故于白虎汤方中，以玄参之甘寒中，易知母之苦寒，又去甘草，少加连翘，欲其轻清之性，善走经络，以解阳明在经之热也……方中粳米，不可误用糯米。粳米清和甘缓，能逗留金石之药于胃中，使之由胃输脾，由脾达肺，药力四布，经络贯通。糯米质黏性热，大能固闭药力，留中不散，若错用之，即能误事"。

（五）临证应用

(1) 由于本方过寒，无热盛不可用，脾虚者慎用。服药 1～3 次内大便软为正常，若持续软便或逐渐稀软则需考虑是否损伤脾阳导致软便。本方不宜长期使用，中病既止。

(2) 在小动物临床，遇暑病高热、气喘、舌绛暗、脉洪数时，可使用仙露汤；遇气喘平息、热渐退、小便少，则当使用三石汤；若皮下血斑、血小板较低，当以凉血化斑为主，常用方剂以《温病条辨》的化斑汤为代表，其中水牛角应重用，常可以仙露汤合犀角地黄汤。

蒲公英汤

（一）源流出处

出自清末民初张锡纯《医学衷中参西录》。

（二）组成及用法

鲜蒲公英四两，根、叶、茎、花皆用，花开残者去之，如无鲜者可用干者二两代之。上一味，煎汤两大碗，温服一碗。余一碗趁热熏洗。

动物用量：根据人用量，按体重比例折算。用法同。

（三）功效主治

清热解毒。治眼疾肿痛，或胬肉遮睛，或赤脉络目，或目睛胀疼，或目疼连脑，或羞明多泪，一切虚火实热之证。

（四）临证应用

（1）本方属于单方，故用量较为关键。单味蒲公英小剂量使用效果不明显，临床犬猫单次应用剂量不应小于10克。曾有拉布拉多犬，湿热体质，患口腔上皮细胞瘤，手术切除后，伤口颜色持续鲜红，长达半年，被告知有复发可能。遂转至中兽医处就诊，嘱用蒲公英80克、丝瓜半根、薏苡仁30克、赤小豆30克、鸡胸肉100克，每日煎汤，喝汤吃肉。半年后，伤口颜色恢复正常，状态良好。另有一可卡犬，双目充血外突，按压有痛感，使用抗菌眼药水未见好转，舌质红略干，两脉数而少力。考虑火热上炎于目，以蒲公英50克，配合怀牛膝12克，青葙子12克，每日一剂，水煎，取汤频服。一剂药后疼痛缓解，大便软。五剂后目赤、目痛消失。

（2）目痛连脑者，以用蒲公英二两，加怀牛膝一两，煎汤饮之。

（五）注意事项

《医学衷中参西录》为民国时期著作，其时1斤等于今600克，斤、两间为16两制，故1两等于37.5克。

三石汤

（一）源流出处

出自清代吴鞠通《温病条辨》。

（二）组成及用法

滑石9克、石膏9克、寒水石9克、杏仁9克、竹茹9克、白通草6克、银花9克、金汁15毫升（冲）。水五杯，煮成2杯，分2次温服。

动物用量：根据人用量，按体重比例折算。用法同。

（三）功效主治

清热利湿，宣通三焦。主治暑温漫延三焦、舌滑微黄、邪在气分者。症见身热、面赤耳聋、胸闷脘痞、下利稀水、小便短赤、咳痰带血、不甚渴饮、舌红赤等。

（四）方义解析

滑石、石膏、寒水石，三石为紫雪丹中之君药，取其清热退暑利窍，兼走肺胃者也；杏仁、通草为宣气分之用，且通草直达膀胱，杏仁直达大肠；竹茹以通脉络；金汁、银花清暑中之热毒。

（五）临证应用

（1）宠物临床上，本方常用于中暑病例。犬受热后，里热代谢不出，导致高热气喘升压，可采取环境降温，温水加酒精擦拭全身，配合扇风，增加空气流动，双耳尖点刺放血泄压，并急用三石汤加减。此时当重用生石膏，候药汤凉至常温服下，以清热凉血，减少中暑并发症出现。取生石膏30克、滑石12克、寒水石9克、杏仁6克、水牛角30克、茜草10克、通草6克，用免煎剂，冲开煮沸，候凉后尽快服完。后续可以三豆饮调养。

（2）金汁大体是冬季用童便，加井水，生甘草水，搅拌过筛，取液装罐封存，埋入地下，封存5～10年后所取之上清液。在地下封存过程中会出现发酵、分层等一系列变化，其上清液清热解毒，凉血消斑。金汁制作烦琐，临床可以用水牛角、生地代替，也可中西结合地用抗生素加水牛角代替。

（六）注意事项

本方寒凉，适用于湿热与暑温，寒湿证慎用。

第三节　清热解毒方剂

黄连解毒汤

（一）源流出处

组方最早出自东晋葛洪《肘后备急方》，方名见于唐代王焘《外台秘要》引《崔氏方》，以及明代方贤《奇效良方》等。

（二）组成及用法

黄连3两、黄柏2两、黄芩2两、栀子14枚。用时以水煎服；或适当调整剂量，研末，开水冲调，候凉服。

动物用量：根据人用量，按体重比例折算。用法同。

（三）功能主治

泻火解毒、凉血止血。治三焦热盛、烦躁狂乱，积热上攻、迫血妄行引起的吐衄、斑疹，亦用于外科痈肿属热毒炽盛者。

（四）方义解析

黄连解毒汤为治热毒壅盛三焦的常用方，也是一个清热解毒的基础方。火热炽盛即为毒，是以解毒必须泻火；火主于心，宣泄其所主，故用黄连为主药，以泻心火，兼泻中焦之火；黄芩泻上焦之火，黄柏泻下焦之火，栀子通泻三焦之火，导其下行，共为辅佐药。四药合用，苦寒直折，使火邪去而热毒解，诸症可愈。

（五）临证应用

（1）黄连解毒汤适用于火热壅盛于三焦之证。凡败血症、脓毒败血症、痢疾、肺炎等属于火毒炽盛者，均可酌情使用本方，但以津液未伤者为宜。马用量为：黄连45克、黄芩30克、黄柏30克、栀子劈45克。

（2）疮黄疔毒多由热毒内蕴、气血瘀滞而成。又据《素问》中说："诸痛疮疡，皆属于心。"黄连解毒汤解热毒而泻心火，故亦可用于疮黄疔毒，既可内服，也可研末调敷患部。

（3）《猪经大全》中治"猪热狂张口出气"方（雅黄连、生栀子、枯黄芩、黄柏皮、展砂末，猪心血调灌下）即为黄连解毒汤与《直指方》中的一个单方（朱砂、猪心血和丸）合并而成。

（4）湖北省麻城市郭寿山用黄连解毒汤加甘草、生石膏、牛蒡子治牛舌疮（见《中兽医治疗学》第368页）。

(5) 黄连解毒汤集芩、连、栀、柏大苦大寒之品于一方，泻火解毒之功效专一，为清热解毒的常用方和基础方。但苦寒之品易于化燥伤阴，故热伤阴液者不宜使用。

(六) 加减化裁

(1) 黄连解毒汤加石膏、淡豆豉、麻黄，名三黄石膏汤（见《外台秘要》），功能表里双解，主治表证未解，里热已炽。

(2) 黄连解毒汤加大黄，名黄连解毒丸，又名栀子金花丸（见《宣明论方》），功能润肺泻热。主治肺胃热盛。

仙方活命饮

(一) 源流出处

出自明代薛己《校注妇人良方》。

(二) 组成及用法

金银花 45 克、陈皮 45 克、白芷 15 克、贝母 15 克、防风 15 克、赤芍药 15 克、当归尾 15 克、甘草节 15 克、炒皂角刺 15 克、炙穿山甲 15 克、天花粉 15 克、乳香 15 克、没药 15 克。用时共为末，开水调，候凉，加酒灌服；或适当加大剂量水煎服。

动物用量：根据人用量，按体重比例折算。

(三) 功能主治

清热解毒、消肿溃坚、活血止痛。主治疮疡阳证，证见疮肿疔毒初起、红肿焮痛、舌红苔黄、脉数有力。中医现代临床用本方加减治疗疔疮、痈疡，以及伤口感染、局部有化脓性病灶存在者。

(四) 方义解析

仙方活命饮以清热解毒为主、理气活血为辅，药性偏于甘寒，是外科清热解毒、消肿散结、活血止痛的主要方剂，用于热毒蕴结、气血淤滞而成的各种局部化脓性疾患，有较好疗效。疮肿疔毒，多因火热壅结、气血瘀滞而成。治宜清热解毒、消肿散结、活血止痛。方中金银花清热解毒、消散疮肿，乃治疮痈之要药，为主药；当归尾、赤芍、乳香、没药活血散瘀止痛，陈皮理气行滞消肿，防风、白芷疏风散结以消肿，共为辅药；贝母、天花粉清热排脓以散结，穿山甲、皂角刺解毒通络、消肿溃坚，甘草清热解毒，共为佐使。全方结构严谨，各药作用的目的一致，共奏清热解毒、消肿散结、活血止痛之效。本方常以酒为引，因酒性善走，既能活血，又能协诸药直达病所。

药理研究发现，仙方活命饮有解热、镇痛、抗菌、消炎作用。

(五) 临证应用

(1) 中医临床上仙方活命饮主要用于属于阳证的疮疡及其他局部化脓性感染，应用本方的基本指征是：痈疡肿毒初起，局部红肿热痛，发热、头痛微寒，舌苔薄白或薄黄，脉弦滑或洪数，属于阳证体征者。现代常用本方加减治疗早期急性乳腺炎，认为疗效比较肯定。此外还用于治疗多发性脓肿、急性阑尾炎等。

(2) 凡疮肿疔毒，属于阳证而体壮者，均可使用。脓未成者，用之可使消散；脓已成者，服之可使外溃。如脓肿、蜂窝织炎、乳腺炎等，均可酌情应用本方。对已经破溃的各种化脓性感染，不宜再服，凡属阴证痈疽，当禁用。凡脾胃虚弱、营卫不足者，本方亦需斟酌使用。注意不宜过久使用，以防伤及脾胃，引起食欲减退、便秘、中气亏损。

(3) 吉林农业大学中兽医教研室用加减活命饮（即本方去穿山甲、皂角刺，加白药子、连翘）治马烫火伤火毒攻里（见《中兽医治疗学》第282页）。

(4) 原江苏省农业科学研究所用仙方活命饮加减（当归尾一两、赤芍一两、丹参一两、银花一两、连翘一两、贝母一两、皂角刺一两、紫花地丁一两五钱、炙山甲五钱、生甘草五钱）治疗牛肩痈（见《全国中兽医经验选编》第100页）。

（六）加减化裁

(1)《医方集解》等书收有“真人活命饮”一方，只比仙方活命饮少赤芍一味，主治略同。

(2)“降痈饮”（山西农学院李得仁引用《验方新编》方，见《全国中兽医经验选编》第520页）一方，由当归80克、生黄芪45克、金银花60克、甘草80克组方，以酒为引，研末灌服。其功能清热解毒，益气和血，托毒外出，排脓去腐，生肌长肉。据称，“此方可治一切无名肿毒。无论阴证、阳证，初起益气活血，解毒托里；破后能排脓去腐，生肌长肉。功效优于仙方活命饮，治产后痈毒更妙，经临床验证，效果良好。”若毒邪在前，加川芎18克；毒邪在中，加桔梗9克；毒邪在后，加牛膝18克。若属阳者，红、肿、痛甚，化脓破溃，加白芷；若毒盛欲破，加皂角刺15克，炮甲珠15克。若属阴者，肉色淡白，无论冬夏，需加肉桂12克、炮姜12克、麻黄8克、陈皮8克。

五味消毒饮

（一）源流出处

出自清代官修医学百科全书《医宗金鉴》。

（二）组成及用法

金银花三钱（15克），野菊花、蒲公英、紫花地丁、紫背天葵子各一钱二分（6克）。水二盅，煎八分，加无灰酒半盅，再滚二三沸时热服。滓如法再煎服。被盖出汗为度。

动物用量：根据人用量，按体重比例折算。用法同。用时各药为末，开水冲调，候凉灌服；或水煎服。

（三）功能主治

清热解毒，消散疮肿。主治各种疮痈，疔毒疖肿。患部症状一般为红肿热病，坚硬根深，舌质红，脉象数。

（四）方义解析

五味消毒饮为治疗疮肿疔毒的重要方剂。方中金银花清热解毒，消散痈肿，为主药；紫花地丁、紫背天葵子、蒲公英、野菊花均为清热解毒，治疗疮肿疔毒之要药，共为辅佐。五药合用，共奏清热解毒、消散疮肿之功。

（五）临证应用

(1) 凡疮肿疔毒，局部红肿热痛，坚硬根深，舌红脉数者，均可酌情运用五味消毒饮。

热甚者，可加黄连、连翘；肿甚者，可加防风、白芷；血热毒甚者，可加生地、丹皮、赤芍等。五味消毒饮亦可用于治疗乳病，适当加入瓜蒌皮、贝母等药。

(2) 广东省南澳县林永发治牛烫火伤初期所用处方就是以五味消毒饮为基础加减变化而成，其组成是，金银花 30 克、菊花 30 克、紫花地丁 30 克、蒲公英 30 克、栀子 60 克、连翘 30 克、天花粉 30 克、生地黄 30 克、淡竹叶 30 克、木通 60 克、黄柏 30 克、黄芩 30 克，水煎服（见《全国中兽医经验选编》第 108 页）。

（六）加减化裁

公英散（见《中兽医治疗学》），蒲公英 30 克、金银花 24 克、连翘 18 克、丝瓜络 30 克、通草 12 克、芙蓉花（或叶）15 克、穿山甲 12 克组成，共为细末，分两次拌食内喂，药渣可外敷。功能清热解毒，通络消肿。主治猪乳痈初起、红肿热病，兼有寒热症状者。

降气散

（一）源流出处

出自明代喻仁、喻杰《元亨疗马集》。

（二）组成及用法

黄芩、黄连、苍术、知母（酒炒）、黄柏（酒炒）、香附子各等份及木香少许。用时各药共为末，马、牛每次用 150～250 克，开水冲调，候凉灌服（原方为末，每服二两，温水一大碗，同调灌之）。

（三）功能主治

清热解毒，降火行郁。主治马黄肿，症状多为患部肿胀，软而不痛，口色红，脉洪数。

（四）方义解析

降气散为《元亨疗马集》中治疮黄第一方，方中黄芩、黄连清热解毒，为主药；知母、黄柏助芩、连清热解毒，并能降火，为辅药；苍术、香附、木香均为佐药。用苍术者，一则取其辛散以消肿，一则取其温燥而监制诸药之苦寒；用香附、木香者，行气解郁以消肿也。正如《元亨疗马集·疮黄疗毒论》指出："黄者，气之壮也。气壮使血而离经络，血离经络溢于肤腠，肤腠郁而血瘀，血瘀者而化为黄水，故曰黄也……黄者，气伤形也。先导气而后治黄。此谓拔本塞源也。"

（五）临证应用

(1) 降气散原方云："治马郁气而成黄肿。"凡马患黄肿，软而不痛，舌红脉数者，均可酌情应用。

(2) 著名中兽医裴耀卿用加味降气散治马脑黄。其处方为：生石膏 30 克、川黄连（酒炒）15 克、黄芩（酒炒）15 克、黄柏（酒炒）30～60 克、知母（酒炒）30～60 克、栀子（酒炒）18 克、苍术 15 克、生香附 30 克、广木香 15 克、茵陈 30 克、桔梗 30 克、木通 45 克、甘草 9 克，麻油 120 克为引。热甚者，石膏可加至 60～90 克；病情严重的，加朱砂 15 克、琥珀 15 克、天竺黄 15 克、煅石决明 30 克、菊花 15 克（见《中兽医诊疗经验》第二集第 132 页）。

牛黄解毒片（丸、胶囊、软胶囊）

（一）源流出处

出自《中华人民共和国药典》（2015 年版）。

（二）组成及用法

牛黄 5 克、雄黄 50 克、石膏 200 克、大黄 200 克、黄芩 150 克、桔梗 100 克、冰片 25 克、甘草 50 克。此八味，雄黄水飞成极细粉；大黄粉碎成细粉；牛黄、冰片研细；其余黄芩等四味加水煎煮二次，每次 2 小时，合并煎液，滤过，滤液浓缩成稠膏，加入大黄、雄黄粉末，制成颗粒，干燥，再加入牛黄、冰片粉末，混匀，压制成 1000 片（大片）或 1500 片（小片），或包衣，即得。本品为素片或包衣片，素片或包衣片除去包衣后显棕黄色；有冰片香气，味微苦、辛。

人用量：片剂，口服，大片一次 2 片，小片一次 3 片，一日 2～3 次。

动物用量：根据人用量，按体重折算；对体质壮者，并可酌增至倍量。

（三）功能主治

清热解毒。用于火热内盛、咽喉肿痛、牙龈肿痛、口舌生疮、目赤肿痛。

（四）方义解析

牛黄解毒片由 8 味药组成，主治火热毒邪炽盛于内，上扰清窍引起的风热乳蛾、风热喉痹、口疮。方中牛黄味苦气凉，入肝、心经，功善清热凉心解毒，为主药。生石膏味辛能散，气大寒可清热，清热泻火，除烦止渴；黄芩味苦气寒，清热燥湿，泻火解毒；大黄苦寒沉降，清热泻火，泻下通便，开火下行之途，共为辅药。雄黄、冰片清热解毒，消肿止痛；桔梗味苦辛，入肺经，宣肺利咽，共为佐药。甘草味甘性平，调和诸药，为使药。诸药合用，共奏清热解毒泻火之效。

（五）临证应用

（1）牛黄解毒片用于治犬心、肝实热而体质较壮者，症见狂躁易怒、食欲降低、口眼鲜红、尿短赤，用 3～5 日。

（2）牛黄解毒片可用于治非感染性皮肤瘙痒。该病多见于春夏，皮肤无破损、斑疹、脱毛、皮屑等感染症状，而见毛燥者，服牛黄解毒片 3～7 日，多可缓解。

五福化毒丸

（一）源流出处

出自《中华人民共和国药典》。

（二）组成及用法

水牛角浓缩粉 20 克、连翘 60 克、青黛 20 克、黄连 5g、牛蒡子（炒）50 克、玄参 60 克、地黄 50 克、桔梗 50 克、芒硝 5 克、赤芍 50 克、甘草 60 克。此十一味，除水牛角浓缩粉外，其余连翘等十味粉碎成细粉；将水牛角浓缩粉研细，与上述粉末配研，过筛，混匀。

每 100 克粉末用炼蜜 45～55 克，加适量的水泛丸，干燥，制成水蜜丸；或加炼蜜 100～120 克制成大蜜丸，即得。

每次 3 克/60 千克体重，每日 2～3 次。热重者可酌情加量。

（三）功效主治

清热解毒、凉血消肿。治血热毒盛、疮疖、痱毒、咽喉肿痛、口舌生疮、牙龈出血、大便秘结。

（四）方义解析

方中连翘味苦气微寒，为疮家圣药，攻善清热解毒，消肿散结，以之为主药。生地、玄参、赤芍、青黛清热凉血、活血化瘀；桔梗、牛蒡子疏风清热、散结利咽；芒硝润燥软坚、泄热导滞，共为佐药，甘草调和诸药，护胃解毒，为使药。诸药合用，共奏清热解毒、凉血消肿之效。

（五）临证应用

五福化毒丸常用于中焦阳明气分郁热或实热引起的口炎，皮肤炎症，亦可用于气血两燔证所致发斑、狂躁等。由于本药含有芒硝、牛蒡子、玄参、地黄等药物，多数犬猫服药 1～3 天内会出现软便、稀便，一般无需处理。但若为持续多次稀便，则应停止用药，必要时口服温中止泻药物。应仔细辨证，虚寒证引起的口炎、发斑等慎用。

（六）注意事项

本方性质寒凉，凡脾胃虚寒，平日大便稀软、气血不足者禁用。

第四节　清营凉血方剂

清营汤

（一）源流出处

出自清代吴鞠通《温病条辨》。

（二）组成及用法

犀角 9 克、生地 15 克、玄参 9 克、竹叶心 3 克、麦冬 9 克、银花 9 克、连翘 6 克、黄连 4.5 克、丹参 6 克。用时水煎，去渣，候凉灌服；或研末，开水冲调，候凉灌服。

动物用量：根据人用量，按体重比例折算。用法同。

（三）功能主治

清营解毒、透热养阴，主治邪热初入营分。患畜表现发热、舌绛口干、脉细数，或斑疹隐隐。

（四）方义解析

《温病条辨》书云：“太阴温病，寸脉大，舌绛而干，法当渴，今反不渴者，热在营中也，清营汤去黄连主之……脉虚夜寐不安，烦渴舌赤，时有谵语，目常开不闭，或喜闭不开，暑入手厥阴也。手厥阴暑温，清营汤主之；舌白滑者，不可与也”。而《内经》中说：“热淫于内，治以咸寒，佐以甘苦。”清营汤就是咸寒清泄营分之热为主，是清营透气的代表方。方中犀角咸寒清解营分之热毒，为主药（注意：方中犀角现为禁药，目前用 20～30 倍量水牛角代）；热甚则伤阴，故用玄参、生地、麦冬甘寒清热养阴，为辅药。温邪初入营分，根据“入营犹可透热转气”（《外感温热篇》）的理论，佐以苦寒之黄连、竹叶心、连翘、银花清心解毒，并透热于外，使热邪转出气分而解，以免进一步内陷，体现了本方气营两清之法。丹参清热凉血，并能活血散瘀，以防热与血结，亦为佐药。合而用之，共奏清营解毒、透热养阴之效。

（五）临证应用

(1) 清营汤适用于温热病热邪由气分转入营分之证。邪初入营而气分之邪尚未尽解者，亦可用之。例如脑炎、败血症等，凡属营分热者，均可酌情应用本方。马用量：犀角 10 克、生地黄 60 克、玄参 45 克、竹叶心 15 克、麦冬 45 克、丹参 30 克、黄连 25 克、银花 45 克、连翘 30 克。

(2)《活兽慈舟》中治水牛“心疯狂病”所用的镇心散（由犀角、羚羊角、牙硝、芒硝、石膏、南星、半夏、香附、木香、竹茹、荆竹沥、芭蕉油、朱砂、琥珀、雄黄组成），其组方原则与本方有相似之处，即“咸寒清泻”。但镇心散佐以辛温，侧重祛痰开窍；本方佐以甘苦，侧重清热养阴，是同中之异。

犀角地黄汤

（一）源流出处

出自《备急千金要方》，原书曰：“犀角地黄汤，治伤寒及温病应发汗而不汗之，内蓄血者，及鼻衄，吐血不尽，内余瘀血，面黄，大便黑，消瘀血方。”

（二）组成及用法

犀角一两（水牛角代 30 克）、生地黄八两（24 克）、芍药三两（12 克）、牡丹皮二两（9 克）。此四味，犀角另磨细末，入药液冲服，余药㕮咀，以水九升，煮取三升，分三服。

动物用量：马牛用犀角 10 克、生地黄 150 克、芍药 60 克、牡丹皮 45 克。用时水煎，去渣；或为末开水冲调，候凉灌服。

（三）功能主治

清热解毒、凉血散瘀。主治血分证或热入血分。患畜表现发热、舌绛、发斑，或衄血、尿血、便血等症状。

（四）方义解析

犀角地黄汤专为温热之邪燔于血分而设。热毒炽盛于血分，除清热解毒外，还需凉血散瘀。“入血就恐耗血动血，直须凉血散血”（《温热经纬》）之说，即指此而言。方中犀角清营凉血，清热解毒，为主药；生地清热凉血，协助犀角清解血分热毒，并能养阴，以治热甚伤阴，为辅药；赤芍、丹皮清热凉血、活血散瘀，既能增强凉血之力，又可防止瘀血停滞，共为佐使。四药合用，清热之中兼以养阴，使热清血宁而无耗血之虑，凉血之中兼以散瘀，使血止而无留瘀之弊。芍药可用赤芍，若热伤阴血较甚，则可用白芍。

《医方集解》曰："血属明，本静，因诸经火迫，遂不安其位而妄行。犀角大寒，解胃热而泻心火，芍药酸寒，和阴血而泻肝火，丹皮苦寒，泻血中伏火，生地甘寒，凉血而滋水，以共平诸经之僭逆也"。

《医宗金鉴·删补名医方论》云："吐血之因有三：曰劳伤，曰努伤，曰热伤。劳伤以理损为主；努损以去瘀为主；热伤以清热为主。热伤阳络则吐衄，热伤阴络则下血，是汤治热伤也。故用犀角清心去火之本，生地凉血以生新血，白芍敛血止血妄行，丹皮破血以逐其瘀。此方虽曰清火，而实滋阴；虽曰止血，而实去瘀，瘀去新生，阴滋火熄，可为探本究源之法也"。

犀角地黄汤有清热、凉血作用，故能对抗血热妄行。所谓清热凉血，从现代医学观点看，大概包括以下作用：减轻炎症充血，降低体温，从而降低血管通透性，此外也包括减低血流速度等作用，达到止血目的。本方的犀角有解热作用，生地有消炎及促进血液凝固作用，赤芍有镇静镇痛、增加血流量和减少血管阻力的作用，丹皮有抗菌作用。综合全方，有解热、消炎、止血的作用。

按成人剂量 15 倍（等效量）对实验发热家兔灌胃给药（每次 3.8 毫升/千克），观察黄连解毒汤、犀角地黄汤给药后 2 小时、4 小时、6 小时内体温变化，并与对照组（复方阿司匹林组、复方氨基比林组）解热效果进行比较，结果均有显著的解热效果，但复方阿司匹林给药后 4 小时降温幅度不及黄连解毒汤和犀角地黄汤。而中药起效时间缓慢，犀角地黄汤 4 小时方呈现显著效果。黄连解毒汤 6 小时后体温仍继续下降，下降幅度也较大［中药通报，1986（1）：51］。

注意，方中犀角现为禁药，目前用 20～30 倍量水牛角代，挫细或刨片先煎代水。

（五）临证应用

（1）犀角地黄汤是治疗热入血分之各种出血症的重要方剂。本方适用于外感热性病热入营血、心包，证见高热、神昏，热甚动血而出现吐血、衄血、便血、尿血，以及发斑发疹、黄疸、舌质红绛、脉细数，以此为治疗指征。临床犀角地黄汤常用于有上述症状的急性热病的出血、败血症、脓毒血症、尿毒症、肝昏迷，以及急性白血病等。在适应证范围内使用本方，一般无副作用。

（2）犀角地黄汤只宜用于热在血分，血热妄行的"血证"；不宜用于阳虚失血及脾胃虚弱者。

（六）加减化裁

（1）鼻衄者，加茅根、侧柏叶以凉血止血；便血者，加地榆、槐花以清肠止血；尿血者，加茅根、小蓟以利尿止血；心火盛者，加黄连、黑栀子以加强清心泻火的作用。

（2）《抱犊集》中另载有一犀角地黄汤，治"牛心黄狂风病"，组方为：犀角、生地黄、丹皮、黄连、淡竹叶、石菖蒲、黄芩、云苓、猪苓、泽泻、瓜蒌仁、山栀仁、远志肉、车前仁、淮木通、黑牵牛、川贝母、白矾、麦门冬、灯芯，灶心土煎水冲服。大便结者加大黄、枳实。

（3）清瘟败毒饮（见《疫疹一得》），由生石膏、生地、犀角、黄连、栀子、桔梗、黄芩、知母、赤芍、连翘、玄参、甘草、丹皮、淡竹叶组方，先煎石膏数十沸，后下诸药。功能泻火解毒、凉血救阴，治瘟疫热毒、气血两燔证。症见大热渴饮、神昏发狂，或发斑，或吐衄；四肢或抽搐，或厥逆；脉沉数，或沉细而数，或浮大而数，舌绛唇焦。

第五节　清脏腑热方剂

洗心散

（一）源流出处

出自明代喻仁、喻杰《元亨疗马集》。

（二）组成及用法

天花粉 30 克、木通 20 克、黄芩 30 克、黄连 20 克、连翘 30 克、茯神 25 克、黄柏 80 克、桔梗 25 克、白芷 15 克、栀子 30 克、牛蒡 45 克。用时为末，开水冲调，候温灌服；或适当加大剂量煎汤服（原方为末，每服二两，蜜二两，米泔水一升，同调草饱灌之）。

（三）功能主治

清心、泻火、解毒。主治马心热舌疮。患畜表现口舌红肿或溃烂、口流黏涎或血沫、采食困难、口色鲜红、脉象洪数。

（四）方义解析

洗心散为《元亨疗马集》专治马“心经伏热，舌上生疮”所设。书中说：“心者……外连于舌，舌上有疮，心经有热”。方中黄连、栀子泻心火，且与黄芩、黄柏配伍，即为黄连解毒汤，泻火解毒，为主药；花粉清热生津，连翘、牛蒡、白芷、桔梗解毒散结，消肿止痛，共为辅佐药；木通、茯苓清热利尿，导热下行，为使药。诸药合用，共奏清心、泻火、解毒之功，并有散结消肿的作用。

（五）临证应用

(1) 洗心散为治心火舌疮的常用方，可酌情用于各种口炎。对于唇舌溃烂者，除内服中药外，宜同时局部用药，如青黛散、冰硼散、锡类散、口腔溃疡散等（均载于外用剂中）。

(2)《元亨疗马集》中另有一“治马心热舌上生疮”的清心散（由栀子、黄芩、木通、白芷、山药、桔梗、黄柏、天花粉、牛蒡子组方），与本方大同小异，可酌情选用。

（六）加减化裁

牙硝散（见《牛经大全》）：芒硝、甘草、黄芩、黄连、郁金、大黄、朴硝，各 30 克，为末开水冲调，候凉灌服。其功能清心热，泻火解毒；主治牛口疮及木舌症。洗心散可视为《金匮要略》中泻心汤（大黄、黄连、黄芩组方）加郁金、芒硝（马牙硝、朴硝）、甘草组成。

泻心汤

（一）源流出处

出自清代李南晖《活兽慈舟》。

（二）组成及用法

黄连 30 克、大黄 45 克、石膏 200 克、黄芩 45 克、芍药 45 克、竹茹 15 克、灯芯 10 克、车前 60 克。用时为末，开水冲调，候凉灌服；或煎汤服（原方以黄连、大黄为君，共捣同煎，加芭蕉油啖一二剂）。

（三）功能主治

清心火，解热毒。主治牛心火舌疮等。患畜表现舌肿胀疼痛，或木硬难卷，或溃烂生疮。

（四）方义解析

泻心汤为《活兽慈舟》中治牛舌部诸病的方剂。原文云："舌乃心之苗窍所通，心有灾则舌有厄。有木舌之证，有舌黄之证，有舌烂之证，有舌癣之证，有舌疮之证……凡此数证，皆心火上冲……凡牛舌病，当从心病治之，故用清火败毒药，自能奏效"。方中黄连、黄芩泻火解毒，为主药；石膏、竹茹清热除烦，大黄、赤芍清热散瘀，为辅佐药；车前、灯芯清热利水，导热下行，为使药。诸药合用，共奏清热泻火，解毒散瘀之功。方中大黄、黄芩、黄连三味，就是《金匮要略》中收载的泻心汤，这或许是本方之源，方名亦由此而来。

（五）临证应用

(1) 泻心汤所治木舌、舌黄、舌癣、舌疮、舌烂等病，应属心经热盛，火毒上冲所致。凡各种舌炎，火毒炽盛者，均可酌情应用本方。

(2) 泻心汤中竹茹宜改用竹叶，上清下导，更为合适。

(3)《活兽慈舟》中治水牛"舌黄"的解火清毒药方（由黄连、黄芩、石膏、芒硝、桔梗、玄参、柴胡、生芍、甘草、生芪、连翘、栀子、犀角、薄荷、灯芯组方）为泻心汤加减而成。

导赤散

（一）源流出处

出自宋代钱乙《小儿药证直诀》。

（二）组成及用法

生地黄、生甘草梢、木通各 30 克和竹叶 15 克。原书云："一方不用甘草，用黄芩；一方用灯心"。用时为末，开水或竹叶煎汤冲调，候凉灌服；或煎汤服。剂量可根据病情加减。

动物用量：根据人用量，按体重比例折算。用法同。

（三）功能主治

清热利水。主治心经有热，或心热移于小肠。患畜表现口舌生疮，或尿赤短、口色鲜红、脉象洪数。

（四）方义解析

心经有热，故口舌生疮；心热移于小肠，故尿赤短而涩。治宜清热利水，导热下行。导赤散方中生地清热凉血养阴，木通利水降火，二药合用，利水而不伤阴，共为主药；竹叶清心利水，引热下行从小便而出，为辅药；甘草消清热导火，通淋止痛，并能调和诸药，为佐使药。诸药合用，有清心养阴，利水导热之效。方名“导赤”，是取其引导心火下行之意。

《小儿药证直诀》原书书云：“治小儿心热。视其睡，口中气温，或合面睡，及上窜咬牙，皆心热也。心气热则心胸亦热，欲言不能而有就冷之意，故合面睡”。

《删补名医方论》曰：“赤色属心。导赤者，导心经之热从小肠而出，以心与小肠为表里也。然所见口糜舌疮，小便黄赤，茎中作痛，热淋不利等，皆心热移于小肠之症，故不用黄连直泻其心，而用生地滋肾凉心，木通通利小肠，佐以甘草梢，取其泻最下之热，茎中之痛可除，心经之热可导也。此则水虚火不实者宜之，以利水而不伤阴，泻火而不伐胃也。若心经实热，需加黄连竹叶，甚者更加大黄，亦釜底抽薪之法也”。

（五）临证应用

(1) 导赤散上清心火，下利小便，上治口舌生疮，下治小便赤短涩病，为清心利水的常用方剂。心火盛者，可加黄连以泻心火；血淋涩痛，可配加旱蓬草、小蓟以清热凉血，去瘀通淋。急性尿路感染，可酌情应用。

(2) 加味导赤散（见《新编中兽医学》）由生地 60 克、木通 30 克、甘草梢 30 克、淡竹叶 30 克、滑石 90 克组成，用时为末，开水冲，候温灌服，可治马心火亢盛、小肠蓄热所致的尿血。

紫雪丹

（一）源流出处

始见于唐代孙思邈《千金翼方》，只差滑石一味，余皆相同；宋代官修《太平惠民和剂局方》及清代吴鞠通《温病条辨》在药味及剂量上作了调整，又名紫雪、紫雪散。

（二）组成及用法

石膏、寒水石、滑石、磁石各三斤，水牛角浓缩粉、羚羊角屑、沉香、青木香各五两，玄参、升麻各一斤，甘草（炙）八两，丁香一两，芒硝（制）十斤，硝石（精制）四升，麝香五分，朱砂三两，黄金一百两（现已略去不用）。用时以水一斛，先煮五种金石药，得四斗，去滓后，内八物，煮取一斗五升，去滓，取消石四升，芒硝亦可，用朴硝精者十斤投汁中，微炭火上煮，柳木篦搅勿住手，有七升，投在木盆中，半日欲凝，内成研朱砂三两，细研麝香五分，内中搅调，寒之二日成霜雪紫色。

现常用市售成药病人强壮者，一服 1.5～3 克，当利热毒；老弱人或热毒微者，一服 1～2 克，以意节之。

动物用量：根据人用量，按体重比例折算。用法同。

（三）功能主治

清热开窍、解毒、熄风止痉。主治热邪内陷心包热盛动风证。证见高热烦躁、神昏谵语、痉厥、斑疹吐衄、口渴引饮、唇焦齿燥、尿赤便秘、舌红绛苔干黄、脉数有力或弦数，以及小儿热盛惊厥。临床以高热、烦躁、神昏、痉厥、便秘、舌红绛苔干黄、脉数有力为证治要点。

（四）方义解析

紫雪丹以辛香、甘寒类药物组成，药性偏于寒凉，针对高热、神昏、狂躁、惊厥等四大热闭症状而设，立旨于清热开窍。方中以石膏、寒水石、滑石泻火退热而又甘寒生律，佐以玄参泻火解毒、养阴生津，升麻、甘草清热解毒；羚羊角熄风解痉，佐以磁石、朱砂重镇安神；犀角清心、凉血、解毒，佐以硝石、芒硝泄肠中积热；又以麝香开窍，配以丁香、沉香等行气宣通，佐麝香以开窍。总的来看，全方药物性类似乎繁杂，但主次仍属分明，如针对热盛伤津，则以生津助泻火；针对热毒郁结，则以升散泄热助解毒，针对狂躁惊厥则以重镇安神助息风，针对神志昏迷则以宣通行气助开窍。

《温病条辨》云："诸石利水火而通下窍，磁石、元参补肝肾之阴，而上济君火，犀角、羚羊泻心、胆之火，甘草和诸药而败毒，且缓肝急。诸药皆降，独用一味升麻，盖欲降先升也。诸香化秽浊，或开上窍，或开下窍，使神明不致坐困于浊邪而终不克复其明也。丹砂色赤补心，而通心火，内含汞而补心体，为坐镇之用。诸药用气，硝独用质者，以其水卤结成，性峻而易消，泻火而散结也"。

药理研究表明，紫雪散有明显的解热作用，且作用时间快而持久；能明显对抗戊四氮及硝酸士的宁引起的惊厥，延长小鼠惊厥发生的时间，降低惊厥率和死亡率。在镇静作用方面，本方与巴比妥类药物无协同作用［中成药研究，1985（1）：12］。

（五）临证应用

（1）中医临床　紫雪丹主要用于热闭。临床应用的基本指征为高热、神昏、谵语、烦躁、抽搐、面色暗红或瘀紫、呼吸气促、唇红焦燥、口臭口干、小便短黄、大便闭结、舌质红绛、苔干黄、脉数而有力或弦。现代临床常用于治疗各种发热性感染性疾病热入营分血分的病例。如流行性脑膜炎、乙型脑炎的极期；重症肺炎、化脓性感染等疾病的败血症期；对小儿高热惊厥、小儿麻疹热毒炽盛所致高热神昏，也可应用。

（2）兽医临床　可用于伴侣动物传染病（如犬瘟等）高热不退引起动风而体质尚不虚者。

（3）紫雪丹药性较峻猛，气味辛香，善走窜，过量服用易伤元气及劫阴，只适用于热邪内闭的患者。至于由阳气衰微、气血大亏所致休克、虚脱，虽有神昏、抽搐，但无实火热闭者，治宜救逆扶阳，不宜用紫雪丹。

（六）加减化裁

（1）新雪丹（广州制药厂产品），参考紫雪丹、安宫牛黄丸等组方原则新制。选用硝石、朴硝、山栀子、龙脑、沉香、竹叶卷心等。开窍解毒作用较紫雪丹稍逊，但退热效果较佳，适用于多种热性病热邪炽盛。该方常用于扁桃体炎、咽炎、支气管炎、上呼吸道感染所致发热。

（2）紫雪（天津制药厂出品），由紫雪丹去重镇药加疏肝泻实火之龙胆草而成（由麝香、犀角、羚羊角、木香、沉香、丁香、升麻、石膏、寒水石、龙胆草组方），紫雪之主治与紫雪丹大致相同，人医常用于瘟疫、斑疹、小儿惊瘀等。

清开灵口服液

（一）源流出处

收载于《中华人民共和国药典》，源自清代吴鞠通所著《温病条辨》中之"安宫牛黄丸"。

（二）组成及用法

胆酸13克、珍珠母200克、猪去氧胆酸15克、栀子100克、水牛角100克、板蓝根800克、黄芩苷20克、金银花240克。以上八味药，使用时水牛角磨粉，板蓝根、栀子、金银花加水煎煮2次，每次1小时，合并煎液，滤过，滤液浓缩为相对密度为1.15～1.20（50℃）的清膏，放冷，加乙醇适量，静置，滤过，回收乙醇，加水适量，静置。将水牛角粉、珍珠母加酸适量，水解，滤过，滤液用15%氢氧化钙溶液调节pH值至4，滤过，滤液浓缩至相对密度为1.05～1.10（50℃），放冷，加乙醇适量，静置，滤过，回收乙醇，加水适量，静置。胆酸、猪去氧胆酸加乙醇适量使溶解。将上述药材提取液与水解液合并，混匀，加至胆酸、猪去氧胆酸乙醇液中，加乙醇适量，静置，滤过，滤液回收乙醇，加水适量，静置，加入黄芩苷，调节pH值使溶解，加入矫味剂适量并加水至全量，用氢氧化钠调节pH值至7.2～7.5，搅匀、静置、滤过、灌装、灭菌即得。本品为棕黄色或棕红色的澄明液体。

口服，一次20～30毫升，一日2次；儿童酌减。另外，目前亦常见清开灵注射液：肌内注射，一日2～4毫升，重症患者静脉滴注，一日20～40毫升，以10%葡萄糖注射液200毫升或生理盐水注射液100毫升稀释后使用。

动物用量：根据人用量按体重比例折算。用法同。

（三）功能主治

清热解毒，镇静安神。主治外感风热时毒，火毒内盛所致高热不退，烦躁不安，咽喉肿痛，舌质红绛、苔黄，脉数者；上呼吸道感染、病毒性感冒、急性化脓性扁桃体炎、急性咽炎、急性气管炎和高热等病症属上述证候者。

（四）方义解析

方中胆酸、猪去氧胆酸清热解毒、化痰开窍、凉肝息风，为君药。金银花、黄芩苷清热解毒，为臣药。水牛角、栀子、板蓝根相伍，清热泻火、凉血解毒，珍珠母平肝潜阳、镇惊安神，共为佐药。四药合用，共奏清热解毒，定惊安神之功。

清开灵具有解热、镇静、抗惊厥及免疫调节作用；它对肝损伤有保护作用；能促进实验性家兔脑血肿及坏死脑组织的吸收；可抗血小板聚集，使血栓长度缩短，延长凝血时间，使纤溶酶活性升高，对实验模型大鼠所表现的血液高凝状态有一定的对抗作用。

（五）临证应用

（1）清开灵口服液可用于舌质红绛、脉数有力，尤其是气营两燔、神昏欲动风的高热证候。风寒湿邪束表所致表闭里热不宜使用清开灵。

（2）临床也曾用清开灵口服液治疗犬猫肺热、膀胱热盛尿血等，对控制热象有较好的效果。

（六）加减化裁

（1）安宫牛黄丸（见清代吴鞠通《温病条辨》），由牛黄、郁金、黄连、朱砂、山栀、雄黄、黄芩各一两，水牛角浓缩粉一两，冰片、麝香各二钱五分，珍珠五钱组方，上为极细末，炼老蜜为丸，每丸一钱（3克），金箔为衣，蜡护。脉虚者人参汤下，脉实者银花、薄荷汤下，每服一丸。兼治飞尸卒厥，五痫中恶，大人小儿痉厥之因于热者。大人病重体实者，日再服，甚至日三服；小儿服半丸，不知，再服半丸。

安宫牛黄丸功能清热开窍，豁痰解毒，主治邪热内陷心包证，症见高热烦躁，神昏谵语，口干舌燥，痰涎壅盛，舌红或绛，脉数；亦治中风昏迷，小儿惊厥，属邪热内闭者。安宫牛黄丸为清热开窍的常用代表方剂。凡神昏谵语属温（暑）热之邪内陷心包或痰热闭阻者，均可应用；尤以神昏谵语，伴高热烦躁，舌红或绛，脉数为证治要点。

安宫牛黄丸在人医用于流行性乙型脑炎、流行性脑脊髓膜炎、中毒性痢疾、尿毒症、脑血管意外、肝昏迷等病属痰热内闭者。该药价格昂贵，兽医一般不用，只作了解。

(2) 牛黄清心丸（见《温病条辨》），牛黄二分五厘、朱砂一钱五分、黄连五钱、黄芩三钱、栀子三钱、郁金二钱组方，以上六味，将牛黄研细，朱砂水飞或粉碎成极细粉，其余黄连等四味粉碎成细粉，与上述粉末配研，过筛，混匀，加炼蜜适量，制成大蜜丸，市售成药每丸重 1.5 克，每次 2 丸，一日 2～3 次；小儿酌减。

牛黄清心丸功能清热解毒、开窍安神，主治温热之邪、内陷心包、身热、神昏谵语、烦躁不安，以及小儿高热惊厥、中风窍闭等证。

（七）注意事项

(1) 清开灵口服液在狗有时见过敏反应，可见颜面肿胀、瘙痒等，应及时停药并作脱敏处理。

(2) 清开灵注射液，如出现沉淀或混浊时不得使用。如经 10%葡萄糖或生理盐水注射液稀释后，出现浑浊亦不得使用。

(3) 配伍禁忌　到目前为止，已确认清开灵注射液不能与以下药物配伍使用：硫酸庆大霉素、青霉素 G 钾、肾上腺素、阿拉明、乳糖酸红霉素、多巴胺、山梗菜碱等。

(4) 清开灵注射液稀释后，必须在 4 小时以内使用。

(5) 输液速度：注意滴速勿快，儿童以 20～40 滴/分为宜，成年人以 40～60 滴/分为宜。

(6) 除按《用法用量》中说明使用以外，还可用 5%葡萄糖注射液、生理盐水注射液按每 10 毫升药液加入 100 毫升溶液稀释后使用。

泻黄散

（一）源流出处

出自宋代钱乙《小儿药证直诀》。

（二）组成及用法

藿香叶 6 克、山栀子 3 克、石膏 15 克、甘草 9 克、防风 12 克。为散剂，同蜜酒微炒香，为细末，每服 3 克，温水送下。汤剂：水煎服。

动物用量：根据人用量，按体重比例折算。用法同。用时各药为末，开水冲调，候温灌服；或适当增加药量煎汤服。

（三）功能主治

泻脾胃伏火。主治脾胃火热。患畜表现采食减少、口唇溃烂生疮、口气热臭、舌红苔黄、脉数。

（四）方义解析

泻黄散为脾胃蕴热而设。方中石膏、栀子清泻脾胃之积热，为主药。内经云：“火郁发之”。脾胃既有郁热，则宜升发其火，故用防风疏散脾中伏火，为辅药；藿香芳香化湿，理气和中，振复脾胃之气机，并助防风以疏散脾中伏火，为佐药；甘草和中泻火，调和诸药，使泻脾而无伤脾之虑。方名“泻黄”，乃取脾土色黄，而本方有泻脾中伏火之意。

《小儿药证直诀笺正》云：“方为脾胃蕴热而设。山栀、石膏是其主宰；佐以藿香芳香快脾，所以振动其气机。甘草大甘，已非实热者必用之药，而防风实不可解，又且独重，其义云何，是恐有误。乃望文生义者，且取其升阳，又曰以散伏火，须知病是火热，安有升散以煽其焰之理”。

（五）临证应用

(1) 泻黄散适用于脾胃蕴热，口唇生疮。并可配合外用冰硼散。马、牛用量：藿香叶30克、山栀仁30克、石膏150克、甘草30克、防风（去芦切焙）30克。

(2)《猪经大全》之“猪烂肚子症”部分有“以泻黄治之”的记载。“泻黄”可能就是指本方。

(3) 关于原方防风用量问题，《小儿药证直诀笺正》之说比较合理，无需独重。

（六）加减化裁

清胃散（见《兰室秘藏》），由当归身18克、黄连15克、生地黄34克、牡丹皮18克、升麻18克组方，水煎服。功能清胃凉血，主治胃有积热、火气上攻。凡口炎、牙周炎等均可酌情应用。《医方集解》收载本方有石膏，则清胃之力更强。

玉女煎

（一）源流出处

出自明代张景岳《景岳全书》。

（二）组成及用法

生石膏9～15克，熟地9～15克，麦冬6克，知母、牛膝各4.5克。用水300毫升，煎至200毫升，温服或冷服。

动物用量：马牛用石膏150克、熟地黄100克、麦冬30克、知母25克、牛膝25克。使用时水煎，去渣，候温灌服。

（三）功能主治

清胃滋阴。主治胃热阴虚。患畜表现发热、牙龈肿痛出血、舌红苔黄、口干，有时粪便干燥。

（四）方义解析

玉女煎所治乃少阴不足，阳明有余，水亏火盛之证，当清火滋阴并用。原书曰：“治水亏火盛，六脉浮洪滑大；少阴不足，阳明有余，烦热干渴，头痛牙疼，失血等证如神。若大便溏泻者乃非所宜”。

方中石膏清胃火之有余，为主药；熟地滋肾水之不足，为辅药；二药合用，是清火而又壮水之法。知母苦寒质润，助石膏以泻火清胃，无苦燥伤津之虑，麦冬养胃阴，协熟地以滋肾阴，兼顾其本，均为佐药；牛膝导热引血下行，以降上炎之火，而止上溢之血，为使药。石膏、知母合用，清胃火之有余，熟地、麦冬合用，滋肾阴之不足，共奏清胃滋阴之效。

《成方便读》曰："夫人之真阴充足，水火均平，决不致有火盛之病。若肺肾真阴不足，不能濡润于胃，胃汁干枯，一受火邪，则燎原之势而为似白虎之证矣。方中熟地、牛膝以滋肾水；麦冬以保肺金；知母上益肺阴，下滋肾水，能制阳明独胜之火；石膏甘寒质重，独入阳明，清胃中有余之热。虽然理虽如此，而其中熟地一味，若胃火炽盛者，尤宜酌用之。即虚火一证，亦改用生地为是"。

（五）临证应用

（1）玉女煎适用于水亏火盛所致的牙龈肿痛、出血。凡牙周炎、口炎、舌炎属水亏火旺者，均可酌情应用。

（2）原方加减法："如火之盛极者，加栀子、地骨皮之属亦可；如多汗多渴者，加北五味子十四粒；如小水不利，或火不能降者，加泽泻一钱五分或茯苓亦可；如金水俱亏，因精损气者，加入参二三钱尤妙"。

（六）加减化裁

（1）牙疼散（见《华北地区中兽医资料选编》），由生地30克、威灵仙60克、细辛15克、川芎25克、白芷25克、元参25克、黄芩25克、升麻15克、茯苓15克组方，用时共为末，加蜂蜜120克，开水冲调，温服。

（2）另外还有一个牙疼偏方，由生地30～60克、威灵仙60～120克、细辛9～24克组成，蜂蜜120克为引，用法同牙疼散。

（3）上述两方均为山西省畜牧兽医科学研究所拟订。据报道，牙疼散治疗马骡牙疼47例，痊愈44例，好转5例，无效2例；牙疼偏方治疗9例，痊愈8例，无效1例。

郁金散

（一）源流出处

出自明代喻仁、喻杰《元亨疗马集》。

（二）组成及用法

郁金30克、诃子15克、黄芩30克、大黄30克、黄连30克、黄柏30克、栀子30克、白芍15克组方。用时上药为末，开水冲调，候温灌服；或适当加大剂量煎汤服（原方八味等分为末，每服二两，白汤调灌；急者，连灌三服）。

（三）功能主治

清热解毒，散瘀止泻。主治马急慢肠黄。患畜表现荡泻如水，赤秽兼腥，口色赤红，舌苔黄厚，脉数。

（四）方义解析

郁金散为治马肠黄所设，《元亨疗马集》中说："热毒积在胸中，脏腑壅极，酿成其患也。"治宜清热解毒，散瘀止泻。方中郁金清热凉血，行气破瘀，主治热毒壅极于肠中；黄连、黄芩、栀子、黄柏，即黄连解毒汤，清热解毒；以上五味是方中的主辅药。大黄泄热散瘀，芍药敛阴和营，诃子涩肠止泻，三味各行其职而同为方中之佐使药。诸药合用，共奏清热解毒、散瘀止泻之功。

（五）临证应用

（1）郁金散是治疗马急慢肠黄的一个常用方。凡马急性胃肠炎、痢疾而属于热毒壅极者，均可酌情加减应用。

（2）常用扣减法　热毒盛者，加银花、连翘；腹痛盛者，加乳香、没药、元胡；粪稀如水者，加猪苓、泽泻、车前，去大黄。其中诃子一味，病初可去，病久可加；或病初生用，使之收涩之中而存降泄之性；病久煨熟，令其温中止泻而取收涩之长。

（3）中国人民解放军某军马所用郁金散加减（由郁金 30 克、黄连 9 克、黄芩 24 克、黄柏 30 克、栀子 30 克、连翘 30 克、杭芍 18 克、诃子 30 克、当归 60 克、蒲公英 60 克、金银花 30 克、炒莱菔子 15 克、续随子 30 克、木香 9 克、厚朴 18 克组方，同时水煎，加木香服）治疗马骡胃肠炎 79 例，治愈 76 例［见《全国中兽医经验选编》第 402 页］。

（4）据资料介绍，内蒙古军区后勤部防疫队等单位以四黄元金汤为主，治疗马骡急性胃肠炎 22 例（轻症 8 匹、重症 14 匹），全部治愈，无一死亡。其四黄元金汤，实际上也可看作郁金散的加减方，组方为黄连 30 克、元胡 30 克、郁金 30 克、黄芩 21 克、黄柏 21 克、大黄 30 克、川朴 21 克、广木香 15 克、香附 15 克、当归 21 克、木通 21 克、陈皮 15 克，水煎服。体温高加连翘、双花；肠臌气加乌药、草果；排稀粪加诃子、乌梅，减大黄；疝痛停止后继续服药时，黄连、元胡可减量。

白头翁汤

（一）源流出处

出自东汉张仲景《伤寒论》。

（二）组成及用法

白头翁二两（15 克）、黄柏三两（12 克）、黄连三两（6 克）、秦皮三两（12 克）。此四味，以水七升，煮取二升，去滓，温服一升，不愈再服一升。现代用法：水煎服。

动物用量：根据人用量，按体重比例折算。用法同。用时水煎，去渣，候温灌服；或研末，开水冲调，候温灌服。

（三）功能主治

清热解毒、凉血止痢，主治痢疾。患畜表现泻痢如脓血、赤多白少、排粪黏滞不爽、里急后重、腹痛、舌红苔黄、脉数。

（四）方义解析

白头翁汤性味苦寒。苦能燥湿、寒能除热，是治疗热毒痢疾、下利脓血的要方。《伤寒论》云："热利下重者，白头翁汤主之。"又说："下利欲饮水者，以有热故也，白头翁汤主之。"可知本方所治不是一般湿热痢，当为热毒深陷血分，纯下血痢之证。治疗着重于清热解毒凉血，俾热毒除，则血痢自止。方中白头翁清热解毒、凉血止痢，为治热毒赤病主药；黄连、黄柏、秦皮协助白头翁清热解毒、燥湿治痢，均为佐使药。四药合用，具有清热解毒、凉血止痢之效。

从白头翁汤的药物组成以及临床效果来看，具有清热解毒、消炎、止泻、明目等多种药理作用。据报道，白头翁煎剂能抑制阿米巴原虫的生长，可应用于阿米巴痢疾。同时，白头翁又有镇静作用。本方无论在体外或体内，对志贺菌、宋内菌及弗氏痢疾杆菌，均有抑制作用，并可促进机体机能，增强抗病能力。

（五）临证应用

(1) 白头翁汤适用于湿热痢疾。凡马牛肠炎、猪下痢等属于湿热证者，均可酌情使用。其他如急性结膜炎、脓疱疮、泌尿系统感染等，如若对症，也可获得较好效果。马、牛用量：白头翁 60 克、黄柏 45 克、黄连 30 克、秦皮 45 克。

(2) 白头翁汤药性苦寒，易伤脾阳，久服可出现大便溏泻、腹胀，胃口不好等反映，故中病即止，不宜长用。素有脾阳虚弱，大便溏薄、腹胀者，应慎用。以免损伤胃气，加重病情。痢疾属于虚寒型（四肢不温，怕冷，舌苔白滑，脉细弱），以及久痢气虚者（乏力，下重、舌淡，脉滑大而濡），均当慎用。

（六）加减化裁

(1) 白头翁汤（见《备急千金要方》收载方），即于原方中加入厚朴、阿胶、附子、茯苓、芍药、干姜、当归、赤石脂、甘草、龙骨、大枣、粳米。由于方中加入了散寒、理气、活血，收涩等品，故可通用于痢疾后期以及转为慢性者。

(2) 加味白头翁汤（见《温病条辨》），于原方中加入白芍、黄芩，用于治疗湿热下陷、热利下重、腹痛等痢疾证候。

(3) 吉林农业大学中兽医教研室治马肠黄的三黄加白散（由黄连 24 克、黄芩 30 克、黄柏 30 克、白头翁 24 克、枳壳 15 克、砂仁 15 克、泽泻 15 克、猪苓 15 克、苍术 15 克、厚朴 15 克组方），以及黑龙江省治猪痢疾方（由白头翁 8 克、黄柏 9 克、黄芩 24 克、苦参 24 克、秦皮 24 克组方），都是以白头翁汤为基础的加减方（见《中兽医治疗学》第 166 页、第 581 页）。

(4) 白头翁汤方中行气之力不足，可加木香、槟榔以行气导滞；挟食滞者，可加枳实、山楂以消食导滞。

(5) 白龙散（见《中兽医治疗学》） 由白头翁 6 克、龙胆草 3 克、黄连 1 克组方，共为末，和米汤灌服。功能清热解毒、燥湿止痢，主治猪热性痢疾。

泻白散

（一）源流出处

出自宋代钱乙《小儿药证直诀》。

（二）组成及用法

地骨皮 45 克、桑白皮（炒）45 克、甘草（炙）20 克、粳米 30 克。用时水煎，去渣，候温灌服；或研末，开水冲服。

（三）功能主治

清泻肺热、平喘止咳，主治肺热咳嗽。患畜表现发热、咳嗽、呼吸急促、舌红、苔黄、脉细数。

（四）方义解析

泻白散所治乃肺中伏火所致的咳喘。方中桑白皮清泻肺热，止咳平喘，为主药；地骨皮协助桑白皮泻肺中伏火，并退虚热，为辅药；粳米、炙甘草养胃和中，并防伤肺气，并为佐使。四药配合，泻肺平喘而不伤正。方名“泻白”，乃取肺金色白，而本方能泻肺中伏热之意。

《小儿药证直诀》云：“……又名泻肺散。治小儿肺盛，气急喘嗽。地骨皮、桑白皮炒，各一两；炙草一钱。上药锉散，入粳米一撮，水二小盏，煎七分，食前服”。

《删补名医方论》云：“白者肺之色也，泻白泻肺气之有余也。君以桑白皮质液而味辛，液以润燥，辛以泻肺。臣以地骨皮质轻而性寒，轻以去实，寒以胜热。甘草生用泻火，佐桑皮、地骨皮泻诸肺实，使金清气肃而喘嗽可平。较之黄芩知母苦寒伤胃者远矣。夫火热伤气，救肺之治有三：实热伤肺，用白虎汤以治其标；虚火刑金，用生脉散以治其本；若夫正气不伤，郁火又甚，则泻白散之清肺调中，标本兼治，又补二方之不及也”。

（五）临证应用

(1) 泻白散泻肺中伏热，但清热之力较弱，适用于肺热伤阴，肺气不降之咳嗽，尤宜正气不大伤，伏火不太甚者。又宜于幼畜肺热咳嗽，或肺炎初期、气管炎而见发热咳嗽气促者。

(2) 甘肃省兽医研究所路玉杰用泻白散治猪咳嗽，肺热甚者加知母、黄芩［见《全国中兽医经验选编》第 3 页］。

(3)《证治准绳》中的泻白散为泻白散加贝母、紫菀、桔梗、当归、瓜蒌仁；《沈氏尊生书》中的泻白散为泻白散加人参、知母、黄芩。功用各有不同，亦可酌情选用。

千金苇茎汤

（一）源流出处

出自唐代孙思邈《备急千金要方》。

（二）组成及用法

苇茎二升（60 克），切，加水二斗，煮取五升，去滓，薏苡仁半升（30 克）、瓜瓣半升（24 克）、桃仁三十枚（9 克）。原方此四味㕮咀，内苇汁中，煮取二升，服一升，再服，当吐如脓。现代用法为水煎服。

动物用量：根据人用量，按体重比例折算。用法同。

（三）功效主治

清肺化痰，逐瘀排脓。治肺痈。症见身有微热，咳嗽吐痰色黄，甚则咳吐腥臭脓痰，胸中隐隐作痛，舌红苔黄腻，脉滑数。

（四）方义解析

肺痈之病，由热毒壅肺、痰热瘀血互结所致。痰热壅于肺，肺失清肃，则咳嗽发热；痰热瘀血内壅、气滞血瘀、郁结成痈、血败肉腐、酿化为脓血，故咳吐黄痰，甚则咳吐腥臭脓痰；痰热内蕴、肺络不通，故胸中隐隐作痛；舌红苔黄腻，脉滑数，皆为痰热内盛之征，故治宜清肺化痰，逐瘀排脓。方中苇茎（芦根）甘寒轻浮，善清肺热而通肺窍，是治疗肺痈必用之品，为君药。瓜瓣（冬瓜仁）清热化痰，利湿排脓，配合君药清肺宣壅，涤痰排脓；薏苡仁甘淡微寒，上清肺热而排脓，下利肠胃而渗湿，使湿热之邪从小便而解，共为臣药。桃仁活血逐瘀散结，以助消痈，且润燥滑肠，与冬瓜仁相合，使痰热之邪从大便而解，为佐药。四药合用，具有清热、逐瘀、排脓之功，为治肺痈常用之方。

（五）临证应用

（1）本方中芦根用量较多，个别犬服后出现软便或稀便，一般不需处理。若排便频繁则应止泻。

（2）肺气虚、心肺两虚、肺肾两虚等因素所致咳喘者禁用，寒痰者禁用。对于腑实所致肺热咳喘，应以通腑为主，不应给予本方，通腑宜重用栝蒌实。

（3）曾接诊一例罗威纳母犬，3月龄，体重8千克，已免疫两次，已驱虫，平日饮食多膏粱厚味，营养膏一周一支半，每天进食鸡蛋、高热量犬粮。两日前出现轻微咳嗽，现精神不振，纳差，咳嗽频繁，痰多，呼吸伴有痰鸣音，口内有脓性气味，鼻涕黄，眼分泌物较多，鼻头干热，体温39.8℃，尿黄气味重，大便正常，双气轮充血且眼内压增高，舌质淡红，灰苔，口内略黏，脉滑数，沉取有力，犬冠状病毒阳性，其余传染病为阴性，X线片见两肺纹理明显增粗伴有白色显影。中兽医诊为痰热壅肺，治法宣肺排痰。给予千金苇茎汤合麻杏石甘汤加减，两药合方，均以清肺热为主，前者排痰较强，后者透热为佳。芦根20克、瓜蒌皮12克、生薏仁15克、桃仁6克、蜜麻黄6克、杏仁10克、生石膏18克，炙甘草3克。免煎剂，150毫升水冲开煮沸，每日1剂，日3～4服，药后咳嗽减缓，退热，精神改善后减量。

（4）犬肺炎咳喘或猫疱疹病毒并发支原体感染所致咳喘，常见舌质红，脉数，脚垫热，鼻头干，咯黄脓痰，咳喘频繁，发热，尿黄。用千金苇茎汤加减治疗效果好，清痰除热，平喘止咳效果明显。另在多种肺部疾病、肿瘤等病例中使用千金苇茎汤均效果显著，对控制肺内炎症较好。

（六）注意事项

本方用于痰热壅盛所致痰喘，对虚寒、风寒所致咳喘不宜使用。

鱼腥草注射液

（一）源流出处

出自《中华人民共和国药典》。

（二）组成及用法

由鲜鱼腥草经加工制成。取鲜鱼腥草2000克进行水蒸气蒸馏，收集初馏液2000毫升，再进行重蒸馏，收集重蒸馏液约1000毫升，加入7克氯化钠及25克聚山梨酯80，混匀，加注射用水使成1000毫升，滤过，灌封，115℃灭菌32分钟，即得。成品澄明无色。

人用量：肌内注射，一次2～4毫升，一日4～6毫升。静脉滴注，一次20～100毫升，有5%～10%葡萄糖注射液稀释后应用。

动物用量：根据人用量，按体重折算，可注射或口服，口服加倍或 3 倍量。

（三）功能主治

清热、解毒、利湿。用于肺脓疡、痰热咳嗽、白带、尿路感染、痈疖。

（四）方义解析

鱼腥草注射液由一味药组成，主治痰热壅盛引起的肺痈、咳嗽、白带过多、淋症、痈疖。本品辛能行散、微寒清热，主入肺经，善清肺经热毒，为治疗痰热壅肺而致肺痈、咳吐脓血之要药，也可用于肺热咳嗽、痰稠等。本品既能清热解毒，又能消痈排脓，故凡热毒疮疡皆可使用。本品有清热除湿、利水通淋之效，而用于湿热淋症。

现代研究表明本品含鱼腥草素、挥发油、蕺菜碱、槲皮素、氯化钾等。鱼腥草素对金黄色葡萄球菌、肺炎双球菌、甲型链球菌、流感杆菌、卡他球菌、伤寒杆菌以及结核分枝杆菌等，均有不同程度的抑制作用，能增强白细胞的吞噬功能。所含槲皮素及钾盐能扩张肾动脉，增加肾动脉血流量，因而有较强的利尿作用。此外，鱼腥草素还有镇痛、止血、镇咳的作用。

（五）临证应用

鱼腥草注射液在兽医临床常用于犬呼吸道、泌尿系统感染。由于本品注射时过敏反应颇多，静脉滴注或皮下注射宜慎重，发生过敏应及时处理；改为口服未见过敏反应。

（六）加减化裁

(1) 复方鱼腥草素钠片，每片含盐酸氯丙那林 4 毫克、盐酸溴己新 4 毫克、鱼腥草素钠 20 毫克、马来酸氯苯那敏 1.5 毫克。本品为平喘类非处方药，用于支气管哮喘、喘息性支气管炎。其中氯丙那林为选择性 β2 受体激动剂，能缓解支气管平滑肌痉挛；盐酸溴己新为祛痰药，能降低支气管黏液的黏稠度，使痰液稀释，易于咳出；马来酸氯苯那敏为抗组胺药，可缓解支气管平滑肌收缩所致喘息，并有中枢镇静作用。

(2) 复方鱼腥草注射液，出自《全国兽用中草药制剂经验选编》，由鱼腥草 2000 克、前胡 1000 克、马兜铃 500 克、生半夏 500 克组方，洗净切碎后装入蒸馏瓶内，加水适量，浸泡，蒸馏收集蒸馏液 4000 毫升，然后将蒸馏液重蒸馏收集重蒸馏液 2000 毫升，加入 16 克氯化钠调节渗透压、精滤、封装、灭菌。每毫升相当生药 2 克，每支 5 毫升。鱼腥草注射液功能清热解毒、利水消肿，可用于呼吸道感染引起的急慢性炎症，特别适用于肺炎咳嗽、喘气病。用量：小猪 2～4 毫升，中等猪 5～10 毫升，大猪 15～20 毫升。肌注，一日 2 次，连用 2～3 天。

《中草药防治猪病》中记载有另一复方鱼腥草注射液：鲜鱼腥草、连翘各等份，洗净切碎后装入蒸馏瓶内，加注射用水超出药面，蒸馏收集蒸馏液，然后将蒸馏液再蒸馏，向收集到的重蒸馏液中加入适量氯化钠至等渗，静置沉淀 3 天后，取上清液过滤，分装，经 100℃流通蒸汽灭菌 30 分钟后备用。每 50 千克体重每次肌内注射 20～30 毫升，每日 2 次。本品能辛凉透表、清热解毒，主治猪暑感温热。

双黄连口服液

（一）源流出处

出自《中华人民共和国药典》。

（二）组成及用法

金银花375克、黄芩375克、连翘750克。此三味，黄芩切片，加水煎煮三次，第一次2小时，第二次、第三次各1小时，合并煎液，滤过，滤液浓缩并在80℃时加入2摩尔/升盐酸溶液适量调节pH值至1.0～2.0，保温1小时，静置12小时，滤过，沉淀加6～8倍量水，用40%氢氧化钠溶液调节pH值至7.0，再加等量乙醇，搅拌使溶解，滤过，滤液用2摩尔/升盐酸溶液调节pH值至2.0，60℃保温30分钟，静置12小时，滤过，沉淀用乙醇洗至pH7.0，挥尽乙醇备用；金银花、连翘加水温浸半小时后，煎煮两次，每次1.5小时，合并煎液，滤过，滤液浓缩至相对密度为1.20～1.25（70～80℃），冷至40℃时缓缓加入乙醇，使含醇量达75%，充分搅拌，静置12小时，滤取上清液，残渣加75%乙醇适量，搅匀，静置12小时，滤过，合并乙醇液，回收乙醇至无醇味，加入黄芩提取物，并加水适量，以40%氢氧化钠溶液调节pH值至7.0，搅匀，冷藏（4～8℃）72小时，滤过，滤液加入蔗糖300克，搅拌使溶解，再加入香精适量并调节pH值至7.0，加水制成1000毫升，搅匀，静置12小时，滤过，灌装，灭菌，即得。本品为棕红色的澄清液体；味甜，微苦。

人用量：口服，一次20毫升，一日3次。小儿酌减。

动物用量：根据人用量，按体重折算。可口服或灌肠。

（三）功能主治

辛凉解表、清热解毒。主治外感风热引起的发热、咳嗽、咽痛。

（四）方义解析

双黄连口服液由3味药组成，为治风热袭肺引起的发热、咳嗽、咽痛的有效常用成药。方中金银花甘寒，芳香疏散，善清肺经热邪，为君药；黄芩苦寒，善清肺火及上焦的实热，连翘苦微寒，疏散上焦风热，并有清热解毒之功，为臣药。三药使用，共奏辛凉解表、清热解毒之功。

（五）临证应用

双黄连口服液在兽医临床常用于犬呼吸道感染以风热表现为主者，症见咽喉肿痛、热痰咳嗽等。注射给药时少见过敏反应。

（六）注意事项

双黄连苦寒，不宜用于风寒感冒。

升降散

（一）源流出处

出自清代杨璿《伤寒瘟疫条辨》。

（二）组方及用法

白僵蚕酒炒二钱、全蝉蜕一钱、广姜黄三钱、川大黄生四钱。共研细末，研均，病轻分四次服，病重分三次服，最重分两次服。轻用黄酒一盅，蜜五钱，调药冷服。如以炼蜜为丸，则名太极丸。

动物用量：根据人用量，按体重折算。用法同。

（三）功能主治

升清降浊、散风清热。主治温热、瘟疫，邪热充斥内外，阻滞气机，清阳不升，浊阴不降，致头面肿大，咽喉肿痛，胸膈满闷，呕吐腹痛，发斑出血，丹毒，谵语狂乱，不省人事，绞肠痧（腹痛），吐泻不出，胸烦膈热，疙瘩瘟（红肿成块），大头瘟（头部赤肿），蛤蟆瘟（颈项肿大），以及丹毒、麻风。

（四）方义解析

原书中指出："是方以僵蚕为君，蝉蜕为臣，姜黄为佐，大黄为使，米酒为引，蜂蜜为导，六法俱备，而方乃成。僵蚕味辛苦气薄，喜燥恶湿，得天地清化之气，轻浮而升阳中之阳，故能胜风除湿，清热解郁，从治膀胱相火，引清气上朝于口，散逆浊结滞之痰也；蝉蜕气寒无毒，味咸且甘，为清虚之品，能祛风而胜湿，涤热而解毒；姜黄气味辛苦，性温，无毒，祛邪伐恶，行气散郁，能入心脾二经，建功辟疫；大黄味苦，大寒无毒，上下通行，亢盛之阳，非此莫抑；米酒性大热，味辛苦而甘，令饮冷酒，欲其行迟，传化以渐，上行头面，下达足膝，外周毛孔，内通脏腑经络，驱逐邪气，无处不到；蜂蜜甘平无毒，其性大凉，主治丹毒斑疹、腹内留热、呕吐便秘，欲其清热润燥，而自散温毒也。盖取僵蚕、蝉蜕，升阳中之清阳；姜黄、大黄，降阴中之浊阴，一升一降，内外通和，而杂气之流毒顿消矣。"

（五）临证应用

(1) 10千克犬的常用剂量为蝉蜕6克、僵蚕10克、片姜黄3克、生大黄6克。大火煮沸，小火煎煮3分钟。

(2) 曾有一例雪纳瑞，11岁，走失3小时，找回后在家出现躁动现象，上窜下蹦，伴有嚎叫，身体颤抖，对饲主较凶，已持续2小时，饲主虑狂犬病之嫌疑，欲作安乐死。但观察其对光、对水的反应，未见狂犬病之特征表现，仔细体察亦未见攻击人的现象，而其腹部胀硬，按压有痛感，舌红绛，两脉洪而有力，双气轮潮红，考虑阳明阻滞，气机不通，郁热内扰心神，给予生大黄、片姜黄、蝉衣、僵蚕、淡豆豉、栀子，水煎候温口服，药后1小时内大便3次，大便稀恶臭，泻后神智正常，嗜睡。醒后一切如常。本案使用升降散目的在于通腑泻浊，以安神志。

(3) 升降散常用于犬瘟热，细小病毒等传染病，以开通气机，通腑泻浊。近年来犬细小病毒常出现消化道症状后继发或并发呼吸道症状，多以升降散合并麻杏石甘汤进行治疗有效提高治愈率。

（六）加减化裁

《蒲辅周论温病》中转载了《伤寒瘟疫条辨》升降散化裁15方。去除首方升降散，其余十四方如下。

神解散：温病初觉，憎寒体重，壮热头痛，四肢无力，偏身酸痛，口苦咽干，胸腹满闷者，此方主之。白僵蚕（酒炒）一钱，蝉蜕五个，神曲三钱，金银花两钱，生地两钱，木通一钱，车前子（炒，研）一钱，黄芩（酒炒）一钱，黄连一钱，黄柏（盐水炒）一钱，桔梗一钱。水煎去渣，入冷黄酒半小杯，蜜三匙，和均冷服。

清化汤：温病壮热憎寒，体重，舌燥口干，上气喘吸，咽喉不利，头面卒肿，目不能开者，此方主之。白僵蚕（酒炒）三钱、蝉蜕十个、金银花二钱、泽兰叶二钱、广皮八分、黄芩二钱，黄连、炒栀子、连翘（去心）、龙胆草（酒炒）、元参、桔梗各一钱，白附子（泡）、甘草各五分。大便实加酒大黄四钱，咽痛加牛蒡子（炒研），头面不肿去白附子。水煎去渣，入蜜酒冷服。

芳香饮：温病多头痛、身痛、心痛、胁痛，呕吐黄痰，口流浊水，涎如红汁，腹如圆箕，手足搐搦，身发斑疹，头痛，舌烂，咽喉痹塞等症。治法，急宜大清大泻之。但有气血损伤之人，遽用大寒大苦之剂，恐火转闭塞而不达，是寒之也，此方主之。其名芳香者，以古人元旦汲清泉以饮芳香之药，重涤秽也。玄参一两，白茯苓五钱，石膏五钱，蝉蜕（全）12个，白僵蚕（炒）三钱，荆芥三钱，天花粉三钱，神曲（炒）三钱，苦参三钱，黄芩二钱，陈皮一钱，甘草一钱。水煎，去渣，入蜜、酒冷服。

大清凉散：温病表里三焦大热，胸满胁痛，耳聋目赤，口鼻出血，唇干舌燥，口苦自汗，咽喉肿痛，谵语狂乱者，此方主之。白僵蚕（酒炒）三钱，全蝉蜕十二个，全蝎（去毒）三个，当归、生地（酒洗）、金银花、泽兰各二钱，泽泻、木通、车前子（炒研）、黄连（姜汁炒）、黄芩、栀子（炒黑）、五味子、麦冬（去心）、龙胆草（酒炒）、牡丹皮、知母各一钱，甘草（生）五分。水煎去渣，入蜜酒冷服。

小清凉散：温病壮热烦躁，头沉面赤，咽喉不利，或唇口颊腮肿者，此方主之。白僵蚕（炒）三钱，蝉蜕十个，银花二钱，泽兰二钱，当归二钱，生地二钱，石膏三钱，黄连一钱，黄芩一钱，栀子一钱（酒炒），牡丹皮一钱，紫草一钱。水煎去渣，入蜜、酒、童便，冷服。

大复苏饮：温病表里大热，或误服温补、和解药，以致神昏不语，形如呆人，或哭笑无常，或手舞足蹈，或谵语骂人，不省人事，目不能闭者，名越经证。及误服表药而大汗不止者，名亡阳证。白僵蚕三钱，蝉蜕十个，当归三钱，生地二钱，人参、茯神、麦冬、天麻、犀角（磨汁，入汤和服）、丹皮、栀子（炒黑）、黄连（酒炒）、黄芩（酒炒）、知母、甘草（生）各一钱，滑石二钱。水煎，去渣，入冷酒、蜜、犀角汁，和均冷服。

小复苏饮：温病大热，或误服发汗解肌药，以致谵语发狂，昏迷不醒，燥热便秘，或饱食而复者，此方主之。白僵蚕三钱，蝉蜕十个，神曲三钱，生地三钱，木通二钱，车前子（炒）二钱，黄芩一钱，黄柏一钱，栀子一钱（炒黑），黄连一钱，知母一钱，桔梗一钱，牡丹皮一钱。水煎，去渣，入蜜三匙、黄酒半小杯，和均冷服。

增损三黄石膏汤：温病三焦大热，五心烦热，两目如火，鼻干面赤，苔黄唇焦，身如涂朱，烦渴引饮，神昏谵语，服之皆愈。石膏八钱，白僵蚕（酒炒）三钱，蝉蜕十个，薄荷二钱，豆豉三钱，黄连二钱，黄柏（盐水微炒）二钱，黄芩二钱，栀子二钱，知母二钱。水煎，去渣，入米酒、蜜冷服。腹胀痛或燥结加大黄。

增损大柴胡汤：温病热郁腠理，以辛凉解散，不致还里，而成可攻之证，此方主之，乃内外双解之剂也。柴胡四钱，薄荷、黄芩、大黄各二钱，黄连、栀子、白芍、陈皮、枳实各一钱，广姜黄七分，酒炒僵蚕三钱，全蝉衣十个。呕加生姜二钱。水煎，去渣，入冷酒一两，蜜五钱，和均冷服。

增损双解散：温病主方。酒炒白僵蚕三钱，全蝉衣十二个，广姜黄七分，防风、薄荷叶、荆芥穗各一钱，当归二钱，白芍、黄连、连翘、栀子各一钱，黄芩、桔梗各二钱，石膏六钱，滑石三钱，甘草一钱，酒浸大黄、芒硝各二钱。水煎，去渣，冲芒硝，入蜜三匙，黄酒半小杯，和均冷服。

加味凉膈散：温病主方。酒炒白僵蚕三钱，蝉衣十二个，广姜黄七分，黄连、黄芩、栀子各二钱，连翘、薄荷、大黄、芒硝各三钱，甘草一钱，竹叶三十片。水煎，去渣，冲芒硝，入蜜、酒冷服。若欲下之，量加硝、黄，胸中热加麦冬，心下痞加枳实，呕渴加石膏，小便赤数加滑石，满加枳实、厚朴。

加味六一顺气汤：温病主方。酒炒白僵蚕三钱，蝉衣十个，酒浸大黄四钱，芒硝二钱五分，柴胡三钱，黄连、黄芩、白芍、生甘草各一钱，厚朴一钱五分，枳实一钱。水煎，去渣，冲芒硝，入蜜、酒，和均冷服。

增损普济消毒饮：太和年，民多疫疠，初觉憎寒壮热体重，次传头面肿，目不能开，上喘，咽喉不利，口燥舌干，俗称大头瘟。东垣曰："半身以上，天之阳也，邪气客于心肺，上攻头面而为肿耳"。《内经》谓："清邪中于上焦"，即东垣之言益信矣。元参三钱，黄连二钱，黄芩三钱，连翘、酒炒栀子、炒研牛蒡子、板蓝根、桔梗各二钱，陈皮、生甘草各一钱，全蝉衣十二个，酒炒白僵蚕、酒浸大黄各三钱。水煎。去渣，入蜜、酒、童便冷服。

解毒承气汤：温病三焦大热，痞满燥实，谵语狂乱不识人，热结旁流，循衣摸床，舌卷囊缩，及瓜瓤，疙瘩温，上为痈脓，下血如豚肝，厥逆，脉沉伏者，此方主之。酒炒白僵蚕三钱，全蝉衣十个，黄连、黄芩、黄柏、栀子各一钱，麸炒枳实二钱五分，姜汁炒厚朴五钱，酒洗大黄五钱，芒硝三钱。甚至痞满燥实、坚结非常，大黄加至两余，芒硝加至五或七钱，始动者，又当知之。

（七）注意事项

本方大黄用量较大，通泻力量较强，气血不足，脉微弱无力者禁用。

茵栀黄口服液

（一）源流出处

出自《中华人民共和国药典》。

（二）组成及用法

茵陈提取物12克、栀子提取物6.4克、黄芩提取物（以黄芩苷计）40克、金银花提取物8克。此四味，取茵陈提取物、栀子提取物、金银花提取物，加水300毫升使溶解，用10%氢氧化钠溶液调节pH值至6.5，滤过，滤液备用；黄芩提取物加水适量搅拌成糊状，加水300毫升，用10%氢氧化钠溶液调节pH值至6.5～7.0，滤过，滤液与上述滤液合并，加枸橼酸0.5克、蔗糖100克、蜂蜜50克、阿司帕坦2克及苯甲酸钠3克，搅匀，冷藏24小时，调pH值近中性，加水调整总量至1000毫升，搅匀，静置，滤过，灌封，灭菌，即得。

10毫升/60千克体重，每日3次，口服。热重可酌情加量。

（三）功效主治

清热解毒、利湿退黄。治热重于湿所致发黄、发热、口渴、小便短赤、大便干结。

（四）方义解析

茵栀黄口服所治之黄疸主要是湿热型黄疸，且热重于湿。方中茵陈苦寒、清热利湿退黄、为君药。辅栀子苦寒、清利三焦湿热，且利小便，有利于逐邪外出。黄芩苦寒、清热燥湿，金银花清热解毒，与栀子共为臣药。三药合用共凑清热解毒，利湿退黄的功效。

（五）临证应用

本方为《伤寒论》茵陈蒿汤之变方，但苦寒性质较原方重，其适应证为湿热黄疸中热重于湿的类型，并突出热盛。中焦虚弱者不可使用本方，药后多无食欲、呕吐、大便溏稀。寒湿发黄禁用。

临床黄疸性疾病的中药治疗中，最常见到的就是本方，用时往往掺入其他药物中。治黄疸，宜疏肝利胆、活血化瘀、健脾益气同用。健脾益气可以增强脾胃功能，气血有生化之源；疏肝利胆、行气开郁，恢复机体升降出入的能力，可以减轻肝乘脾土，横犯胃腑的症状；活血化瘀，可改善肝胆的微循环，促进废物排出，去腐生新，同时有净化血液的作用，有利于清除黄疸。临床上，本方常与小柴胡汤、龙胆泻肝汤等方剂配合使用。

临床使用本方之汤剂或口服液时，均建议每次少服，频服，一次大量口服易致呕吐。

开光复明丸

（一）源流出处

出自《北京市中药成方选集》。

（二）组成及用法

栀子（制）60克、黄芩60克、黄连120克、黄柏60克、大黄60克、龙胆30克、炒蒺藜60克、菊花60克、防风30克、石决明60克、玄参30克、红花30克、当归36克、赤芍36克、地黄36克、泽泻30克、羚羊角粉3克、冰片15克。此十八味，除羚羊角粉外，冰片研成细粉，其余栀子等十六味粉碎成细粉，混匀，与上述羚羊角粉等二味细粉配研，过筛，混匀。每100克粉末加炼蜜130～140克，制成大蜜丸，即得。

每次1～2丸，每日2次。口服。

动物用量：根据人用量，按体重比例折算。用法同。

（三）功能主治

清热散风、退翳明目。用于肝胆热盛引起的暴发火眼、红肿痛痒、云翳气蒙、羞明多眵。

（四）方义解析

方中黄连、黄芩、黄柏、栀子泻火解毒，主治一切实热火毒攻冲眼目之疾，为君药。载入大黄、龙胆、玄参、地黄以加强清热泻火、凉血解毒之功，而为臣药。另取菊花、防风散风清热，蒺藜、羚羊角、石决明清肝明目；红花、当归、赤芍除热壅血滞之变；泽泻利水，导热由小便而解，九味共为佐药。冰片性善走窜开窍，引火热之邪外达，赤痛障翳自去，则目自明，为使药。诸药合用，共达清热散风、退翳明目之效。

（五）临证应用

（1）治疗结膜炎　症见白睛骤然红赤肿胀，状如鱼泡、甚则眼睑红赤、肿胀高起、灼热磨涩、眵多如脓，甚则干结封住眼睑。

（2）治角膜溃疡、睛生云翳，其色灰白或鹅黄，呈点状或片状，中央溃陷，上覆脓性分泌物，前房积脓。严重者黑睛溃穿形成蟹睛。

（3）治睑缘炎，见眼睑边缘红赤刺痒、灼热疼痛，甚则睑缘皮肤溃烂、脓汁污秽、睫毛乱生或脱落。

（六）注意事项

（1）本品含有多为苦寒药物，脾胃虚寒者慎用。

（2）本品含蒺藜、红花，妊娠慎用。

（3）服药期间饮食清淡易消化之品为宜。

黄连羊肝丸

（一）源流出处

出自元代倪维德《原机启微》。

（二）组成及用法

黄连 20 克、胡黄连 40 克、黄芩 40 克、黄柏 20 克、龙胆 20 克、柴胡 40 克、青皮（醋炒）40 克、木贼 40 克、密蒙花 40 克、茺蔚子 40 克、决明子（炒）40 克、石决明（煅）40 克、夜明砂 40 克、鲜羊肝 160 克。此十四味，将鲜羊肝切碎、蒸熟、干燥，与其余黄连等十三味掺匀，粉碎成细粉，过筛，混匀。每 100 克粉末加炼蜜 120～150 克制成大蜜丸，即得。

每次 1 丸，每日 1～2 次。口服。

动物用量：根据人用量，按体重比例折算。用法同。

（三）功能主治

清肝泻火、明目。用于肝火旺盛、目赤肿痛、视物昏暗、羞明流泪、胬肉攀睛。

（四）方义解析

方中黄连、龙胆苦寒，皆入肝经，相须为用，清肝泻火之力甚著，切中病机，故为君药。胡黄连、黄芩、黄柏、密蒙花、木贼、茺蔚子、夜明砂、决明子、石决明散风清热、平肝明目，为臣药。柴胡、青皮入肝经，涤畅气机、疏泄郁热，为佐药。鲜羊肝取其以脏养脏之用，为使药。全方配伍，共凑清肝泻火、明目之功。

（五）临证应用

（1）治疗因肝火旺盛所致急性卡他性结膜炎，患畜白睛红赤如火、水肿胀起、眵多干结、目中灼热、口渴咽干、溲赤便秘、舌红苔黄、脉弦数。

（2）治疗温病等导致的角膜炎，多为双眼发病，白睛红赤或出现小片出血，灼热涩痛，畏光流泪，少眵或无眵。

（3）治疗因肝火上炎所致的胬肉，初起生于内眦或外眦部，沿白睛渐渐向黑睛攀生，甚则遮蔽瞳神、红赤高起、刺痒磨痛或轻度畏光。

（六）注意事项

（1）本品苦寒药较多，过服或久服，易抑遏中阳，伤及正气，体弱年迈、脾胃虚寒者宜慎用，当中病即止；证属阴虚火旺者亦当慎用。

（2）本品所适证候系心肝火盛所致，故服药期间宜食用清淡易消化之物，忌食甘油厚味之品。

（3）可配合外用眼药或其他方法治疗，以便尽早取得疗效。

耳聋丸

（一）源流出处

出自《北京市中药成方选集》。

（二）组成及用法

龙胆 500 克、黄芩 500 克、地黄 500 克、泽泻 500 克、木通 500 克、栀子 500 克、当归 500 克、九节菖蒲 500 克、甘草 500 克、羚羊角 25 克。此十味，羚羊角镑丝，用羚羊角重量 30%的淀粉制成稀糊，与羚羊角丝拌匀，干燥；再与其余九味混合，粉碎成细粉。每 100 克粉末加炼蜜 150～170 克，制成小蜜丸或大蜜丸。

一次 7 克/60 千克体重，一日 2 次。口服。

动物用量：根据人用量，按体重比例折算。用法同。

（三）功能主治

清肝泻火、利湿通窍。用于肝胆湿热所致的头晕头痛、耳聋耳鸣、耳内流脓。

（四）方义解析

方中龙胆苦寒沉降，既能泻肝胆实火，又能清肝经湿热，针对病机，故为方中君药。黄芩、栀子性味苦寒，清热燥湿，泻火解毒，为臣药，以加强君药清热除湿、泻火解毒之功。泽泻、木通导湿热下行，使邪有出路，湿热无留，地黄养阴，当归补血，佐制苦燥之品，使祛邪而不伤正，九节菖蒲味苦燥湿，芳香化湿，宣通耳窍，羚羊角咸寒质重苦降，具有清肝泻火的功能，以上八味皆为佐药，尽佐助佐制之能。甘草清热解毒，缓急止痛，调和诸药，为佐使。诸药合用，共奏清肝泻火、利湿通窍之效。

（五）临证应用

（1）耳聋常由肝胆火盛而循经上扰耳窍所致。症见听力下降、耳鸣如蝉、伴头痛眩晕、面红目赤、口苦咽干、烦躁易怒、舌红苔薄黄、脉弦数。

（2）脓耳常由肝经湿热、邪毒蕴结耳内所致，久而不愈，腐灼肌膜，化而为脓。症见耳内生疮、肿痛刺痒、破流脓水、久不收敛、听力下降，伴有头痛眩昏、面红目赤、口苦咽干、烦躁易怒、舌红苔黄、脉弦数。

（六）注意事项

（1）本品清肝泻火、利湿通窍，为治疗肝胆湿热所致耳聋、脓耳的中成药。阴虚火旺者忌用。

（2）本药苦寒、易伤正气，体弱年迈及脾胃虚寒者慎服。

（3）服药期间饮食宜清淡。

（4）妊娠期慎用。

（5）服用本品期间，注意保持耳道卫生。

（6）若有疖肿，可配合局部外用药。

第六节　清热祛暑方剂

天水散

（一）源流出处

出自《河间医学六书》，又称六一散。

（二）组成及用法

滑石 180 克、甘草 33 克。用时各药为细末，蜜少许，温水调下，或无蜜亦可，每次 9 克，每日三服，或欲冷饮者，新井泉调下亦得。解利发汗，煎葱白、豆豉汤下。

动物用量：根据人用量，按体重比例折算。用法同。

（三）功能主治

清暑利湿。主治暑湿所伤。患畜表现身热、口渴、小便不利，或泄泻。亦可用治膀胱湿热。

（四）方义解析

《河间医学六书》云："益元散，即天水散。滑石六两、甘草一两，为末，水调或加蜜，或葱豉汤调。一名天水散，一名六一散"。天水散所治乃暑热挟湿。治宜清暑利湿。方中滑石和甘草的比例为 6∶1，故又名六一散。滑石味甘淡性寒，质重而滑，淡能渗湿，寒能清热，重能下降，滑能利窍，既能清热解暑，又能利水通淋，为主药；少佐甘草，既可清热和中，又可缓滑石之寒滑太过。二药配合，清暑利湿，使内蕴之暑湿从下而泄，则诸证悉除。《明医杂著》中说："治暑之法，清心利小便最好。"正合本方之意，这也是暑病挟湿的治疗原则。

天水散又可以药物用量比例命名为"六一散"。《增补内经拾遗方论》曰："六一者，方用滑石六两，甘草一两，因数而名之也"。

《成方便读》曰："六一散……治伤暑感冒、表里俱热、烦燥口渴、小便不通、一切泻痢淋浊等证属于热者，此解肌行水，而为却暑之剂也。滑石气滑能解肌，质重能清降，寒能胜热，滑能通窍，淡能利水；加甘草者，和其中以缓滑石之寒滑，庶滑石之功，得以彻表彻里，使邪去而正不伤，故能治如上诸证耳"。

（五）临证应用

（1）天水散既是一个方，又可当成一味药。天水散常用于身湿证，用治小便涩痛或砂石淋时，可加金钱草、海金沙；血淋者，可加小蓟、侧柏炭等。

（2）山西省著名中兽医韩亨庆治马中暑方（由香薷 30 克、朱砂 6 克、滑石 90 克、甘草 15 克、黄芩 15 克组方）就是以本方（或益元散）为基础加味而成［见《全国中兽医经验选编》第 153 页］。

（六）加减化裁

（1）碧玉散（收载于《伤寒直格》），即六一散加青黛，令如浅碧色。碧玉散功能清解暑热，主治暑湿证兼有肝胆郁热者。

（2）鸡苏散（收载于《伤寒直格》），即六一散加薄荷。鸡苏散功能疏风解暑，主治暑湿证兼微恶风寒、头痛头胀、咳嗽不爽者。

（3）益元散（收载于《刘河间医学六书》），六一散加朱砂，灯芯汤冲服，主治暑病而兼惊烦不安者。

香薷散

（一）源流出处

出自明代喻仁、喻杰《元亨疗马集》。

（二）组成及用法

香薷 30 克、黄芩 26 克、黄连 15 克、甘草 25 克、柴胡 30 克、当归 30 克、连翘 30 克、花粉 45 克、山栀子 20 克。用时上药为末，开水冲调，候凉灌服（原方等分为末，每服二两，浆水半升，童便半盏同调，草远灌之）。

（三）功能主治

清热解暑。主治夏季伤暑或中暑。患畜表现身热，喜阳凉，精神倦怠，或头低眼闭，行立如痴，卧多立少，口色鲜红，脉象洪数。

（四）方义解析

香薷散所治为马患伤暑或中暑，治宜清热解暑。方中香薷辛温发散，兼能利湿，乃暑月解表要药，前人喻为夏令之麻黄，为主药；黄芩、黄连、栀子、连翘寒凉清热于里，柴胡和解表里，利少阳枢机，内透外达，均为辅药；热盛心肺壅极，上扰神明，故用当归和血以治风，热盛伤津，故用花粉清热生津，均为佐药；甘草清热和中，为使药。诸药合用，共奏清解暑热之功。

此香薷散与《和剂局方》中的香薷散（由香薷、白扁豆、厚朴组方）不同。本方治马炎夏酷热所伤，心肺壅极，表里俱热，故用芩、连等寒凉药辅佐香薷清解暑热；而《和剂局方》香薷散治人夏月乘凉饮冷，外感于寒，内伤于湿，阳气为阴邪所遏，脾胃不和，故以香薷配扁豆、厚朴祛暑解表，化湿和中。

（五）临证应用

（1）香薷散原方适用于马热症中暑（或称“热痛”）。《元亨疗马集》中说：“热痛者，阳气太盛也。皆因暑月炎天乘骑，地里窎远，鞍屉失于解卸，乘热而喂料草，热积于胃，胃火遍行经络也。令兽头低眼闭，行立如痴，卧多立少，恶热便阴，此谓暑伤之症也。香薷散治之。”

（2）中暑有轻重缓急之分，急性中暑，病情重，也称为“黑汗风”；慢性中暑，病情较轻，“热痛”即指的这一种，香薷散适用于后者。

（3）另据报道，用三物香薷饮加减［香薷（50 克）、扁豆（50 克）、厚朴（40 克）、苍术（50 克）、白术（50 克）、茯苓（60 克）、泽泻（50 克）、乌梅（50 克）、诃子（40 克）、木香（50 克）、陈皮（30 克）］治疗耕牛流行性腹泻 32 例，用药 1～3 次，均治愈［中兽医医药杂志，1985（6）：61］。

（六）加减化裁

新加香薷饮（《温病条辨》收载方），香薷二钱、银花三钱、鲜扁豆花三钱、厚朴二钱、连翘二钱组方。水五杯，煮取二杯，先服一杯，得汗，止后服，不汗再服，服尽不汗，更作服（为人用量）。本方功能祛暑解表、清热化湿，主治暑温，症见发热头痛、恶寒无汗、口渴面赤、胸闷不舒、舌苔白腻、脉浮而数者。

清暑香薷饮

（一）源流出处

出自清代沈莲舫《牛经备要医方》。

（二）组成及用法

藿香30克、滑石90克、陈皮25克、香薷25克、青蒿子30克、佩兰叶30克、石仁30克、知母30克、生石膏60克。用时水煎去渣，候温灌服；或适当调整剂量研末冲服。

（三）功能主治

清热解暑、化湿利气，主治牛夏季中暑。患畜身热气促、精神沉郁，或跌倒于地，口吐涎沫，四色鲜红，脉象洪数。

（四）方义解析

清暑香薷饮为牛患中暑症而设，方中香薷、藿香、佩兰叶清热解暑、化湿和中，为主药；石膏、知母、青蒿寒凉清解、泻火退热，为辅药；杏仁宣肺于上，陈皮理脾于中，滑石利水平下，通调气机，使暑热易解，共为佐使药。诸药合用，共奏清热解暑、化湿利气之功。

清暑香薷饮与《元亨疗马集》香薷散比较，本方于清热解暑之中，兼能化湿利气，药性偏于辛散；而香薷散清解暑热的功用单纯，药性偏于苦寒。

（五）临证应用

(1) 清暑香薷饮原方适应证为牛患中暑。并说："牛患中暑症者，由天气酷热，风炎日烈之时，行走太过，或饮暑浊之水，其牛患之，顷刻昏倒于地，或口吐涎沫，是调中暑之症。"凡牛日射病、热射病可酌情应用本方。

(2) 广东省潮安区东风乡郑雨天治牛中暑方（由香薷45克、滑石180克、荷叶45克、黄芩90克、知母60克、金银花60克、木通45克、栀子60克、淡竹叶90克、石膏120克，水煎服）即与清暑香薷饮相近。

（六）加减化裁

清暑散（《抱犊集》收载），由香薷、扁豆、麦冬、薄荷、木通、牙皂、藿香、茵陈、白菊、银花、茯苓、甘草、人参叶组方，各25～30克，为末，石菖蒲煎水冲服。除清热解暑外，并有通窍醒神作用。

第七节　清虚热方剂

青蒿鳖甲汤

（一）源流出处

出自清代吴鞠通《温病条辨》。

（二）组成及用法

青蒿 6 克、鳖甲 15 克、细生地 12 克、知母 6 克、丹皮 9 克。用时水煎去渣，候温灌服；或研末冲服。注意青蒿不耐高温，宜后下，或用沸水浸泡即可。

动物用量：根据人用量，按体重比例折算。用法同。

（三）功能主治

养阴透热。主治温病后期邪热未尽、深伏阴分、阴液已伤。患畜表现夜晚发热、白昼热退、舌红少苔、形体消瘦、脉数。

（四）方义解析

青蒿鳖甲汤为治虚热的代表方。瘟病后期，阴液已亏，热邪仍留，既不能纯用滋阴，滋阴则留邪，又不能纯用苦寒，若寒能化燥，惟宜养阴透热并举，使阴复则足以制火，邪去则其热自退。方中鳖甲直入阴分，咸寒滋阴，以退虚热，青蒿芳香，清热透络，引邪外出，共为主药；生地、知母益阴清热，协助鳖甲以退虚热，丹皮凉血透热，协助青蒿以透泄阴分之伏热，共为佐使药。诸药合用，共奏养阴透热之功。

《温病条辨》云："邪气深伏阴分，混处气血之中，不能纯用养阴，又非壮火，更不得任用苦燥。故以鳖甲蠕动之物，入肝经至阴之分，既能养阴，又能入络搜邪；以青蒿芳香透络，从少阳领邪外出；细生地清阴络之热；丹皮泻血中之伏火；知母者，知病之母也，佐鳖甲、青蒿而成搜剔之功焉。再，此方有先入后出之妙，青蒿不能直入阴分，有鳖甲领之入也；鳖甲不能独出阳分，有青蒿领之出也"。

（五）临证应用

(1)《温病条辨》原云："夜热早凉，热退无汗，热自阴来者，青蒿鳖甲汤主之"。青蒿鳖甲汤最宜于余热未尽，阴液不足之虚热证。以夜热早凉，热退无汗，舌红少苔，脉细数为证治要点。可用于原因不明的发热、慢性肾盂肾炎、肾结核等，属阴虚内热、低热不退者。

(2) 老龄、久病体虚的患畜，或母畜产后血虚所致阴虚发热，舌质红绛而干，脉细数者，亦可用青蒿鳖甲汤治疗。马、牛用量：青蒿 30 克、鳖甲 60 克、细生地 60 克、知母 30 克、丹皮 45 克。

（六）加减化裁

若暮热早凉，汗解渴饮，可在青蒿鳖甲汤基础上去生地，加天花粉以清热生津止渴。

竹叶石膏汤

（一）源流出处

出自东汉张仲景《伤寒论》。

（二）组成及用法

竹叶 15 克、石膏 30 克、半夏（洗）9 克、麦门冬 15 克、人参 6 克、炙甘草 6 克、粳米 15 克。用时这些药共为末，以开水调，候凉灌服；或适当加大剂量水煎服。

动物用量：根据人用量，按体重比例折算。用法同。

（三）功能主治

清热生津、益气和胃。主治热病之后，余热未清、气津而伤，或暑热证气津两伤者。患畜表现身热、口干、气虚乏力、干咳、舌红少苔、脉数而虚。

（四）方义解析

竹叶石膏汤所治，乃邪热未清，气津已伤，既清热生津，又益气和胃。方中竹叶、石膏清暑热而泻胃火，共为主药；辅以党参、麦冬益气养阴；佐以半夏降逆止呕，使以甘草、粳米调养胃气。诸药合用，共奏清热生津、益气和胃之功，清热而兼和胃，补虚而不恋邪。

《伤寒论》云："伤寒解后，虚羸少气，气逆欲吐，竹叶石膏汤主之"。

《医宗金鉴》中说："是方也，即白虎汤去知母，加人参、麦冬、半夏、竹叶也。以大寒之剂，易为清补之方。此仲景白虎变方也。经曰：形不足者，温之以气，精不足者，补之以味。故用人参、粳米补形气也；佐竹叶、石膏清胃热也，加麦冬生津，半夏降逆，更逐痰饮；甘草补中，且以调和诸药也"。

（五）临证应用

(1) 凡热病过程中伤及气津者，均可酌情应用竹叶石膏汤。马、牛用量：竹叶 45 克、石膏 150 克、制半夏洗 45 克、去心麦门冬 90 克、人参 25 克、炙甘草 15 克、粳米 8 克。

(2) 竹叶石膏汤亦可用于治疗胃热。但对于家畜，清热泻火之力嫌小，宜酌情加知母、花粉，甚至加黄连、黄芩、大黄、芒硝等药。

(3) 人医临床上，浙江云和县中医院刘小菊采用竹叶石膏汤加减，用淡竹叶 9～12 克、生石膏（先下）20～30 克、麦冬 6～12 克、丹皮 6～10 克、白茅根 10～15 克、车前草 10～15 克、蝉衣 5～9 克、鹿含草 10～15 克、六一散（包煎）10～18 克、粳米 10 克，伴咽喉肿痛者加忍冬藤 15～30 克、芦根 10～15 克，伴血压偏高者加夏枯草 6～9 克、钩藤 6～9 克；每日 1 剂，水煎 2 次，每次约 100 毫升，治疗小儿急性肾小球肾炎 112 例，痊愈者 107 例，好转 5 例，临床治愈率为 95.5% [四川中医，2000，18 (11)：39]。

（六）加减化裁

如《牛经备要医方》中的和气饮，由广木香 30 克、陈皮 60 克、麦芽 90 克、木通 60 克、川芎 30 克、淡豆豉 90 克、桔梗 30 克、车前子 90 克、柴胡 30 克、葱头 20 枚、陈酒 300 克组方，以水煎服。和气饮功能利气和胃，清解余热，主治牛热病后胃呆纳减。此方与竹叶石膏汤虽然都可用于热病之后，但和气饮以利气和胃为主，兼清余热，适用于热病后胃弱纳减，而竹叶石膏汤于清热之中又能益气生津，适用于热病之气津两伤。

黄连阿胶汤

（一）源流出处

出自东汉张仲景《伤寒论》。

（二）组成及用法

黄连四两（12 克）、黄芩二两（6 克）、芍药二两（6 克）、鸡子黄两枚、阿胶三两（9 克）。此五味，以水六升，先煮三物，取二升，去滓，纳胶烊尽，小冷，纳鸡子黄，搅令相得。温服七合，每日三次。

动物用量：根据人用量，按体重比例折算。用法同。

（三）功效主治

滋阴清热。少阴病，心中烦，不得卧；邪火内攻，热伤阴血，下利脓血。

（四）方义解析

本方证是以肾阴亏虚、心火亢盛、心肾不得相交为主要病机的病症。其多由素体阴虚、复感外邪、邪从火化，致阴虚火旺而形成的少阴热化证。少阴属心肾，心属火，肾属水。肾水亏虚，不能上济于心，心火独亢于上则心中烦、不得卧；口干咽燥，手足心热，腰膝酸软或遗精，舌尖红少苔，脉细数均为阴虚火旺之象。本证心火独亢，肾水亏虚，治应泻心火、滋肾阴、交通心肾。方中重用味苦之黄连、黄芩泻心火，使心气下交于肾，正所谓"阳有余，以苦除之"；芍药酸甘，养血滋阴，助阿胶滋补肾水，共为臣药。佐以鸡子黄，上以养心，下以补肾，并能安中。诸药相伍，心肾交合、水升火降，共奏滋阴泻火、交通心肾之功，则心烦自除、夜寐自安。

（五）临证应用

（1）鸡蛋应选择新鲜者。待汤药降温至不烫手后，方可调入鸡子黄并打散。

（2）此方由黄连、黄芩、白芍、阿胶、鸡子黄组成，其中芩、连清热；白芍、阿胶、鸡子黄补肾阴。芩连配白芍，酸苦泄热；白芍配阿胶、鸡子黄，酸甘化阴；阿胶并有较强的止血作用。在热病后期以动血耗血为主而热邪未全退之时，出现出血、心烦、抽动等现象，均可考虑使用。细小病毒病后期，由于伤阴较重，并且肠中热毒尚存，若单补阴则加重热毒，若单清热攻邪则体虚亡阴。因此选用黄连阿胶汤滋阴清热。同时芩、连在此处用并不是用于清泻实火而是虚火，所以用量不能太大。服用此方宜频服，由于伤阴较重、胃阳多虚，大量多服恐胃无力受纳和运化。热病伤津较重者，阿胶与凉血生津增液药物同用能起到减轻阴伤抽搐。对于老年犬阴虚烦躁者，可用此方配合活血化瘀等药物使用。

（3）对于患有慢性口炎的猫，且性情温顺的，口腔潮红、身体消瘦、喜凉者可考虑使用本方进行治疗，凡属于阴虚火旺的口炎，口服黄连阿胶汤 2～3 天后，口腔唾液可减少，疼痛明显减轻，常可主动进食。

（4）用于犬猫时，方中黄连用量可与黄芩等量，如黄连过多，味道过苦，不利于犬猫服用。

第五章 通泄方剂

第一节 概　述

《素问·五脏别论》提出了六腑传化物而不藏之说。腑的共同特点是转化、传输，必须保持其通畅无阻。后世从大量的临床实践中，总结出“六腑以通为用”的理论，对六腑病证的治疗具有指导意义。机体内发生病理产物聚积时，当采用通泄方剂，通腑以泻实。通泄方剂主要包括泻下剂、消导剂、通腑降浊剂。

一、泻下方剂

泻下法，属于“八法”中的“下法”。泻下方剂主要由泻下药组成，具有通利肠道、排出胃肠积滞、荡涤实热、攻逐水饮、寒积等作用。泻下方剂用于治疗里实证。

里实证的病因有热结、寒结、粪结等区别。而临床上有机体素质虚实差异、病情轻重不同和病程长短之分，故在运用泻下剂时有峻下、缓下、逐水和攻补兼施的区别，适用于热结阳明、脾虚寒积、津枯肠燥、水饮内停和气血已虚而里实未去等不同的证候。

（一）峻下方剂

峻下方剂药力峻猛，也称攻下剂，适用于里实证。患畜大多表现粪便秘结、肚腹胀满、腹痛起卧、舌苔黄厚、脉实有力等症状。常用攻下药为方中的主要药物，如大黄、芒硝、巴豆等，肠道阻塞，可导致胃肠气滞，故攻下方中亦常配合行气药（如厚朴、枳实等）。峻下剂代表方剂如大承气汤、无失丹、马价丸等。峻下剂又分寒下剂和温下剂。

寒下剂具有泻热通便的作用，适用于热结阳明、实结已成、机体正气不衰的里实证，症见大便秘结、腹满胀痛、舌苔黄燥、脉沉实等证。本类方剂一般由寒下之品组成，有荡涤实热、泻下积滞的作用。常用的苦寒攻下药有大黄、芒硝等，为加强药效，药物多生用、后下或冲服。寒下剂的代表方有大承气汤、马价丸、无失丹等。

温下剂具有祛寒通便的作用，适用于胃肠寒积引起的里寒实结，证见大便秘结兼有寒象，如肢体不温、口不渴、脉沉迟等。温下剂多由大黄等攻下药配伍附子、干姜等温里药共同组成，其代表方主要有大黄附子汤等。

（二）缓下方剂

缓下方剂作用缓和，适用于有里实而正气易虚的动物，如年老体弱的患畜，由于热邪伤津、胃肠干燥，以致粪干便秘、滞涩难下。缓下剂中多用柔润之品，常用滋燥润肠药为方中的主要药物，如郁李仁、火麻仁、当归、杏仁、桃仁等，有时也可配合大黄等泻下药。缓下剂的代表方剂有通关散、麻子仁丸、当归苁蓉汤等。

（三）逐水方剂

逐水方剂作用峻烈，能使体内停积之水液从大小便排出，适用于水肿或水饮停聚之证。但逐水剂多有毒性，故只适用于体质强壮的患畜。常用峻下逐水药为方中的主要药物，如大戟、甘遂、芫花、牵牛子、槟榔等。逐水剂的代表方剂有十枣汤。

（四）攻补兼施方剂

攻补兼施方剂有泻下和补益双重作用，适用于正气内虚而里实积结之证。对于老年体虚、新产血亏、病后伤津而有里实证者，攻邪则正气不支，补正又邪实愈盛，治宜泻下与补益并用，祛邪而又扶正，为两全之计。常用泻下药和补益药共同组成方剂，如大黄、芒硝、人参、地黄、当归等。攻补兼施剂的代表方剂有黄龙汤、增液承气汤等。

二、消导方剂

积滞郁结之症多由气、血、痰、湿、食壅滞郁结所致，应使用消导剂。治疗食积痞块的制剂统称为消导剂，由消导药为主组成，具有消食导滞、化积消导作用，用于治疗草料停滞、食积不消等病证。

消导剂的用法属于“八法”中的“消法”。消导剂是根据“坚者削之”“结者散之”“留者攻之”的治疗原则而立法，具有消食导滞、消痞化积之功。适用于脾失健运、胃失通降，或饮食失节而致的伤食症，或发生痞满、下痢等疾病。

《医学心悟》云：“消者，去其壅也。脏腑、经络、肌肉之间，本无此物而忽有之，必为消散，乃得其平。”因此，消法的应用范围比较广泛，凡由气、血、痰、食等壅滞而成的积滞痞块均可用之。但本章主要论及消食导滞方面的方剂，其余可参看理气、理血、祛湿、化痰等方剂。

消导剂方剂常以山楂、神曲、麦芽、槟榔、莱菔子为主要药物，代表方剂有曲蘗散、保和丸、木香槟榔丸等。

三、通腑降浊方剂

膀胱在储存、排出尿液之外，尚有一重要功能，即气化津液，对原尿的辨别清浊，回收有用的水液而上呈。故《素问·灵兰秘典论》中指出“膀胱者，州都之官，津液藏焉，气化则能出矣”。如膀胱气化不利，无法回收有用的水液，则可导致津液大量流失，同时代谢废物在体内聚积。治疗时，当以补气促进膀胱气化回收津液，行气活血以沟通内外，通利大肠以促进代谢废物由大肠排出。

四、临证注意事项

泻下剂一般应在表邪已解、里实已成的时候应用；在表邪未解、已见里实者，当表里双解。

泻法易耗伤胃气，应用时当中病即止，不可过伤脾胃。如《活兽慈舟》中说："下行凉药，不可太多，多则误事。如大便已通，则药即止，随后用药扶助壮益，须量病情，务观虚实，则无不效耳"。

泻下剂大多药性峻猛，凡孕畜、产后、老弱病畜以及伤津亡血者，均应慎用，必要时可考虑攻补兼施，或先攻后补。

消导剂与泻下剂都有消除有形实邪的作用。但临床功用二者有所不同，应予区别。泻下剂多属攻逐之剂，适用于病势急之实症；而消导剂则多属渐消缓散之剂，适用于病势较缓、病程较长者。虽然消导剂较泻下剂缓和，但总属克伐之品，对于脾胃虚弱，或积滞日久、耗伤正气者，需当配伍扶正健脾之药，组成消补兼施之剂。

第二节　峻下方剂

大承气汤

（一）源流出处

出自东汉张仲景《伤寒论》。

（二）组成及用法

大黄四两（12 克）、厚朴半斤（24 克）、枳实五枚（12 克）、芒硝三合（9 克）。用时先煎枳实、厚朴，后下大黄，去渣取汁，冲芒硝，候温灌服；或研末开水冲服（原方以水一斗，先煮二物，取五升，去滓，内大黄，更煮取二升，去滓，内芒硝，更上微火一、两沸）。

动物用量：根据人用量，按体重比例折算。用法同。

（三）功能主治

峻下热结。主治阳明腑实证热结胃肠。患畜表现粪便干燥不下，频转矢气，脘腹痞满，腹痛拒按，日晡潮热，口色红，舌苔黄厚，脉沉实；或热结旁流，下利清水，色纯清，其气臭秽，脐腹疼痛，按之坚硬有块，口舌干燥，脉滑数。

（四）方义解析

外邪入里化热，热盛伤津，实热与积滞壅结于胃肠而成里实热证。热结导致燥、实，胃肠积滞则腑气不通，出现痞、满，法当峻泻热结、急下存阴。

大承气汤泻下作用较强，为治疗阳明腑实证的主要方剂。

方中大黄苦寒，泻热通便，荡涤肠胃，为主药；芒硝咸寒泄热，软坚润燥，助大黄泄热通便、缓解肠中热结，为臣药；君臣相需为用，重于攻积、泻热，驱除有形实邪；积滞内阻，致气滞不行，故以枳实、厚朴破结、行气、宽中，治疗无形之气滞，消除胀满，并助硝、黄加速积滞排泄，共为佐使药。四药合用，能泻胃腑三焦之实热、痞满，救护已伤之阴液，主治实热与积滞结于胃肠的阳明腑实证。

大承气汤之主证，前人归纳为"痞、满、燥、实"四字。"痞"是自觉胸脘有闭塞压重感；"满"是脘腹胀满，按之有抵抗感；"燥"是指肠中粪便既燥且坚，按之坚硬；"实"是指肠胃有燥粪与热邪互结，而见便秘、腹痛。由于本方能峻下热结，承顺胃气下行，使塞者通，闭者畅，故名承气。

《温病条辨》云："景气者，承胃气也。盖胃之为腑，体阳而用阴，若在无病时，本系自然下降，今为邪气踞盘于中，阻其下降之气，胃虽自欲下降而不能，非药力助之不可，故承气汤通冒结，救胃阴，仍系承胃腑本来下降之气……故汤名承气。学者若能透彻此义，则施用承气，自无弊窦。大黄荡涤热结，芒硝入阴软坚，枳实开幽门之不通，厚朴泻中宫之实满。曰大承气者，合四药而观之，可谓无坚不破，无微不久，故曰大也，非真正实热蔽痼，气血俱结者，不可用也。"

《医门棒喝》云："承气者，系破阳气以泻浊，则阴气上承而大便自通也。本乎内经六微旨大论'亢则害，承乃制'之义，非独重用厚朴之理气以命承气之名也。"

《古今名医方论》就本方的煎法说："盖生者，气锐而先行，熟者，气钝而和缓。仲景欲使芒硝先化燥屎，大黄继通地道，而后枳、朴除其痞满。"说明了先煮枳、朴，后下大黄，再下芒硝的道理。

大黄含多量蒽苷类化合物，可促进肠道内水分增加而且蠕动加快；其中大黄素等成分尚有抗炎作用。大黄中结合态蒽醌苷（泻下成分）不稳定，在加热水煮过程中随着温度的增高和时间的延长，含量逐渐降低。大承气汤中的大黄后下，所测得的大黄蒽醌苷总量较高，尤以结合状态成分保留较多，同时鞣质（收敛成分）的煎出率较低［哈尔滨中医，1964（6）：27］。芒硝的主要成分是硫酸钠，肠道对其不能吸收，故可在肠道内造成高渗状态，使肠道内水分增加，有利于干燥粪便的软化。枳实、厚朴均为理气药，可兴奋消化道平滑肌，使肠道蠕动加快，加速粪结和气体的排出。

据研究，大承气汤全方能明显增加肠道蠕动、容积和推进功能；促进肠套叠的还纳和肠扭转的复位；能增加肠血流量，改善肠管血运状态；降低毛细血管通透性；有预防术后腹腔内粘连和抑菌作用；并对肝、胆、肾功能有调节和保护作用；对胰蛋白酶有抑制作用［中西医结合杂志，1984（1）：60］。

据报道，大承气汤经口投药给小白鼠后，有明显增加消化道推进运动的作用；但经静脉给药未见增强。说明大承气汤直接作用于肠道。大承气汤经口给药，对家兔实验性肠套叠有明显促进还纳的作用，并可见肠蠕动明显增强，肠容积也随之加大，而静脉给药则不能促进还纳。切断迷走神经也不影响本方促进还纳的效果。这一结果，再一次说明本方是直接作用于肠道，通过影响肠道运动而促进还纳的［中华医学杂志，1973（1）：33；天津医药杂志，1965（10）：790］。

另据研究，采用^{125}I-白蛋白放射活性测定小鼠多种炎症病理模型腹部血管的通透性，并观察应用大承气汤后的影响。结果：本方的作用因炎症部位、病程、程度不同而表现为多种双向调节效应，但血管通透性并未达到正常水平，认为此结果有利于病邪的祛除。这种双向调节作用因戊巴比妥钠的麻醉而丧失［中西医结合杂志，1984（11）：689］。

（五）临证应用

（1）大承气汤适用于阳明腑实证，患畜主要表现为实证便秘。马用量：生大黄60克、厚朴（去皮炙）45克、枳实（炙）60克、芒硝250克。《猪经大全》中治"猪瘟疫火热内实"的处方（生大黄四两、芒硝三合、小枳实五合、厚朴一两，四味共煎）亦为本方。

（2）常以本方为基础加味，用于治马骡结症，如《活兽慈舟》中治马大便燥结方（由大黄、芒硝、皂角、牛膝、槟榔、前仁、枳壳、厚朴、滑石组方），甘肃省兽医研究所的加味大承气汤（由大黄60～290克、芒硝360克、枳实30克、厚朴30克、槟榔15克组方，见《全国中兽医经验选编》），《中兽医学》（全国高等农业院校试用教材）下册中治疗前结的三消承气汤（由山楂60克、麦芽60克、大曲60克、大黄60克、枳实15克、厚朴15克、槟榔10克、代赭石45克组方）等。马骡结症大多以粪结为主，结重热轻，故芒硝用量应大，且常配伍二丑、槟榔等峻逐药以及麻仁、郁李仁、麻油等润通药以加强药效。

（3）北京市门头沟区兽医院治马骡结症所用的枳实破结散（由枳实、番泻叶、大黄、芒硝、二丑、厚朴、青皮、木香、白豆蔻、砂仁组方）也是在大承气汤的基础上加味而成。该院以这一处方为主，治疗马属动物大肠便秘409例，治愈403例（见《华北地区中兽医资料选编》第29页）。另据中国农业科学院兰州畜牧与兽药研究所资料，用加味承气汤治疗马、骡、驴的结症225例，治愈218例，疗效达89%。

（4）大承气汤亦可治牛便秘，如《中兽医学初编》中治牛便秘，就是用大承气汤加味（由大黄、枳实、厚朴、郁李仁、续随子、青皮，山楂、麦芽、芒硝、瓜蒌组方）。

（5）《校正驹病集》中治驹“胎粪不下”的大黄散（由大黄、厚朴、滑石、芒硝组方，以蜂蜜、猪胆汁为引）亦可视为大承气汤之变。

（6）加减化裁

① 小承气汤（见《伤寒论》）：大黄四两、厚朴二两、枳实三枚，以水四升，煮取一升，去滓，分温二服。初服汤当更衣，不尔者，尽饮之。若更衣者，勿服之。其功能轻下热结，主治阳明腑实证。见潮热，大便秘结，胸腹痞满，舌苔老黄，脉滑而疾。其主治证候仅具痞、满、实三证，而燥证未具。如《活兽慈舟》中即用小承气汤为末，冲绿豆浆服，治“羊宿食不转”。

② 调胃承气汤（见《伤寒论》）：大黄四两、炙甘草二两、芒硝半升，以水三升，煮二物至一升，去滓，内芒硝，更上微火一二沸，温顿服之，以调胃气。其功能缓下热结，主治阳明病胃肠燥热。大便不通，口渴心烦，蒸蒸发热，腹中胀满，舌苔正黄，脉滑数。其主治为燥热内结之症，配伍甘草乃取其和中调胃，下不伤正。

③ 宠物临床运用：承气汤类方剂主要在于祛邪，一方面去除肠道内的粪便，另一方面可以通过肠道向外排毒。大承气汤、增液承气汤等，增加肠道内水分，同时促进肠道蠕动，有效治疗异物性肠梗阻、便秘等疾病；肾衰属于血毒内盛者，可通过承气汤类方剂减轻肾脏负担，使废物从肠道排出。

脉搏是否有力，取决于气的盛衰。大黄能泄气，故承气汤类方剂的使用，须脉沉取有力，或沉取不绝。从临床看，凡脉无力者用大黄后多死。因此气虚、脉管充盈度不足者禁用大黄。

猪膏散

（一）源流出处

出自清代兽医著作《牛经大全》，作者不详。

（二）组成及用法

滑石60克、牵牛30克、粉草25克、川大黄60克、官桂15克、甘遂25克、大戟25

克、续随子 30 克、白芷 10 克、地榆皮 60 克、猪油 250 克。用时药物为末，开水冲调，或稍煎，加猪油，候温灌服（原方为末，每服一两半，水二升，猪油半斤，蜂蜜二两，同煎灌之）。

（三）功能主治

峻逐滑泻，润下通便。主治牛百叶干。患畜表现粪便干而紧小，色深褐，体瘦毛焦，四肢无力，舌干，脉细数，鼻镜干燥甚至龟裂。

（四）方义解析

牛患百叶干病，治疗比较困难，多以润燥通便为治则。猪膏散中猪油润燥通便，为主药，用量宜大，故名猪膏散。大戟、甘遂、大黄、续随子、牵牛子攻逐泻下，滑石、地榆皮滑润通肠，以增强猪油的泻下通便功能，均为辅药；官桂、白芷理气温阳，以助脾运，为佐药；甘草调和诸药，为使药。各药合用，峻逐滑泻、润下通便。

方中甘遂、大戟和甘草属于中药配伍禁忌中的“十八反”，但据一些临床应用，并无不良作用。而且，类似这种应用反药的方剂，无论在中医和中兽医古籍中并不罕见。

（五）临证应用

(1) 猪膏散原方治牛患百叶干病。其症状为：“失水多时百叶干，更因负重力伤残，毛色焦枯粪又紧，日见尫羸脚软酸。”。

(2) 猪膏散亦可用于治疗牛肚胀、宿草不转等。《牛经大全》中治牛“草伤脾病”的穿肠散（由牵牛、大黄、甘遂、白大戟、黄芩、滑石、黄芪、朴硝、猪脂组方），治牛“水草肚胀”的大戟散（由大戟、滑石、甘遂、牵牛、黄芪、巴豆、川大黄、猪脂、朴硝组方），以及治牛“宿草不转”的行气散（由狼毒、滑石、牵牛、大戟、黄芩、黄芪、川大黄、猪脂、朴硝组方），均与猪膏散相似。

（六）加减化裁

藜芦润肠汤（《全国中兽医经验选编》收载）由藜芦 60 克、常山 60 克、二丑 60 克、当归 60～120 克、川芎 30～90 克、滑石 90 克、麻油 1000 克、蜂蜜 250 克组方，用时水煎，入油、蜜灌服。陕西省岐山县青化乡兽医站曾以藜芦润肠汤为主，配合输液等，治疗牛百叶干 45 例，治愈 36 例。

凉膈散

（一）源流出处

出自宋代官修成方药典《太平惠民和剂局方》。

（二）组成及用法

川大黄、朴硝、甘草炙各二十两，山栀子仁、薄荷（去梗）、黄芩各十两，连翘二斤半。此药为粗末，每服二钱，水一盏，入竹叶七片，蜜少许，煎至七分，去滓，食后温服。小儿可服半钱，更随岁数加减服之。得利下止服。现代用法：水煎服。

动物用量：根据人用量，按体重比例折算。用法同。

（三）功能主治

泻火通便，清上泻下。主治上、中二焦热邪炽盛。患畜表现口舌生疮、粪干便秘、尿赤短、舌红苔黄、脉数。

（四）方义解析

《太平惠民和剂局方》原书曰："凉膈散，治大人小儿脏腑积热，烦躁多渴，面热头昏，唇焦咽燥，舌肿喉闭，目赤鼻衄，颔颊结硬，口舌生疮，痰实不利，涕唾稠粘，睡卧不宁，谵语狂妄，肠胃燥涩，便溺秘结，一切风壅，并宜服之。"。

凉膈散所治，为上、中二焦热邪炽盛。方中重用连翘清热解毒，配栀子、黄芩以清热泻火，又配薄荷、竹叶以清疏肺胃心胸之热；胃热津伤而腑实证尚未全俱，不宜峻攻，方中芒硝、大黄与甘草、蜜同用，既能缓和硝、黄之急下，更利于中焦热邪之清涤，又能解热毒、存胃津、润燥结，使火热之邪借阳明为出路，体现了"以下为清"之法。综观全方，既有薄荷、连翘、竹叶、栀子、黄芩疏解热邪于上，更用调胃承气汤合蜜以荡热于中，并寓缓下之意，合成清上泻下、泻火通便之方，使上、中二焦之邪热迅速消解，则胸膈自清，诸症可愈。

《成方便读》曰："若火之散漫者，或在里，或在表，皆可清之散之而愈。如挟有形之物，结而不散者，非去其结，则病终不痊。故以大黄、芒硝之荡涤下行者，去其结而逐其热。然恐结邪虽去，尚有浮游之火，散漫上中，故以黄芩、薄荷、竹叶清彻上中之火；连翘解散经络中之余火；栀子自上而下，引火邪屈曲下行，如是则有形无形上下表里诸邪，悉从解散。用甘草、生蜜者，病在膈，甘以缓之也。"。

（五）临证应用

（1）凉膈散适用于上、中二焦火热炽盛，或阳明热盛，经腑同病。咽炎、口腔炎、急性扁桃体炎、胆道感染、急性黄疸型肝炎等属上、中二焦火热者，均可加减用之。马用量：大黄30克、朴硝30克、甘草30克、山栀子仁15克、薄荷叶（去梗）15克、黄芩15克、连翘60克、竹叶10克，蜂蜜为引。各药研末，开水冲调，候温灌服；或适当调整剂量水煎服，注意大黄后下，芒硝溶化、冲兑。

（2）凉膈散重用连翘，并配薄荷、竹叶、栀子、黄芩等，以治上焦为主。若中焦热盛，粪干便秘者，亦可侧重中焦，加大硝、黄用量，尤其是芒硝的用量。

（3）凉膈散亦可治疗表里俱热。《伤寒六书》中说："表里热（用本方）加益元散速效"。

（六）加减化裁

若热毒壅阻上焦，症见壮热，口渴，烦躁，咽喉红肿，大便不燥者，可去朴硝，加石膏、桔梗以增清热凉膈之功。

大黄附子汤

（一）源流出处

出自汉代张仲景《金匮要略》。

（二）组成及用法

大黄10克、炮附子10克、细辛5克。水煎后分三次灌服。

动物用量：根据人用量，按体重比例折算。用法同。

（三）功能主治

温经散寒，通便止痛。主治阴寒积聚、阳不化气导致的脾肾阳虚、大便秘结、腹痛、恶寒、四肢冷或面目浮肿、小便减少、舌淡苔白、脉沉弦紧。

（四）方义解析

《伤寒论》书云："胁下偏痛，发热，其脉紧弦，此寒也，以温药下之，宜大黄附子汤。"。

大黄附子汤为温下方。大黄性苦寒，气味重浊、直降下行、走而不守，荡涤肠胃，推陈出新，通利水谷；附子温经，治心腹冷痛，细辛散寒，通痹止痛，两者性热，合用能散寒止痛，温运脾胃。本方苦寒药与辛温药并用，温经与泻下同施，是温下要方。附子、大黄相伍，大黄之苦寒为附子辛热所制，仅取走泄之力，二药相合，共下寒实，为临床常用的温下药对。本方临床以便秘腹痛、手足不温、苔白腻、脉弦紧为证治要点。

《成方便读》曰："胁下偏痛，发热，其脉弦紧，此阴寒成聚，偏着一处，虽有发热，亦是阳气被郁所致。是以非温不能散其寒，非下不能去其积，故以附子、细辛之辛热善走者搜散之，而后大黄得以行其积也。"。

（五）临证应用

对阳气衰弱、阴寒内盛、耳鼻不温、寒实积滞的便秘腹痛，在非温不能散其寒、非下不能去其实的情况下使用，较为得当。素体阳虚、冬季发病多用。

现代药理学研究发现，大黄有解热、利尿和抑制胰消化酶活性、抗纤维化等作用，中医临床有应用大黄附子汤治疗某些急、重证（如急性胰腺炎、急性肾炎尿毒症）。

（六）加减化裁

对气机郁滞者配疏肝理气之元胡、木香等；呕吐甚者加降逆止呕之半夏等；腹痛甚，则加缓急止痛之白芍、甘草；对燥结重者，配合少量芒硝、厚朴、枳实，以通腑泻实、畅通气机。

第三节　缓下方剂

通关散

（一）源流出处

出自唐代李石《痊骥通玄论》。

（二）组成及用法

郁李仁 60 克、麻子仁 60 克、当归 60 克、防风 20 克、羌活 15 克、大黄 45 克、桃仁 45 克、皂角炭 20 克、菜籽油 200 克。除菜籽油外，共研末，开水冲调（或稍煎），候温灌服。

（三）功能主治

润肠通便，兼能活血散风，主治粪便燥涩难下。患畜表现频频努责，排粪困难，有时肛门脱出，甚至肠头风肿。

（四）方义解析

通关散适应症为粪便干涩难下，以致脱肛、肠头风肿。治宜润肠通便，活血消瘀。方中郁李仁、麻子仁富含油质，滋润滑肠，为主药；大黄攻下破秘，以加强泻下作用，当归、桃仁既能活血消瘀，又能润肠，均为辅药；防风、羌活散风热，消肛肿，皂角散风肿而通下窍，同为佐药；菜籽油润滑肠道，为使药。诸药合用，则燥粪润，闭塞除，风肿消，而关窍自通矣，故名通关散。

（五）临证应用

（1）通关散原方云："治马大肠风。大肠翻出，血肿，闭塞；粪头结硬，频频努拽，抛粪不下。"对于粪便干涩难下，以至引起脱肛者，用本方比较合适。

（2）通关散亦可用于老龄或体弱之粪干便秘，并适当加入芒硝，减去防风、羌活；血虚者，可加熟地、川芎；气虚者，可加党参。

麻子仁丸

（一）源流出处

出自东汉张仲景《伤寒论》。

（二）组成及用法

麻子仁 100 克、芍药 30 克、枳实（炙）30 克、大黄（去皮）60 克、厚朴（炙、去皮）30 克、杏仁 30 克。各药研末，做成蜜丸，一次内服；亦可研末开水冲服，或煎汤服。

《金匮要略》记载之麻仁丸，条文基本相同，药物组成与用法同，但枳实量用加倍，且未注炙与不炙，主治亦同。

（三）功能主治

润肠通便。主治胃肠燥热，粪便干硬，尿数。多见于老弱家畜。

（四）方义解析

原书云："趺阳脉浮而涩，浮则胃气强，涩则小便数，浮涩相搏，大便则鞕，其脾为约，麻子仁丸主之."。

方中，麻子仁为君药，性味甘平，质润多脂，润肠通便。杏仁上肃肺气，下润大肠，白芍养血敛阴，缓急和里。佐大黄、枳实、厚朴，泻热通便，行气导滞，以除胃肠燥热。使以蜂蜜，甘缓调和诸药。

本方主治胃肠燥热，脾约便秘。脾主为胃行其津液，若脾弱胃强，约束津液不能四布，但输膀胱，致尿数，粪便干硬，故曰"脾约"。任应秋氏说："所谓胃强，即肠管的吸收力大，所谓脾约，即肠管的黏液缺乏。"（见《伤寒论语释》）。方中麻子仁润肠通便，为主药；杏仁降气润肠，芍药养阴和里，为辅药；枳实破结，厚朴除满，大黄通下，为佐药；蜂蜜润燥滑肠，为使药，合而为丸，具有润肠、通便、缓下之功。

《伤寒论条辨》云："麻子、杏仁，能润干燥之坚；枳实、厚朴，能导固结之滞，芍药敛阴以辅润，大黄推陈以致新，脾虽为约，此之疏矣."。

《医方考》称："伤寒差后，胃强脾弱，约束津液不得四布，但输膀胱，致小便数而大便难者，主此方以通肠润燥。枳实、大黄、厚朴，承气汤也；麻仁、杏仁，润肠物也；芍药之酸，敛津液也。然必胃强者能用之，若非胃强，则承气之物在所禁也。”中医临床报道：用麻子仁丸内服防止肛门手术后的大便干燥所致疼痛和出血，效果良好。临床观察500例，服药后大便变软而易于排出者479例，无效者21例，有效率为95.8%。在无效病例中有16例原有习惯性便秘［中医杂志，1965（10）：40］。

麻子仁丸能加强肠管蠕动作用。取25%麻子仁丸液4滴作用于离体家兔肠管，发现肠管蠕动波的波幅大于正常，频率较高而规则。

（五）临证应用

(1) 麻子仁丸为有效的润下剂，对于年老体弱患畜的粪干便秘比较适用。

(2)《新刻注释马牛驼经大全集》中有麻仁汤（由秋麻子、大黄、郁李仁、当归、生地组方），云治牛百叶干等症，可参考应用。

（六）加减化裁

润肠丸（《脾胃论》中收载），由大黄（去皮）、当归梢、羌活各五钱，桃仁（汤浸去皮尖）一两，麻仁（去皮取仁）一两二钱五分，除麻仁另研如泥外，捣细，炼蜜和丸，如梧桐子大，人每服五十丸，空腹服，白汤送下（现代用法：各药为末，炼蜜为丸，每服12克，空腹温开水送服）。本方功能润肠通便、活血祛风，主治饮食劳倦、大便秘结，或干燥秘结不通、蜷不思食，以及风结、血结等证。

麻仁润肠丸

（一）源流出处

出自《中华人民共和国药典》。

（二）组成及用法

火麻仁120克、苦杏仁（去皮炒）60克、大黄120克、木香60克、陈皮120克、白芍60克。此六味，粉碎成细粉，过筛，混匀。每100克粉末加炼蜜140～160克制成大蜜丸，即得。

每次1～2丸/60千克体重，每日2次。口服。

（三）功能主治

润肠通便。用于肠胃积热、胸腹胀满、大便秘结。

（四）方义解析

方中以质润多脂的火麻仁润肠通便，故为君药。大黄攻积泻下，更取苦杏仁、白芍，一则益阴增液以润肠，使腑气通、津液行；二则甘润可减缓大黄攻伐之力，使泻下而不伤正，共为臣药。再以陈皮、木香调中宣滞，加强降泄通便之力，共为佐药。诸药相合，共奏润肠通便之功。

（五）临证应用

(1) 心肾综合征后期的犬猫常见便秘，可以麻仁润肠丸方作阶段性服用，但不宜长期使用。若用之，可考虑加入黄芪、白术、当归、麦冬。另外应注意对降压药的合理使用。

(2) 本方与伤寒论中麻子仁丸相似。两方中均有润肠通下的麻子仁、杏仁、白芍、大黄，区别在于麻仁润肠丸用陈皮、木香行气，而麻子仁丸用枳实、厚朴。从通便力量的角度看，麻子仁丸的作用更强，其特点是攻下与润下相结合，宜小剂量服用，不宜大剂量猛服，一般用药1～2天起效，老年犬猫气血津亏者不宜长期服用。

(六)注意事项

(1) 虚寒型便不宜服用。

(2) 孕期忌用。

当归苁蓉汤

(一)源流出处

出自《中兽医治疗学》。

(二)组成及用法

全当归(麻油炒)120～250克、肉苁蓉(黄酒浸蒸)60～120克、番泻叶30～60克、广木香10～15克、川厚朴20～30克、炒枳壳30～60克、醋香附30～60克、瞿麦12～18克、通草丝10～15克、炒神曲60克、麻油250克。用时各药为末，开水冲调，慢火煎，入麻油，候温灌服。

(三)功能主治

润燥理气、滑肠通便。主治肠燥便秘、粪干难下，患畜表现弓腰努责、排粪困难、口干舌燥、脉细数。

(四)方义解析

老弱便秘，本虚标实，治宜标本兼顾。当归苁蓉汤方中当归辛甘湿润、养血润肠，用麻油炒更增强其滋润之功，为主药；肉苁蓉咸温润降、补肾润肠，番泻叶甘苦润滑、润肠导滞，共为辅药；木香、厚朴、香附疏理气机，瞿麦、通草有降泄之性，枳壳、神曲具宽导之功，共为佐药；麻油润燥滑肠，为使药。诸药合用，于湿润之中，寓有通便之力。

本方是根据《景岳全书》中的济川煎加减变化而成。济川煎(由当归、牛膝、肉苁蓉、泽泻、升麻、枳壳组方)功能主要是润肠通便；主治肾虚气弱、大便不通、小便清长、腰酸背冷。《景岳全书》说："凡病涉虚损而大便闭结不通，则硝、黄攻击等剂必不可用，若势有不得不通者，宜此主之，此用通于补之剂也。"

(五)临证应用

(1)《中兽医治疗学》原载治马"前结"。前结病情多急骤，继发胃扩张，重者鼻流粪水，并易继发大肚结，压迫胸腔、阻碍呼吸，常属危重症。此时宜导胃减压，不宜再灌大量药液。欲使用本方治疗前结，应多斟酌。

(2) 当归苁蓉汤药性平和，目前多用于老弱家畜或胎前产后之便秘。

(3) 当归苁蓉汤原方可酌情加减应，体瘦气虚者加黄芪；孕畜去瞿麦、通草，加炒白芍；鼻头凉者加升麻。

(4) 据报道，用加减当归苁蓉汤(由当归(油炸)120～200克、肉蓉60～120克、番泻叶 30 克、广木香 20 克、川朴 30 克、炒枳壳 30 克、香附 30 克、云苓 30 克、三棱 30 克、莪术 30 克、火麻仁 50 克、郁李仁 40 克、神曲 30 克、山楂 50 克、麦芽 30 克，煎汤约 4000 毫升，与炸当归的油 500 毫升合并一次灌服）酌情配合庆大霉素、氢化可的松输脉液等，治疗黄牛皱胃阻塞 124 例，治愈 107 例，治愈率 83% [中兽医学杂志，1984（1）：6]。

第四节　逐水剂

十枣汤

（一）源流出处

出自东汉张仲景《伤寒论》。

（二）组成及用法

芫花（熬）、甘遂、大戟各等份。三味等份，分别捣为散。以水一升半，先煮大枣肥者十枚，取八合去滓，内药末。强人服一钱匕，羸人服半钱，温服之，平旦服。若下后病不除者，明日更服，加半钱，得快下利后，糜粥自养。

现代用法：上三味各等份为末，或装入胶囊，每服 0.5～1 克，每日 1 次，以大枣 10 枚煎汤送服，清晨空腹服。得下之后，服糜粥以调养胃气。

动物用量：根据人用量，按体重比例折算。用法同。

（三）功能主治

攻逐水饮。主治胸腹积水或水肿属于实证者。患畜表现咳嗽喘促，胸膜痛拒叩，或下腹膨大，或肢体浮肿，舌苔滑，脉沉弦。

（四）方义解析

十枣汤为峻下逐水之代表剂，主治实证水饮停聚。《金匮要略》云："病水腹大，小便不利，其脉沉弦者，有水，可下之。"。方中甘遂善行经逐水湿，大戟善泄脏腑水湿，芫花善消胸胁伏饮痰癖，三药药性峻烈，合而用之，逐水饮之力甚著。三药皆有毒，凡大毒治病，每伤正气，故以大枣十枚，益气护胃，缓和药性之峻烈，使下不伤正。

《伤寒论》云："太阳中风，下利呕逆，表解者，乃可攻之。其人漐漐汗出，发作有时，头痛，心下痞鞕满，引胁下痛，干呕短气，汗出不恶寒者，此表解里未和也，十枣汤主之。"。

《医方集解》云："芫花、大戟，性辛苦以逐水饮，甘遂苦寒，能直达水气所结之处，以攻决为用。三药过峻，故用大枣之甘以缓之，益土所以胜水，使邪从二便而出也。"。

（五）临证应用

（1）十枣汤适用于水肿、胸腹积水等属于实证者。凡渗出性胸膜炎、胸腔积液、腹水，或全身水肿、体质尚佳者，可酌情使用。但须辨清证的虚实，必须体格壮实之实证者；体虚、邪实、非攻不可的，要与补益剂交替使用。马、牛用量：芫花（熬）5～10 克、甘遂 5～10 克、大戟 5～10 克、大枣 150 克，上三味共为细末，大枣煎汤调药服。

(2) 甘肃省兽医研究所路玉杰治马胸腔积液方即为本方，大戟、芫花、甘遂各3克，大枣10个共为细末，开水冲，候温灌服（见《全国中兽医经验选编》第192页）。

(3) 体虚及孕畜慎用。如患畜体虚邪实，又非攻不可者，可将十枣汤与健脾补益方剂交替使用，或先攻后补，或先补后攻。

（六）加减化裁

(1) 疏凿饮子（《世医得效方》中收载），由羌活30克、秦艽30克、商陆30克、槟榔30克、大腹皮30克、茯苓皮30克、椒目30克、木通30克、泽泻30克、赤小豆30克、生姜20克组方，水煎，去渣，候温灌服；或研末开水冲服。其功能为疏风解表，通利二便，主治遍身水肿、表里俱实。患畜表现遍身水肿、喘息气粗、脉沉有力、二便不利。

(2) 控涎丹（《三因极一病因方论》中收载），十枣汤去芫花，加白芥子，不用大枣，即为控涎丹，用来治痰涎水饮停于胸膈。甘肃省兽医研究所治母猪腹水方（由大戟9克、甘遂9克、白芥子15克、大枣10个组方，共为末，温开水冲服。见载于《全国中兽医经验选编》）即是此方参照十枣汤加大枣十个而成。

第五节 攻补养施方剂

黄龙汤

（一）源流出处

出自明代陶华《伤寒六书》。

（二）组成及用法

大黄、芒硝各3克，枳实、厚朴、人参、当归各2.4克，甘草2克。年老气血虚者，去芒硝。以水400毫升，加生姜3片、大枣2枚，煎之，后再加桔梗，煎一沸，热服。

动物用量：根据人用量，按体重比例折算。用法同。

（三）功能主治

扶正攻下。主治里热成实而气血虚弱证。患畜表现粪干便秘、腹胀腹痛、体瘦毛焦、气虚无力、舌干、脉虚。

（四）方义解析

《伤寒六书》云："治有患心下鞕痛，下利纯清水，谵语，发渴，身热。庸医不识此证，但见下利，便呼为漏底伤寒，而便用热药止之，就如抱薪救火，误人死者，多矣。殊不知此因热邪传里，胃中燥屎结实，此利非内寒而利，乃曰逐饮汤药而利也，宜急下之，名曰结热利证。身有热者，宜用此汤；身无热者，用前六乙顺气汤"。

黄龙汤为攻下与扶正兼施之剂。方中大黄、芒硝、枳实、厚朴，即大承气汤，泻热通便，荡涤肠胃实热积滞，急下以存正气；人参、当归补气养血，扶正以利于祛邪，使下不伤正，这是方中的主要部分。桔梗开肺气而通胃肠，生姜、大枣、甘草扶胃气并调和诸药，均为辅佐药。诸药合用，共成攻下扶正之剂。黄龙汤以自利清水，或大便秘结，脘腹胀满，身热口渴，神倦少气，舌苔焦黄，脉虚为证治要点。

《张氏医通》云："汤取黄龙命名，专攻中央燥土，土既燥竭，虽三承气萃集一方，不得参、归鼓舞胃气，乌能兴云致雨，或者以为因虚用参，殊不知参在群行剂中，则迅扫之威愈猛，安望其有补益之力欤?"

《重订通俗伤寒论》云："此方为失下证，循衣撮空，神昏肢厥，虚极热盛，不下必死立法。故用大承气汤急下以存阴；又用参、归、草、枣气血双补以扶正，此为气血两亏、邪正合治之良方。"。

《瘟疫论》："证本应下，耽误失治，或为缓药因循，火邪壅闭，耗气搏血，精神殆尽，邪火独存，以致循衣摸床，撮空理线，肉瞤筋惕，肢体震颤，目中不了了，皆缘应下失下之咎。邪热一毫未除，元神将脱，补之则邪毒愈甚，攻之则几微之气不胜。攻之不可，补之不可，攻补不能，两无生理，不得已勉用陶氏黄龙汤。"。

（五）临证应用

(1) 黄龙汤可用于阳明腑实证而气血两虚者，亦可用于老弱家畜的结症或肠蠕动迟缓。马用量：大黄 45 克、芒硝 60 克、枳实 30 克、厚朴 15 克、甘草 15 克、当归 45 克、人参 30 克、桔梗 15 克、生姜 30 克、大枣 10 克。水煎，去渣，候温灌服；或研末开水冲调，候温灌服。

(2) 黄龙汤原治热结旁流而兼气血两虚之证，后世医家用治温疫病应下失下，正虚邪实者。

（六）加减化裁

(1) 一捻金（《医宗金鉴》收载），由人参、大黄、黑丑、白丑、槟榔组方，各取等份，研末冲服。一捻金功能扶正泻下。《中兽医治疗学》用本方治幼驹胎粪难下，初生驹每次服 1.5～3 克（五分至一钱）。

(2) 黄龙汤去枳实、厚朴、大枣、桔梗，加麦冬、生地、玄参、海参，名新加黄龙汤（《温病条辨》收载），治阳明湿病、气血两虚、热邪伤津、大便燥结不通者。

增液承气汤

（一）源流出处

出自清代吴鞠通《温病条辨》。

（二）组成及用法

玄参 30 克，麦冬（连心）24 克，细生地 24 克，大黄 9 克，芒硝 4.5 克。水八杯，煮取二杯，先服一杯，不知，再服。

动物用量：根据人用量，按体重比例折算。用法同。

（三）功能主治

滋阴增液、通便泄热。主治阳明温病、热结阴亏。患畜表现舌红口干、粪干便秘、燥结难下，甚至腹胀腹痛等。

（四）方义解析

《温病条辨》曰："阳明温病，下之不通，其证有五……津液不足，无水舟停者，间服增液，再不下者，增液承气汤主之。”。

增液承气汤适应证为热结阳明、正虚邪实、阴津渐竭、燥屎不行。其证因属热结，亦缘阴亏，即所谓“无水舟停”也。法当甘凉濡润和咸苦润下并施，以图阴液复，热结除，邪去正安。方中玄参、麦冬、生地即增液汤（《温病条辨》方），能滋阴增液、润肠通便，配合芒硝、大黄软坚化燥，泄热遍下，合成攻补兼施，“增水行舟”之剂。

《历代名医良方注释》云：“温病热结阴亏，燥屎不行者，下法宜慎。此乃津液不足，无水舟停，间服增液汤（生地、玄参、麦冬），即有增水行舟之效；再不下者，然后再与增液承气汤缓缓服之，增液通便，邪正兼顾。方中生地、玄参、麦冬甘寒、咸寒，滋阴增液；配伍苦寒、咸寒之大黄、芒硝，泻热通便，合为滋阴增液，泻热通便之剂。”。

（五）临证应用

（1）凡便秘、结症，属于热结津枯者，亦可酌情应用。马用量：玄参 60 克、麦冬（连心）45 克、细生地 45 克、大黄 30 克、芒硝 100 克。水煎，去渣，候温灌服；或研末开水冲服。

（2）据介绍，山西省广灵县南村乡庄头村刘宝元用石膏增液承气汤（由石膏、大黄、芒硝、生地、麦冬、玄参组方）治疗猪高热不退，属于胃热便干或肺热咳喘者，取得较好疗效。

（3）以增液承气汤加水牛角、赤芍、丹皮，治疗流行性出血热少尿期危重型患者 75 例，治愈 73 例，死亡 2 例。不能口服者可鼻饲或保留灌肠，药后 3 小时不泄，重复硝黄 1 剂。腹胀肠麻痹加枳实、厚朴，渴甚加天花粉，呕吐加竹茹，呃逆加柿蒂，逆传心包，神昏谵语者加服安宫牛黄丸［河北中医，1987（2）：10］。

（六）加减化裁

猪风火便结方（见《猪经大全》），由当归 30 克、生地 15 克、熟地 12 克、天冬 15 克、寸冬 15 克、枯芩 12 克、大黄 15 克、防风 15 克、秦艽 15 克、麻仁 15 克、甘草 9 克组方（原方剂量均为旧市制），水煎喂下，能养血滋阴、润肠通便，主治燥热伤津、血虚便秘。猪风火便结方是滋燥养荣汤（由当归、生地黄、熟地黄、芍药炒、黄芩、秦艽、防风、甘草组方，见载于《医方集解》）去芍药，加二冬、麻仁、大黄而成。

第六节　消导方剂

曲蘗散

（一）源流出处

出自明代喻仁、喻杰《元亨疗马集》，亦作曲麦散。

（二）组成及用法

神曲 60 克、麦蘗 45 克、山楂 45 克、甘草 15 克、厚朴 25 克、枳壳 25 克、陈皮 25 克、青皮 25 克、苍术 25 克。各药共为末，开水冲调，候温灌服（原方为末，每服二两，生油二两、生萝卜一个捣烂、童尿一升，同调灌之）。

（三）功能主治

消食导滞、化谷宽肠。主治马伤料。患畜表现精神倦怠、不食料豆、舌红苔厚，有时拘行束步、四足如攒。

（四）方义解析

曲蘖散适用于马伤料。《元亨疗马集》中说：“伤料者，生料过多也。凡治者，消积破气，化谷宽畅。”方中神曲、麦芽、山楂消食导滞，为主药；积滞内停，每使脾胃气机运行不畅，故用枳壳、厚朴、青皮、陈皮疏理气机，宽中除满，为辅药；苍术燥湿健脾、以助运化，为佐药；甘草健脾胃而和诸药（或加生油、萝卜下气润肺），为使药。诸药合用，共奏消食导滞、化谷宽肠之功。

曲蘖散实际上可看成是平胃散（《和剂局方》收载，见祛湿剂）加味，即平胃散君三仙，再加枳壳、青皮（以及萝卜、生油）而成。

（五）临证应用

(1)《元亨疗马集》云：“伤料者，生料过伤也。皆因蓄养太盛，多喂少骑，谷气凝于脾胃，料毒积在肠中，不能运化，邪热妄行五脏也。令兽神昏似醉，眼闭头低，拘行束步，四足如攒，此调谷料所伤之症也。曲蘖散治之。”。

(2) 临床用治伤料时，常宜加槟榔、二丑，以至硝、黄等攻下药，以增强其消导通泻之功，如《中兽医诊疗经验》第二集中治马伤料的三仙汤（即曲蘖散去甘草，加生二丑、槟榔、大黄、芒硝）。

(3) 若患马兼见拘行束步，四足如攒症状者，宜按料伤五攒痛施治，即消食导滞与活血清热并用，于曲蘖散中加当归、红花、没药、大黄、黄药子、白药子等药，或直接采用《元亨疗马集》中的红花散（红花、没药、桔梗、神曲、枳壳、当归、山楂、厚朴、陈皮、甘草、白药子、黄药子、麦芽）。

(4) 凡脾胃素虚或老弱而伤料者，宜标本兼顾、攻补并行，于曲蘖散中加补气健脾药，如四君三消散（由白术、厚朴、茯苓、党参、槟片、神曲、焦山楂、砂仁、香附、甘草、萝卜组方）（见《中兽医治疗学》第 147 页）。

（六）加减化裁

不食草方（《疗马百一方》收载），由厚朴、青皮、陈皮、桂枝、当归、麦芽、神曲、山楂、砂仁、五味组方用时为末，加黄酒及盐少许，开水冲调，候温灌服。功能消食导滞，理气温中，适用于草料积滞不重而脾胃有寒者。

和胃消食汤

（一）源流出处

出自清代沈莲舫《牛经备要医方》。

（二）组成及用法

刘寄奴 30 克、厚朴 20 克、木通 18 克、建曲 60 克、枳壳 45 克、木香 20 克、槟榔 30 克、茯苓 30 克、青皮 20 克、山楂 45 克、甘草 15 克。水煎，去渣，候温灌服；或研末开水冲服。

（三）功能主治

消食导滞、理气和胃，主治牛草料积滞。患畜表现不思饮食、反刍减少或停止、肚腹膨胀、粪便或溏或泄。

（四）方义解析

和胃消食汤适应证为牛草料积滞，或称宿草不转。皆因草料所伤、气机滞塞、不纳不化、脾胃不能运转之故。治宜消食导滞、理气和胃。方中刘寄奴又名化食丹，能消除食积腹胀，建曲、山楂消食导滞，三味共为主药，厚朴、枳壳宽中除满，青皮、木香、槟榔破气化滞，均为辅药；茯苓、木通利水止泻，为佐药；甘草调和诸药为使，茯冬、甘草并能健脾和胃。如此宿食去、膨胀消，胃舒而纳，脾空而化，升降之机自和，而能运转矣。

（五）临证应用

(1)《牛经备要医方》云："牛虽脾胃健壮，饮食亦不宜恣意太过。若患积滞之症，必恶食而倦怠，身不热，而大便或溏或泄，肚腹膨胀。宜消其积滞，利其膈气，和胃消食汤主之。"。

(2)《中兽医治疗学》载和胃消食汤治牛宿草不转。但临床应用时宜酌情加减。如无腹泻症状者，可去茯苓、甘草，加莱菔子、草果仁；便秘者，加大黄、芒硝、郁李仁等。

（六）加减化裁

三仙硝黄散（《中兽医学初编》收载），由山楂 90 克、麦芽 90 克、神曲 90 克、芒硝 125 克（后入）、大黄（炒）、牵牛子 60 克、郁李仁 60 克、枳壳 30 克、槟榔 45 克组方，用时水煎服。三仙硝黄散消导泻下之力较强，适用于牛宿草不转、积滞难消者。

消食散

（一）源流出处

出自清代兽医专著《抱犊集》，作者不详。

（二）组成及用法

焦山楂 45 克、麦芽 45 克、枳壳 30 克、枳实 30 克、厚朴 25 克、丁香 25 克、草果 45 克、青皮 30 克、淮山药 30 克、神曲 60 克、大黄 45 克、车前 30 克、木通 20 克、苍术 25 克、萝卜籽 60 克。各药为末，开水冲调，或稍煎，候温灌服（原方为末，炒萝卜籽半升煎水冲服）。

（三）功能主治

消食导滞、理气除胀。主治牛水草肚胀。患畜表现肚腹胀满，甚至膨大如鼓，反刍停止，水草不纳，舌苔厚。

（四）方义解析

消食散所治牛水草肚胀，仍为草料停滞，属于食胀。肚腹虽膨满，尚不甚急。证治以化食导滞为主，兼行气消胀。方中山楂、神曲、麦芽、消食化滞，为主药；大黄、枳实、枳壳、枳壳、厚朴除满宽肠，草果、丁香、青皮行气消胀，均为辅药；木通、车前淡渗以行水，山药、苍术温燥以运脾、莱菔子下气以消滞，共为佐使药。诸药合用，共奏化食行水、理气消胀之功。

（五）临证应用

（1）原书云“治牛水草肚胀”。主要适用于草料停滞、宿食不消（或称瘤胃积食或慢性瘤胃臌气）等一类病症。

（2）消食散虽能化食消胀，但药力缓和，对于牛胃胀滞之症而病情急剧者，恐不能峻克，宜于方中加攻逐之药，或更用它方。

（六）加减化裁

椿皮散（《全国中兽医经验选编》收载），椿皮 60～90 克、常山 20～25 克、柴胡 20～85 克、莱菔子 60～90 克、枳实或枳壳 30 克、甘草 15 克组方，用时水煎或研末灌服。临床验证，有促进反刍、调节消化机能、增进食欲的作用。适用于瘤胃积食、前胃弛缓以及其他一些疾病引起的反刍机能不全或反刍停止。此方为山西省岢岚县兽医院所拟，该院用本方治疗牛消化系统疾病，曾观察 200 例，疗效显著。

消滞汤

（一）源流出处

出自《中兽医治疗学》。

（二）组成及用法

炒山楂 30 克、麦芽 60 克、神曲 30 克、炒萝卜籽 30 克、大黄 20 克、芒硝 30 克。水煎，分二次服；或适当减少剂量研末服。

（三）功能主治

消食导滞、荡涤肠胃。主治猪伤食积滞。患畜表现不思饮食、肚腹饱满，或呕吐，或泄泻，舌苔厚腻、口色稍红。

（四）方义解析

消滞汤适应证为猪采食过量、积滞不消。治宜消导泻下。方中神曲、山楂、麦芽消导化食，为主药；芒硝、大黄攻逐积滞、荡涤肠胃，为辅药；莱菔子下气消胀，为佐使药。诸药合用，消导泻下之力甚捷。

消滞汤原无方名，《中兽医学》上册引载时名“消滞汤”。本方药味少而功效专。三仙、莱菔，以消为用；大黄、芒硝，以下见长。消下结合，兼收两法之功，峻缓适度，堪称化滞良方。

（五）临证应用

（1）消滞汤适用于猪伤食积滞，以贪食过多、肚腹饱满、舌苔厚腻为主证。若泄泻，应少用或不用硝、黄；若呕吐甚，可酌加陈皮、生姜。

（2）消滞汤亦可用于治疗猪食少或不食、粪干便秘、发热等证。

（3）山东省畜牧兽医学校兽医院所拟猪健胃散（神曲 10 份、山楂 10 份、麦芽 10 份、槟榔 2 份组方，为末，25 千克左右的猪每次服 20 克）与消滞汤相近。该院曾用健胃散治疗猪慢性消化不良105例，治愈85例，好转13例，有效率为93%［中国兽医杂志，1980（1）：30］。

（4）消导药常用焦三仙，促进食欲、消食导滞，但对于脉软无力的病例应慎用，消导药在无食积状态下使用有伤脾气，犬瘟热病例伴有食欲差，此时若不理会脉象用焦三仙消导促食，往往很快会出现神经症状，多与伤脾的气阴有关。犬瘟热因使用焦三仙而出现神经症状的，通过口服补中益气丸、归脾丸等部分神经症状得到治愈或缓解。

保和丸

（一）源流出处

出自金元时期朱震亨《丹溪心法》。

（二）组成及用法

山楂（焦）300克、六神曲（炒）100克、半夏（制）100克、茯苓100克、陈皮50克、连翘50克、莱菔子（炒）50克、麦芽（炒）50克。此八味，粉碎成细粉，过筛，混匀，用水泛丸，干燥，制成水丸；或每100克，粉末加炼蜜125～155克，制成大蜜丸，即得。

人用量：水丸一次6～9克，大蜜丸一次1～2丸，一日2次。口服。

动物用量：根据人用量，按体重比例折算。用法同。

（三）功能主治

消食和胃，主治食滞。患畜表现肚腹胀满、不思饮食，或有呕吐，或泄泻，舌苔厚腻，脉滑。

（四）方义解析

《丹溪心法》云："治一切食积"。草料积滞，当以消食化滞之法治之。保和丸方中山楂为主药，消一切饮食积滞；神曲消食健脾，莱菔子消食下气，均为辅药，半夏、陈皮行气化滞，和胃止呕，茯苓健脾利湿，和中止泻，连翘清热散结，均为佐使药。诸药合用，使食滞得消，胃气得和；虽以消导为主，但其性平和，故名"保和"。

《成方便读》云："此为食积痰滞，内瘀脾胃，正气未衰者而设也。山楂酸温性紧，善消腥膻油腻之积，行瘀破滞，为克化之药，故以为君。神曲系蒸窨而成，其辛温之性、能消酒食陈腐之积。莱菔子辛甘下气而化面积，麦芽咸温消谷而行淤积，二味以之为辅。然痞坚之处，必有伏阳，故以连翘之苦寒，散结而清热，毕竟是平和之剂，故特谓之'保和'耳。"。

（五）临证应用

（1）保和丸为治疗食积的通用方剂，以脘腹胀满、嗳腐厌食、苔厚腻、脉滑为证治要点。适用于食积不甚而正气未衰者，尤宜于幼畜。马、牛用量：山楂180克、神曲60克、半夏90克、茯苓90克、陈皮30克、连翘30克、萝卜籽30克。各药为丸剂，牛、马每次投服50～150克，猪、羊10～30克；或适当调整剂量作汤剂或散剂灌服；或用麦芽汤为引。

（2）猪消化不良，表现食欲缺乏、腹胀、泄泻的，可酌情应用保和丸。

（3）食积而兼脾虚者，可用保和丸加白术，名大安丸，消食之中兼有益气健脾之效。

（六）加减化裁

（1）保和丸为消食轻剂，若食滞较重者，可酌加枳实、槟榔等以增强其消食导滞之力；食积化热较甚，而见苔黄、脉数者，可酌加黄芩、黄连以清热；大便秘结者，可加大黄以泻下通便；兼脾虚者，加白术以健脾。

（2）宠物临床运用：宠物临床对于中焦食积证也用保和丸，特别是幼犬平日能食，受外邪后发热，用保和丸效果较好，能通畅气机，有利于透邪退热。

加味保和丸

（一）源流出处

出自明代龚信《古今医鉴》。

（二）组成及用法

白术（麸炒）36 克、茯苓 36 克、陈皮 72 克、厚朴（姜炙）36 克、枳实 36 克、枳壳（麸炒）36 克、香附（醋炙）36 克、山楂（炒）36 克、六神曲（麸炒）36 克、麦芽（炒）36 克、法半夏 9 克。此十一味，粉碎成细粉，过筛，混匀。用水泛丸，干燥，即得。为丸剂，每 100 粒重 6 克。

人用量：每次 6 克/60 千克体重，每日 2 次。口服。

动物用量：根据人用量，按体重比例折算。用法同。

（三）功能主治

理气和中、开胃消食。用于痰湿内阻、胃虚气滞所致痞满、食积，症见胸膈满闷、饮食不下、嗳气呕恶。

（四）方义解析

本方以山楂、六神曲、麦芽为君药，以消食化积。其中山楂尤善消肉食油腻之积。厚朴、枳实、枳壳、陈皮、香附等理气药为臣药，使气行则水行，气顺则食下，有行气和胃、下气除满、消积化滞的功效。白术、茯苓健脾益气、化湿行水，半夏降气和胃、化滞止呕，为佐药。诸药合用，共奏理气和中、开胃消食之功。

（五）临证应用

（1）治疗饮食内停或痰食内阻导致的消化不良、急性胃肠炎，症见肠胃气滞、胸脘满闷或痞塞、腹胀腹痛、泻下则缓、大便不调，或结或泄、纳食减少、嗳腐吞酸、舌苔厚腻。

（2）保和丸在消导药物之外，加入连翘一味，用于治疗食积生热导致的胃部不适；加味保和丸无连翘之清热，却重在行气、消食、健脾、除湿，更适合脾虚湿盛、食积不化者。

（六）注意事项

（1）湿热中阻者忌用。

（2）忌食生冷油腻不易消化食物。

（3）本品含消导药较多，气虚及受孕动物慎用。

（4）本品中含有炒麦芽，可回奶，哺乳期慎用。

（5）无论保和丸或加味保和丸，在使用过程中均须注意饮食禁忌，宜清淡饮食，忌生冷、油腻食物，不宜同时使用性质滋腻的补益药物。

枳术丸

（一）源流出处

出自金元时期李杲《内外伤辨惑论》。

（二）组成及用法

白术 2 两，枳实（麸炒黄色，去瓤）1 两。为细末，荷叶裹炒饭为丸，梧桐子大，每服五十丸，不拘时服。

动物用量：根据人用量，按体重比例折算。用法同。

（三）功能主治

健脾消食。主治脾胃虚弱、饮食停滞。患畜表现肚腹痞满、不思饮食。

（四）方义解析

《内外伤辨惑论》云："治痞，消食强胃。"。枳术丸所治为脾虚食滞。脾虚当补、气滞宜行，故方中以白术为主药，健脾祛湿以助运化；枳实为辅药，下气除满以化积滞。白术用量重于枳实一倍，乃补重于消、寓消于补之中。正如《脾胃论》中说："白术者，本意不取其食速化，但令人胃气强不复伤也。"。二药配合，脾健积消、邪去正安，有补不留滞、消不伤正的作用。

枳术丸可视为由《金匮要略》中枳术汤变化而来。枳术汤中的枳实用量为白术用量之一倍，原治"心下坚，大如盘，边如旋盘，水饮所作。"。其证属于气滞水停、气滞重于脾虚，治当行气消痞，故重用枳实，且用汤剂，意在以消为主。而枳术丸所治，乃脾虚气滞、脾虚重于积滞，治当健脾益胃，故重用白术，改用丸剂，意在以补为主。

（五）临证应用

枳术丸适用于脾虚不运，草料停滞。脾虚体弱者，可加党参、茯苓以增强补气健脾之力；食滞较重者，可加山楂、六曲、麦芽以增强消食化积之功。马、牛 55～150 克，或研末冲服，或水煎服；猪、羊每次投服 10～15 克。

（六）加减化裁

（1）枳术丸加神曲、麦芽，名曲麦枳术丸（《医学正传》中收载），治饮食过多、肚腹胀满。

（2）香砂枳术丸，见于《摄生秘剖》《中华人民共和国药典》，由木香 150 克、枳实（麸炒）150 克、砂仁 150 克、白术（麸炒）150 克组方，以上四味，粉碎成细粉，过筛，混匀，用水泛丸，干燥，即得。人多用口服，一次 10 克，一日 2 次。其功能健脾开胃、行气消痞，用于脾虚气滞、脘腹痞闷、食欲缺乏、大便溏软。本方由 4 味药组成。白术补气健脾、燥湿利水、助脾之运化，为君药；木香行气调中，砂仁芳香化湿、行气温中；枳实破气散结、消痞除满，共为臣药。四药合用，具有健脾祛湿、行气和胃之效。

木香槟榔丸

（一）源流出处

出自金元时期张子和《儒门事亲》。

（二）组成及用法

木香、槟榔、青皮、陈皮、广莪（烧）、枳壳、黄连各30克，黄柏、大黄各90克，香附子（炒）、牵牛各120克。共为细末，水泛为丸，如小豆大，每服三十丸，食后生姜汤送下。现代用法：为细末，水泛小丸。

每服3～6克，饭后生姜汤或温开水送下，日2次。

动物用量：根据人用量，按体重比例折算。

（三）功能主治

行气导滞、攻积泄热。主治积滞内停。患畜表现肚腹胀痛、排粪不爽，或下痢赤白、里急后重、舌苔黄腻、脉沉涩。

（四）方义解析

木香槟榔丸所治，为饮食积滞内停、生湿蕴热，致使胃肠气机不畅而引起的病证。方中木香、槟榔善行肠胃之气而化滞，为主药；香附、陈皮、莪本、青皮调理脾胃之气而破积，牵牛、大黄泄热攻积导滞，黄连、黄柏清热燥湿，均为辅佐药。诸药配伍，行气攻积、泄热导滞，使气机通畅、积滞得下，则诸症自除。

《医方集解》所载木香槟榔丸，比本方多枳壳、三棱、芒硝，其攻积导滞之力更强。书中说："木香、香附，行气之药，能通三焦，解六郁；陈皮理上焦肺气，青皮平下焦肝气，枳壳宽肠而利气，而黑丑、槟榔又下气之最速者也。气行则无痞满后重之患……黄柏、黄连，燥湿清热之药；三棱能破血中气滞，莪术能破气中血滞；大黄、芒硝，血分之药，能除血中伏热，通行积滞，并为推坚化痞之峻品。湿热积滞去，则二便调两三焦通泰矣。盖宿垢不净，清阳终不得升，故必假此以推荡之，亦通因通用之意。"

（五）临证应用

（1）木香槟榔丸行气攻积之力较强，适用于积滞内停、郁而化热、正气未衰者。以肚腹胀痛、粪便迟滞或下痢赤白、苔黄腻、脉沉涩为要点。马、牛每次投服50～100克，猪、羊10～20克；各药为细末，制成水丸。或适当调整剂量作煎剂或冲剂灌服。

（2）木香槟榔丸可用于马的湿热泄泻或牛、猪的热痢初起，湿热积滞较重者。

（3）据报道，在临床上，用加味木香槟榔丸治牛剥肠症（黏液性肠炎）5例，均获痊愈[中兽医医药杂志，1984（2）：51]。

香砂养胃丸（浓缩丸）

（一）源流出处

出自清代沈金鳌《杂病源流犀烛》。

（二）组成及用法

木香210克、砂仁210克、白术300克、陈皮300克、茯苓300克、半夏（制）300克、香附（醋制）210克、枳实（炒）210克、豆蔻（去壳）210克、厚朴（姜制）210克、广藿香210克、甘草90克。此十二味，粉碎成细粉，过筛，混匀。另取切碎的生姜90克、大枣150克，分次加水煎煮，滤过。取上述粉末，用煎液泛丸，以总量5%的滑石粉-四氧化三铁（1∶1）的混合物包衣，低温干燥，即得。本品为黑色的水丸，除去包衣后显棕褐色；气微，味辛、微苦。浓缩丸为亮黑色，气微，味辛、微苦。冲剂为黄棕色至棕色的颗粒，气芳香，味微甜、略苦。浓缩丸每8丸相法于原药材3克。

口服，水丸一次9克，一日2次。浓缩丸一次8克，一日3次。

动物用量：根据人用量，按体重比例折算。用法同。

（三）功能主治

温中和胃。用于不思饮食、呕吐酸水、胃脘满闷、四肢倦怠。

（四）方义解析

香砂养胃丸由12味药组成。方中白术补气健脾、燥湿利水，为君药。砂仁、豆蔻、藿香化湿行气、和中止呕，陈皮、厚朴行气和中、燥湿除积，木香、香附理气解郁、和胃止痛，共为臣药。茯苓健脾利湿，枳实破气消积、散结除痞，半夏降逆止呕、消痞散结，共为佐药。甘草调和药性为使药。全方配伍，共奏健脾祛湿、行气和中之功。

从现代医学角度看，香砂养胃丸主要具有调整消化液分泌、调整胃肠功能、抗溃疡、抑菌、利胆等作用。

（五）临证应用

（1）香砂养胃丸属通补兼施但更偏于疏通的方剂，适用范围较广，可持续用药时间较长，除不宜用于燥、热证之外，其它证型均可作为主要或辅助治疗药物，在兽医临床常用于治疗伴侣动物过食引起的消化不良，用时可配合多酶片、乳酸菌素片等一同口服。

（2）猫发生中焦寒湿证时可用香砂养胃丸，并可少量配以生姜汁，加强温中效果。由于猫对强制喂药较为排斥，有时在口服香砂养胃丸后出现呕吐，但饲主坚持投药1～3天后，猫对强迫喂药及药物辛香气味逐渐适应，呕吐现象可逐渐改善。

第七节　通腑降浊方剂

尿毒清颗粒

（一）源流出处

出自《中华人民共和国药典》。

（二）组方及用法

大黄40克、黄芪160克、丹参200克、川芎120克、何首乌（制）200克、党参120克、白术200克、茯苓200克、桑白皮120克、苦参80克、车前草200克、半夏（姜制）

80 克、柴胡 60 克、白芍 120 克、菊花 100 克、甘草 36 克。

每次 5 克/60 千克体重。每日 4 次。温开水冲服。

（三）功能主治

通腑降浊、健脾利湿、活血化瘀。用于脾肾亏损、湿浊内停、瘀血阻滞所致少齐发力、腰膝酸软、恶心呕吐、肢体浮肿、面色萎黄；慢性肾功能衰竭（氮质血症期或尿毒症早期）见上述证候者。

（四）方义解析

大黄味苦性寒，通腑降浊、活血祛瘀；黄芪味甘微温，补气升阳、利水消肿，是补脾行水要药；丹参活血祛瘀，川芎行气活血，四药合用以通腑降浊、健脾利湿、化瘀祛浊，紧扣病机，为本方君药，何首乌补肝肾、益精血、通便、解毒；党参补中益气，白术健脾利水；茯苓利水渗湿以增强健脾益肾、利湿化浊功效，共为臣药。桑白皮泻肺利尿消肿，苦参清热燥湿利尿；车前草清热利水消肿，佐助君药宣泄湿浊；半夏燥湿降浊，柴胡升举清阳；菊花清利头目，白芍通利血脉，八味共为佐药。甘草调和诸药，为使药。诸药合用，共奏通腑降浊健脾利湿、活血化瘀之功。

（五）临证应用

慢性肾衰竭多因久病水毒浸渍，脾肾衰败、浊瘀内阻所致，症见神疲乏力、纳差、恶心呕吐、腰膝无力或胀痛不适而痛有定处、尿频数而清长、多舌淡苔腻、脉弱或弦。

（六）注意事项

（1）肝肾阴虚者慎用。

（2）因服药每日大便超过 2 次者，可酌情减量，避免营养吸收不良和脱水。

（3）慢性肾衰竭尿毒症晚期非本品所宜。

（4）避免与肠道吸附剂同时服用。

（5）低盐饮食，严格控制饮水量。

肾衰宁胶囊

（一）源流出处

出自《中华人民共和国药典》。

（二）组方及用法

太子参 250 克、黄连 100 克、法半夏 250 克、陈皮 100 克、茯苓 200 克、大黄 400 克、丹参 700 克、牛膝 200 克、红花 100 克、甘草 100 克。此十味，取大黄 200 克粉碎成细粉，剩余 200 克用 70%乙醇作溶剂，浸渍 24 小时后，缓缓渗漉，收集渗漉液，浓缩成相对密度为 1.25～1.30（90～95℃）的稠膏；其余太子参等九味，加水煎煮三次，第一次 3 小时，第二次 2 小时，第三次 1 小时，煎液滤过，滤液合并，减压浓缩至相对密度为 1.10～1.20（65～70℃）的清膏，加乙醇使含醇量达 60%，充分搅拌，静置 72 小时，滤过，滤液减压浓缩至相对密度为 1.25～1.30（95～98℃）的膏，与上述大黄稠膏及粉末混匀，制颗粒，干燥，装入胶囊，制成 1000 粒即得。每次 4～6 粒/60 千克体重，每日 3～4 次。口服，45

天为一疗程。

（三）功能主治

益气健脾、活血化瘀、通腑泄浊。用于脾失运化、瘀浊阻滞、升降失调所引起的腰痛疲倦、面色萎黄、恶心呕吐、食欲缺乏、小便不利、大便黏滞及多种原因引起的慢性肾功能不全见上述证候者。

（四）方义解析

方中太子参甘平益气健脾，大黄苦寒通腑泄浊，一补一泻，共为君药。茯苓、陈皮、半夏健脾燥湿、培本泄浊，黄连苦寒、清热燥湿，与半夏相伍，辛开苦降、化痰行滞，共为臣药。丹参、红花、牛膝活血化瘀、通络利尿，为佐药。甘草调和诸药，为使药。诸药合用，共奏益气健脾、活血化瘀、通腑泄浊之功。

（五）临证应用

可治疗因脾虚运化失常、水湿内停所致之慢性肾衰竭。症见肢体浮肿、食欲缺乏、小便不利、大便黏滞、舌苔腻、脉细弱。

（六）注意事项

方中含有通腑之品，服药后每日大便次数在2～3次为宜，超过4次以上者慎用。本品含活血化瘀之品，有出血症状者忌用。

第六章 止咳化痰平喘方剂

第一节 概 述

祛痰止咳平喘方剂以祛痰、止咳、平喘药物为主组成，具有消除痰涎、缓解或制止咳喘作用，主要是治疗肺经疾病的方剂。

咳嗽与痰、喘在病机上关系密切，咳嗽多挟痰，痰多可致咳嗽，久咳则肺气上逆而作喘，三者在病机上互为因果。在治疗上，对于咳嗽兼痰涕者，可用祛痰止咳剂；喘者可用平喘剂。本类方剂可分为祛痰止咳剂和平喘剂。

祛痰止咳剂适用于肺经疾病引起的咳嗽痰涕。疾病原因很多，根据“脾为生痰之源，肺为贮痰之器”之说，液有余便是痰，既是致病之因，又是病理产物。本类方剂是据《素问·至真要大论》“寒者热之，热者寒之”“燥者润之”“坚者削之，客者除之”“结者散之”和《金匮要略·痰饮咳嗽病脉证并治第十二》中所述“病痰饮者，当以温药和之”的原则立法。根据《内经》确立治疗方法，即健脾燥湿、降火顺气为先，然后分别进行治疗清热痰、温寒痰，湿痰则润之、清之、化之；风痰则散之、熄之；顽痰要软之；食痰要消之。属于八法治疗中的“消”法。即所谓“善治痰者，治其生痰之源”。

平喘剂是以平喘药物为主组成，有消除或缓解肺气出入失常作用，用于呼吸作喘之证。肺热作喘可用清热平喘，风寒束肺者应宣肺平喘；肾不纳气者，可温肾纳气摄肺定喘；毒邪壅肺作喘者，可解毒敛肺以定喘。

由于痰随气而升降，气壅则痰聚，气顺则痰消，可在祛痰止咳剂中配伍理气药物。《证治准绳》云：“善治痰者，不治痰而治气，气顺则一身津液亦随气而顺矣。”。祛痰止咳剂常以陈皮、半夏、贝母、桔梗、百合等为主要组成药物，代表方剂为二陈汤、止嗽散、百合散、贝母散、辛夷散、半夏散等。

平喘剂的代表方剂为麻杏石甘汤、定喘汤、苏子降气汤、白矾散等。

第二节　止咳化痰平喘剂代表方剂

二陈汤

（一）源流出处

出自宋代官修成方药典《太平惠民和剂局方》。

（二）组成及用法

半夏汤洗七次、橘红各五钱（各 15 克），白茯苓三钱（9 克）、甘草炙一钱半（4.5 克）、生姜七片、乌梅一个。上药㕮咀，人每服四钱（12 克），用水一盏，生姜七片，乌梅一个，同煎六分，去滓，热服，不拘时候。现代用法：加生姜 7 片，乌梅 1 个，水煎温服

动物用法：制半夏 50 克、陈皮 60 克、茯苓 40 克、甘草 20 克。用时为末，开水冲调，牛、马分为 1～2 次灌服；猪、羊减量服用。

（三）功能主治

燥湿化痰、理气和中。主要用于治疗痰湿咳嗽、痰多稀白，咳嗽时偶见呕吐或有吞咽，心动过速，苔腻，脉滑。

（四）方义解析

明代医家吴昆编著之《医方考》中指出："湿痰者，痰之原生于湿也。水饮入胃，无非湿化，脾弱不能克制，停于胸膈，中、下二焦之气熏蒸稠粘，稀则曰饮，稠则曰痰，痰生于湿，故曰湿痰也。是方也，半夏辛热能燥湿，茯苓甘淡能渗湿，湿去则痰无由以生，所谓治病必求其本也；陈皮辛温能利气，甘草甘平能益脾，益脾则土足以制湿，利气则痰无能留滞，益脾治其本，利气治其标也。"。《太平惠民和剂局方·卷四治痰饮·绍兴续添方》关于二陈汤有如下记载："治痰饮为患，或呕吐恶心，或头眩心悸，或中脘不快，或发为寒热，或因食生冷，脾胃不和。"

二陈汤中主药半夏辛温，具有燥湿化痰、降逆止呕之效；痰液是因津液不化而结，加之气机不畅，用陈皮芳香醒脾，具有理气化痰作用，气机顺畅则痰降，气化则痰消；此外痰由湿生，采用茯苓为佐药，具有渗湿利水作用，甘能健脾，使湿从小便而去；甘草和中调和诸药。生姜辛温，与半夏相须配伍，助半夏开痰；乌梅生津，使痰易于咳出，也制约其他药物的燥邪。全方燥湿化痰，理气和中，使湿去痰消、气机畅通、脾阳健运，达到消除病症的目的。

现代研究表明，制半夏具有镇咳作用，可抑制人工性咳嗽；陈皮含有挥发油，具有刺激性祛痰作用；甘草含有甘草酸，经水解后变成甘草次酸衍生物，对动物的实验性咳嗽具有显著的镇咳作用。合用可起到显著的镇咳作用。同时，陈皮对胃肠道具有温和的刺激作用，可促进消化液分泌和排除肠内积气；甘草具有解痉作用、缓解肠道痉挛；茯苓对实验性胃溃疡具有预防作用，起到健胃止呕、行气止痛的功效。

（五）临证应用与加减化裁

（1）二陈汤主要用于中阳不运、湿痰为患。湿痰为湿困脾阳，引起脾运化失职，导致水

湿凝聚而成。湿痰实为脾气不运而生，宜理气和中。此方主要用于化痰和胃，临床常进行辨证后加减治疗各种痰症，具有祛痰止咳、健胃止呕的功效。

（2）二陈汤主治湿痰。以咳嗽痰多易咳，舌苔白腻或白润，脉缓、滑为证治要点；二陈汤为治痰的基础方，随证加减，可广泛应用于多种痰证；对于慢性支气管炎、肺气肿、慢性胃炎、神经性呕吐等属湿痰或湿阻气机者，均可用之。

（3）二陈汤还适用于治疗胃炎、消化性溃疡等。采用加味六君煎（金水六君煎加党参、白术、紫菀、冬花、五味子、山药、金钱草组方）可治疗马内伤咳嗽。此外，二陈汤加党参、白术、砂仁、佛手、炒谷芽、鸡内金、白芷等健脾消食、理气止痛，可用于治疗脾胃虚弱；若兼有热相者，可加黄连、蒲公英、竹茹。

（4）使用加减二陈汤（由陈皮 20 克、半夏 15 克、茯苓 20 克、甘草 15 克、当归 10 克、桔梗 20 克、前胡 20 克、百部 20 克组方）治疗猪肺虚咳嗽，即出现鼻流清涕、频频咳嗽、咳声低哑、呼吸困难、气出无力、大便干结、尿清长、舌苔白、脉细弱（见《中草药防治猪病》）。

（5）对于风痰者，可加入制南星、白附子以祛风化痰；对于热痰者，可加黄芩、栀子、竹茹、瓜蒌、枇杷叶以清热化痰；对于寒痰者，可加干姜、细辛以温化寒痰；对于气机不能升降者，可加入苏子、白芥子、莱菔子、葶苈子、桑白皮等。

（6）竹茹二陈汤，为二陈汤加竹茹、黄连而得，具有清热燥湿，降逆止呕的功效，主要用于治疗湿痰化热，咳吐痰涎。竹茹二陈汤加麻黄、杏仁，即“麻杏二陈汤”，具宣肺止咳，化痰平喘，治疗风寒犯肺，咳喘痰盛。竹茹二陈汤加干姜、砂仁，即“和胃二陈汤”，具有温胃散寒，和胃止呕作用，治疗胃寒呕吐涎沫。竹茹二陈汤加杏仁、苏叶，即“苏杏二陈汤”，具有疏风宣肺，化痰止咳功效，治疗湿痰咳嗽，兼有风寒感冒。

（7）橘红散，由橘红、法半夏、陈皮、苏子、杏仁、炙兜苓、贝母、杭菊、甘草、炙紫菀、桔梗、冬花组方。橘红散去乌梅，加当归、熟地，为《景岳全书》中的金水六君煎，主要用于治疗肺肾不足或者阴虚所致的湿痰咳嗽，也可用于治疗马内伤咳嗽。此外，橘红散具有健脾和胃之功，除用于治痰以外，可加党参、白术治疗脾胃虚弱，脾湿不运引起的食少、便溏等症。

（8）涤痰汤（由南星、半夏、甘草、橘红、石菖蒲、人参、茯苓、枳实、竹茹组方）具有涤痰开窍功效；导痰汤（《济生方》收录，由半夏、天南星、橘红、枳实、赤茯苓、甘草组方）具有燥湿祛痰、行气开郁功效，用于治疗顽痰胶结、咳嗽痰多、痰厥等，长于豁痰行气。

理痰汤

（一）源流出处

出自清末民初张锡纯《医学衷中参西录》。

（二）组成及用法

芡实一两（30 克）、清半夏四钱（12 克）、炒黑芝麻三钱（9 克）、炒柏子仁二钱（6 克）、生杭芍二钱（6 克）、陈皮二钱（6 克）、茯苓片二钱（6 片）。煎汤口服。

动物用量：根据人用量，按体重比例折算。

（三）功能主治

降逆行气、固肾除痰。治痰涎郁塞胸膈、满闷短气；或溃于肺中、喘促咳逆；停于心下、惊悸不寐、滞于胃口、胀满哕呃；溢于经络、肢体麻木或偏枯；留着于关节筋骨、俯仰不利、牵引作痛、随逆气肝火上升、眩晕不能坐立。

（四）方义解析

方中半夏为君，以降冲胃之逆；重用芡实，以收敛冲气，更以收敛肾气，而厚其闭藏之力；芝麻、柏子仁，润半夏之燥，兼能助芡实补肾；芍药、茯苓，一滋阴以利小便，一淡渗以利小便；陈皮佐半夏以降逆气，并以行芡实、芝麻、柏子仁之滞腻。

（五）临证应用

（1）可治疗年老体弱、肾气不固所致的咳喘，症见久病咳喘、内蕴痰湿，或痰湿久不能除，动则气喘。

（2）可用于痰湿内蕴日久，时有呕吐痰饮，动则易喘，伴有胃肠胀气等表现的慢性胃炎，胃肠功能紊乱者。

（3）犬猫临床中常用二陈汤合并理痰汤加减。半夏、陈皮、茯苓、芡实，此四药为君药，降逆行气，同时健脾固肾，治痰之源。以生姜、乌梅收散通用，助君药行痰敛阴，为臣。炙甘草调和诸药，为佐使。全方共奏健脾固肾除痰之效。临床广泛用于老年性慢性支气管炎、胃炎、脂肪瘤、血小板减少症等因痰湿内蕴所致之病。

（4）幼龄犬久病咳喘，迟迟不愈，精神旺盛，多动少睡，其咳喘多由过度兴奋所致，可酌情加入龙骨、牡蛎、代赭石、柏子仁以重镇安神，使其安静。本方源于龙蚝理痰汤，对于痰湿内蕴、郁热内扰、心神不宁的烦躁、癫痫等亦可使用。

（六）注意事项

痰饮水湿内聚，或外感湿热所致的咳嗽痰喘，烦渴，渴欲饮水，水入则吐，小便不利者不宜使用本方。

半夏散

（一）源流出处

出自明代喻仁、喻杰《元亨疗马集》。

（二）组成及用法

制半夏 40 克、枯矾 60 克、升麻 40 克、防风 40 克、生姜 40 克。共为末，加蜂蜜 130 克，开水冲调或水煎服。

牛、马灌服，猪、羊等动物减量。

（三）功能主治

半夏散升清降浊、燥湿化痰、理脾止涎，主治肺寒吐沫，吐沫垂涎，口鼻俱凉，精神倦怠，口色青白，脉迟细。

（四）方义解析

半夏散中半夏具有燥湿化痰、和胃降逆之功效。枯矾燥湿利痰为治疗寒湿痰饮的主药；

升麻、防风理脾以升清阳；半夏和胃止呕，以降浊阴，升降调理，则胃气复常，增强运化水湿之功；生姜温中和胃，兼能止呕，以助半夏降逆；蜂蜜润肺补中，协调药性。这样半夏、升麻一升一降，防风、枯矾一散一收，升降散收使气机通畅、津液输布，则痰液自消。

现代研究表明本方半夏经过炮制后，可抑制呕吐中枢而产生止呕作用，解除支气管痉挛，间接引起支气管分泌物减少；枯矾可减少腺体分泌和炎性渗出；生姜可加强半夏的止呕作用，增强胃肠蠕动，具有健胃功效。因此达到治疗肺寒吐沫的效果。

（五）临证应用

(1) 动物肺寒吐沫，虽名肺寒，实则脾胃之气升降失常，清阳不升则口鼻冷，浊阴不降则涎沫流，故应升清降浊、除湿化痰。治疗时主要调理脾胃之气，同时止呕健脾，则气机通畅，则痰液自消而达到治疗目的。

(2) 半夏散证以口吐白沫、沫多涎少、舌津滑利、口鼻俱冷为辨证要点。《元亨疗马集》云："口中白沫吐连连，唇舌无疮号肺寒。奔行饮急，因伤肺，气结津液变作痰。棚下绕桩浑似雪，槽边满地恰如绵。理气化痰清飞步，津液滋生病自痊。"

（六）加减化裁

半夏散为《蕃牧纂验方》中的半夏散（由半夏、川升麻、防风组方）加枯矾而成，主要治疗马肺寒吐沫。若寒盛，可加干姜、升麻以温肺化饮，开泄肺气；若吐涎过多，则加草豆蔻、砂仁、木香以温胃化湿止涎。此外，本方可与二陈汤合方（制半夏、防风、升麻、枯矾、橘红、茯苓、苍术、柴胡、生二丑、焦山楂、砂仁、甘草组方），以增强健脾燥湿、顺气化痰的功效。

加味半夏散（见《河北中兽医验方选集》），由半夏、飞矾、防风、升麻、紫菀、茯苓、砂仁组方。具有宣肺、顺气、祛痰功效，主要治疗马肺寒吐沫。

加味二陈汤（见《中兽医诊疗经验》），由陈皮、党参、白术、柴胡、清半夏、枯矾、枳壳、茯苓、桔梗、生姜、甘草组方，具有燥湿化痰功效，治疗马肺寒吐沫。

止嗽散

（一）源流出处

出自清代程国彭《医学心语》。

（二）组成及用法

桔梗（炒）、荆芥、紫菀（蒸）、百部（蒸）、白前（蒸）各 12 克，甘草（炒）4 克，陈皮（水洗）去白 6 克。共为末。每服 9 克，食后、临卧开水调下；初感风寒，生姜汤调下。现代用法：作汤剂，水煎服。

动物用法：百部 60 克、紫菀 60 克、白前 50 克、桔梗 40 克、陈皮 40 克、荆芥 60 克、甘草 20 克。用时研末，开水冲调。牛、马 1～2 次灌服；猪、羊减量，可煎水服用。

（三）功能主治

止咳化痰、宣肺疏表。主治外感咳嗽，且咳嗽日久不止，痰多稀白。动物表现为微恶风发热、咳嗽、喉头敏感、舌苔薄白、脉浮滑等。

（四）方义解析

止嗽散中百部、紫菀温而不燥，具有降气祛痰、润肺止咳功效，为主药；桔梗、陈皮宣肺理气以祛痰止咳，气顺则痰消，痰消则咳自止；白前长于降肺气以祛痰止咳，能治肺气壅塞之痰多咳嗽；荆芥主疏风解表，以除表邪；甘草和中化痰，调和药性。

《医学心悟》中指出："药不贵险峻，惟期中病而已。此方系予苦心揣摩而得也。盖肺体属金，畏火者也，过热则咳；金性则燥，恶冷者也，过寒亦咳。且肺为娇脏，攻击之剂既不任受，而外主皮毛，最易受邪，不行表散则邪气留连而不解。经曰：微寒微咳，寒之感也，若小寇然，启门逐之即去也。医者不审，妄用清凉酸涩之剂，未免闭门留寇，寇欲出而无门，必至穿逾而走，则咳而见红。肺有二窍，一在鼻，一在喉，鼻窍贵开而不闭，喉窍宜闭而不开。今鼻窍不通，则喉窍将启，能无虑乎？本方温润和平，不寒不热，既无攻击过当之虞，大有启门驱贼之势。是以客邪易散，肺气安宁。宜其投之有效欤？"

桔梗中含有桔梗皂苷，为刺激性祛痰剂，具有刺激咽喉部黏膜作用，刺激气管上部黏膜引发咳嗽以排出痰液；甘草壳刺激黏膜分泌，促进祛痰作用；紫菀含有紫菀皂苷，具有明显的祛痰作用，陈皮可作为刺激性祛痰剂；百部可降低呼吸中枢的兴奋性，抑制咳嗽反射起到止咳作用；同时，紫菀、百部具有抑菌作用，各药共同起到治疗作用（见河南郑州畜牧兽医专科学校编著《中兽医方剂学》）。

（五）临证应用

（1）止嗽散属于止咳化痰、疏风解表之剂，以止咳为主，并能化痰解表。温润平和，不寒不热，主要用于多种咳嗽，尤其适用于治疗外感咳嗽较久，以咳嗽多有痰，肺气机不畅，同时兼有表证，以动物恶寒发热、鼻汗不匀或无汗等为临床辨证要点。

（2）止嗽散主要用于治疗家畜外感咳嗽，症见咳嗽频繁，流清涕，触疹喉头敏感，舌苔淡白，兼有恶寒。若表证重者，可加苏叶、生姜以散表邪；湿重痰多者，多加半夏、茯苓以燥湿化痰；热邪伤肺之咳嗽加天花粉、黄芩、栀子以清肺热。

（3）若有风寒咳嗽，可在止嗽散基础上加苏叶、防风、生姜，以解表宣肺；若风热咳嗽，可加连翘、桑白皮、瓜蒌皮、芦根，以清解肺热；如风燥咳嗽者，可加沙参、桑叶、天门冬、麦门冬等，以清热润燥；若暑湿犯肺咳嗽，可加藿香、佩兰、香薷等，以加强清暑邪作用；对于湿痰咳嗽者，可加半夏、茯苓、苏子，以燥湿化痰。

（4）止嗽散临床常用于治疗急慢性支气管炎，也可加减用于治疗流行性感冒而咳嗽者。

（六）加减化裁

《中华人民共和国兽药典》（2000 年版）中止咳散组成为：知母 25 克、枳壳 20 克、麻黄 15 克、桔梗 30 克、苦杏 25 克、葶苈子 25 克、桑白皮 25 克、陈皮 25 克、生石膏 30 克、前胡 25 克、射干 25 克、枇杷叶 20 克、甘草 15 克，用时为末，开水冲调，候温灌服。止嗽散功能清热润肺、止咳平喘，主治肺热咳喘。

清肺止咳散《中华人民共和国兽药典》（2000 年版）中清肺止咳散组方为：桑白皮 30 克、知母 25 克、苦杏仁 25 克、前胡 30 克、金银花 60 克、连翘 30 克、桔梗 25 克、甘草 20 克、橘红 30 克、黄芩 45 克，用时共为末，开水冲调，候温灌服。清肺止咳散功能清泻肺热、化痰止咳，主治肺热咳喘。

《中华人民共和国兽药典》（2000 年版）中理肺止咳散组方为：百合 45 克、麦冬 30 克、半夏25克、紫菀30克、甘草15克、远志25克、知母25克、北沙参30克、陈皮25克、茯苓25克、海浮石20克，用时为末，开水冲调，候温灌服。理肺止咳散功能润肺化痰、止咳定喘，主治劳伤久咳、阴虚咳嗽。

附　外感咳嗽病例

牛犊食欲减退，精神沉郁，喜卧；鼻干流鼻涕，皮温不均，脉浮数，舌苔淡白，体温略升高；咳嗽，呼吸加快；听诊肺区呼吸音粗粝；呈干、湿啰音。辨证肺寒咳嗽兼外感风寒。治疗按照止嗽散加减，动物呼吸急促，咳嗽频数，加杏仁、枇杷叶；躯体微现颤抖而恶寒，加苏叶、防风；食欲不佳，加麦芽；体温较高，口干者加桑叶、菊花、银花藤。

白矾散

（一）源流出处

出自清代兽医专著《牛经大全》。

（二）组成及用法

黄连60克、黄芩60克、白矾60克、贝母30克、葶苈子50克、大黄45克、郁金40克、白芷30克、甘草20克。水煎，加蜂蜜250克，牛、马分2次灌服，猪、羊等动物减量。

（三）功能主治

清肺消痰，下气止喘。主治痰热内结，气急喘咳，胸肋胀满，或肺热呛嗽，发热，咳痰黄稠，大便燥结，小便短赤，口色红，苔黄腻，脉滑数或洪数。

（四）方义解析

白矾散中黄连、黄芩苦寒，清心肺之热，解热毒以治生痰之源，为主药；白矾、贝母、葶苈子可消痰涎、清肺燥、泻肺气，达到清肺祛痰、止咳平喘效果，为辅药；大黄、郁金、白芷等泻肺热、活血止痛，行气解郁，为佐药；甘草调和各药，起到清热解毒、祛痰止咳、蜂蜜甘平、润肠定喘的作用，共为使药。

现代研究表明白矾散中黄连、黄芩具有解热、降压的功效；大黄、贝母具有较强的降压作用，同时大黄还具有致泻作用，葶苈子具有强心利尿功效；贝母具有镇咳作用，能使支气管平滑肌松弛；甘草具有显著的镇咳作用，能促进气管分泌物的排出；白矾可促进痰液排出；白芷具有扩张血管，缓解血管痉挛，可改善肺脏毛细血管通透性，减低肺循环血压，同时起到抗菌、抗炎、镇咳作用。

（五）临证应用

(1) 白矾散主要用于邪热犯肺、灼津成痰。痰热互结于肺，阻碍肺气肃降，则可见动物气急喘满，或见咳嗽、鼻扇肷搐、胸肋胀满。治疗宜清肺消痰、下气止喘，同时行水消痰，气降则喘平，水行则痰消，故白矾散具有行水、祛痰、平喘的功效。

(2) 白矾散作为治疗热痰内结的主要方剂。临床病例中若有热毒盛，可加金银花、连翘以清热解毒；热痰壅盛，可加栀子、石苇、连翘以清热散结；大便秘结者，可加芒硝以通便泻热；大便稀溏、热不重者，可加炒大黄。

(3) 白矾散主要治疗牛气吼喘病（喉风、喉水肿、喉黄、喉骨胀）。《牛经大全》中歌诀为："喉中出气吼声频，肺毒皆因热积成，喉骨大时须用药，更放大血效如神。"白矾散治疗牛热喘具有良好效果。此外，白矾散对牛甘薯黑斑病中毒具有一定疗效（见《中兽医医药杂志》1985 年第 4 期）。

（六）加减化裁

清肺解毒汤（《活兽慈舟》中收载）由枯矾、黄连、黄芩、金银花、甘草、玄参、当归、川芎、栀子、连翘、黄柏、知母、芒硝、绿豆浆、石膏组方，具有清肺解毒祛痰功效，治疗心火旺盛、熏灼肺经、肺热咳喘、呼吸频数、体热。

黄芩散（《司牧安骥集》中收载），即郁金、黄芩、白矾、蜂蜜组方，具有散瘀祛痰、清热解毒作用，主要用于治疗马驹喉骨胀、鼻内流白脓，兼有咳喘等。

贝母郁金汤（《抱犊集》中收载），即贝母、郁金、甜葶苈、槟榔、粉葛根、生甘草、天台乌、桔梗、白术、川芎、黄芩、银花、茯苓、车前子、知母组方，主要用于清肺解毒，下气消痰，治疗牛时疫喘急、肚腹胀满、体热、脉数。

款冬花散

（一）源流出处

出自《中国畜牧兽医学会论文集》。

（二）组成及用法

款贝母 20 克、知母 30 克、银花 40 克、款冬花 25 克、桑白皮 30 克、杏仁 15 克、马兜铃 25 克、郁金 25 克、黄药子 30 克、桔梗 25 克，用时研末，开水冲调，给马、牛一次灌服，猪、羊减量。

（三）功能主治

清肺、化痰、止咳。主治肺热咳喘、咳声洪亮、鼻热无汗、鼻涕黄稠、口色鲜红、舌苔黄腻、脉滑数者。

（四）方义解析

款冬花散中贝母、知母、银花清肺祛痰，为主药；款冬花、桑白皮、杏仁、马兜铃具有祛痰止咳平喘功效，为辅药；郁金、黄药子具有凉血散瘀作用，为佐药；桔梗宣肺止咳，引药到病所，为使药；各药合用，达到清解肺热、化痰止咳的作用。

现代研究表明藏红花、贝母、桔梗、杏仁均有镇咳作用，且款冬花镇咳效果较强；贝母可使支气管平滑肌松弛，具有降血压功能；桔梗可促进呼吸道腺体分泌，具有祛痰效果，杏仁可轻度抑制呼吸中枢，款冬花可轻度扩张血管，各药合用共奏镇咳祛痰、抗菌消炎之效。

（五）临证应用

(1) 款冬花散主要治疗肺热咳喘。肺有蕴热，可煎熬津液为痰，而痰热互结，阻碍肺的清肃功能，引起咳嗽气急。

(2) 动物如出现大便燥结，可加大黄、芒硝以通肺腑热；若肺热较重，可加栀子、黄芩以增强清肺热、解毒的功效。

（六）加减化裁

黄柏散（《痊骥通玄论》中收录）由黄柏、贝母、紫菀、款冬花、郁金、知母、大黄、黄连、黄药子、甘草、砂糖组方，具有清肺止咳功效，主要治疗肺热咳嗽及咳嗽见血者。

济世消黄散（《元亨疗马集》中收录），即款冬花、白药子、黄药子、知母、贝母、栀子、大黄、秦艽、郁金、黄芩、甘草、黄柏、蜂蜜、朴硝、浆水共同组方，具有清热解毒、化痰止咳功效，治疗马热毒致槽结、喉骨胀，兼有咳嗽者。

贝母散（《司牧安骥集》中收录），即由贝母、知母、杏仁、款冬花、秦艽、枇杷叶、马兜铃、甘草组方；具有止咳化痰功效，用于治疗咳嗽连声、痰涎浓稠、动物消瘦。

理肺散

（一）源流出处

出自宋代王愈《蕃牧纂验方》。

（二）组成及用法

蛤蚧 30 克、山药 30 克、百合 40 克、天冬 30 克、麦冬 30 克、知母 30 克、栀子 25 克、升麻 30 克、白药子 20 克、天花粉 30 克、秦艽 30 克、枇杷叶 25 克、瓜蒌壳 25 克、贝母 15 克、苏子 30 克、防己 25 克。用时研末，开水冲调，马分 2 次灌服。

（三）功能主治

润肺滋肾、清热化痰。主治温燥伤肺、久蕴成毒；或者治疗虚劳伤肺。症见咳嗽气喘、呼气恶臭、咳声嘶哑、日轻夜重、有时低热、舌干少津、脉细数。

（四）方义解析

蛤蚧、山药、百合滋肺益肾，纳气定喘为主药；天冬、麦冬具有滋阴润肺为辅药；知母、栀子、升麻、白药子、花粉、秦艽具有清肺火、解郁毒功效；枇杷叶、瓜蒌壳、贝母、苏子、防己具有化痰止咳，利水之功效，为佐药；蜂蜜等具有清热润燥功效，为使药。

现代研究表明马兜铃、枇杷叶、苏子、贝母等具有镇咳功效，枇杷叶具有祛痰功效，贝母有阿托品样作用，使支气管平滑肌松弛；山药、百合、蛤蚧含有丰富的营养物质，具有滋补作用；天冬、麦冬具有强壮机体、清热解毒、消炎功效。此外，知母、栀子、天冬、麦冬等都具有一定的抗菌作用，可显著抑制金黄色葡萄球菌、溶血性链球菌等。

（五）临证应用

(1) 理肺散主要用于治疗温燥伤肺、久壅成毒，或者虚劳伤肺。温燥伤肺日久致蕴毒，而致肺气失宣肃，则可见咳嗽气逆、呼气恶臭；若劳伤肺气，则肺津耗伤；且肺阴津耗伤，引起肾阴亦耗伤；由于肺为水之上源，肺不能化水之上源，而引起久咳不止，日轻夜重，咳声嘶哑。对于邪盛正衰者，用扶正祛邪的方法进行治疗。

(2) 对于久病伤正气者，应首先进行扶正治疗，而达到正复则邪消。

（六）加减化裁

滋阴定喘汤（见《中兽医验方集》）由熟地、山药、沙参、党参、五味子、紫菀、首乌、麦冬、杏仁、前胡、白芍、丹参、葶苈子组方，具有滋阴润肺、化痰定喘功效，主要用于治疗虚劳伤肺、肺气虚弱、咳嗽气喘、病情绵延者。

葶苈散（见《司牧安骥集》）由葶苈子、玄参、升麻、牛蒡子、马兜铃、黄芪、知母、贝母组方，具有清热解毒、润肺化痰且益气的功效，主要用于治疗马肺气劳损、咳喘气逆、鼻流浓涕、精神萎靡不振、脉虚弱。

贝母散

（一）源流出处

出自明代喻仁、喻杰《元亨疗马集》。

（二）组成及用法

贝母、栀子、甘草、杏仁、紫菀、牛蒡子、百部各 30 克。用时研末，开水冲调，灌服。牛、马 1 次灌服，猪、羊等动物减量。

（三）功能主治

清热润肺、化痰止咳。主要用于治疗动物肺热咳喘，即动物表现咳嗽连声、喉头敏感、痰涕黄稠、口色红、脉数。

（四）方义解析

贝母散中贝母清热润肺止咳，为主药；栀子、百部清化热痰而止咳，杏仁、紫菀宣肺化痰而止咳，为辅药；桔梗、牛蒡子清肺祛痰、利咽喉，且桔梗可载诸药上行，甘草调和诸药，能润肺止咳，为佐使药。现代研究表明贝母具有显著的祛痰作用。

（五）临证应用

（1）贝母散主要用于动物肺热咳嗽。热邪犯肺，津液被炼成痰，引起肺气机失调，则出现咳嗽。因此治疗应清热润肺、化痰止咳。本方临床用于治疗患病动物出现咳嗽连声、喉头敏感、痰涕黄稠、口色红、脉数。

（2）临床应用时，若有热盛可加黄芩、天花粉、瓜蒌以清热润肺；咳重加枇杷叶、冬花、苏子以化痰止咳；喘症者可加桑白皮、葶苈子以泄肺平喘。

（六）加减化裁

《蕃牧纂验方》中的贝母散是在本贝母散方基础上加入槟榔、天花粉而得。

《中华人民共和国兽药典》（2000 年版）中的二母冬花散是由知母 30 克、浙贝母 30 克、款冬花 30 克、桔梗 25 克、苦杏仁 25 克、马兜铃 20 克、黄芩 25 克、桑白皮 25 克、白药子 25 克、金银花 30 克、郁金 20 克组方，用时为末，开水冲调，候温灌服。功能清热润肺、止咳化痰，主治肺热咳嗽。

百合固金汤

（一）源流出处

出自清代汪昂所撰《医方集解》。

（二）组成及用法

生地黄 12 克、熟地黄 9 克、玄参 9 克、当归 9 克、芍药 9 克、百合 15 克、麦门冬 6 克、天门冬 6 克、贝母 6 克、桔梗 6 克、生甘草 3 克。各药水煎服。

动物用法：生地 60 克、熟地 40 克、玄参 45 克、百合 40 克、麦冬 60 克、贝母 15 克、当归 20 克、白芍 30 克、桔梗 20 克、甘草 15 克。用时研末，开水冲调，牛、马分 2～3 次灌服。

（三）功能主治

养阴滋肾、润肺化痰。主治肺肾阴虚、虚火上炎，症见咳嗽、气喘、痰中带血、咳声嘶哑、舌红津少、苔少或无、脉细数。

（四）方义解析

百合固金汤中生地、熟地、玄参滋阴补肾，为主药；百合、麦冬、贝母润肺化痰，为辅药；当归、白芍养血和阴，为佐药；桔梗、甘草具有止咳利咽，调和诸药，为使药。共同使用达到滋养肺津、润肺化痰效果。

《医方集解》云："此手太阴、足少阳药也。金不生水，火炎水干，故以二地助肾滋水退热为君。百合保肺安神，麦冬清热润燥，元参助二地以生水，贝母散肺郁而除痰，归、芍养血兼以平肝，甘、桔清金，成功上部，皆以甘寒培元清本，不欲以苦寒伤生发之气也。"

现代研究表明，生地、熟地具有较强的强心作用，且生地可止血，熟地可促进造血功能，具有滋补功能；百合、麦冬具有镇咳、解热之功效，可提高机体免疫力；当归具有一定抗贫血功能。此外，贝母、桔梗、甘草具有镇咳、祛痰功效。全方达到增强免疫力、镇咳、祛痰、解热等功效。

（五）临证应用

（1）百合固金汤主要用于肺肾阴亏的治疗。动物病久易致肾阴亏虚，则阴不制阳，出现虚火刑金，肺受火刑；或者久咳肺虚，耗伤肺肾阴液，出现阴虚火旺、肺失阴润，则咳嗽气喘，而咳伤肺络，可见咳嗽带血。因此，在临床治疗中，应对肺肾阴虚进行润肺滋肾，达到金水并调之效。使肺清肃功能恢复，则气机下行，肾阴足则阳不上亢、火不灼肺。

（2）在临床使用中，若动物肺肾虚亏、咳嗽气喘、热盛者可加知母、鱼腥草以清泄肺热；咳嗽血多者可加侧柏叶、仙鹤草以凉血止血。本方可用于治疗肺结核、气管炎、咽喉炎等。此外，临床还常用于治疗马匹因过劳引起的咳喘的治疗。

（六）加减化裁

《新刻注释马牛驼经大全集》中的百合固金汤则由百合 30 克、紫菀 30 克、白及 25 克、川贝母 20 克、五味子 25 克、阿胶 20 克、甘草 20 克、桔梗 25 克、陈皮 20 克、人参 15 克、白术 20 克、茯苓 20 克、当归 25 克、乌药 15 克、香附 20 克、神曲 45 克组方，煎汤去渣，加蜂蜜 100 克，候温灌服。此方益肺健脾，补养气血，行滞止喘，主治咳过力伤肺。

贝母瓜蒌散

（一）源流出处

出自《医学心悟》。

（二）组成及用法

贝母一钱五分（4.5 克）、瓜蒌一钱（3 克），花粉、茯苓、橘红、桔梗各八分（各 2.5

克）。各药水煎服。

动物用量：根据人用量，按体重比例折算。

（三）功能主治

清热润肺、理气化痰。主治肺燥有痰，咳嗽流涕不止、痰涩难吐、喉头敏感、上气喘促、舌红少苔且干。

（四）方义解析

贝母苦辛微寒、清热润肺、化痰止咳，开痰之郁结，标本兼治，为主药；花粉甘、苦、微酸，清热化痰、生津润燥；茯苓、橘红健脾理气而祛痰，以壮生痰之源；桔梗宣利肺气，降逆祛痰；花粉和瓜蒌搭配具有清热生津、开胸散结之功效，桔梗和贝母搭配可消痰、散郁结。各药共同起到清热润肺、理气化痰的功效。

《医学心悟·卷三痰饮篇》云："大抵痰以燥湿分，饮以表里别。湿痰滑而易出，多生于脾。脾实则消之，二陈汤，甚则滚痰丸；脾虚则补之，六君子汤。兼寒、兼热，随证加药。燥痰涩而难出，多生于肺，肺燥则润之，贝母瓜蒌散。"

（五）临证应用

(1) 贝母瓜蒌散主要用于肺燥有痰的治疗。由于燥热，灼伤津液为痰液，燥痰阻滞于肺，影响肺气机肃降和津液的宣发。按照《内经》中"燥痰则润之、清之、化之"的原则，在临床治疗中应采取清热润肺、理气化痰的方法，使热痰清除、肺润则咳自止。

(2) 贝母瓜蒌散可用于治疗急、慢性气管炎，慢性咽炎、肺气肿以及感冒咳嗽等。马、牛用量：贝母 60 克、瓜蒌 40 克、花粉 30 克、茯苓 30 克、橘红 30 克、桔梗 30 克，水煎去渣，候温灌服。

（六）加减化裁

若燥热甚，咽喉敏感者可重用桔梗，加玄参、麦冬、知母、甘草和芦根等，以清热润燥生津、宣肺利咽；若咳痰流涕黄稠者，去花粉、茯苓和桔梗，加黄连、黄芩、栀子、胆南星、甘草等，以增强清热化痰效果；若咳嗽重者，可加入杏仁、枇杷叶、款冬花，以止咳平喘；若咳声嘶哑者，可加诃子、玄参，以生津润燥而利咽喉；若痰涕带有血丝者，可去橘红，加沙参、麦冬、芦根、茜草等，以滋阴凉血止血。

辛夷散

（一）源流出处

出自《中兽医治疗学》，《中华人民共和国兽药典》（2000 年版）中收载。

（二）组成及用法

辛夷 45 克、酒知母 30 克、酒黄柏 30 克、沙参 21 克、郁金 15 克、木香 9 克、明矾 9 克。用时为末，开水冲调，候温灌服。马、牛 200～300 克，羊、猪 40～60 克。

（三）功能主治

滋阴降火、通窍化痰。主治马脑颡、鼻窦蓄脓。原方云："轻者连服三至五剂可愈；重者连服四至五剂，然后隔一天服一剂，一般需七至八剂。"

（四）方义解析

辛夷善通肺窍，为治疗脑颡要药；知母、黄柏清热降火，为辅药；沙参清热养阴，郁金清热解郁，木香理气，明矾化痰，共为佐使药，合用共同达到滋阴降火、透脑化痰止涕作用。

（五）临证应用

（1）肺有热邪，上蒸脑颡，日久成脓，病程迁延导致阴虚。症见涕液稀白恶臭，或豆腐渣样，鼻部肿胀，叩之呈浊音，患畜被毛焦枯无光泽。治疗应进行滋阴降火、化痰透脓止涕。

（2）辛夷散为治脑颡鼻脓的专方。临证应用时常加苍耳子以增强透脑止涕之力。热盛者可加金银花、薄荷以疏散风热；痰涕多者可加苍耳子、白芷以增强透脑止涕之功；病情绵延不愈者可加党参、黄芪以扶正，正复则邪自去。凡鼻窦炎、副鼻窦炎、脓性鼻炎、上颌窦蓄脓均可酌情加减运用。类似的方剂有《济生方》中的辛夷散（由辛夷、川芎、木通、细辛、防风、羌活、藁本、升麻、白芷、甘草组方）、《三因方》中的苍耳子散（由苍耳子、辛夷、白芷、薄荷组方），均可用于治疗鼻流浊涕，与辛夷散功用相近。

（3）内蒙古军区防疫站采用辛夷散加减治疗马骡额窦炎，处方为：辛夷 45 克、防风 25 克、荆芥 25 克、酒知母 30 克、酒黄柏 30 克、沙参 21 克、当归 30 克、川芎 25 克、郁金 15 克、明矾 9 克（见《中兽医学杂志》1983 年第 2 期）。

（六）加减化裁

加减辛夷散（见《中兽医方药应用选编》）由辛夷 30 克、酒黄柏 30 克、沙参 25 克、郁金 25 克、酒知母 25 克、明矾 30 克、龙胆草 30 克组方，用时为末，开水冲调，候温灌服，每日 1 剂。功能疏风散热、宣通鼻窍、解毒排脓。主治马属动物脑颡鼻漏。该方为《中兽医治疗学》辛夷散加减而成，治愈马、驴脑颡 50 多例。经验表明，方中若再加入散风热、通鼻窍的苍耳子、薄荷，以及解毒排脓的白芷、桔梗、甘草，病久体虚者，另加党参、黄芪，可提高疗效。

辛夷散（见《中兽医方剂大全》）由辛夷 30 克、双花 15 克、甘草 15 克、桔梗 30 克、贝母 15 克、元参 15 克、麦冬 15 克、苍术 30 克、黄芩 15 克、栀子 15 克、苍耳子 15 克组方，为末。功能疏风解表、清热泻火、润肺止咳。主治马骡呛咳下鼻。

加减苍耳散（见《中兽医方药应用选编》），由苍耳子 50 克、辛夷 30 克、薄荷 30 克、白芷 30 克、白菊花 30 克、金银花 30 克、天花粉 30 克、乳香 30 克、没药 30 克、甘草 20 克组方，其功能疏风清热、化瘀排脓，主治马、牛颡黄吊鼻。

百合散

（一）源流出处

出自元代卞宝《痊骥通玄论》。

（二）组成及用法

百合 45 克、贝母 30 克、大黄 30 克、甘草 20 克、天花粉 45 克。用时研末，开水冲调，候温灌服。

（三）功能主治

清热润肺化痰。主治肺壅鼻脓，动物表现为呼吸气粗、鼻脓黄白、黏稠、口色红、脉洪大。

（四）方义解析

《元亨疗马集》云："良马鼻中流白脓，多因奔走热攻胸。"。治疗应清热润肺化痰。百合散方中百合甘寒清润，善于治疗肺脏之热壅，为主药；贝母、天花粉清热化痰，润肺生津，为辅药；大黄下行，以泻上壅之火，为佐药；甘草生用，润肺止咳，调和诸药，为使药。诸药合用，共奏清热润肺化痰之功。

现代研究表明，贝母含有生物碱，能扩张支气管平滑肌，减少黏液分泌，具有良好的镇咳祛痰作用；瓜蒌具有消炎祛痰作用，同时具有抑菌作用；天花粉含有多种氨基酸和皂苷，具有解热润燥、生津止咳的药理作用。全方具有解热、消炎、祛痰、镇咳、抗菌的作用，适用于治疗急慢性气管炎等。

（五）临证应用

（1）肺壅鼻脓是由肺热引起，百合散为治疗肺热鼻流浓涕常用方。百合散适用于治疗原发性脓性鼻炎。

（2）百合散临证应用时，若上焦热盛，加黄芩、栀子、黄连、柴胡以清热解毒；咽喉敏感加玄参以养阴生津；若兼有咳嗽者，配伍化痰止咳药物。

（六）加减化裁

（1）加味百合方（《中兽医治疗学》中收录）由贝母、百合、花粉、白药子、杏仁、葶苈子、知母、防己、马兜铃、大黄、桔梗、甘草、栀子、连翘、黄芩组方，具有治疗马肺壅作用。

（2）花粉清肺散由花粉、百合、大黄、知母、贝母、玄参、栀子、郁金、黄芩、川连、黄柏、瓜蒌、桔梗、冬花、紫菀、当归、秦艽、甘草组方，具有治疗马肺壅作用。

（3）加减救肺散，由大黄 30 克、黄芩 20 克、石斛 20 克、麦冬 20 克、玄参 20 克、生地 20 克、生石膏 50 克、知母 20 克、贝母 20 克、地骨皮 60 克、天花粉 30 克、霜桑叶 20 克、蜂蜜 300 克组方，治疗牛燥火呛嗽证（干咳无痰、连声短咳、鼻咽干燥、身热口赤、口舌干燥、苔黄厚、脉洪大）。若口干舌燥重者，可加蜂蜜；若气虚可加黄芪、甘草；若阴虚，可加百合。

三子养亲汤

（一）源流出处

出自明代韩懋《韩氏医通》。

（二）组成及用法

炒苏子、炒白芥子、炒莱菔子，各等份，或根据气喘、痰湿、食积的侧重而调整各药的用量配比。三药打碎，冲服，或布包水煎。人每次服用 5 克，每天 3 次，频服。

动物用量：根据人用量，按体重比例折算。用法同。

（三）功能主治

降气平喘、化痰消食。主治痰壅气滞。症见咳嗽喘逆、痰多胸痞、食少难消、舌苔白腻、脉滑。

（四）方义解析

《韩氏医通》中，本方原用于治老年人中气虚弱、脾不健运所致食少痰多、肺失肃降、咳嗽喘逆等。咳喘急症须治标，故方中选用白芥子温肺利气、快膈消痰；紫苏子降气行痰，使气降而痰不逆；莱菔子消食导滞，使气行则痰行。“三子”系均行气消痰之品，根据“以消为补”的原则，合而为用，各逞其长，可使痰消气顺、喘嗽自平。本方用三种果实组方，以治老人喘嗽之疾，并寓“子以养亲”之意，原书云：“三士人求治其亲，高年咳嗽，气逆痰痞，甚切。予不欲以病例，精思一汤，以为甘旨，名三子养亲汤，传梓四方”。正如吴鹤皋云：“奚痰之有飞霞子此方，为人事亲者设也。”。

（五）临证应用

（1）三子均味辛、性温，气味活跃，降气开痰作用迅速，为速效方剂，但临床并非见痰、咳、喘即需使用三子养亲汤。辛窜之药，调气迅速，但前提是机体中气不过度虚弱，有气可调。对于气虚较重的咳喘，不宜单独使用三子养亲汤，当适量配伍补益气虚之品；又若平素脾虚泄泻明显，莱菔子用量也宜轻。

（2）本方与麻黄、杏仁合用，可增强宣肺、降气、利水、平喘的作用；再合二陈汤，则为麻杏二三汤，增强化痰力量，常用于外感风寒所致痰、咳、喘。对于犬慢性气管炎，符合痰稀白并有咳喘的病例，亦可使用麻杏二三汤，慢性咳喘或老年性咳喘，麻黄宜用蜜炙品。

（3）气虚咳喘者，可用三子养亲汤合四君子汤并化裁，如白芥子、苏子、党参、白术、茯苓、炙甘草、山药，痰多者再加半夏、陈皮。

（4）寒湿腹胀者，可用三子养亲汤合四磨汤并化裁，如苏子、白芥子、莱菔子、乌药、枳壳、沉香、青皮、干姜、党参。

（5）宠物临床应用　曾有猫瘟治疗后期，腹胀气喘、流涎，伴有低温，询中兽医会诊，考虑因寒湿内阻、腹胀而给予干姜 12 克、党参 6 克、炒苏子 6 克、炒白芥子 6 克、炒莱菔子 3 克、乌药 6 克、青皮 6 克、延胡索 6 克。上药采用免煎剂，水溶煮沸，取 100 毫升汤药，频服，药后 30 分钟，动物频频矢气，伴有少许粪便，次日早晨腹胀消退，呼吸平稳，体温回升至正常。

（6）又有犬外感风寒案例，见精神沉郁、咳喘频繁，伴有痰鸣，不能伏卧，食欲废绝，舌质淡白水滑，脉弱，沉取少力，给予三子养亲汤合小青龙汤并化裁，效果甚佳。麻黄 6 克、杏仁 10 克、干姜 6 克、细辛 6 克、五味子 6 克、桂枝 6 克、生姜 6 克、白芍 6 克、炒苏子 10 克、炒白芥子 6 克、炒莱菔子 3 克、半夏 3 克、炙甘草 3 克。上药采用免煎剂，以 150 毫升水溶解并煮沸，频服。服药当夜，病犬咳喘即明显减轻，可伏卧睡眠，用药两剂后痊愈。

通宣理肺丸

（一）源流出处

出自宋代官修成方药典《太平惠民和剂局方》。

（二）组成及用法

紫苏叶 144 克、前胡 96 克、桔梗 96 克、苦杏仁 72 克、麻黄 96 克、甘草 72 克、陈皮 96 克、半夏（制）72 克、茯苓 96 克、枳壳（炒）96 克、黄芩 96 克。此十一味，粉碎成细粉，过筛，混匀。每 100 克粉末用炼蜜 35～45 克，加适量的水泛丸，干燥，制成水蜜丸；或加炼蜜 130～160 克，制成大蜜丸，即得。

大蜜丸每次 2 丸/60 千克体重，每日 2～3 次。口服。

（三）功能主治

解表散寒、宣肺止嗽。用于风寒束表、肺气不宣所致感冒咳嗽，症见发热恶寒、咳嗽、鼻塞流涕、头疼无汗、肢体酸痛。

（四）方义解析

方中紫苏、麻黄性温辛散，疏风散寒、发汗解表、宣肺平喘，共为君药。前胡、苦杏仁降气化痰平喘，桔梗宣肺化痰利咽，三药相伍，以复肺脏宣发肃降之机；陈皮、半夏燥湿化痰，茯苓健脾渗湿，以绝生痰之源，共为臣药。黄芩清泻肺热，以防外邪内郁而化热，并防麻黄、半夏等温燥太过，枳壳理气，使气行则痰化津复，共为佐药。甘草化痰止咳、调和诸药，为佐使药。诸药相合，共奏解表散寒、宣肺止咳之功。

（五）临证应用

(1) 治疗风寒束肺、气逆痰阻所致咳嗽，并可见发热恶寒、恶寒较甚、头痛鼻塞、痰白、舌苔薄白、脉象浮紧。凡新感咳嗽、昼轻夜重者，多为风寒束肺。

(2) 犬瘟热、冠状病毒病、犬细小病毒病、猫传染性鼻气管炎等呼吸道传染病，凡具备风寒外感、肺气不宣、咳嗽、舌质淡白、痰稀、脉沉取不绝者均可使用通宣理肺进行治疗。

(3) 通宣理肺口服液或丸剂，不仅用于风寒咳嗽，对于抗生素凉遏气机所致发热、气喘、舌质淡白、两脉沉取力不绝者，均可使用宣理肺宣畅气机改善凉遏症状。

(4) 孕犬外感风寒咳嗽，通宣理肺制剂不可长期使用，一般不宜超过 3 天。

（六）注意事项

(1) 本药辛温，不宜用于风热外感和风燥外感，以及里热伤津的病例，以防止助热伤津。

(2) 皮表津亏者，药后多出现皮肤瘙痒、皮屑增多。

止咳橘红丸

（一）源流出处

出自《中华人民共和国药典》。

（二）组成及用法

化橘红 75 克、陈皮 50 克、半夏（制）37.5 克、茯苓 50 克、甘草 25 克、桔梗 37.5 克、苦杏仁 50 克、紫苏子（炒）37.5 克、紫菀 37.5 克、款冬花 25 克、瓜蒌皮 50 克、浙贝母 50 克、地黄 50 克、麦冬 50 克、石膏 50 克。炮制此十五味，粉碎成细粉，过筛，混匀。每 100 克粉末用炼蜜 20～30 克加适量水泛丸，干燥，制成水蜜丸；或加炼蜜 90～110 克制成小蜜丸或大蜜丸，即得。

大蜜丸每次 2 丸/60 千克体重，每日 2～3 次。口服。

（三）功能主治

清肺、止咳、化痰。用于痰热阻肺所致咳嗽痰多、胸满气短、咽干喉痒。

（四）方义解析

方中化橘红辛苦温、理气宽中、燥湿化痰，瓜蒌皮甘寒微苦、清热化痰、宽胸散结，二者相配，化痰而无燥热之弊，清热而无寒凝之碍，共为君药。陈皮、法半夏、茯苓助化橘红燥湿化痰止咳，石膏、知母助瓜蒌皮以清肺脏郁热，共为臣药。苏子、苦杏仁、紫菀、款冬花降气化痰、止咳平喘，桔梗宣肺祛痰利咽，地黄、麦冬清热泻火、滋阴润燥，共为佐药。甘草止咳兼调和诸药为使。诸药相合共奏清肺、止咳、化痰之功。

（五）临证应用

（1）咳嗽、痰热阻肺而致咳嗽，痰多色黄白黏稠，咯吐不爽，胸满气短，咽干喉痒，舌质红，苔黄腻，脉滑数；急性支气管炎见上述证候者。

（2）本方治疗肺热痰咳，虽然全方配伍得当，但药味多且繁杂，清肺热力量稍逊，对于肺热的病机不能快速清退，一般临床多配合麻杏石甘汤、千金苇茎汤等清热方剂同用。治疗外感病，应尽快解除病机，不宜拖延。

（六）注意事项

（1）外感风寒咳嗽者慎用，用于兼有风寒者，当加生姜。

（2）服药期间饮食宜清淡，避免受寒。

养阴清肺丸

（一）源流出处

出自《中华人民共和国药典》。

（二）组成及用法

地黄 200 克、麦冬 120 克、玄参 200 克、川贝母 80 克、白芍 80 克、牡丹皮 80 克、薄荷 50 克、甘草 40 克。

以上八味，粉碎成细粉，过筛，混匀。每 100 克粉末加炼蜜 70～90 克制成大蜜丸，即得。

每次 1 丸/60 千克体重，每日 2 次。口服。

（三）功能主治

养阴润燥、清肺利咽。用于阴虚肺燥、咽喉干痛、干咳少痰或痰中带血。

（四）方义解析

方中重用生地黄甘寒入肾、滋阴壮水、清热凉血、散瘀消肿；白芍敛阴和营泄热；贝母清热润肺、化痰散结；少量薄荷脑辛凉散邪、清热利咽；甘草清热、解毒利咽调和诸药。全方共奏养阴清肺、解毒利咽之功。

（五）临证应用

治疗阴虚肺燥所致的干咳无痰、痰少而黏，或痰中带血，多见舌质红，脉细数。

（六）注意事项

（1）本方甘寒滋阴，脾虚便溏，痰多湿盛者慎用。

（2）服药期间清淡饮食。

川贝枇杷露

（一）源流出处

出自《中华人民共和国药典》。

（二）组成及用法

枇杷叶 68 克、桔梗 6 克、水半夏 20 克、川贝母流浸膏 7 毫升、薄荷脑 0.15 克。此五味，取枇杷叶、桔梗、水半夏加水煎煮二次，第一次 2 小时，第二次 1 小时，滤过，合并滤液，浓缩至适量，加入枸橼酸 0.5 克、苯甲酸 0.29 克、羟苯乙酯 0.17 克，煮沸，药液冷却至 40℃以下，滤过，备用；另取蔗糖 682 克制成糖浆，加入苯甲酸 2.21 克，煮沸，滤过，加入川贝母流浸膏，与药液混合，冷却至 40℃以下，依次加入薄荷脑和适量食用香精、焦糖色，加水至 1000 毫升，混匀，即得。

每次 10 毫升/60 千克体重，每日 3 次。口服。

（三）功能主治

清热宣肺、化痰止咳。用于风热犯肺、痰热内阻所致咳嗽痰黄或咯痰不爽、咽喉肿痛、胸闷胀痛；感冒、支气管炎见上述证候者。

（四）方义解析

方中川贝母味苦甘，性微寒，归肺、心经，功善清热化痰、润肺止咳，为君药。枇杷叶味苦能降、性寒能清，归肺、胃经，可降肺气而止咳，为臣药。桔梗辛散苦泄、化痰利咽、宣开肺气，为舟楫之品；薄荷脑芳香，轻扬升浮、祛风利咽，二药共为佐使药。四药合用，有宣有降，共奏清热宣肺、化痰止咳之功。

（五）临证应用

治外感风热之邪、入里犯肺，导致肺失宣肃而咳嗽，症见痰黄或稠、咯痰不爽、口渴咽干、咽喉肿痛、胸闷胀痛、舌苔薄黄、脉浮数。可配合抗生素或麻杏石甘汤等口服。

（六）注意事项

（1）本品为风热犯肺、痰热内阻证所设，外感风寒者忌用。

（2）服药期间饮食宜清淡，不宜食用高热量食物。

清金解毒汤

（一）源流出处

出自清代张锡纯《医学衷中参西录》。

（二）组成及用法

乳香、没药、甘草、生黄芪、玄参、沙参、炒牛蒡子、贝母、知母各三钱（9克），三七二钱（6克）。将成肺痈者去黄芪，加金银花三钱（9克）。

煎汤口服。每日1剂/60千克体重。

（三）功能主治

清肺解毒、止咳化痰。肺脏损烂，或将成肺痈，或咳嗽吐脓血者；亦可用于肺痨。

（四）方义解析

乳香、没药、三七、甘草，消肿止痛，疗疮，为君药；玄参、沙参、知母滋阴降火，为臣药；黄芪、贝母清肺排脓共为佐使。诸药合用达清肺解毒、化痰除脓之功。将成肺痈者，去黄芪。应注意，这里的黄芪用量不大，起升阳投发作用，肺痈已成，破溃，用黄芪则是促进痰脓排出、加强代谢。如果肺痈还没成熟，未破溃，则不宜用黄芪升发，防止破溃。应加入金银花增强清热解毒消肿的力量。

（五）临证应用

（1）用于肺痈已溃，所致的咳喘、胸痛、发热，口内脓腥或血腥、消瘦、脉数少者。

（2）犬猫临床中，对于较为严重的肺炎、两脉细数或滑数、沉取少力，可考虑将本方与千金苇茎汤合方使用。临床可参考影像学检查结果。

（3）张锡纯在对各种破溃疮的治疗上常以乳香、没药、黄芪、三七、炙甘草五味药为基础。疮痈破溃后，可使用上五味药物合并五味消毒饮，对于热疮的治疗效果较好。

（4）玄参、沙参、知母，滋阴降火类药物在此时使用多能减少脓的生成。

（六）注意事项

（1）此方所治疗吐血为咳吐脓血，血量不大，且血与脓混合。若咳出纯血，量大不宜使用本方。

（2）痰湿内热实证可用，虚寒证不宜。

（3）肺痈已溃日久，气血已衰不宜使用。

（4）脾胃虚弱者不宜单独使用，内含乳香、没药，服后可见腹泻或软便。

清凉华盖饮

（一）源流出处

出自清代张锡纯《医学衷中参西录》。

（二）组成及用法

甘草18克、生明没药12克（不去油）、丹参12克、知母12克。脉虚弱者酌情加人参、天冬适量。

煎汤口服，每日1剂/60千克体重。

（三）功能主治

清火解毒、化腐生肌。主治肺中腐烂、浸成肺痈、时吐脓血、胸中隐隐作疼，或旁连胁下亦疼者。

（四）方义解析

肺痈者，肺中生痈疮也。然此证肺中成疮者，十之一二，肺中腐烂者，十之八九。故治此等证，若葶苈、皂荚诸猛烈之药，古人虽各有专方，实不可造次轻用，而清火解毒化腐生肌之品，在所必需也。甘草为疮家解毒之主药，且其味至甘，得土气最厚，故能生金益肺，凡肺中虚损糜烂，皆能愈之。是以治肺痈便方，有单用生粉草四两煎汤，频频饮之者，而西人润肺药水，亦单有用甘草制成者。特其性微温，且有壅滞之意，而调以知母之寒滑，则甘草虽多用无碍，且可借甘草之甘温，以化知母之苦寒，使之滋阴退热，而不伤胃也。丹参性凉清热，色赤活血，其质轻松，其味微辛，故能上达于肺，以宣通脏腑之毒血郁热而消融之。乳香、没药同为疮家之要药，而消肿止疼之力，没药尤胜，故用之以参赞丹参，而痈疮可以内消。三七化瘀解毒之力最优，且化瘀血而不伤新血，其解毒之力，更能佐生肌药以速于生肌，故于病之剧者加之。至脉虚者，其气分不能运化药力，方虽对证无功，又宜助以人参。而犹恐有肺热还伤肺之虞，是以又用天冬，以解其热也。

（五）临证应用

治疗肺痈破溃、咳吐脓血、胸闷、胸部按压有痛感、气喘、发热、口内脓腥、两脉数滑、沉取少力。

（六）注意事项

脾胃虚弱者慎用。

金水六君煎

（一）源流出处

出自明代张景岳《景岳全书》。

（二）组成及用法

当归 10 克、熟地 15 克、陈皮 10 克、半夏 10 克、茯苓 10 克、炙甘草 6 克、生姜 6 克。以水没过药材一指节，大火煮沸，小火煎煮 10 分钟关火即可，空腹时温服。每日 1 剂。

（三）功能主治

养阴化痰。治肺肾虚寒、水泛为痰，或年迈阴虚、血气不足、外受风寒、咳嗽呕恶、喘逆多痰。

（四）方义解析

本方治疗平素血虚而受邪出现痰喘证，以二陈汤祛痰，当归、熟地养血填精。

（五）临证应用

(1) 治慢性气管炎，症见久病咳喘、咳喘无力、纳差痰多、呕唠浓痰者。

(2) 曾治疗多例老年大型犬咳喘，昼夜咳喘，咯痰不出，口内黏滑，多梦乏力，动则易喘，久卧遗尿。先给予小青龙汤等宣阳温肺药物，未效；后查两脉无力、舌质淡粉，疑有血虚肾虚，随即用熟地 30 克、山药 30 克、当归 15 克、半夏 6 克、陈皮 6 克、茯苓 10 克、炙甘草 3 克、生姜 6 克，分两日服。一剂药后咳喘大减。

(3) 曾遇两例萨摩耶，咳嗽十余日，期间曾使用多种抗生素及化痰止咳药物均无明显改善，后饲主将其转入我院住院，入院时两只犬体温均在39.8～40.5℃之间，食欲较差，咳嗽，痰鸣，睡觉多梦，小便少而黄，饮食正常，饮水量少，舌质淡白，舌体瘦，两脉软而数，沉取无力。血象未见明显异常。给予麻杏二三汤（二陈汤合并三子养亲汤加麻黄杏仁）无明显改善。仔细考虑脉舌情况，多因久病和前期乱用抗生素而导致血虚精亏正气不足，不能逐痰。故使用当归15克、熟地15克、半夏6克、生姜6克、陈皮6克、茯苓10克、炙甘草3克。水煎频服。半剂药后两犬体温均有所下降，精神良好，食欲明显改善。两剂药后咳痰消失。本案使用熟地、当归时甚是犹豫，因二药滋阴黏腻，有助痰湿，本就痰湿不除，再用二药恐助痰壅塞气机而出现危险。之后凡遇到血虚而痰喘的病例使用当归、熟地均不曾助痰反而增强气血，有助排痰。

（六）注意事项

（1）非因血虚、肾虚出现痰喘者，不宜重用滋阴养血等滋腻类药物。

（2）二陈汤原方有乌梅，但因痰而咳喘者，均不宜使用收涩类止咳药。

第七章 理气方剂

第一节 概 述

凡以理气药物为主要组成，具有疏畅气机、调理脏腑作用的方剂，称为理气剂。

气病大体包括三个方面：气滞、气逆和气虚，因而治法可分为行气、降气和补气。本章主要讨论治疗气滞和气逆的方剂，而治疗气虚的补气剂归入补益类方剂中。气滞主要有脾胃气滞和肝气郁结，家畜常见的有脾胃气滞，治宜行气；气逆主要有胃气上逆和肺气上逆，治宜降气。因此，理气类方剂主要有行气和降气两类。

行气类方剂适用于气机郁滞病证，具有调畅气机、解郁散结等作用。患畜有脾胃气机阻滞、升降失常、肚腹胀满、起卧不宁、肚腹疼痛不安、嗳气增多等证。常用陈皮、砂仁、乌药、香附、木香等辛香行气药或青皮、枳壳、槟榔、厚朴等苦温破气药组方。代表方有越鞠丸、橘皮散、醋香附汤、丁香散等。

降气类方剂适用于气机上逆类病证，具有宣肺降气、降逆止呕作用。患畜由于肺气上逆、肾气不纳引起气促喘满、呼多吸少、痰鸣咳嗽、呕吐反胃等证。常用旋覆花、苏子、白芥子、炙半夏、杏仁、代赭石、肉桂和附子等降逆化痰。镇重纳气药与青皮、陈皮、厚朴等行气药组合成方，代表方有三子下气汤、橘皮汤。至于胃气上逆引起的呕吐，可用和胃降逆方法进行治疗。

由于气滞与气逆均有寒、热、虚、实之分，又常兼有血瘀、痰结、火郁、湿浊、实积等，因此需要根据病情，与清热、祛寒、补益、攻下、活血、化痰、祛湿、消导等法配合应用，如实证需用行气，而误用补气，则气滞愈甚；如虚证需用补气，而误用行气，则其气更虚。对于气滞而兼有阴液亏损者，应与养阴润燥配伍使用；于气滞兼有气虚者，可加入补气药物，以达到虚实并调；此外，理气剂药性多辛温燥，容易伤津耗气，应适可而止，不宜过用。

第二节　常用理气方剂

一味莱菔子汤

（一）源流出处

出自清代张锡纯《医学衷中参西录》。

（二）组成及用法

莱菔子生熟各一两。共捣碎，煎汤一大茶杯，顿服。

（三）功能主治

伤寒、温病结胸。主治之证为胸膈痰饮，与外感之邪互相凝结，上塞咽喉，下滞胃口，呼吸不利，满闷短气，饮水不能下行，或转吐出；兼治疫证结胸。

（四）方义解析

本方仅用莱菔子、生熟各一两，目的在于宣通气机，一生一熟，生者能升，熟者能降。但从临床实际看，莱菔子下利、理痰、快膈效果佳，升降之性并不明显。

（五）临证应用

(1) 治疗因痰、食阻滞气机导致的脘腹胀气、呕吐痰饮、吐后胀减、呼吸急促、乏力少动，甚则两目圆睁或双目迷离。

(2) 曾治 5 个月拉布拉多，因不明原因腹胀、喘息、口噙白沫，时时见二便失禁，但无抽搐划水。急用莱菔子 50 克，水煎，灌服之。药后呕吐两次，症状明显大减，喝下药物 15 毫升，嗳与矢气频出，排便后症状消失。

（六）注意事项

脾虚胀气不宜使用；孕期慎用。

越鞠丸

（一）源流出处

出自金元时期朱震亨《丹溪心法》。

（二）组成及用法

苍术、香附、川芎、神曲、栀子各等份。上药为末，水泛为丸，如绿豆大。

每服 6～9 克/60 千克体重，每日 2 次，温水送下。亦常用作汤剂，水煎服。

（三）功能主治

行气解郁。治气、血、痰、火、湿、食等郁，胸膈痞闷，脘腹胀痛，吞酸呕吐，饮食不化。

（四）方义解析

方中香附行气解郁，以治气郁；川芎活血行气，以治血郁；苍术燥湿健脾，以治湿郁；

栀子清热除烦，以治火郁；神曲消食和中，以治食郁。此方虽无治痰郁之品，然痰郁多由脾湿引起，并与气、火、食郁有关，所以方中不另设治痰药，亦治病求本之意。

（五）临证应用

(1) 治疗因肝气郁结导致精神抑郁、情绪不宁、胸肋胀痛、腹胀纳呆、脘闷嗳气、恶心呕吐、厌食嘈杂、呃逆不畅，或嗳气吞酸，常见脉弦。

(2) 越鞠丸为解郁的基础方剂，适应证较多，凡郁证皆可加减使用。在犬猫临床中常与小柴胡汤、四逆散、平胃散等合方使用，治疗胃炎、肝炎、肿瘤、乳腺炎等疾病。

(3) 越鞠丸常与保和丸合方，用于暴饮暴食、损伤脾胃所致腹脘胀痛、厌恶饮食、嗳气吞酸、恶心呕吐、吐后症轻的胃炎。越鞠丸与逍遥丸合用，可增强解郁作用，治疗气血瘀滞所引起的两肋胀痛、失眠、多梦、胃脘胀痛、眩晕等。

（六）注意事项

(1) 本方各药均为耗散之品，久用易伤正气。

(2) 服药期间禁食生冷。

(3) 服药期间减少情志刺激。

左金丸

（一）源流出处

出自金元时期朱震亨《丹溪心法》。

（二）组成及用法

黄连 18 克、吴茱萸 3 克。两药共粉，制成丸剂或胶囊。

每次 3～6 克/60 千克体重，每日 2 次。口服。

（三）功能主治

泻火、疏肝、和胃、止痛。用于肝火犯胃、脘胁疼痛、口苦嘈杂、呕吐酸水、不喜热饮。

（四）方义解析

方中重用苦寒之黄连为君，一者清泻肝火、肝火得清、自不横逆犯胃；再者，黄连可清胃火，胃火降则气自降；少佐辛热梳利之吴茱萸，取其下气之用，可助黄连和胃降逆。其性辛热，开郁力强，于大剂量寒凉药中，非但不会助热，且可使肝气条达、郁结得开，又能制黄连之苦寒，使泻火而无凉遏之弊。二药合用，共奏泻火、疏肝、和胃、止痛之功。

（五）临证应用

(1) 治疗肝火犯胃所致胃脘疼痛、胁肋胀满、烦躁易怒、吞酸、胃中嘈杂、呕吐酸水、口苦、不喜热饮、舌红苔黄、脉弦或数。

(2) 治疗肝火犯脾所致腹泻。常见腹痛明显、泄后痛减、呈喷射性腹泻、恶臭难闻，可伴有呕吐黄水、舌红暗、脉弦数有力；急性胃肠炎、犬细小病毒病、猫瘟等见上述症候者均可使用。

(3) 本方可增加行气类药物，延胡索、青皮、陈皮、郁金、香附、木香等，成为加味左金丸，可增强行气降逆止痛的作用。

（4）本品加炒白芍为戊己丸，可增强止痛作用，特别是对于热性泻痢有较好疗效。

（六）注意事项

（1）肝阴不足或脾胃虚寒而胃痛者忌用。

（2）服药期间饮食清淡。

橘皮散

（一）源流出处

出自明代喻仁、喻杰《元亨疗马集》。

（二）组成及用法

青皮 30 克、陈皮 30 克、当归 25 克、桂心 20 克、厚朴 25 克、茴香 25 克、白芷 20 克、大葱 5 枚、细辛 15 克、槟榔 25 克、飞盐 20 克。用时研末，开水冲调，候温灌服。

（三）功能主治

疏理气机、散寒止痛。主要治疗里寒腹痛、口鼻俱凉、口内垂涎、鼻流青涎、肠鸣如雷、起卧不安、口舌青白、脉沉涩者。

（四）方义解析

主要治疗里寒腹痛。《元亨疗马集》云：“冷痛者，寻常之病，饮水太过，肠中作痛也。凡治者，和血顺气，暖脏温肠。”。本方中以青皮、陈皮行气，当归行血，共奏通理气血、行淤止痛之功，为主药；寒入于内、阳气不通，可用桂心、厚朴、茴香温中散寒止痛；白芷、葱白、细辛其性辛温上达，而开上窍，槟榔行气消导，上下疏通，气机运行无阻则痛止，均为辅药；飞盐、酒引药入经。诸药合用，具有理气止痛、散寒活血之效。

现代研究表明，陈皮、青皮和小茴香均能对胃肠起温和刺激作用，能减少肠胃气胀和有利胃肠积气的排出；青皮、陈皮还能降低十二指肠和小肠平滑肌张力；小茴香能镇痛，对胃肠痉挛或肌肉挫伤痛都有一定的缓解作用；厚朴煎液能使试验动物离体肠管的紧张度下降，轻度缓解横纹肌的强制收缩，可收行气、缓急、止痛之功。细辛、当归镇痛；白芷缓解血管痉挛性疼痛；桂心含桂皮油具有缓解胃肠痉挛，且能抑制肠内异常发酵。陈皮、青皮、厚朴和桂心促进消化液分泌；葱白、苦酒亦能健胃，增进食欲。厚朴、细辛、当归和白芷均有不同程度的抑菌作用。综观本方具有显著扩张血管、缓解胃肠痉挛、减少胃肠气胀、健胃及抑制消化道病原微生物增殖等功效（四川畜牧兽医学院《中兽医方剂学》）。

（五）临证应用

（1）若兼有食滞，橘皮散加山楂、麦芽、神曲以消食导滞；因伤水腹痛、肚胀肠鸣、小便不利，加木通、猪苓、泽泻以渗湿利水。

（2）橘皮散主要应用于马冷痛治疗。

（六）加减化裁

（1）厚朴散（见《蓄牧纂验方》），由厚朴、陈皮、麦芽、五味子、官桂、砂仁、牵牛子、青皮和酒组方。其功效为行气止痛，温中化食。可用于治脾胃中寒、谷食不化、气滞郁而导致的疼痛。

(2) 疏气通关散（见《活兽慈舟》），由广木香、法半夏、青皮、陈皮、麻黄、桂枝、升麻、青果、木通、菖蒲、沉香、香附、车前子、槟榔、牛膝组方。其功效为理气发表、祛湿化浊，用于治表里俱寒、阳气被郁、气滞腹胀、小便不利。

(3) 木香顺气散（见《统旨方》），由木香、陈皮、青皮、槟榔、厚朴、香附、砂仁、枳壳、苍术、甘草组方。其功效为理气止痛。用于治肚腹胀满、气滞腹痛、嗳气增多。

醋香附汤

（一）源流出处

出自《中兽医研究所汇编资料》第一集。

（二）组成及用法

醋香附 60 克、青木香 50 克、砂仁 40 克、炒莱菔子 60 克、酒莪术 20 克、酒三棱 20 克。醋香附、酒莪术、酒三棱、炒莱菔子先煎沸 15 分钟，加入砂仁、青木香再煎 15 分钟，取出候温，加醋 200 毫升。候温，灌服。

（三）功能主治

行气止痛、破满消胀。主要治疗马大肚料伤、食滞气胀、起卧不安；牛、猪、羊气滞肚胀。

（四）方义解析

醋香附汤主要治疗料伤气滞、肚腹胀满。家畜由于过食草料，导致食滞气阻。不行气，则气不消而胀，不破满，则积不化，因此治疗宜行气、破满并行。本方中以醋香附、青木香行气止痛为主药；莱菔子、砂仁化食，消食导滞、行气消胀，为辅药，使中焦之气得以运行；佐以莪术、三棱（血中之气药）破血消积，行气止痛，血行则气行；米醋酸苦温，具有活血化瘀、消食行气功效，可增强药效，兼制诸药。

现代研究表明，香附、砂仁均有促进消化液分泌和排出消化道积气功效；香附具有明显的镇痛作用；青木香能镇痛，莱菔子行气消食，砂仁可降低小肠紧张性。三棱、莪术能扩张血管，增进血液循环，促进肠道内气体排出而消除胀满。临床多用于因采食过量草料，消化不及而发酵产生的胃肠臌胀疾病。

（五）临证应用

(1) 若气滞肚腹胀满较严重者，可酌加枳壳、枳实、青皮、乌药等，以增强行气除满之功；若食滞较重，可加山楂、神曲、麦芽、槟榔以增强消食化积之功。

(2) 食滞发热，或二便不通，可加入大黄、芒硝以攻下泄热；兼有脾虚，不能胜任药力者，可加入党参、白术以扶正补脾。

（六）加减化裁

(1) 香棱丸　由木香、荆三棱、丁香、莪术、青皮、川楝子、枳壳、小茴香组方，具有行气破满功效，用于治气滞腹痛、肚胀难消，经用一般行气止痛药剂无效者。

(2) 消胀汤　由醋香附、酒大黄、木香、藿香、厚朴、郁李仁、牵牛子、木通、五灵脂、青皮、白芍、枳实、滑石、大腹皮、乌药、莱菔子、麻油组方，其功效为破气消胀、通便止痛，用于治马急性肠胀、腹痛起卧、二便不通。

（七）注意事项

部分研究认为，长期接触马兜铃酸可造成肾损伤，故马兜铃酸含量较高的关木通、广防己、青木香3种中药已被《中国药典》禁用。临床使用时，原方之青木香可用木香代替。

枳壳散

（一）源流出处

出自清代兽医专著《牛医金鉴》。

（二）组成及用法

枳壳60克、厚朴50克、青皮50克、山楂80克、神曲80克、槟榔40克、苏子30克、白芥子30克、生姜30克。水煎，候温灌服。

（三）功能主治

行气导滞、化痰平喘。主要治疗脘腹胀满、气逆而喘，兼有咳嗽和食欲减退者，苔腻，脉滑。

（四）方义解析

本方主要用于气滞不消而肚胀、湿痰上壅而喘咳。由于胃有腐热，食滞化浊，浊气壅阻则腹胀，水谷不化即变湿浊，停胃聚痰，浊气湿痰犯肺则喘咳。不行其气，则腹胀不解；不化其食，则积滞难消；不降其逆，则喘咳不止，故应行气导滞，化痰降逆并行。用枳壳、厚朴和青皮行气除满消胀，为主药；山楂、神曲和槟榔消积导滞，为辅药；苏子、白芥子化痰降逆，为佐药；生姜开胃和中，为使药。

现代研究表明，青皮能使消化液分泌增加，并能抑制肠内异常发酵和促进肠道积气排出；枳壳可使胃肠的运动收缩节律增加；厚朴煎剂具有兴奋肠管平滑肌的作用；槟榔能兴奋副交感神经，促使胃肠分泌增加而蠕动加强；生姜可促进消化液分泌，增进食欲。诸药配用，共收行气消胀之功。山楂含脂肪酶、山楂酸等使脂肪类和蛋白类食物易于消化；神曲含淀粉酶可有助于淀粉的消化，山楂、神曲并用，使本方助消化作用甚为显著。白芥子所含挥发性白芥子油，对胃黏膜有轻度刺激，反射性地增加支气管的分泌而起祛痰作用；苏子亦能祛痰（四川畜牧兽医学院《中兽医方剂学》）。

（五）临证应用

枳壳散在临证应用时，气胀壅实甚者，可酌加枳实、砂仁等，以加强破滞消胀之功；腹胀肚痛，可酌加三棱、莪术以破瘀行气止痛；若喘咳不甚，可减苏子、白芥子用量。

丁香散

（一）源流出处

出自裴耀卿《马牛病例汇集》。

（二）组成及用法

丁香 30 克、木香 30 克、青皮 50 克、陈皮 50 克、藿香 40 克、槟榔 25 克、二丑 35 克。使用时水煎滤渣，趁热加麻油 400 毫升。

（三）功能主治

理气导滞、消胀通肠。主要治疗脾胃寒湿、气滞肚胀、时胀时消、食欲缺乏、二便不利、口色青白、脉沉迟等。

（四）方义解析

丁香散适用证为由于动物过食，引起食滞于胃，或者中焦受寒，水湿壅滞，阻碍气机，寒凝气阻，故肚腹胀满；运化失健故纳食减少。治宜温中行气、消胀通肠。方用丁香辛温，温中散寒、下气消胀，木香温中助阳、行气止痛，为主药；青皮、陈皮和藿香疏肝理气、化湿醒脾，为辅药；槟榔、二丑下气行水、消胀通肠；麻油润肠通便。诸药配伍，具有下气消胀的功效。

现代研究表明，丁香可促进胃液分泌，增加胃肠蠕动；木香可促进肠蠕动，缓解胃肠气胀；藿香、青皮、陈皮均能使消化液分泌增加，并能抑制肠内异常发酵，促进肠道积气排出。合而共奏行气止痛健胃之效。二丑可促进肠道分泌增加，使蠕动加强；麻油具有润滑作用，槟榔促进胃肠分泌增加和蠕动加强。三药配伍，使胃肠兴奋而起泻下作用，从而排出消化道积粪和积气，加强了消胀功能。此外，丁香、木香、藿香抗菌作用均较为明显，如对痢疾杆菌、大肠杆菌和伤寒杆菌等都有抑制作用（四川畜牧兽医学院《中兽医方剂学》）。

（五）临证应用

(1) 若见大便稀溏，丁香散原方减去二丑、麻油，加白术、茯苓以健脾渗湿；兼有食滞者，原方减麻油，加厚朴、神曲、山楂以导滞化食；若大便秘结、腹胀不消，加大黄、枳实以攻下除满。

(2) 丁香散主要用于马肚胀（因草料发酵引起肠臌气），若因结症引起者，不能用本方进行治疗。

（六）加减化裁

(1) 三香散（《中兽医研究所资料汇集》第一集收载） 由广木香、广藿香、香附、莱菔子、乌药、油当归、生二丑、大腹皮、青皮、陈皮、槟榔、川厚朴、枳实、大黄、天仙子、朴硝、滑石、郁李仁、木通、麻油共同组方，其功效为行气消胀、导滞除满。用于治马伤料食滞、气滞腹胀、呼吸促迫、起卧不安、口色红紫、脉细涩。

(2) 桃仁散（《中兽医验方集》中收载） 由陈皮、青皮、枳实、红蔻、细辛、猪苓、泽泻、木香、川厚朴、桃仁、木通、皂角、川芎、当归、苍术、红花、五灵脂组方，其功效为行气止痛、祛瘀活血，用于治马肠变位、肚腹胀大、腹痛剧烈、连连打滚、小便闭塞、肠音亢进。

(3) 玄胡丁香散（见《痊骥通玄论》） 由延胡索、汉防己、当归、丁香、羌活、麻黄、川乌头、炙甘草、茴香、木香、官桂组方，具有理气散寒、祛风止痛功效，主要用于寒凝气滞引起的腰胯疼痛。

三子下气汤

(一)源流出处

出自清沈莲舫《牛经备要医方》。

(二)组成及用法

白芥子 30 克、紫苏子 40 克、莱菔子 40 克、葶苈子 25 克、车前子 40 克、陈皮 40 克、青皮 40 克、广木香 20 克、厚朴 25 克、麦芽 40 克、附子 25 克、当归 20 克、炙甘草 20 克。用时研末，开水冲调，候温灌服。

(三)功能主治

降气平喘、温阳化痰，主治寒痰阻肺、胸腹胀满、气促而喘、呼多吸少、形寒肢厥、口色青白、舌苔白滑、脉沉细而滑。

(四)方义解析

三子下气汤属降气平喘方剂，用于治疗肺有痰壅、肾气不纳的上实下虚证。“上实”指寒痰上壅于肺，肺气不得宣畅，症见喘逆痰鸣；“下虚”指肾阳不足，不能纳气，症见咳喘短气，应以祛邪扶正为治疗原则。

三子下气汤方中白芥子、紫苏子、莱菔子化痰降气，以治痰壅气逆，为主药；葶苈子、车前子泻肺行水，陈皮、青皮、木香、厚朴、麦芽醒脾，行气散满，共为辅药，气行则痰自消，气顺则水自利，这样治疗“上实”。附子温阳纳气归肾，以治下虚。同时肾阳得温，则气化亦行，气化行则水道调而不至停蓄为痰。当归可养血润燥，降逆止喘；甘草和中，协调诸药。诸药合用，使气降痰消，咳喘自平。

现代研究表明，白芥子可促进支气管黏液分泌，有利于痰液排出；陈皮可刺激呼吸道分泌物增多，促进痰液排出；紫苏子、莱菔子有减少支气管分泌，缓解支气管痉挛的作用；甘草亦有明显的祛痰和镇咳作用。诸药合用共奏化痰平喘之功。葶苈子、车前子有明显的利尿作用。附子可提高动物耐寒能力，并有强心作用。附子强心，当归活血，强心与活血共用，能改善肺循环及降低毛细血管通透性，减轻炎症反应，并加快肺部炎症产物的清除和毒素的排泄。广木香、厚朴、当归、莱菔子均有不同程度的抗菌作用；甘草尚能解毒，有抗炎作用。

(五)临证应用

(1) 三子下气汤主要用于治疗肺有痰壅、肾不纳气的上盛下虚证。可用于慢性支气管炎、轻度肺气肿等。

(2) 若兼有风寒表证者，可加麻黄、杏仁增强解表平喘功效；兼有气虚者，可加党参、五味子以补气敛肺功效。

(六)加减化裁

(1) 苏子降气汤(《和剂局方》中收载) 由紫苏子、半夏、前胡、厚朴、肉桂、川当归、甘草组方，其具有降气平喘、温化寒痰之功效，主要用于治疗上实下虚之咳喘。症见痰涎壅盛、咳喘气短、舌苔白腻、口津黏滑等。

(2) 三子养亲汤（见《韩氏医通》） 由白芥子、苏子、莱菔子组方。具有降气快膈、化痰消食功效，主要治疗痰壅气滞。症见咳嗽喘逆、痰多胸痞、食少难消、舌苔白腻、脉滑等。

(3) 立效散（《元亨疗马集》中收载）由大黄、五灵脂、杏仁、芒硝组方。具有定喘止咳、降气通便功效，用于治疗马非时咳喘之证，症见喘咳、大便干燥。

四磨汤口服液

(一) 源流出处

源于明代翁仲仁《痘疹金镜录》中的“四磨饮”。

(二) 组成及用法

木香、枳壳、槟榔、乌药各 37.5 克。以上四味，用蒸馏法提取芳香水 600 毫升，另器保存；药液滤过，药渣加水煎煮二次，每次 0.5 小时，滤过，合并三次的滤液，减压浓缩至相对密度为 1.10（60～70℃）的清膏，加乙醇使含醇量达 75%，冷藏 12 小时，滤过，滤液回收醇至无醇味，加水适量搅拌，冷藏 12 小时，滤过，滤液加入上述芳香水、果葡糖浆 240 克、山梨酸钾 1.5 克，使溶解，加水调整至 1000 毫升，搅匀，冷藏 36 小时，滤过，即得。

每次 20 毫升/60 千克体重，每日 2 次。口服。

(三) 功能主治

顺气降逆、消积止痛。治肠道蠕动不足引起的胀气、便秘等。

(四) 方义解析

木香、乌药理气，疏肝又通肠；枳壳通肠下气又可宣肺；槟榔通肠下气又有利水作用。全方主要针对肠道蠕动不足，又对肝气不舒、肺气不宣的兼证有一定效果。

(五) 临证应用

(1) 目前可见市售四磨汤口服液之成药，主要用于肠道蠕动迟缓引起的胃肠臌气、气喘。如一次性口服 10 毫升以上，则促进肠蠕动的作用明显增强。曾用四磨汤治疗一例可卡犬，体重约 5 千克，吞食 3 块拇指节大小的圆润石块，存留在升结肠段 24 小时内未排出。前期，兽医给予口服四磨汤，每次 0.5 毫升，1 小时内未见明显变化。会诊后建议一次性口服 5 毫升，10 分钟内口服 2 次。药后 40 分钟，石块经肛门排出。

(2) 麻醉常导致肠道蠕动迟缓，人或动物，麻醉手术后均常用四磨汤，一般药后 2～4 小时可见内排气或排便，并且因肠道蠕动不利导致的食欲不良也可有明确改善。

(3) 四磨汤促进肠蠕动，可加速肠道内有害物质排出体外。治疗犬细小病毒病早期，大便黏腻、气味明显，但尚无恶臭或血腥臭的前提下，可先用四磨汤或配合藿香正气进行治疗，有助于尽快排出肠道内废物，提高病犬成活率。

(六) 加减化裁

(1) 猫对槟榔较为敏感，临床配置药物可去掉槟榔换成莱菔子或青皮。

(2) 四磨汤之名，最早出自南宋严用和所著《济生方》，组成为人参、槟榔、沉香、天台乌药各 6 克。上各浓磨水，和作七分盏，煎三五沸，放温服。原治：“七情伤感，上气喘促，妨闷不食。”。其中，乌药辛温、行气宽胀、解痉止痛、暖肝温肾；沉香辛苦微温，为降气要药，兼能温肾平喘；槟榔辛温降气破滞，兼能行痰下水、消积杀虫。人参味甘微苦，性温，健脾补肺、益气生津、大补元气。乌药、沉香、槟榔，三药均能宽中行气、降逆平喘。配人参行中带补。全方破滞降逆、宽胸散结。主治七情伤感、上气喘息、胸膈满闷、不思饮食。后，为加强疏通肠道作用，又提高药物经济性，改为现用的成药“四磨汤口服液”方。

沉香舒气丸

（一）源流出处

出自清代余含棻《保赤存真》。

（二）组成及用法

木香 195 克、砂仁 117 克、沉香 195 克、青皮（醋炙）600 克、厚朴（姜炙）600 克、香附（醋炙）600 克、乌药 300 克，枳壳（去炒）60 克、草果仁 300 克、豆蔻 117 克、片姜黄 300 克、郁金 600 克、延胡索（醋炙）600 克、五灵脂（醋炙）300 克、柴胡 300 克、山楂（炒）300 克。以上诸味，粉碎成细粉，过筛，混匀。每 100 克药粉加炼蜜 140～160 克制成大蜜丸即得。

每次 2 丸/60 千克体重，每日 2～3 次。口服。

（三）功能主治

舒气化瘀、和胃止痛。用于肝郁气滞、肝胃不和所致胃脘胀痛、两胁胀痛，或刺痛、烦躁易怒、呕吐吞酸、呃逆嗳气、倒饱嘈杂、不思饮食。

（四）方义解析

方中以沉香、香附疏肝理气、和胃降逆，共为君药。青皮、枳壳、柴胡、乌药、木香行气解郁、疏肝调胃、除胀止痛，郁金、延胡索、片姜黄、五灵脂活血利气、解郁止痛，共为臣药。厚朴、槟榔、草果、豆蔻、砂仁化湿行气、消积止呕，山楂消食开胃，共为佐药。甘草调和药性，以为使。诸药合用，共奏舒气化郁、和胃止痛的功效。

（五）临证应用

(1) 治疗肝郁气滞、肝胃不和所致胃脘胀痛，恼怒后加重，呃逆嗳气，善太息，烦躁易怒，或呕吐吞酸，饮食无味，舌苔黄，舌质红，或见瘀斑，脉弦。慢性胃肠炎、慢性肝炎、胆囊炎见上述证候者，均可使用。

(2) 临床用于犬猫胃肠胀气呕吐、啃草呕吐，胃肠道蠕动迟缓的积气、积热等疾病。

(3) 猫的呕吐较为常见，这与猫饮食和生活饲养有关。目前大多数猫常年摄入高营养颗粒饲料，且运动量极低，贮存大于消耗，胃肠也得不到刺激，只能通过吃猫草等粗纤维较高的食物进行刺激来促进胃肠蠕动，因此猫湿热内蕴或痰热内蕴较多，其症状表现为挑食、纳差、呕吐黏液、胃肠胀气、便秘、巨结肠等。沉香舒气丸可促进胃肠蠕动，并且有利于各消化腺体正常分泌、减少郁积，对于犬猫此类胃肠道疾病及保健较为有利。

（六）注意事项

本方含有降气、破气、活血化瘀药物较多，孕期慎用，体虚或年老体弱者不宜单独使用。

舒肝和胃丸

（一）源流出处

出自《中华人民共和国药典》。

（二）组成及用法

香附（醋制）45克、白芍45克、佛手150克、木香45克、郁金45克、白术（炒）60克、陈皮75克、柴胡15克、广藿香30克、炙甘草15克、莱菔子45克、槟榔（炒焦）45克、乌药45克。上药十三味，粉碎成细粉，过筛，混匀。每100克粉末用炼蜜70～85克加适量的水泛丸，干燥，制成水蜜丸；或加炼蜜120～130克，制成大蜜丸，即得。

大蜜丸，每次2丸/60千克体重，一日2次。口服。

（三）功能主治

疏肝解郁、和胃止痛。用于肝胃不和、两胁胀满、胃脘疼痛、食欲缺乏、呃逆呕吐、大便失调。

（四）方义解析

方中柴胡、香附疏肝解郁、理气止痛，为君药。佛手、郁金助君药疏肝解郁、理气活血、和胃止痛，木香、乌药、陈皮行气燥湿、调中止痛，槟榔、莱菔子理气和胃、消食化积，共为臣药。白芍养血柔肝，炙甘草可缓急止痛，白术健脾益气、利水祛湿，广藿香化湿醒脾、和胃止呕，共为佐药。甘草调和诸药，为使药。全方配伍，共奏疏肝解郁、和胃止痛之功。

（五）临证应用

(1) 治疗情志不遂、肝失条达引起的肝胃不和、气机不利。症见胃脘胀满疼痛、嗳气呕恶、食欲缺乏、大便不畅、脉弦。

(2) 本方与沉香舒气丸有相似之处，均能疏肝理气、和胃止痛，但本方药性相对和缓，沉香舒气丸药性相对稍猛。

（六）注意事项

(1) 肝胃郁火所致胃痛、胁痛者忌服。

(2) 哺乳期、孕期慎用。

(3) 服药期间禁食油腻。

小金丸

（一）源流出处

出自《中华人民共和国药典》。

（二）组成及用法

麝香30克、木鳖子（去壳去油）150克、制草乌150克、枫香脂150克、乳香（制）75克、没药（制）75克、五灵脂（醋炒）150克、当归（酒炒）75克、地龙150克、香墨

12 克。将麝香研细，其余九味粉碎成细粉后与麝香粉末配研，过筛。每 100 克药粉加淀粉 25 克，混匀，另用淀粉 5 克，制稀糊，泛丸，低温干燥，即得。

每次 1～3 克/60 千克体重，每日 2 次。打碎后内服。

（三）功能主治

散结消肿、化瘀止痛。用于痰气凝滞所致瘰疬、乳岩、乳癖，症见肌肤或肌肤下肿块一处或数处，推之能动，或骨及骨节肿大、皮色不变、肿硬作痛。

（四）方义解析

方中制草乌温经散寒、通络祛湿，为君药。地龙活血通经，木鳖子消痰散结，当归、五灵脂、乳香、没药活血散瘀，共为臣药，佐以枫香、香墨消肿解毒，麝香辛香走窜、温经通络、解毒之痛。诸药合用，共奏散结消肿、化瘀止痛之功效。

（五）临证应用

(1) 治疗由于痰气凝滞所致瘰疬（淋巴结结核），症见颈项及耳前后结核，发于一侧或两侧，或颌下、锁骨上窝、腋部，一个或数个，皮色不变，推之能动，不热不痛，以后逐渐增大窜生。

(2) 治疗由肝郁痰凝所致乳腺增生。其中，乳癖为乳腺处具有游离性的肿块，一个或多个，周围皮色不变色；肿块凡坚硬不移者为乳岩。

（六）注意事项

(1) 有报道小金丸口服后可引起比较严重的皮肤过敏反应，临证应用需引起足够重视。

(2) 疮疡阳证者禁用。

(3) 本方含制草乌等有毒、活血药，不可久用，受孕慎用；方中含有乳香、没药，胃弱者慎用。

第八章 理血方剂

第一节 概 述

理血方剂是以理血药物为主要成分，具有促进血行、消散瘀血及制止出血等作用，以调理血分、治疗血分病变的方剂。

血分病的范围较广，诸如血行不畅之血瘀、血离经络之出血、热入血分之血热、血液亏损不足之血虚等，均属血病范畴，治疗方法各不相同。本章主要讨论治疗血瘀的活血祛瘀剂和治疗出血的止血剂。治疗血热之清热凉血剂和血虚之补血剂分别见清热剂及补益剂。

血证病情复杂，有寒热虚实之分和轻重缓急之别。治疗血病时，必须审证求因，分清标本缓急，做到急则治其标，缓则治其本，或标本兼顾，并根据体质强弱、患病新旧来组方遣药。同时，逐瘀过猛，易于伤正，止血过急，易致留瘀。因此，在使用活血祛瘀剂时，常在活血药中辅以扶正之品，使瘀消而不伤正；使用止血剂时，对出血而兼有瘀滞者，应适当配以活血祛瘀药，以防血止留瘀。

第二节 活血祛瘀剂

活血祛瘀剂，是在活血祛瘀法指导下组成的方剂，具有促进血行、消散瘀血的作用，主要适用于血瘀（如外伤瘀肿、痈肿初起、产后恶露不行等）。血瘀的主要症状表现是肿胀、疼痛和瘀斑。治疗处方以活血化瘀的药物为主，如川芎、桃仁、红花、赤芍、丹参、乳香、没药、血竭等。因为气行则血行，故活血祛瘀方剂中常配伍理气药为辅。活血祛瘀剂的代表方剂有定痛散、桃红四物汤、血府逐瘀汤、生化汤、五灵脂散等。

活血祛瘀方剂均有通利血脉、祛除瘀滞的作用。其适应范围随着中西医结合工作的深入和现代医学实验手段的迅速发展而日益广泛，有的能改善血行和改善微循环，有的能止血和促进溢血的吸收，有的能抗感染、抗病毒，有的能促进增生性病变的转化和吸收，有的有改善神经营养的作用，有的经动物试验还有抗癌作用等。因此，这类药物和方剂很值得进一步研究，运用时要注意兼挟邪气和轻、重、虚、实，以利于辨证化裁，切合实际。

当归乳没汤

（一）源流出处

出自清代沈莲舫《牛经备要医方》。

（二）组成及用法

当归一两、乳香（去油）一两、没药（去油）一两、川牛膝二两、钻地风一两、怀生地一两、红花一两、炮姜一两、麻黄五钱、川乌三钱、千年健一两、车前子一两、桂枝二两、生草乌五钱、木通一两、陈酒八两。使用时各药水煎，去渣，候温灌服；或适当调整剂量研末冲灌。

（三）功能主治

活血化瘀、通络止痛，主治牛跌打损伤、血瘀气滞、肢体疼痛。

（四）方义解析

凡治跌打损伤，总不离活血化瘀、通络止痛。当归乳没汤方中，当归活血止痛，乳香活血，没药散瘀，乳香、没药均能消肿止痛，共为方中之主药；红花、生地助主药活血散瘀，炮姜、桂枝、麻黄温经通络，因血遇寒则凝，遇热则行，故凡此五味药均为辅药；川牛膝、钻地风、千年健利关节、祛风湿、强筋骨，车前、木通祛湿，川乌、草乌祛风止痛，均为佐药；酒通行周身以助药力，为使药。诸药合用，共奏活血散瘀、通经止痛之功，并能祛风湿，强筋骨，促进伤损修复，是一个组合较好的方剂。

（五）临证应用

（1）当归乳没汤主要适用于牛跌打损伤。《牛经备要医方》云："牛之损伤症者不一，或驰骤跌扑而伤，或夜行堕坑井而伤，或负重不休，牧童鞭打而伤。其伤或前身，或后身，或四足，成左右，皆血瘀气滞，经络不和之故。治法宜破瘀生新通络，当归乳没汤主之。"。

（2）根据跌扑伤损的部位不同，临症应用亦需加减。原方云："头顶用藁本，追风加苍耳子，头痛加川芎，面部用白附子、白芷，两耳用细辛，背脊用羌活、防风，前身用桂枝，重加威灵仙，腰痛用川续断、杜仲，左胁用柴胡，右胁用枳壳，两胁痛气急，用青皮、杏仁，甲至大腿用川牛膝、木瓜，小腿用独活，脚底用钻地风、千年健，助痛用白芥子，头上损伤用蔓荆子，心脘胸中用乳香、没药，新伤用炮姜，陈伤用黑姜，左前用柴胡，右前用升麻，左脚用麻黄，右脚用桂枝。分两随症自行增减。"。

血府逐瘀汤

（一）源流出处

出自清代王清任《医林改错》。

（二）组成及用法

桃仁 12 克，红花、当归、生地黄、牛膝各 9 克，川芎、桔梗各 4.5 克，赤芍、枳壳、甘草各 6 克，柴胡 3 克。各药水煎服。

动物用量：根据人用量，按体重比例折算。使用时各药水煎，去渣，候温灌服；亦可适当减少用量研末冲服。

（三）功能主治

活血祛瘀、行气止痛，主治胸中血瘀。证见胸痛、口色暗红或舌有瘀点、脉象涩或弦紧。

（四）方义解析

血府逐瘀汤主治胸中瘀血、阻碍气机，兼见肝瘀气滞之瘀血症。治疗当以活血祛瘀为主，辅以疏肝、行气、养血之品。本方系桃红四物汤（见《医宗金鉴》，为平和有效之活血化瘀方，由桃仁、红花、当归、川芎、生地、赤芍组方）合四逆散加桔梗、牛膝而成。方中当归、川芎、赤芍、桃仁、红花活血祛瘀，牛膝祛瘀血、通血脉，并引瘀血下行，为主辅药；柴胡疏肝解郁、升达清阳，桔梗、枳壳开胸行气，使气行则血行，生地凉血清热，配当归又能养血润燥，使祛瘀而不伤阴血，甘草调和诸药，共为佐使药。诸药合用，既祛瘀又行气，活血而不耗血，祛瘀又能生新，合而用之，使瘀去气行，则诸症可愈。

试验表明，血府逐瘀汤有降低家兔血液黏滞性、提高其流动和变形能力的作用［中兽医医药杂志，1985（2）：1］；有提高红细胞的表面负电荷密度、抑制血小板的聚集性、降低血小板数量的作用，从而使红细胞趋向于分散、血液的凝固性降低［中兽医医药杂志，1985（5）：6］。

在《医林改错》中，除血府逐瘀汤外尚有通窍活血汤（由赤芍、川芎、桃仁、红花、老葱、生姜、红枣、麝香、黄酒组方，功效为活血通窍），膈下逐瘀汤（由五灵脂、当归、川芎、桃仁、丹皮、赤芍、乌药、延胡索、甘草、香附、红花、枳壳组方，功效为活血祛瘀、行气止痛）、少腹逐瘀汤（由小茴香、干姜、延胡索、没药、当归、川芎、官桂、赤芍、蒲黄、五灵脂组方，功效为活血祛瘀、温经止痛）、身痛逐瘀汤（由秦艽、白芍、桃仁、红花、甘草、羌活、没药、五灵脂、香附、牛膝、地龙、当归组方，功效活血行气、祛瘀通络、通痹止痛）。这五个处方皆以川芎、当归、桃仁、红花为基础药物，均有活血祛瘀止痛作用，其中血府逐瘀汤中配有行气开胸的枳壳、桔梗、柴胡以及引血下行的牛膝，故宣通胸胁气滞之力较好，主治胸中瘀阻之证；通窍活血汤中配有通阳开窍的麝香、老葱等，故辛香通窍作用较好，主治瘀阻头面之证；膈下逐瘀汤中配有香附、乌药、枳壳等疏肝行气止痛药，故行气止痛的作用较好，主治瘀阻膈下及腹部胀痛等；少腹逐瘀汤中配有温通下焦之小茴香、官桂、干姜，故温通止痛的作用较好，主治血瘀少腹等症；身痛逐瘀汤中配有通络宣痹止痛之秦艽、羌活、地龙等，故多用于瘀血痹阻于经络而致的肢体痹痛或周身疼痛等。

据研究，《医林改错》中具有活血化瘀作用的方剂22个，常用药有桃仁、红花、赤芍、当归、川芎、丹皮、元胡、大黄、没药、五灵脂等。将这十种药按生药计算制成浓度为100％的静脉注射剂，并进行动物实验，观察其对全血黏度和红细胞聚集指数以及实验性微循环障碍的影响。结果表明：桃仁、红花对降低血液黏滞性的作用最好，对降低红细胞聚集性作用也明显；当归、川芎、元胡次之；五灵脂、没药更次之；丹皮作用较差；大黄则无此作用；红花、元胡、五灵脂对实验性微循环的作用最好，其次为川芎、丹皮，再次为没药、当归、大黄、桃仁，赤芍的作用最差［云南中医杂志，1984（6）：43］。

（五）临证应用

（1）血府逐瘀汤主要适用于血瘀胸痛。对于头部、腰部、四肢以及全身性疼痛，属于血瘀气滞者，均可酌情加减应用；本方对胸膜炎也有一定疗效。近有中医临床用治脑震荡后遗症，眼科前房积血、眼底出血的病症者。

（2）据甘肃省永靖县畜牧兽医站介绍，用膈下逐瘀汤治疗家畜痹症、胸膊痛、五攒痛、恶露不绝症、跌打损伤、顽固性腹痛症等，取得较好疗效。

（3）经验证，桃红四物汤对牛的胎衣不下有较好疗效。实验证明，桃红四物汤对小鼠、豚鼠及兔的离体子宫（不论未孕或已孕）均呈现兴奋作用，子宫收缩的振幅与频率皆有增加[中国兽医杂志，1982（2）：34]；一般认为孕畜及无瘀者忌用。

当归散

（一）源流出处

出自明代喻仁、喻杰《元亨疗马集》。

（二）组成及用法

枇杷叶 20 克、黄药 25 克、天花粉 30 克、牡丹皮 25 克、白芍药 20 克、红花 20 克、桔梗 15 克、当归 30 克、甘草 15 克、没药 20 克、大黄 20 克组方。用时为末，开水冲调，候温灌服（原方为末，每服一两，水一升，同煎三五沸，倾出，人童便半盏，候温，草后灌之）。

（三）功能主治

活血顺气、宽胸止痛。主治马胸膊痛。患畜表现胸膊疼痛、束步难行、频频换脚、站立艰辛、口色深红、脉象沉涩。

（四）方义解析

瘀血凝于膊间，痞气滞于膈内，致使血凝气滞而胸膊疼痛。治宜活血顺气、宽胸止痛。当归散方中当归、没药、红花活血祛瘀止痛，为主药；大黄、丹皮助主药活血行瘀，为辅药；桔梗、杷叶宽胸利气，黄药子、天花粉清解郁热，白芍、甘草缓急止痛，甘草并能调和诸药，共为佐使药。诸药合用，可使瘀血去、肺气调、气血畅行，则疼痛自止。

《中兽医方剂选解》云：“当归活血止痛，红花活血祛瘀，没药祛瘀止痛，白芍活血养血，四药伍之，共奏活血通络，祛瘀止痛之功为主药。瘀血日久则化热，故用丹皮凉血祛瘀，大黄清热破瘀为辅药。白药子、黄药子皆可清热解毒，但黄药子偏于消肿凉血，白药子偏于消肿祛瘀。胸脯与肺脏并居，故用花粉清肺热以消瘀肿，桔梗清肺热并载药上行直达病所，杷叶清肺胃之热又可宽胸下气，五药伍之共奏清热消肿、祛瘀止痛之功为佐药。童便降火祛瘀为使药。”。

（五）临证应用

（1）当归散主要适用于马胸膊痛。正如《元亨疗马集》歌曰：“立地时时两足忙，频频换脚痛难当，骑来走急因拴系，失手牵散致其殃。膈上两针胸膊血，当归散灌是奇方，三朝散纵荒郊外，气血调和病自康。”。

（2）当归散去桔梗、白药子，名止痛散（《元亨疗马集》），治马肺气把膊，亦即胸膊痛。

（3）裴耀卿治马胸膊痛（肩膊风湿）的当归散（当归、川芎、乳香、没药、桃仁、南红花、广木香、陈皮、香附、苏叶、羌活、桔梗），药味虽有不同，但理法大同小异（见《中兽医诊疗经验》第二集第138页）。此方《中兽医治疗学》还载治牛“肺痛把膊”，并说“此方具有理肺气、利胸膊、消瘀血、止痛等功能。”。

生化汤

（一）源流出处

出自清代傅山《傅青主女科》。

（二）组成及用法

当归24克、川芎9克、桃仁（去皮、尖，研）14粒、炮姜1.5克、炙草1.5克。水煎服，或用黄酒、童便各半煎服。

动物用量：根据人用量，按体重比例折算。水煎，去渣，候温灌服；或适当调整剂量研末冲服。

（三）功能主治

活血化瘀、温经止痛，主治产后恶露不行。证见恶血不尽、有时腹痛。

（四）方义解析

《傅青主女科》云：“此症勿拘古方，妄用苏木、蓬、棱，以轻人命。其一应散血方、破血药，俱禁用。虽山楂性缓，亦能害命，不可擅用，惟生化汤系血块圣药也。”。

产后恶露不行，多因瘀血内阻挟寒所致，治宜活血祛瘀为主，使瘀去新生。当归散方中重用当归活血补血、祛瘀生新，川芎活血行气，桃仁活血祛瘀，共为主药，炮姜温经止痛，为辅药；或更用黄酒以助药力，为佐药；炙草调和诸药为使药。诸药合用，共奏活血化瘀、温经止痛之功。

《成方便读》云：“夫产后气血大虚，固当培补，然有败血不去，则新血亦无由而生，故见腹中疼痛等症，又不可不以祛瘀为首务也。方中当归养血，甘草补中，川芎理血中之气，桃仁行血中之瘀，炮美色黑人营，助归革以生新，佐芎桃而化旧……”。

《血证论》中指出：“血瘀能化之，则所以生之。”。本方活血化瘀，使瘀血去而新血生，故名“生化”。

（五）临证应用

(1) 生化汤为治产后瘀血内阻、恶露不行之方，以产后瘀阻而兼血虚有寒者为宜。

(2) 据观察，生化汤用于产后，能加速子宫复原，减少宫缩腹痛；并有促进乳汁分泌的作用。陕西省农林学校用八珍生化散（即八珍汤、生化汤合方，并加益母草、枳壳而得）治疗马、驴产后子宫复旧不良25例，全部治愈（见《全国中兽医经验选编》第595页）。又据报道，用生化汤加味（当归、川芎、桃仁、炮姜、炙甘草、党参、甲珠、山楂组方）治疗羊产后子宫收缩不全200余例，均奏良效［辽宁畜牧兽医，1981 (1)：31］。

(3) 陕西省乾县梁村家畜配种站，多年来采用生化汤加减治疗马、驴卵巢硬肿不发情病，取得了满意效果。近年治疗18例病畜，不但全部发情配种，而且有14例怀胎［中国兽医杂志，1980 (9)：40］。

（六）加减化裁

临证应用时，寒象重者，可加肉桂；腹痛甚，可与失笑散合用；兼气虚，加党参；如出现气血虚脱，或晕厥者，可加人参，为加参生化汤。

五灵脂散

（一）源流出处

出自元代卞宝《痊骥通立论》。

（二）组成及用法

蒲黄（炒黄色）、五灵脂、茴香各二两组方。用时共为细末，每次 50～100 克，开水冲调，候温灌服，亦可用黄酒或醋为引（原方云：“每用药一两，酒半升，温热，同药调，草前灌之。”）。

（三）功能主治

活血祛瘀、散寒止痛。主治瘀血凝滞腰肾。患畜表现腰胯疼痛或木肾黄症。

（四）方义解析

腰胯疼痛，乃因瘀血停滞，且多兼寒。故治宜活血祛瘀、散寒止痛。五灵脂散方中五灵脂、蒲黄二味，即《和剂局方》失笑散，活血祛瘀、通利血脉以止痛，为主辅药；茴香辛能行气、温可散寒，是治腰胯寒痛之要药，为佐药；用黄酒或醋为引，活血脉、行药力，以加强活血止痛的作用，为使药。诸药合用，共奏祛瘀止痛、温肾散寒之功。

关于失笑散，《医宗金鉴》云：“是方用灵服之甘温走肝，生用则行血；蒲黄辛平人肝，生用则破血；佐酒煎以行其力，庶可直扶厥阴之滞，而有推陈致新之功。甘不伤脾，辛能散瘀，不觉诸症悉除，直可一笑而置之矣。”。据研究，失笑散能提高机体对减压缺氧的耐受力；对垂体后叶素引起的急性心肌缺血具有对抗作用；对机体有明显的镇静作用；有降低血压的作用。

（五）临证应用

（1）本方主要适用于瘀血停滞之腰胯疼痛。亦可酌情用于产后恶露不行，肚腹疼痛之属于血瘀者等。

（2）原方云：“治马内肾黄病，抽肾后脚或木肾黄病”。但应属于血瘀兼寒之证。

（3）用失笑散（蒲黄、五灵脂各 100 克）治疗奶牛子宫炎 97 例，治愈率达 95.87%［中国兽医杂志，1985（9）：50］。

三七伤药片

（一）源流出处

出自《中华人民共和国药典》。

（二）组成及用法

三七 52.5 克、草乌（蒸）52.5 克、雪上一枝蒿 23 克、冰片 23 克、骨碎补 492.2 克、红花157.5克、接骨木787.5克、赤芍87.5克组方。以上八味，除冰片外，草乌、三七，雪上一枝蒿等三味粉碎成细粉；冰片研细；其余骨碎补等四味加水煎煮二次，第一次2小时，第二次1小时，合并煎液，滤过，滤液浓缩至相对密度1.05（80～90℃），静置，吸取上清液浓缩至相对密度为1.40（80～90℃）的清膏。加入草乌、三七、雪上一枝蒿细粉，制成颗粒，干燥，加入冰片细粉，混匀，压制成1000片，包糖衣，即得。成品为糖衣片，除去糖衣后，显棕褐色；味微苦。

人用量：每次3片，每日3次，或遵医嘱。口服。

狗：比照成人用量，按体重折算，一日3次，可口服或将药粉水调后直肠给药。

（三）功能主治

舒筋活血、散瘀止痛。用于急慢性挫伤、扭伤、关节痛、神经痛、跌打损伤。

（四）方义解析

三七伤药片由八味药组成。主治血瘀不通之跌打损伤、闪腰岔气、关节痹痛、肢体窜痛。方中三七活血止血、消肿止痛，红花活血散瘀、消肿止痛，二者共为君药；骨碎补活血止血、疗伤止痛、续筋健骨，雪上一枝蒿消炎止痛、祛风逐湿，草乌辛苦大热，祛风除湿、温经止痛，接骨木祛风活血利水，四药配合，加强君药活血止痛之力，又逐风寒湿、湿通经脉，为臣药；赤芍化瘀血、凉血热、止出血，冰片清热解毒，又辛香走窜、通行经络，二者既以其寒凉之性佐制其他多数温热之品，又引诸药达于病所，共为佐使药。诸药合奏活血止痛、续筋疗伤之效。

（五）临证应用

（1）兽医临床用于狗脊神经根损伤，于疼痛完全消失后的维持和巩固治疗，一般可于活血止痛胶囊停药后使用，疗程1～2周。脊神经根损伤的疼痛完全消失后，部分动物出现或维持瘫痪症状，此时用三七伤药片，有助于患部血液循环，有利神经功能的修复。注意，本方热性较强，不宜在尚有疼痛时使用，否则可能加重症状。

（2）三七伤药片药性强烈，应按规定量服用；孕畜慎用；有心血管功能严重不全者慎用；用药后如有烦躁等异常，则停药。

大活络丸

（一）源流出处

出自清代徐灵胎《兰台轨范》。

（二）组成及用法

蕲蛇40克、乌梢蛇40克、威灵仙40克、两头尖40克、麻黄40克、贯众40克、甘草40克、羌活40克、肉桂40克、广藿香40克、乌药40克、黄连40克、熟地黄40克、大黄40克、木香40克、沉香40克、细辛20克、赤芍20克、没药（制）20克、丁香20克、乳香（制）20克、僵蚕（炒）20克、天南星（制）20克、青皮20克、骨碎补（烫、去毛）20克、豆蔻20克、安息香20克、黄芩20克、香附（醋制）20克、玄参20克、白术（麸炒）20克、防风50克、龟甲（醋淬）40克、葛根30克、狗骨（油酥）30克、当归30克、血竭14克、地龙10克、犀角10克、麝香10克、松香10克、牛黄3克、冰片3克、红参

60克、制草乌40克、天麻40克、全蝎40克、何首乌40克。以上四十八味，除麝香、牛黄、冰片外，犀角锉研成细粉，其余蕲蛇等四十四味粉碎成细粉；将麝香、牛黄、冰片研细，与上述药粉配研，过筛，混匀。每100克粉末加炼蜜145～155克制成大蜜丸，即得。

动物用量：每次1丸/60千克体重，1日1～2次。口服。

（三）功能主治

祛风散寒、除湿化痰、活络止痛。用于风痰瘀阻所致中风，症见半身不遂、肢体麻木、足痿无力；或寒湿瘀阻之痹病、筋脉拘急、腰腿疼痛；亦用于跌打损伤、行走不利及胸痹心痛；或风湿性关节炎等。

（四）方义解析

方中蕲蛇、乌梢蛇、全蝎、地龙、天麻、威灵仙合用，以搜风通络剔邪，以止拘挛抽搐；其中蕲蛇、乌梢蛇性善走窜，内走脏腑，外御皮毛，能透骨搜风，祛风邪、通经络；全蝎、地龙、天麻、威灵仙通络止痛。制草乌、肉桂、细辛、麻黄、羌活、防风、松香合用以祛风散寒；其中制草乌、肉桂、细辛温经散寒止痛，麻黄温散寒邪，羌活、防风、松香祛风除湿。广藿香、豆蔻、僵蚕、天南星、牛黄、乌药、木香、丁香、青皮、香附、麝香、安息香、冰片合用，以行气活血、除湿化痰；其中广藿香、豆蔻芳香辟秽、行气化湿；僵蚕、天南星、牛黄、祛风化痰止痉；乌药、木香、沉香、丁香、青皮、香附理气止痛，并助血行；麝香、安息香、冰片香窜开泄，畅通气血；两头尖、赤芍、没药、乳香、血竭合用以活血止痛；由黄连、黄芩、贯众、葛根、水牛角、大黄、玄参合用以清伏热，并兼制其他辛热药的燥烈之性；红参、白术、甘草、熟地、当归、何首乌、骨碎补、龟甲合用，以扶正祛邪；其中红参、白术、甘草、熟地黄、当归益气健脾、补血和血；何首乌、骨碎补、龟甲、狗骨补益肝肾、强筋骨。诸药合用攻补兼施，寒热并用，共奏祛风散寒、除湿化痰、活血通络止痛。

（五）临证应用

（1）治疗风痰瘀阻、气血两亏、肝肾不足而致的半身不遂或瘫痪，见口舌歪斜、手足麻木、疼痛拘挛，或肢体痿软无力。

（2）治疗寒湿瘀阻而致的肢体关节疼痛、屈伸不利、筋脉拘急、麻木不仁、畏寒喜暖、腰腿沉重、行走不便、舌黯淡、苔白腻、脉沉弦或沉缓。

（3）跌打损伤由瘀阻筋脉而致，局部肿痛，行走不便。

（4）治疗痰瘀阻滞导致的癫痫，见角弓反张、口角流涎等。

（六）注意事项

（1）本方偏性燥烈，阴虚火旺者慎用；出血性中风初期，神志不清者忌用。

（2）方中含有活血通络之品，有碍胎气，孕期忌用。

（3）本方含有乳香、没药，脾胃虚寒者慎用；本方含草乌头有毒，不应过量服用。

（4）大活络丸组方药味数量庞大，单味药物剂量小，全方作用过于温和，难以作为主治药物，可作为主要问题缓解后的善后方剂。

回生第一散

（一）源流出处

出清代鲍相璈《验方新编》。

（二）组成及用法

土鳖虫60克、当归尾60克、乳香（醋炙）12克、血竭12克、自然铜（煅醋淬）18克、麝香6克、朱砂12克。以上七味，朱砂水飞或粉碎成极细粉；麝香研成细粉；其余土鳖虫等五味粉碎成细粉，与朱砂，麝香粉共研，过筛，混匀，即得。温水或温黄酒送服。

动物用量：每次1克/60千克体重，一日2～3次，口服。

（三）功效主治

活血化瘀、消肿止痛。主治跌打损伤、闪腰岔气、伤筋动骨、皮肤青肿、血瘀疼痛。

（四）方义解析

土鳖虫是化瘀要药；乳香活血又能止痛；血竭活血、止血不留瘀；自然铜是接骨续筋必用药；当归养血活血；朱砂镇惊安神；麝香通窜开窍，能兴奋神经功能。方中，活血化瘀配以养血，促进跌打损伤愈合并防止组织粘连；镇惊安神药用于控制跌打损伤时剧痛引起的精神刺激；麝香防止神经传导不利而发生肢体瘫痪。

（五）临证应用

（1）本品常用于因运动过于剧烈或跌打损伤等的引起的局部软组织损伤，以及脊神经损伤引起的腰、颈部疼痛（目前常谓之“脊髓炎”“腰椎病”或“椎间盘突出”等）。脊神经损伤是犬常见的问题。轻者疼痛为主，重者肢体痿软甚至瘫痪，此类病情，急性期常用甾体及非甾体抗炎药。回生第一散口服后也能缓解疼痛，但作用途径与抗炎药不同。凡出现肢体痿软、步态如醉者，必须加用活血化瘀的中药，回生第一散尤为适宜。对于疼痛严重者按每日3次给药，疼痛缓解后按每日2次给药。相较于非甾体抗炎药和糖皮质激素类抗炎药，回生第一散对胃肠道刺激小，多年临床使用中尚未见因口服回生第一散导致胃肠道出血的案例。直接口服回生第一散药粉，口感偏涩，且有浓郁的麝香气味，空腹口服时易引起动物呕哕。临床使用时，可按动物与人的体重比例折算用量，将药粉用蜂蜜或含盐黄油调配成膏以遮蔽味道，少量多次抹于舌上，使自行咽下；或可将药粉填充于3号胶囊备用，用量为1粒/5千克体重，每日2～3次，连用7～10日，重者可连用至14日。

（2）曾见一贵宾犬，四肢不能站立，颈部按压痛明显，精神萎靡，西医经核磁共振成像诊断为脊髓炎，神经专科兽医采取激素治疗，并请中兽医会诊。建议口服回生第一散配合局部针刺和艾灸。麻醉苏醒后，行针灸治疗，留针30分钟，艾灸1小时，针灸治疗后静脉滴注甲强龙，口服回生第一散。当天傍晚可站立行走，颈部按压疼痛明显减轻。二日出院，给予回生第一散口服，并配合每周两次针灸。用药1周后步态正常，颈部未见疼痛。再巩固1周后停药，并嘱静养。

（3）一贵宾犬，两前肢行动不利，不能低头，触诊颈部疼痛明显，食欲缺乏，经核磁共振成像诊断为颈椎段脊髓压迫并引发炎症。给予静滴甲强龙、口服加巴喷丁，连用1周，并每周两次电针。药后精神沉郁，食欲差，仍然不能抬头，颈部肌肉僵，按压仍有疼痛，前肢行走不利。转中兽医会诊，考虑局部软组织损伤，气血瘀滞局部，给予回生第一散口服，每日 3 次，连用 1 周，每周 2 次白针配艾灸治疗。用药第 3 日精神、食欲即明显好转；用药 1 周后颈椎疼痛缓解，行动正常，低头进食饮水正常。随后巩固 1 周，按每日 2 次给药即可。

（六）注意事项

（1）本品含麝香较多，应提醒饲主，孕产期妇女不应接触本药物。

（2）本方含有朱砂，不宜沸水冲调，不宜长期口服，不宜用于肾功能不全者。另内含麝香，气血虚弱者慎用。本品活血化瘀力量较强，起效快，跌打损伤有内出血者慎用，建议先行口服云南白药。

接骨七厘散

（一）源流出处

出自《中华人民共和国药典》。

（二）组成及用法

乳香（制）83.3 克、没药（制）83.3 克、骨碎补（烫）125 克、熟大黄（酒蒸）83.3 克、当归 125 克、土鳖虫 208.3 克、血竭 125 克、硼砂 83.3 克、自然铜（醋淬）83.3 克、制成 1000 克。以上九味，粉碎成细粉，过筛，混匀，加辅料适量，混匀，制粒，压制成 1000 片，即得。

动物用量：每次 5 片/60 千克体重，每日 2 次。口服。

（三）功能主治

活血化瘀、接筋续骨。用于跌打损伤、闪腰岔气、骨折筋伤、瘀血肿痛。

（四）方义解析

方中自然铜散瘀止痛、接骨续筋，用于治疗跌打损伤、筋断骨折、血瘀疼痛，故为君药。土鳖虫破血、逐血、通络，为伤科接骨之要药；骨碎补补肾强骨、活血续伤，主治肾虚腰痛、风湿痹痛、跌打挫伤、骨断筋伤等；乳香、没药活血止痛、消肿生肌，常相兼合用为臣药。大黄清热凉血、活血逐瘀、通经止痛；血竭活血逐瘀、消肿定痛、续筋接骨；当归补血活血、通脉止痛；硼砂消肿散积，同为佐药。诸药合用，共收活血化瘀、接骨续筋之功。

（五）临证应用

（1）治疗因外伤扭挫、瘀血阻滞、经络不通所致的局部疼痛、皮肤青肿。

（2）治疗因局部跌打损伤致的瘀血阻滞、经络不通，常见于犬猫颈、腰椎疼痛。此类病例发病前多有明显闪转腾挪、跌扑损伤，常在 6～8 小时后出现局部疼痛，按压疼痛剧烈，甚至导致不能站立行走、发生瘫痪，可考虑使用本方。

（3）骨折筋伤多因外力撞击所致，症见伤处剧烈疼痛，肢体畸形，活动受限，焮肿疼痛，青紫斑块，舌红或暗，脉弦或弦数。

（4）本方与回生第一散组成相似，两者可相互代替使用。

（六）注意事项

（1）本品含破血逐瘀之品，孕期忌用。

（2）本品含有乳香、没药，脾胃虚弱者慎用。

活血止痛胶囊

（一）源流出处

出自《中华人民共和国药典》。

（二）组成及用法

当归 400 克、三七 80 克、乳香（制）80 克、冰片 20 克、土鳖虫 200 克、自然铜（煅）120 克组方。以上六味，除冰片外，其余当归等五味粉碎成细粉；将冰片研细，与上述粉末配研，过筛，混匀，装入胶囊，即得。为胶囊剂，内容物为灰褐色的粉末；气香，味辛、苦、凉。每粒装 0.37 克。

人用温黄酒或温开水送服，一次 4 粒，一日 2 次。

动物用量：比照成人用量，按体重比例折算，一日 2 次，可口服或将药粉水调后直肠给药。

（三）功能主治

功能活血散瘀、消肿止痛。用于跌打损伤、瘀血肿痛。

（四）方义解析

活血止痛胶囊方中重用当归补血活血、调经止痛，三七散瘀止血、消肿定痛，配乳香行气活血、消肿生肌，冰片清热开窍，自然铜和土鳖虫既能协助主药促进瘀血紫斑的消散，又可和乳香共同促进骨折的愈合和组织的修复。诸药协用，共起活血通络、消肿止痛、续筋接骨之作用。

中医临床验证的数据表明，活血止痛胶囊对骨折、肿痛瘀伤、肩周炎、关节痛、慢性腰腿痛、妇女痛经、冠心病心绞痛等均有较好疗效。

（五）临证应用

（1）在骨伤科及外科中的应用　上海中医药大学附属曙光、龙华、岳阳三家医院应用活血止痛胶囊治疗颈痛、肩背痛和关节痛的 105 例病人。结果表明，该药中所含的当归、三七、乳香等活血理气药对瘀血阻滞引起的疼痛有明显的活血止痛效果，有效率达 86.67%、显效率 51.42%，与对照组相比有明显差异，无明显毒副反应。江苏省中医院治疗筋伤（急性扭伤、腰肌劳损）气滞血瘀证各 100 例。结果表明，活血止痛胶囊具有止痛、消肿、减轻瘀血、促进功能恢复的作用，总有效率分别为 90%以上。

（2）以活血止痛胶囊为主治疗腰椎间盘突出症 120 例，并设立牵引中药口服治疗为对照组，共 80 例。治疗结果：治疗组总有效率 93.8%，对照组 70%，疗效有显著差异（$P<0.05$），疼痛减轻时间及治愈时间缩短，两组差异极显著（$P<0.01$）。治疗组复发率 1%，对照组复发率 8.8%（$P<0.05$）。活血止痛胶囊主治疗腰椎间盘突出症有迅速缓解疼痛，有效率高、复发率低、使用方便的优点。

（3）兽医临床上，用于狗脊神经根损伤急性发作缓解后的维持治疗。本病急性期证见腹壁或肩颈极度紧张；前、后甚或四肢运动不利，或僵硬，或瘫痪；有时喘息加重、呻吟，受触碰即尖叫。多由运动不当、外力损伤等组成，有时亦可能有椎间盘急性膨出之虞。治疗中，前期宜冲击量醋酸泼尼松治疗5～7天，并配伍布洛芬及其衍生非甾体抗炎药；急性期过后，如有瘫痪或步态如醉，可以本方维持治疗1周。治疗中主要取方中土鳖、冰片等药物的化瘀、抗炎、镇痛作用。本方与回生第一散立意相似，但不含朱砂。

（4）孕畜慎用。

桃红四物汤

（一）源流出处

源于明徐用诚《玉机微义》转引元代王好古《医垒元戎》中的药方，也称加味四物汤。桃红四物汤一名始于见清代官修医学百科全书《医宗金鉴》。

（二）组成及用法

白芍、川当归、熟地黄、川芎、桃仁各三钱，红花二钱。煎汤口服。每日1剂。

动物用量：根据人用量，按体重比例折算。用法同。

（三）功能主治

活血化瘀、调经止痛。血虚兼血瘀证，症见妇女经期超前、血多有块、色紫稠黏、腹痛、舌淡紫、舌苔白、脉沉迟或弦细涩。

（四）方义解析

本方以强劲的破血之品桃仁、红花活血化瘀；以熟地黄、当归滋阴补肝、养血调经；芍药养血和营；川芎活血行气、调畅气血。全方配伍使瘀血祛、新血生、气机畅，成为现代临床活血化瘀的最基础与常用方剂之一。

（五）临证应用

（1）用于治疗各种血瘀证，本方为血瘀证基础方，活血养血并重。

（2）犬猫临床中常用本方治疗慢性肾衰，促进血中废物向外转化，达到净血养血的目的。

（六）注意事项

（1）本品含有红花、桃仁，孕期动物慎用。

（2）用本品治疗慢性肾衰应注意配合饮食及排毒。

五加化生胶囊

（一）源流出处

出自《中华人民共和国药典》。

（二）组成及用法

刺五加浸膏150克、当归200克、川芎125克、桃仁100克、干姜（炮）60克、甘草60克。此六味，川芎粉碎成最细粉；当归、桃仁、干姜（炮）、甘草酌予碎断，加水煎煮二次，第一次小时，第二次小时，合并煎液，滤过，滤液浓缩成相对密度为1.24～1.30（70℃测）的浸膏，与温热的刺五加浸膏、川芎细粉混匀，减压干燥、粉碎，分装成1000粒胶囊，即得。每粒装 0.4 克。

动物用量：一次 6 粒/60 千克体重，一日 2 次。口服。

（三）功能主治

益气养血、活血祛瘀。适用于经期及人流术后、产后气虚血瘀所致阴道流血，血色紫暗或有血块，小腹疼痛按之不减，腰背酸痛，自汗，心悸气短，舌淡兼见瘀点，脉沉弱等。

（四）方义解析

方中刺五加辛微苦，性温，功能健脾补肾，以助血运；当归味甘能补，辛温能散，补血活血、化瘀生新，共为君药。川芎辛香行散、温通血脉、活血行气；桃仁活血祛瘀生新，均为臣药。炮姜性温，暖胞宫而助血行，长于温经止痛，为佐药。甘草调和诸药为使。诸药合用，共奏益气养血、活血祛瘀之效。

（五）临证应用

治产后恶露不尽、子宫复旧不全。多因产伤、气虚无力运血、胞衣残留或败血留滞成瘀，以致恶血不去、新血难生。症见产后恶露过期不止，量时多时少，色暗；舌暗、苔薄白，脉沉缓。

（六）注意事项

（1）本方有活血化瘀之品，孕期慎用，有外伤者慎用。

（2）本方药性偏温，故产后血热而有瘀滞者非本方所宜。

大黄䗪虫丸

（一）源流出处

出自东汉张仲景《金匮要略》。

（二）组成及用法

大黄 75 克，黄芩 60 克，甘草 90 克，桃仁、杏仁各 60 克，芍药 120 克，干地黄 300 克，干漆 30 克，虻虫 60 克，水蛭 60 克，蛴螬 60 克，䗪虫（土鳖虫）30 克。以上十二味，将蛴螬另研；桃仁、杏仁另研成泥。其余 9 味共研为细粉，过罗，与桃仁等混合均匀，共为细粉。炼蜜为丸，每丸 3 克，蜡皮封固。

动物用量：蜜丸每次 1～2 丸/60 千克体重，一日 1～2 次。温开水或酒送服。

（三）功能主治

活血破瘀、通经消癥。用于瘀血内停所致癥瘕、闭经，症见腹部肿块、肌肤甲错、潮热羸瘦、经闭不行。

（四）方义解析

方中熟大黄苦寒、性沉不降，专于下瘀血、破癥瘕积聚、推陈致新、善行血分、走而不守；土鳖虫（即䗪虫）味咸性寒，入肝经血分，逐瘀通经、消癥，二者共为君药。水蛭、虻虫破血逐瘀消癥，蛴螬、干漆、桃仁破血逐瘀、祛积消癥、通经止痛，为臣药。地黄、白芍养血凉血、敛阴生津；黄芩清热解毒，苦杏仁破壅降逆、润燥结，共为佐药。甘草益气补中、调和药性，为使药。诸药配伍，共奏破血逐瘀、通经消癥，达祛瘀不伤正、扶正不流瘀之效。

（五）临证应用

（1）治疗湿热内阻的胎衣不下、子宫炎等，可加益母草。治疗期间产道排出物的量多先增加，血色由暗变鲜艳，之后再逐渐减少。

（2）可用于治疗症瘕。癥瘕指腹内包块，尤其常特指子宫内的包块。其形成原因多为血瘀不行、积结日久。

（3）头部外伤或有过脑充血及脑出血病史，因瘀血内停、脑海气血壅塞所致者，症见癫痫狂频发，走路歪向一侧或全身无力，舌质绛暗、脉涩或滑涩、沉取有力，可酌情使用大黄䗪虫丸化瘀通络。

（六）注意事项

（1）本品为瘀血干结、阴血不足所致经闭癥瘕所设，若属于气虚血瘀者不宜。

（2）本品含有破血逐瘀之品，孕期禁用。

（3）本品破血攻伐之力较强，易耗伤正气，体弱年迈者慎用；体制壮实者也中病即止，不可过用、久用。

（4）服药后出现皮肤过敏者停用。

（5）服药期间忌食寒凉之品。

（6）患有感冒时停用。

养血荣筋丸

（一）源流出处

出自《中华人民共和国药典》。

（二）组成及用法

当归 45 克，鸡血藤 75 克，何首乌（黑豆酒炙）150 克，赤芍 75 克，续断 75 克，桑寄生 75 克，铁丝威灵仙（酒炙）45 克，伸筋草 75 克，透骨草 45 克，油松节 45 克，盐补骨脂 60 克，党参 75 克，炒白术 60 克，陈皮 45 克，木香 45 克，赤小豆 75 克。以上十六味，粉碎成细粉，过筛，混匀，每 100 克粉末加炼蜜 110～130 克制成大蜜丸，即得。

动物用量：每次 1～2 丸/60 千克体重，每日 2 次。口服。

（三）功能主治

养血荣筋、祛风通络。用于陈旧性跌打损伤，症见筋骨疼痛、肢体麻木、肌肉萎缩、关节不利。

（四）方义解析

方中当归甘温质润，长于补血活血，为养血圣药；何首乌功善补肝肾、益精血，共为君药。党参、白术健脾益气，以助经血之生成；威灵仙辛散温通、祛风除湿、通络止痛；续断、桑寄生、补骨脂补肝肾、强筋骨，以助祛风通络之效，为臣药。伸筋草、透骨草、油松节祛风除湿、通络止痛；鸡血藤行血补血、舒筋活络；赤芍凉血散瘀止痛；赤小豆消肿解毒；木香、陈皮行气止痛，共为佐药。诸药合用，共奏养血荣筋、祛风通络之功。

（五）临证应用

(1) 治疗因跌打损伤失治、误治或久治不愈所导致的经络不通、气血不荣养筋脉，从而出现的局部疼痛、压痛、肢体麻木、肌肉萎缩、关节不利。

(2) 治犬猫后肢瘫痪日久、腰腿肌肉萎缩，或犬猫椎间盘病术后导致局部气血不荣养筋肉而出现萎缩。服药期间配合针灸、康复训练等，有较好效果。

(3) 对于老龄犬，尤其是大型老龄犬慢性关节炎所导致的疼痛，不能自主起卧，阴天下雨病情加重者，属于气血两虚不能荣养筋肉者，皆可使用。

（六）注意事项

(1) 不适用于急性跌打损伤。

(2) 不适用于骨质增生、骨刺等疼痛。

(3) 服药期间配合针灸、按摩、复建等。

(4) 服药期间切勿受寒，勿在潮湿环境下饲养。

理冲汤

（一）源流出处

出自清末民初张锡纯《医学衷中参西录》。

（二）组成及用法

生山药 15 克，天花粉、知母各 12 克，黄芪、三棱、莪术、鸡内金各 9 克，党参、白术各 6 克。水煎服，人每日 1 剂。

动物用量：根据人用量，按体重比例折算。用法同。

（三）功能主治

健脾益气祛瘀、调经散结。主治妇女经闭不行或产后恶露不尽，结为癥瘕，并治男子劳瘵、气郁满闷、痞胀、不能饮食等。

（四）方义解析

理冲汤方中用党参配白术补气健脾，用黄芪取其大补脾胃之元气，使气旺促进血行、祛瘀而不伤正；山药健脾补气；三棱、莪术破血、行气、消癥；方中参芪术得棱、莪之力则补而不滞，破血消癥之品得参芪致不伤正气。共奏健脾补气、化瘀消癥之功。

（五）临证应用

(1) 本方临床多拆分使用，黄芪、党参、白术为一组，用于气虚不足。山药、鸡内金一组，用于填精固精、诸虚百损。三棱、莪术一组用于破血散结。天花粉、知母清热降火、消肿排脓。

(2) 曾用本方加减治疗犬子宫蓄脓。通过影像与血象检查确诊子宫蓄脓，该犬宫口不开、全身高热。因年龄较高，不考虑手术，故转中兽医诊疗，检查见脉动数、沉取少力，舌质淡红而暗、体型略瘦，考虑邪已入血分、正气匮乏，故静脉输注抗生素并口服中药扶正逐邪。方用黄芪 50 克、太子参 10 克、生山药 30 克、天花粉 10 克、皂角刺 15 克、知母 10 克、丹参 10 克、丹皮 10 克、重楼 6 克、当归 10 克、生地 6 克、麦冬 6 克，分 3 日服，药后体温下降，精神渐好，食欲有所恢复，但宫口未开，舌质淡红，左脉力量渐强，右脉仍弱。停用抗生素。原方黄芪加至 90 克，去知母加龙眼 50 克，3 日后两脉力量明显增强，外阴时有分泌物流出脓絮样物质，后调整方案至痊愈。

（3）曾有一例 15 岁贵宾尿频，诊为前列腺炎，以知母、天花粉、醋三棱、醋莪术、蒲黄、蒲公英（即理冲汤去补益药加蒲黄、蒲公英消肿止血），煎汤灌服，每次 15 毫升，一日 3 次。药后 5 天排尿未见异常，也未见出血。

（六）注意事项

服药期间宜清淡饮食。

消乳汤

（一）源流出处

出自清末民初张锡纯《医学衷中参西录》。

（二）组成及用法

知母八钱、金银花三钱、穿山甲炒捣二钱、瓜蒌切丝五钱，生明乳香、连翘、生明没药、丹参各四钱。水煎服，人每日 1 剂。

动物用量：根据人用量，按体重比例折算。用法同。

（三）功能主治

消肿止疼。主治结乳肿疼或成乳痈新起者，或一切红肿疮疡。

（四）方义解析

本方治疗一切红肿疮疡，用于血瘀实热证，主症为红肿疼痛。故以知母、金银花、连翘为君药清热消肿，为君药，乳香、没药活血消肿止痛为臣，穿山甲、瓜蒌、丹参活血通络为佐使，共奏清热解毒、消肿止痛之功。

（五）临证应用

（1）治疗因嗜食膏粱厚味，内蕴痰热，导致乳房红肿热痛、大便秘结、舌红、脉数沉取有力者。

（2）临床用于犬猫哺乳后期乳痈的治疗，症见单个或多个乳房红肿热痛，伴有便秘、脉沉数有力者。

（六）注意事项

本品含有乳香、没药，脾胃虚弱者慎用。

舒心降脂片

（一）源流出处

出自《中华人民共和国卫生部药品标准》。

（二）组成及用法

紫丹参 183 克、荞麦花粉 31.4 克、山楂 171.4 克、虎杖 34.3 克、葛根 34.3 克、红花

34.3 克、薤白 34.3 克、桃仁 11.4 克、鸡血藤 34.3 克、降香 17 克、赤芍 34.3 克。以上十一味，取荞麦花粉粉碎成细粉，过筛；红花用 60℃ 热水温浸 2 次，每次 2 小时，合并浸出液，滤过；降香提取挥发油，蒸馏后的水溶液另器保存；药渣与其余鸡血藤等八味加水煎煮 2 次，每次 2 小时，合并煎液，滤过；合并以上各滤液，浓缩成稠膏状，加入淀粉适量，干燥粉碎成细粉，过筛，加入荞麦花粉、辅料适量混匀，制成颗粒、干燥，加入挥发油，压制成 1000 片，包耘衣，即得。

动物用量：一次 3～4 片/60 千克体重，一日 3 次。口服。

（三）功能主治

活血化瘀，通阳化浊，行气止痛，用于气滞血瘀、痰浊阻络所致的胸闷、胸痛、心悸、乏力、不寐、脘腹痞满；冠心病、高脂血症见上述证候者。

（四）方义解析

紫丹参、山楂、活血化瘀、导滞降脂，共为君药。桃仁、红花、赤芍、虎杖、鸡血藤化瘀降脂，通络止痛，为臣药。薤白、降香、葛根、荞麦花粉理气宽胸止痛、通阳化浊降脂，为佐药。诸药合用，共奏活血化瘀、通阳化浊、行气止痛之功。

（五）临证应用

（1）治疗因气滞血瘀、痰浊阻络、胸阳痹阻所致的胸痹。症见胸痛或憋闷感、痛有定处或叹息、心悸，乏力，寐差，脘腹痞满，舌暗红苔白腻，脉弦滑或涩。

（2）治疗因气滞血瘀、痰浊互阻、脉络痹阻所致高脂血症。症见胸闷、心悸、脘腹痞满、倦怠乏力、头身沉重、形体肥胖、舌暗苔白腻、脉弦滑或涩。

（六）注意事项

（1）气滞血瘀、阴虚血瘀、寒凝血瘀之胸痛者不宜单用。

（2）湿热内蕴、肝胆湿热、肝肾阴虚之高脂血症者不宜单用。

（3）本品含有活血化瘀之药，孕期禁用。

（4）服药期间清淡饮食，宜低盐、低脂进食。

第三节　止血方剂

止血方剂是在止血法指导下组成的方剂，处方常以止血药为基础，严格遵照各种证因而遣药组成。止血剂具有制止出血的作用，适用于血热妄行或气不摄血、瘀阻出血、冲任虚损等各种出血证，如鼻衄、尿血、便血、子宫出血等。但出血证病情颇为复杂，病有轻重、势有缓急，故治法亦因证而异。出血证有多种情况，以病因分，有血热妄行、气虚不摄、瘀血阻滞等情况；以部位分，有上窍出血、下窍出血，以及内外出血之分；以病情论，则有轻重缓急之不同，故止血之法应当随证而异。如血热妄行之出血，宜清热泻火、凉血止血，常用侧柏叶、小蓟、白茅根、槐花、地榆等为主，配清热泻火药组成方剂；瘀阻出血者，宜祛瘀止血，常用三七、蒲黄、茜草等为主，配活血药与行气药组成方剂；气不摄血之出血，宜益气摄血，常用炮姜、艾叶、灶心土、白及、棕榈皮等为主，与温阳益气药组成方剂；有寒凝者，应温阳止血。如上窍出血，可配以牛膝、赭石之类兼以降逆；下窍出血，酌辅以黑升麻之类兼以升举。如突然大出血，则采用急则治其标之法，着重止血；慢性出血，应着重治本，或标本兼顾。止血代表方剂如十黑散、秦艽散、槐花散等。

十黑散

（一）源流出处

出自《中兽医诊疗经验》第二集。

（二）组成及用法

知母30克、黄柏25克、栀子15克、地榆25克、槐花15克、蒲黄25克、柏叶15克、棕皮10克、杜仲15克、血余（麻油烹焦）15克组方。马、牛使用时，以上各药均炒黑为度，共为细末，开水冲，候温灌服。

（三）功能主治

凉血止血。主治马尿血。症见尿中混血或有紫血块，口色偏红、脉滑。

（四）方义解析

尿血一症，多因膀胱积热或努伤，治宜凉血止血。方中知母、黄柏降阴火，栀子泻火而利小肠，侧柏叶、蒲黄、槐花、地榆凉血止血，棕润皮、血余炭收涩止血，杜仲补肾强腰。诸药炒黑存性用，可加强收涩止血的作用，即所谓“血见黑则止”也。

十黑散系仿《十药神书》中的十灰散而制。十灰散由大蓟、小蓟、莲叶、侧柏叶、茅根、茜草根、大黄、山栀子、棕榈皮、丹皮各等份组成，烧灰存性，研为细末，用藕汁或萝卜汁磨京墨适量调服，功能凉血止血，并兼有清降祛瘀作用。主治血热妄行所致之呕血、吐血、咯血、咳血而见面赤唇红、心烦口渴、便秘尿赤、脉数者。十黑散是清热止血的常用方剂，方中大蓟、小蓟、茜草根、侧柏叶、茅根都是凉血止血药物，血因热而妄行者，即可挫其热势，又可阻其出血。其中大黄祛瘀泄热，导热从大便而出；栀子凉血止血，导热从小便下行；丹皮凉血祛瘀，亦能引血下行。都有助于缓解上部出血之势，是一张治机体上部因热出血的方剂，且其组合之中，清热止血而略兼化瘀，使血止而无留瘀之弊，值得珍视。

《成方便读》云：“夫吐血、咯血，固有阳虚阴虚之分，虚火实火之别，学者固当预为体察，而适遇卒然暴起之证，又不得不用急则治标之法以遏其势。然血之所以暴涌者，姑无论其属虚属实，莫不由气火上升所致。丹溪所谓气有余即是火。即不足之证，亦成上实下虚之势……此方汇集诸凉血、涩血、散血、行血之品，各烧灰存性，使之凉者凉，涩者涩，散者散，行者行……用童便调服者，取其咸寒下行，降火甚速，血之上逆者，以下行为顺耳。”。

（五）临证应用

（1）十黑散主要适用于膀胱积热之尿血，以治标为主，病来势急暴、属于血热者，可作应急之用。血止之后，还当审因图本，进一步治疗。

（2）十黑散方中药物皆炒炭，但应注意存性，否则疗效不确。炒炭存性，指将药物表面炒黑，但以其内部尚呈深褐色为度。

秦艽散

（一）源流出处

出自明代喻仁、喻杰《元亨疗马集》。

（二）组成及用法

秦艽 30 克、蒲黄（炒）25 克、瞿麦 25 克、当归 25 克、黄芩 25 克、车前子 25 克、大黄 20 克、芍药 20 克、栀子 20 克、天花粉 25 克、甘草 15 克组方。上药共为末，开水冲调，候温灌服（原方为末，每服一两五钱，青竹叶煎汤一盏，同调，空草灌之。一方加红花）。

（三）功能主治

清热祛瘀、通淋止血。主治马尿血。症见尿血、溺血、努气弓腰、口色稍红、脉象沉滑。

（四）方义解析

秦艽散所治之尿血，为缘热积与血瘀。凡治者，宜澄源清流。清热祛瘀，可使源澄；利尿通淋，必致流清。方中黄芩、大黄、栀子、花粉清热，以凉血止血；当归、红花、芍药、蒲黄活血，以化瘀止血，如此热清瘀去则源自澄，为方中之主辅药。秦艽味苦辛性平，《神农本草经》载“下水利小便”，与瞿麦、车前共为佐药，均能利尿，以通淋止血，如此尿通利则流自清；甘草调和诸药，或加竹叶引经为使药。诸药合用，共奏清热祛瘀、通淋止血之功。

（五）临证应用

（1）秦艽散主要适用于膀胱积热之尿血。努伤尿血而兼有热者，亦可酌情应用。

（2）郑朝春用秦艽散治疗水牛血红蛋白尿症 6 例，均治愈［中兽医医药杂志，1985（3）：48］。

（3）《中兽医治疗学》中治马尿血的秦艽散（由秦艽、瞿麦、车前子、当归、黄芩、白芍、炒薄黄、栀子、大黄、泽泻、茵陈、二花组方）是对本方稍事加减而成，无论对于努伤还是膀胱积热的尿血，均有一定疗效。

（4）兽医崔涤僧治牛尿血，亦以本方为基础，加木通、黄连、生地、滑石、赤苓、连翘，减红花而成，名秦艽瞿麦散（见《中兽医诊疗经验》第四集第 266 页）。

槐花散

（一）源流出处

出自宋代许叔微所撰《普济本事方》。

（二）组成及用法

槐花（炒）、侧柏叶、荆芥穗 、枳壳（麸炒）各等份。上药经炮制后各研为细末，用清米饮调下 6 克，空腹时服。

动物用量：各药为末，开水冲调，候温灌下；亦可水煎服。马、牛每次服 50～100 克，猪、羊每次服 10～30 克。

(三)功能主治

清肠止血、疏风行气。主治肠风便血，症见血色鲜红，或粪中带血。

(四)方义解析

肠风下血，是由风邪热毒壅遏于肠胃血分、血渗肠道所致，治宜清肠止血，疏风利气。方中槐花清肠凉血，兼以止血，为君药；侧柏叶助槐花凉血止血，为臣药；君臣相合，凉血止血之功加强；荆芥穗疏风理血、辛散疏风，炒黑入血分，与上药相配，疏风理血，枳壳宽肠行气，顺遂肠胃腑气下行，共为佐使药。诸药合用，既凉血止血，又疏肠中风邪。现代研究证实，本方具有消炎、止血和抗菌作用。

《成方便读》曰："肠风者，下血新鲜，直出四射，皆由便前而来。或风客肠中，或火淫金燥，以致灼伤阴络，故血为之逼入肠中而疾出也。脏毒者，下血瘀晦，点滴而下，无论便前便后皆然。此皆由于湿热蕴结，或阴毒之气，久而酿成，以致守常之血，因留着之邪溃裂而出，则渗入肠中而泄矣……槐花禀天地至阴之性，疏肝泻热，能凉大肠；侧柏叶生而向西，禀金兑之气，苦寒芳香，能入血分，养阴燥湿，最凉血分之热；荆芥散瘀搜风；枳壳宽肠利气。四味所入之处，俱可相及，宜乎肠风、脏毒等病，皆可治耳。"。

(五)临证应用

(1) 槐花散主要适用于肠风便血。若大肠热盛，可加黄连、黄柏以清肠热；下血多时，可加地榆以加强清肠止血作用。

(2) 由于槐花散方中药性寒凉，故只宜暂用，不宜久服。便血日久，属气虚或阴虚者，则当慎用，使用时应加入补血之品，如《济生方》中的加减四物汤，即四物汤去芍药与本方合用，治肠风下血不止而阻血不足者。

(3)《抱犊集》治牛粪血及血痢症之三黄散（黄连、白术、槐花、川朴、诃子、黄芩、枳壳、青皮、黄柏、川书、归尾、地榆、桑白皮，葵花根煎水冲服)、《牛经切要》中治牛大便下血方（当归、白芍、川芎、生地、黄连、黄柏、黄芩、槐花、栀子)，均与本方有某些相似之处，临症应用时可以互参。

(六)加减化裁

(1) 槐花散去柏叶、荆芥，加当归、黄芩、防风、地榆，酒糊丸，名槐角丸，治同。

(2) 槐花散加当归、生地、川芎，入乌梅、生姜煎，名加减四物汤，治同。

(3) 槐花散除柏叶、枳壳，加当归、川芎、熟地、白术、青皮、升麻，亦名槐花散，又名当归和血散，治肠澼下血、湿毒下血。

(4) 槐花散除柏叶、枳壳，加青皮等分，亦名槐花散，治血痢腹不痛，不里急后重。

(5) 单用槐花、荆芥炒黑为末，酒服，亦治下血。

黄土汤

(一)源流出处

出自东汉张仲景《金匮要略》。

（二）组成及用法

甘草、干地黄、白术、附子（炮）、阿胶、黄芩各 9 克，灶心黄土 25 克。上药七味，用水 1.6 升，煮取 600 毫升，分二次温服。

动物用量：甘草 45 克、干地黄 45 克、白术 45 克、附子（炮）45 克、阿胶 45 克、黄芩 45 克、灶心黄土 500 克。先将灶心土水煎取汤，再煎其余药，去渣，候温灌服；或前五味药研末，用灶心黄土煎汤调灌。

（三）功能主治

温阳健脾、养血止血。主治脾阳不足、粪便下血。证见先便后血，或吐、衄，血色暗淡，四肢不温，口色淡，脉沉细无力。

（四）方义解析

黄土汤所治乃脾阳不足不能摄血所致的便血。治当温阳健脾、养血止血。原书云："下血，先便后血，此远血也，黄土汤主之。"。

方中灶心土（即伏龙肝）辛温而涩，能温中、收敛、止血，为君药；白术、附子温阳健脾，以复统摄之权为臣药；生地滋阴养血止血，既可补益阴血之不足，又可制白术、附子之温燥伤血，而生地、阿胶得白术、附子可避滋腻呆滞碍脾之弊，黄芩止血，又佐制温热药以免动血之用，共为佐药；甘草和药调中，为使药。诸药合用，刚柔相济、温阳止血而不伤阴、滋阴养血而不碍脾，共奏温脾止血之功。

《成方便读》云："凡人身之血，皆赖脾脏以为主持，方能统御一身，周行百脉，若脾土一虚，即失其统御之权，于是得热则妄行，得寒则凝塞，皆可离经而下，血为之不守也。此方因脾脏虚寒，不能统血，其色或淡白或瘀晦，随便而下。故以黄土温燥入脾，合白术、附子，以复健行之气；阿胶、地黄、甘草以益脱竭之血；而又虑辛温之品，转为血病之灾，故又以黄芩之苦寒防其太过。"。

（五）临证应用

(1) 黄土汤主要适用于脾阳虚之便血（慢性胃肠道出血）。著名中兽医徐自恭治牛粪血方（由伏龙肝 60 克、干姜炭 18 克、白术 24 克、阿胶 24 克、黄芩 18 克、熟香附 18 克、炙甘草 12 克组方），即本方去干地黄、附子，加熟香附、干姜炭而成。此方适用先便后血的远血。徐自恭另有一治"先血后便的近血"方（由地榆炭 60 克、赤小豆 60 克、当归 45 克组方）；此方即当归赤小豆散加地榆炭（见《中兽医诊疗经验》第五集第 123 页）。

(2) 甘肃省武威县中兽医李金如治牛便血的伏龙止红散（生地 30 克、丹皮 30 克、焦地榆 30 克、黄芩 24 克、炒白术 45 克、黑附片 9 克、甘草 15 克为末，用伏龙肝 500～1000 克煎水冲服），也是由黄土汤加减而成（见《中兽医治疗学》第 456 页）。

（六）加减化裁

使用时，若胃纳差，阿胶可改为阿胶珠，以减其滋腻之性；气虚甚者，可以人参以益气摄血；出血多者，酌加三七、炒地榆、炒蒲黄、白及、花蕊石、血余炭等止血之品，或加西药安络血、仙鹤草素、维生素 K 等。

仙鹤草散

（一）源流出处

出自裴耀卿老兽医所著《牛马病例汇集》。

（二）组成及用法

仙鹤草 60 克、阿胶 15 克、白及 21 克、侧柏叶 60 克、当归 24 克、生地 30 克、栀仁 24 克、麦冬 24 克。用时各药研末，鲜茅根 500 克煎水冲药灌服。

（三）功能主治

止血、清热，主治鼻衄，症见鼻孔流血、血色深红、口色红、脉数；或出血过多，则口色淡、脉沉细。

（四）方义解析

天气炎热或劳役过度，致使热邪积于心肺，上冲于鼻而衄血。治宜清热止血。仙鹤草散方中仙鹤草为止血之专药，可用于各种出血，为主药；阿胶补血止血，白及敛肺止血，侧柏叶凉血止血，共为辅药；当归活血而补虚，生地滋阴而凉血，栀子清热而止衄，麦冬滋阴而润肺，均为佐药；鲜茅根凉血止衄，为使药。诸药合用，共奏清热敛肺止血之功。

《中兽医治疗学》："仙鹤草功专止血；阿胶润肺滋养，且可止血；白及敛肺，促进血液凝固；麦冬清肺热；侧柏叶、鲜茅根疗肺热吐衄；当归补虚而养血；生地、栀仁退热凉血。仙鹤草散系由清热止血的药物组成，故可用于治疗鼻衄。"。

（五）临证应用

(1) 仙鹤草散主要适用于牛、马鼻衄。治急性鼻衄，除灌服本方外，还应将头部悬高，用冷水浇淋头部，或用冰片 1 克、血余炭 3 克，研细末吹入出血鼻中，可使血止。

(2)《牛马病例汇集》中另有一方，由鲜茅根 500 克、藕节 7 个、侧柏叶 120 克、仙鹤草 60 克组方，制方较小，也可用于治疗牛、马鼻衄。

云南白药

（一）源流出处

由云南民间医生曲焕章于 1902 年研制。

（二）组成及用法

云南白药配方保密。

刀枪、跌打诸伤，无论轻重，出血者用温开水送服；瘀血肿痛与未流血者用酒送服；妇科各症，用酒送服；但月经过多、崩漏用温开水送服。毒疮初起，服 0.25 克，另取药粉用酒调匀，敷患处；如已化脓，只需内服。其他内出血各症均可内服。口服，一次 1～2 粒，一日 4 次（2～5 岁按 1/4 剂量服用，6～12 岁按 1/2 剂量服用）。凡遇较重之跌打损伤可先服保险子 1 粒，轻伤及其他病症不必服。

动物用量：根据人用量，按体重比例折算。用法同。

（三）功能主治

云南白药可化瘀止血、活血止痛、解毒消肿。用于跌打损伤，瘀血肿痛，吐血、咳血、便血、痔血、崩漏下血，疮疡肿痛及软组织挫伤，闭合性骨折，支气管扩张及肺结核咳血，溃疡病出血，以及皮肤感染性疾病。

（四）临证应用

消化道出血。配合庆大霉素口服，用量根据人用量按体重折算。如是前部消化道出血，则口服；如后部直肠等出血，可将石榴皮或五倍子等鞣质含量高的药材煎浓汁后调云南白药，行深部灌肠。

注意，云南白药内服止血效果尚好，但据临床经验，开放性损伤外用云南白药后每次必化脓，且云南白药说明书未指明可外用于开放性损伤。恐为云南白药抗菌性能不佳之故。外用请慎重。

补络补管汤

（一）源流出处

出自清末民初张锡纯《医学衷中参西录》。

（二）组成及用法

生龙骨（捣细）30 克、生牡蛎（捣细）30 克、萸肉（去净核）30 克、三七（研细）6 克。龙骨、牡蛎先煎半小时，再下入山萸肉继续煎煮，滤出后作二煎，两煎合并后，将三七粉倒入，冲服。服之血犹不止者，可加赭石细末五六钱。

动物用量：根据人用量，按体重比例折算。用法同。

（三）功能主治

收涩止血。主治咳血、吐血，久治不愈者。

（四）方义解析

龙骨、牡蛎、萸肉，性皆收涩，又兼具开通之力，故能补肺络，与胃中血管，以成止血之功，而又不致遽止之患，致留瘀血为恙也。又佐以三七者，取其化腐生新，使损伤之处易愈，且其性善理血，原为治衄之妙品也。

（五）临证应用

(1) 可用于非血热动血所致咳血，吐血。也可用于久治不愈的便血。

(2) 本方去山萸肉加血竭、大黄、黄连、冰片，共同粉碎混合后，可作为外用散剂，用于皮肤损伤久不愈合。

（六）注意事项

血热动血慎用。

第九章 温里方剂

第一节 概 述

一般寒邪有表里之分，在表者宜使用解表方剂宣散解表，如寒邪在里，则使用温里方剂。凡以温热药物为主组成，具有温里除寒、回阳救逆、温经散寒作用，能祛除脏腑经络寒邪，治疗脾胃虚寒，经脉寒凝及亡阳欲脱等里寒症的一类方剂，统称为温里剂。在八法中属于“温法”。《素问》中所说“寒者热之”，《三农纪》中所说“凉者温之”等，即本类方剂的立方原则。

温里方剂主要用于里寒证。里寒证的成因，不外乎寒邪直中和寒从内生两个方面，故里寒证的治疗，均以温里祛寒而立法。寒为阴邪，易损阳气，寒邪直中亦多导致阳气不足，故本类方剂除以温热药物为主外，常需配合补养阳气的药物。临症则根据温里剂的不同作用，分为温里除寒、回阳救逆、温经散寒等三类。

本类方剂大多辛温燥热，临症应于时须辨清证之寒热，切勿投与热证或真热假寒证之患畜。此外，这类方剂的用量，不仅要因畜而施，还要注意季节等不同情况。如《医学心悟》中说：“若论其时，盛夏之月，温剂宜轻；时值隆冬，温剂宜重。”。

第二节 回阳救逆方剂

回阳救逆剂用于肾阳衰弱。主治阴寒内盛、阳气衰微、阳气欲脱等症。如属阳气衰微，阴寒内盛之四肢厥逆，症见精神萎靡、恶寒倦卧、呕吐腹痛、下利清谷、脉沉细或沉微，甚者出现冷汗淋漓、脉微欲绝，宜用附子、干姜、肉桂等辛热药物为主组成方剂，代表性回阳救逆剂如四逆汤，参附汤等。

四逆汤

（一）源流出处

出自东汉张仲景《伤寒论》。

（二）组成及用法

制附子 9 克、干姜 9 克、炙甘草 12 克。以水久煎后服用。

动物用量：马、牛用干姜 45 克、附子（生用）45 克、甘草（炙）60 克，水煎服。

（三）功能主治

回阳救逆。主治少阴病全身虚寒证及亡阳虚脱证。患畜主要表现四肢厥冷、口色淡青、脉微细。

（四）方义解析

《伤寒论》书云："少阴病，脉沉者，急温之，宜四逆汤……吐利汗出，发热恶寒，四肢拘急，手足厥冷者，四逆汤主之……既吐且利，小便复利而大汗出，下利清谷，内寒外热，脉微欲绝者，四逆汤主之。"。

四逆，又称四肢厥冷，为四肢由下而上冷至肘膝以上的症状。四肢为诸阳之末，阳气不足，阴寒内盛，则阳气不能敷布，以致四肢厥逆也。此为阳衰阴盛之证，非纯阳之品不能破阴寒而复阳气。方中附子大辛大热，归经少阴，温阳以祛寒，回阳救逆，为主药；干姜辛热，以增强温阳祛寒、回阳救逆之功，为辅药；炙草甘温，补脾胃而调诸药，为佐使药。三药合用，功专效宏，可速达回阳救逆之功，故名四逆汤。

据报道，四逆注射液对狗急性失血性休克，有明显的升压作用；对正常血压却无明显影响。四逆注射液能增强麻醉家兔心脏的收缩力，收缩振幅平均增加 63%，但对血压无明显影响［天津医学通讯 1972（11）：44］。

附子能使离体蛙心收缩力增强，而甘草、干姜均无这一作用；但附子加甘草，比单用附子更能增强心收缩力，附子加干姜，在一短暂的心收缩力加强之后，旋即消失强心作用，而三药合用组成本方，则可使心收缩力短暂下降后逐渐加强，在强度和持续时间上均超过附子。动物实验还证明，单用附子具有较大的毒性，但与甘草、干姜组成本方后，则毒性大为降低。小鼠毒性实验表明，二者的口服半数致死量相差 4.1 倍，单用一定量的附子能引起动物死亡，但附子和甘草，或附子与干姜配用煎煮，则可完全避免动物死亡［药学学报，1966（5）：350］。

实验研究发现，用小鼠热板法测定不同时程痛阈，发现四逆汤的镇痛效应强度与剂量呈正相关，镇痛效应半衰期为 6.84 小时。又用 ED_{50} 测定四逆汤抗大鼠蛋清性关节肿效应，推算得药物抗炎成分在大鼠体内 6 小时存留率是 0.69，抗炎药效半衰期为 11.35 小时［中国中药杂志，1992（2）：104］。

（五）临证应用

（1）四逆汤主要适用于阴盛阳衰之四肢厥冷。《医方论》云："四逆汤为四肢厥冷而设，仲景立此方以治伤寒之少阴病。若太阴之腹痛下利，完谷不化；厥阴之恶寒不汗，四肢厥冷者亦宜之。盖阴惨之气深入于里，真阳几微欲脱，非此纯阳之品，不足以破阴气而发阳光；又恐姜、附之性过于燥烈，反伤上焦，故倍用甘草以缓之。立方之法，尽美尽善……四逆者，必手冷过肘，足冷过膝，脉沉细无力，腹痛下利等象咸备，方可用之，否则不可轻投。"。

（2）《猪经大全》中用四逆汤治"猪病疟证"，并非疟原虫引起的疟疾，而是阴盛阳伏，病猪寒战似疟的病证。《猪经大全注释》中说："猪患此病，多在久病体虚，久痢久泻，便血尿血等慢性消耗性疾病，致真阳耗损，心力衰竭的情况下发生。症见耳鼻俱冷，四肢厥逆，恶寒发抖，卧懒蜷动，小便清白，脉沉细欲绝。”。

（六）加减化裁

（1）通脉四逆汤（见《伤寒论》） 由炙甘草二两、附子大者一枚（生用，去皮破八片）、干姜三两组方，上三味，以水三升，煮取一升二合，去滓，分温再服，其脉即出者愈。此方功能回阳通脉，主治少阴病，下利清谷，里寒外热，手足厥逆，脉微欲绝，身反不恶寒，口色赤，或利止，脉不出等。若“吐已下断，汗出而厥，四肢拘急不解，脉微欲绝者。”，加猪胆汁半合（5 毫升），名通脉四逆加猪胆汁汤，“分温再服，其脉即来。无猪胆，以羊胆代之。”。

（2）四逆加人参汤（见《伤寒论》） 即四逆汤加人参一两，用法同四逆汤。功能回阳益气、救逆固脱。主治阴寒内盛四肢厥逆、恶寒踡卧、脉微而复自下利、利虽止而余证仍在者。

（3）白通汤（见《伤寒论》） 由葱白四茎、干姜一两、附子一枚，（生，去皮破八片）组方，以水三升，煮取一升，去滓，分温再服，功能通阳破阴，主治少阴病、下利脉微者。若利不止、厥逆无脉、干呕烦者，加猪胆汁一合（5 毫升）、人尿五合（25 毫升），名白通加猪胆汁汤。

参附汤

（一）源流出处

出自宋代严用和《济生续方》，或宋代官修医书《圣济总录》。

（二）组成及用法

人参四钱（12 克）、附子炮去皮三钱（9 克）。二药水煎服。每日 1 剂。

动物用量：根据人用量，按体重比例折算。用法同。

（三）功能主治

回阳、益气、救脱。主治元气大亏、阳气暴脱。患畜表现四肢厥逆、汗出、呼吸微弱、脉微等。

（四）方义解析

阳气暴脱，病症垂危，非急救固脱；不能立挽危难。故本方以大温大补立法。方中人参甘温力宏，大补元气，以固后天；附子大辛大热，温壮元阳，以补先天。二药相须；具有上助心阳、下补肾命、中补脾土的作用。用之得当，药效迅速，是抢救垂危证之良方。

《删补名医方论》曰：“补后天之气无如人参，补先天之气无如附子，此参附汤之所由立也。二藏虚之微甚，参附量为君主。二药相须，用之得当，则能瞬息化气于乌有之乡，顷刻生阳于命门之内，方之最神捷者也。”。

（五）临证应用

（1）本方大温大补，为回阳固脱的代表方剂，可用于阳气暴脱、冷汗厥逆之症。

（2）临症见心力衰竭、休克、虚脱等属于阳气暴脱者，可酌情应用本方。

（六）加减化裁

回阳救急汤（见《伤寒六书》），由熟附子、干姜、肉桂、人参、白术、茯苓、陈皮、炙草、五味子、制半夏、麝香组方。功能回阳救逆、益气生脉，主治阴寒内盛、阳气衰微，患者表现四肢厥冷、恶寒踡卧、腹痛吐泻、舌淡、脉微细等症。此方即四逆汤、六君子汤合方，再加麝香、肉桂、五味子所组成，其回阳救逆、益气生脉之力较参附汤大。根据山东省畜牧兽医学校经验，回阳救急汤可用于大家畜重症肠炎后期（正气虚脱型）。此外，《猪经大全》中所载治“猪病疟症”之方，即本方减去人参、甘草、麝香。

真武汤

（一）源流出处

出自东汉张仲景《伤寒论》。

（二）组成及用法

茯苓三两（9克）、芍药三两（9克）、白术二两（6克）、生姜三两（9克）、熟附子一枚（9克）。用时水煎，去渣，候温灌服。每日1剂。

动物用量：根据人用量，按体重比例折算。用法同。

（三）功能主治

温阳利水。主治肾阳衰微，虚寒水肿。患畜表现四肢浮肿、沉重，小便不利，恶寒踡卧，舌淡，脉细沉。

（四）方义解析

真武汤主治肾阳虚衰，水气为患，为温阳化气利水的代表方剂。欲利水当先温肾，故方中附子大辛大热，温壮肾阳、化气行水，为主药；水制在脾，故配茯苓、白术健脾渗湿利水，为辅药；白芍疏肝止痛、养阴利水，并缓和附子之辛燥，生姜辛温，既可协附子温阳化气，又能助苓、术温中健脾，共为佐使药。诸药合用，共成暖肾健脾疏肝、温阳化气利水之剂。

《名医方论》云：“真武一方，为北方行水而设。用三白者，以其燥能制水。淡能伐邪而利水，酸能泻肝木以疏木故也。附子辛温大热，必用为佐者，何居？盖水之所制者脾，水之所行者肾也。肾为胃关，聚水而从其类，倘肾中无阳，则脾之枢机虽运，而肾之关门不开，水虽欲行，孰为之主？故脾家得附子，则火能生土而水有所归矣；肾中得附子，则坎阳鼓动，而水有所摄矣。更得芍药之酸，以收肝而敛阴气，阴平阳秘矣。若生姜者，并用以散四肢之水气而和胃也。”。

《医方集解》云：“真武北方之神，一龟一蛇，司水火者也，肾命象之。此方济火而利水，故以名焉。”。

据中医临床报道，用真武汤加丹参、红花等，治疗充血性心力衰竭30例，与同期使用强心利尿西药50例对照，结果该方对心肾功能均有显著改善，对机体内环境（如血钠、钾、氯、血浆渗透压、血糖、尿素氮、血液pH值）均无明显改变。提示该方对机体内环境干扰甚小。对照组对心率、尿渗透压的改善，只接近显著，远不如中药组稳定，且在治疗中极易发生水、电解质紊乱，酸碱代谢失衡，血浆渗透压改变等［中西医结合杂志，1984（4）：

589]。

（五）临证应用

(1) 真武汤主要适用于肾阳虚寒之水肿。凡肾性水肿、心性水肿，属于脾肾阳虚者，可酌情应用本方。

(2) 据《伤寒论》记载，真武汤用治“太阳病，发汗，汗出不解，其人仍发热，心下悸，头眩，身瞤动，振振欲擗地者。”。此为汗后亡阳，表里上下俱虚的症候，故用真武汤回阳救逆。

(3) 在某些中毒性水肿的辨证施治中，也可应用真武汤。如牛的霉稻草中毒；青杠叶中毒等［中国兽医杂志，1979（1）：16-18］。

麻黄附子细辛汤

（一）源流出处

出自南宋成无己《注解伤寒论》。

（二）组成及用法

麻黄二两（6 克），细辛二两（3 克），附子一枚（9 克）。上药三味以水一斗，先煮麻黄，减二升，去上沫，内诸药，煮取三升，去滓，温服一升，日三服。

动物用量：根据人用量，按体重比例折算。用法同。

（三）功能主治

助阳解表。治素体阳虚、复感寒邪，症见发热恶寒、寒重热轻、头痛无汗、四肢不温、神疲欲卧、舌质淡、苔薄白、脉沉细。

（四）方义解析

本方辛温解表药与温里助阳药配合，从而成为助阳解表方剂，麻黄为君药，发汗解表散寒；附子温肾经散寒、补助阳气不足，用之温肾助阳，为臣药；麻黄行表以开泄皮毛，逐邪于外；附子在里以振奋阳气，鼓邪于外，二药配合，相辅相成，既能鼓邪外出，又无过汗伤阳之虞，为助阳解表的常用组合。细辛既能祛风散寒、助麻黄解表，又能鼓动肾中真阳之气，协附子温里，为佐药。三药并用，补散兼施，使外感风寒之邪得以表散，在里之阳气得以维护，则阳虚外感可愈。

（五）临证应用

(1) 治阳虚外感。动物平素阳虚复感寒邪、气血疏通不利，见喜暖恶寒、四末不温、嗜睡乏力、舌淡、脉沉细。见上述证候者。

(2) 犬肺肿瘤病例无明显症状期多可运用本方加减治疗。

（六）注意事项

本方为燥热疏通方剂，阴亏血虚者慎用。

第三节 温里除寒方剂

温里除寒方剂，用于寒邪入里而兼有气滞者，主要适用于寒伤脾胃，患畜表现鼻寒耳冷、角基不温、肠鸣腹痛，或泻粪清稀、口色淡、脉沉迟等症状。此外，肾为寒水之脏，也易受寒邪侵袭，而出现腰胯寒伤、肾阳虚衰之证，治宜温肾散寒也属于温里除寒之列。故这类方剂又包括温中除寒和温肾散寒两方面。治宜辛温发散药与养血通脉之品合用，以温通经络、祛除寒邪。常用温热药为方中的主要药物，如干姜、肉桂、茴香、吴茱萸等。代表方剂如桂心散、理中汤、茴香散等。

桂心散

（一）源流出处

出自明代喻仁、喻杰《元亨疗马集》。

（二）组成及用法

桂心 20 克、青皮 20 克、白术 25 克、厚朴 20 克、益智仁 20 克、干姜 25 克、当归 20 克、陈皮 25 克、砂仁 20 克、甘草 15 克、五味子 15 克、肉豆蔻 20 克。用时研末，开水冲调，候温灌服（原方为末，每服二两，飞盐半两、青葱三根、酒一升，同煎灌之）。

（三）功能主治

温中除寒、理气健脾。主治马脾胃寒伤。患畜表现鼻寒耳冷、口流清涎、不思水草，或泄泻，或腹痛，口色淡白、脉象沉迟。

（四）方义解析

桂心散为马脾胃寒伤所设。方中桂心（即肉桂）、干姜大辛大热，温中散寒，为主药；益智仁、砂仁温中理气，青皮、陈皮、厚朴理气开胃，当归活血，均为辅药；白术、甘草、五味子、肉豆蔻健脾温中，为佐药；引用盐、葱、酒以助药力，为使药。诸药合用，共奏温中除寒、理气健脾之功。

（五）临证应用

(1) 桂心散主治马脾胃寒。《元亨疗马集》中说："良马因何脾胃寒，只缘冷水过多餐，毛焦鼻冷浑身颤，脉行迟细口如绵。"。脾胃有寒，见证不一。无论胃寒不食、寒泻、冷痛等，均可酌情应用本方。

(2) 在《蕃牧纂验方》中，另有一个桂心散，主治马冷饮过多、伤脾作泻。其方由桂心、厚朴、当归、细辛、青皮、牵牛、陈皮、桑白皮组成，与桂心散大同小异。

(3)《元亨疗马集》八证论中治马寒证的三圣散（干姜、白术、厚朴）与本方比较，方剂大小不同，立法原则一致。

理中丸

（一）源流出处

出自东汉张仲景《伤寒论》。

（二）组成及用法

人参、干姜、甘草炙、白术各三两（9克）。上四味，捣筛，蜜和为丸，如鸡子黄许大（9克）。以沸汤数合，和一丸，研碎，温服之，日三四服，夜二服。腹中未热，益至三四丸，然不及汤。汤法：以四物依两数切，用水八升，煮取三升，去滓，温服一升，日三服。服汤后，如食顷，饮热粥一升许，微自温，勿发揭衣被。现代用法：上药共研细末，炼蜜为丸，重9克，人每次1丸，温开水送服，每日2～3次。或作汤剂，水煎服，用量酌定。

动物用量：根据人用量，按体重比例折算。用时煎汤，候温灌服，或研末冲服。

（三）功能主治

温中除寒、补气健脾。主治脾胃虚寒。患畜表现鼻寒耳冷、体瘦毛焦、草料减少、肠鸣如雷，或呕吐，或腹痛，或泄泻，口色淡、脉沉迟无力。

（四）方义解析

理中丸主治脾胃虚寒证。既属虚寒，非补则虚损不复，非温则寒湿不除，故以温补立法。原书云："寒多不用水者，理中丸主之……胸上有寒，当以丸药温之，宜理中丸。"。方中人党（每用党参）甘温火脾、补中益气、强壮脾胃，为主药；干姜辛热、温中扶阳，为辅药；脾虚则生湿，故以甘苦温之白术为佐药，燥湿健脾；甘草补中扶正，调和诸药为使药。诸药配合，共成温中散寒、补气健脾之剂。

《名医方论》云："阳之动始于温，温气得而谷精运，谷气升而中气赡，故名曰理中。实以燮理之功，予中焦之阳也。若胃阳虚即中气失宰，膻中无宣发之用，六腑无洒陈之功，犹如釜薪失焰，故下至清谷，上失滋味，五脏凌夺，诸症所由来也。参、术、炙草，所以固中州，干姜辛以守中，必假之以焰，釜薪而腾阳气，是以谷入于阴，长气于阳，上输华盖，下摄州都，五脏六腑，皆以受气矣，此理中之旨也。"。

《医方考》云："太阴者，脾也，自利渴者为热，不渴者为寒。脾喜温而恶寒，寒多故令呕。寒者，肃杀之气，故令腹痛。便溏者，后便如鸭之溏，亦是虚寒所致。霍乱者，邪在中焦，令人上吐下泻，手足挥霍而目缭乱也。霍乱有阴阳二证，此则由寒而致故耳。病因于寒，故用干姜之温；邪之所凑，其气必虚，故用人参、白术、甘草之补。"。

通过小鼠耐寒实验，结果表明，理中丸加附子能增强小鼠的耐寒能力。对醋酸引起的小鼠腹痛有显著的镇痛作用。对家兔离体肠管活动的影响比较复杂，可明显拮抗肾上腺素所致的回肠运动，抑制乙酰胆碱所致回肠痉挛［中成药，1990（5）：25］。

（五）临证应用

（1）理中丸方亦可作汤剂服用，即理中汤，适用于脾胃虚寒引起的草料减少、呕吐、腹痛、泄泻等症。马、牛用人参、干姜、甘草（炙）、白术各30克，煎汤灌服。可根据病情适当加减。如原方加减法云："吐多者，去术，加生姜三两；不多者，还用术……渴欲得水者，加本足前成四两半；腹中痛者，加人参足前成四两半；寒者，加干姜足前成四两半；腹满者，去术，加附子一枚。”。中焦寒盛者，本方可以干姜为主药；虚寒俱重者，则参、姜均宜重用，皆为主药。

(2) 有用理中汤加黄连、茯苓（名连理汤）治疗牛急性肠炎（湿热下泻）18例，牛慢性胃肠炎（脾虚寒污）41例，仔猪白痢97例，取得了较好疗效［中国兽医杂志，1980(9)：39］。

(3) 山西省上党区宋俊杰治马“心寒口吐清涎”的姜附汤（由干姜12克、肉桂12克、当归15克、熟附子9克、党参30克、没药9克、白术12克、炙甘草8克、醋香附15克组方，共为细末内服），实际上就是桂附理中汤加当归、没药、香附而成。

（六）加减化裁

(1) 附子理中丸（见《和剂局方》）为理中汤加附子而成。由附子（制）100克、党参200克、白术（炒）150克、干姜100克、甘草100克组方，市售蜜丸剂，每丸重9克，适用于脾肾阳虚之阴寒重症。功能温中健脾，用于脾胃虚寒、脘腹冷痛、呕吐泄泻、四肢不温。主要有镇痛、调节肠道运动、增强体力和抗寒能力、提高免疫功能等作用。兽医临床可用于小动物虚、寒泻痢，可配人参归脾丸。

(2) 附子理中丸再加肉桂，即附桂理中汤（见《三因方》），其回阳祛寒之力更大。附桂加枳实、茯苓，炼蜜为丸，名枳实理中丸，理中焦、除痞满、逐痰饮、止腹痛。附桂理中汤倍甘草加桂枝，名桂枝人参汤（见《伤寒论》），主治脾胃虚寒兼有外感表寒证者。

茴香散

（一）源流出处

出自明代喻仁、喻杰《元亨疗马集》。

（二）组成及用法

茴香30克、川楝子25克、青皮20克、葫芦巴25克、破故纸25克、陈皮20克、官桂20克、木通15克、巴戟天25克、黑丑15克、荜澄茄25克、肉豆蔻20克、细辛10克、藁本20克、当归25克。用时研末，开水冲调，候温灌服。可用盐、酒为引。

（三）功能主治

温肾散寒、祛湿止痛。主治寒伤腰胯。患畜表现腰脊紧硬、难移后脚。

（四）方义解析

茴香散为寒伤腰胯，冷拖后腿而设。腰为肾府，故寒伤腰胯治宜温肾壮阳。方中茴香辛温，温肾散寒、理气止痛，为主药；细辛、藁本、荜澄茄、官桂、肉豆蔻除寒，葫芦巴、破故纸、巴戟天助阳，均为辅药；当归活血，青陈皮、川楝子理气，木通、黑丑利温，均为佐药；盐下行入肾，酒散寒通络为使药。诸药合用，共奏温肾散寒、祛湿止痛之功。

（五）临证应用

(1) 茴香散以温肾散寒为主，可用于寒伤腰胯，即后躯的痹证。但痹证有风、寒、湿偏胜之不同，本方所治为寒胜的痛痹；若为湿胜的痛痹则应以羌独活、秦艽、苍术之类为主，临证时需斟酌。

(2)《元亨疗马集》“七十二大症”一节中另有一个茴香散，亦治马冷拖后腿，与本茴香散相比，少官桂、肉豆蔻、藁本、当归，多甜瓜子。其适应症为：“令兽蹲腰无力，腿直如杆，牵拽不动，行走艰辛，此谓肾冷之症也。”

此外，《蕃牧纂验方》、《元亨疗马集》中尚有多个以茴香散为名的方剂，功效和主治略同。

（六）加减化裁

金铃散（见《元亨疗马集》）由肉桂 30 克、没药 30 克、当归 30 克、槟榔 15 克、茴香 30 克、防风 20 克、荆芥 15 克、苁蓉 30 克、木通 20 克、川楝子 30 克、荜澄茄 25 克、肉豆蔻 20 克、白附子 15 克组方，用时为末，开水冲调，候温灌服。功能温肾祛湿，活血止痛，亦治马肾冷拖腰。临症应用时，可以与茴香散互参。

小建中汤

（一）源流出处

出自东汉张仲景《伤寒论》。

（二）组成及用法

桂枝三两（9 克）、芍药六两（18 克）、甘草（炙）二两（6 克）、生姜三两（9 克）、大枣十二枚（6 枚）、饴糖一升（30 克）。

上药六味，以水七升，煮取三升，去滓，放入饴糖，再放火上使之消融，温服一升。日三服。

动物用量：根据人用量，按体重比例折算。用时水煎去渣，加入饴糖，候温灌服。或研末冲服。

（三）功能主治

温中补虚、和里缓急，主治虚寒腹痛。患畜表现不时腹痛、肠鸣，恶寒喜暖，蜷卧，体瘦毛焦，口色淡，脉沉迟无力。

（四）方义解析

《伤寒论》书云：“伤寒，阳脉涩，阴脉弦，法当腹中急痛，先与小建中汤，不差者，小柴胡汤主之……伤寒二三日，心中悸而烦者，小建中汤主之。”。

虚寒腹痛，理应温中补虚。方中饴糖甘温火脾，可温中补虚、和里缓急，为主药；桂枝温阳气、芍药养阴血，均为辅药；其中芍药倍量，合炙草，为芍药甘草汤（见《伤寒论》），具有缓急止痛之功。又以生姜之辛温，炙草、大枣之甘温为佐使，既可加强温中补虚的作用，又能调和诸药。小建中汤是由桂枝汤倍芍药、重加饴糖所组成。然其理法与桂枝汤有别。桂枝汤是以桂枝为主，具有外解太阳、调和营卫的作用；本方则是以饴糖为主，一变而为温中补虚之剂。

《伤寒论今释》云：“古人称脾胃为中州，胃主消化，脾主吸收，其部位在大腹，故药之治腹中急痛者，名曰建中汤。建中者，建立脾胃之谓。”“大建中汤药力猛，此则极缓，故曰小。”。

《伤寒明理论》云：“脾者，土也，应中央，处四藏之中，为中州，治中焦，生育荣卫，通行津液。一有不调，则荣卫失所育，津液失所行，必以此汤温建中藏，是以建中名焉。胶饴味甘温，甘草味甘平，脾欲缓，急食甘以缓之。建脾者，必以甘为主，故以胶饴为君，甘草为臣。桂辛热，辛，散也，润也，荣卫不足，润而散之。芍药味酸微寒，酸，收也，泄也，津液不逮，收而行之；是以桂、芍药为佐。生姜味辛温，大枣味甘温，胃者卫之源，脾者荣之本，《黄帝针经》曰：'荣出中焦，卫出上焦'是矣。卫为阳，不足者益之，必以辛；荣为阴，不足者补之，必以甘；辛甘相合，脾胃健而荣卫通，是以姜枣为使。或谓桂枝汤解表而芍药数少，建中汤温里而芍药数多。殊不知二者远近之制，皮肤之邪为近，则制小其服也，桂枝汤芍药佐桂枝同用散，非与建中同体尔。心腹之邪为远，则制大其服也，建中汤芍药佐胶饴以健脾，非与桂枝同用尔。"。

《内经》曰："近而奇偶，制小其服，远而奇偶，制大其服，此之谓也。"。

（五）临证应用

小建中汤可酌情应用于虚寒腹痛，如老弱家畜腹内寒痛，产后腹内寒痛等。马、牛用量：桂枝（去皮）30 克、甘草 15 克、大枣（擘）20 克、芍药（酒炒）60 克、生姜（切）45 克、饴糖 100 克。

（六）加减化裁

（1）黄芪建中汤（见《金匮要略》），即小建中汤加黄芪一两半，用法同小建中汤，能温中补气、和里缓急。主治虚劳里急，诸不足。

（2）当归建中汤（见《千金翼方》），为小建中汤加当归四两，用法同小建中汤。功能温补气血、缓急止痛。主治产后腹痛、产后虚羸、腹中疼痛、呼吸少气。

（3）大建中汤（见《金匮要略》），由川椒 15 克、干姜 25 克、人参 45 克、饴糖 100 克组方，水煎服或研末冲服，功能温中补虚、降逆止痛。主治腹痛、呕吐之症属中阳虚弱者，其温补功能较小建中汤强。

第四节　温经散寒方剂

温经散寒方剂，主要适用于阳气不足、经脉受寒、血脉运行不畅，患畜表现四末厥寒、肢体痹痛，或发为阴疽等。温经散寒剂常用温经散寒、养血通脉之药为方中的主要药物，如当归、熟地、桂枝、炮姜等。温经散寒剂代表方剂当归四逆汤、阳和汤。

当归四逆汤

（一）源流出处

出自东汉张仲景《伤寒论》。

（二）组成及用法

当归 12 克、桂枝 9 克、芍药 9 克、细辛 3 克、通草 6 克、大枣 25 枚、炙甘草 6 克。上药七味以水 8 升，煮取三升，去渣，温服一升，日 3 次。

动物用量：根据人用量，按体重比例折算。用法同。

（三）功能主治

温经散寒、养血通脉。主治血虚受寒。患畜表现四肢厥冷、四色淡、脉微细。

（四）方义解析

《伤寒论》书云："手足厥寒，脉细欲绝者，当归四逆汤主之。"。血虚受寒，既要温经散寒，又要养血通脉。当归四逆汤以桂枝汤去生姜，倍大枣，加当归、细辛、木通组成。素体血虚，故用甘温之当归温补肝血，为主药；桂枝温通经脉，芍药养血和营，为辅药，主辅合用，则成养血疏肝温通之法；细辛通血脉、散寒邪，为佐药；木通协诸药通血脉，大枣、炙甘草补脾气而调诸药，为使药。诸药合用，共奏温补通脉之功。

成无已在《注解伤寒论》中说："手足厥寒者，阳气外虚，不温四末，脉细欲绝者，阴血内弱，脉行不利，与此汤复阳生阴。"。

《古今名医方论》云："此厥阴初伤于寒，发散表寒之剂。凡厥阴伤寒，则脉微而厥，以厥阴为两阴之交尽，又名阴之绝阳，伤于寒，则阴阳之气不相顺接，便为厥，厥者，手足逆冷是也。然相火寄于厥阴之脏，经虽寒而脏不寒，故先厥者后必发热，所以伤寒初起，见其手足厥冷，脉细欲绝者，不得遽认为虚寒而用姜、附耳。此方取桂枝汤，君以当归者，厥阴主肝为血室也；倍加大枣者，肝苦急，甘以缓之，即小建中加饴法；肝欲散，急食辛以散之，细辛甚辛，通三阴气血，外达于毫端，力比麻黄，用以代生姜，不欲其横散也，与麻黄汤不用同义；通草能通关节，用以开厥阴之阖。当归得芍药生血于中，大枣同甘草益气于里，桂枝得细辛而气血流经。缓中以调肝，则营气得至太阴，而脉自不绝；温表以逐邪，则卫气得行四末，而手足自温。不须参、苓之补，不用姜、附之峻，此厥阴四逆，与太、少不同治，仍不失辛甘发散之理，斯为厥阴伤寒表剂欤!"

以四逆命名的方剂，有四逆汤、四逆散、当归四逆汤，虽同名"四逆"，而理法各异。四逆汤回阳救逆，四逆散和解表里，当归四逆汤养血通脉，临症应用，应当区别。

（五）临证应用

(1) 当归四逆汤既能养血通脉，又能温经散寒，主要用于血虚有寒的四肢厥冷、肢体痹痛等证。马、牛用量：当归 45 克、桂枝 45 克、芍药 45 克、细辛 39 克、甘草（炙）30 克、木通 30 克、大枣 25 枚。用时水煎，去渣，候温灌服。

(2) 冻疮，无论初起、未溃或溃久，均可酌情运用当归四逆汤。

（六）加减化裁

当归四逆汤用于治疗后躯疼痛属血虚寒凝者，可酌加续断、牛膝、鸡血藤、木瓜等活血祛瘀之品；加吴茱萸、生姜，又可治本方证内有久寒，兼有水饮呕逆者。

阳和汤

（一）源流出处

出自清代王洪绪《外科证治全生集》。

（二）组成及用法

熟地一两（30 克）、肉桂一钱去皮研粉（3 克）、麻黄五分（2 克）、鹿角胶三钱（9 克）、白芥子二钱（6克）、姜炭五分（2克）、生甘草一钱（3克）。以上八味共为细末，人每次开水送服一钱（3克），每日2次。

动物用量：根据人用量，按体重比例折算。用时为末，开水冲调，候温灌服。或煎汤服。

（三）功能主治

补血温阳、散寒通滞。主治阴疽。患部漫肿无头、皮色不变、不热、舌淡、脉沉细或迟细。

（四）方义解析

阴疽为慢性虚寒之疮痈，治宜补血温阳、散寒通滞。阳和汤方中熟地温补营血，为主药；鹿角胶性温，为血肉有情之品，生精补随、养血助阳、强壮筋骨，为辅药。姜炭、肉桂破阴和阳、温经通脉。麻黄、白芥子通阳散滞而消痰结，合用能使血气宣通，又能使熟地、鹿角胶补而不腻，补养之中而寓有温通，均为佐药；甘草生用，解脓毒而调诸药，为使药。诸药合用，具有补血温阳、宣通血脉、散寒祛痰之功，用于阴疽之证，犹如离照当空，明霾自散，可化阴凝而使阳和，故以“阳和”名之。

《外科症治全生集·阴疽治法》云：“夫色之不明而散温者，乃气血两虚也；患之不痛而平塌者。毒痰凝结也。治之之法，非麻黄不能开其腠理，非肉桂、炮姜不能解其寒凝，此三味虽酷暑不可缺一也。腠理一开，寒凝一解，气血乃行，毒亦随之消矣。”。

《成方便读》云：“夫痈疽流注之属于阴寒者，人皆知用温散立法矣；然痰凝血滞之症，若正气充足者，自可运行无阻。所谓邪之所凑，其气必虚，故其所虚之处，即受邪之处。病因于血分者，仍必从血而求之。故以熟地大补阴血……又以鹿角胶有形精血之属以赞助之；但既虚且寒，又非平补之性可收速效，再以炮姜之温中散寒，能入血分，引领熟地、鹿胶直入其地，以成其功；白芥子能去皮里膜外之痰，桂枝入营，麻黄达卫，共成解散之勋，以宣熟地、鹿角之滞；甘草协和诸药。”。

（五）临证应用

(1) 阳和汤适用于治疗明证疮疡。阴寒证大多兼虚，阴证疮疡又有气虚、血虚、气血两虚之分。本方是对血虚寒凝而设，如兼气虚，则需加入党参、黄芪之类以补气。

(2) 凡慢性淋巴腺炎、骨结核、风湿性关节炎、肌肉深部脓疡等属血虚寒凝者，均可酌情应用阳和汤。

(3) 阳和汤治阴证，凡疮疡红肿热痛，或阴虚有热，或疽已破溃者，均不宜用。

（六）加减化裁

小金丹（见《外科证治全生集》）由白胶香、制草乌、五灵脂、地龙、木鳖各一两五钱乳香（去油）、没药（去油）、归身（酒炒）各七钱五分，麝香三钱，墨炭一钱二分组方。上药各研细末，用糯米粉一两二钱，同上糊厚，千槌打融为丸，如芡实大，每料约二百五十丸，临用陈酒送下一丸，醉盖取汗。如流注将溃及溃者，以十丸均作五日服完，以杜流走不定，可绝增入者。但丸内有五灵脂与人参相反，不可与有参之药同日而服。小金丹功能化痰除湿、祛瘀通络，主治寒湿痰瘀所致流注、痰核、瘰疬、乳岩、附骨疽等病，初起肤色不变，肿硬作痛者。原书使用本方，常与阳和汤并进，或交替使用。但此方较阳和汤药力峻猛，唯体实者相宜，正虚者不可用，孕畜忌用。

第十章 祛湿方剂

第一节 概 述

祛湿方剂以化湿、燥湿或利湿之类的药物为主组成，具有化温利水、通淋泄浊作用，用以治疗湿邪引起的水肿、淋浊、痰饮、泄泻等病证。

湿性重浊黏腻，能阻塞气机、形成实邪，导致疾病不易速愈。湿邪为病，有外湿、内湿之分。外湿指外部湿邪侵袭，因淋雨渍水、久处阴湿之处而发病，多在体表经络、肌肉关节，症见恶寒发热、肢体痹痛或浮肿等。内湿为脾阳失运、湿从内生，常由过食甘腻、生冷引起，症见胀满、泻痢、黄疸、水肿等。但外湿与内湿往往相互错杂，不能截然分开。

患畜体质有强弱、邪气有兼杂，故病情又有寒化、热化、属虚、属实以及兼风、挟暑等复杂变化。因此治湿的方法有很大差别。大抵湿邪在外在上者，可表散以解之，在内在下者，可芳香苦燥以化之，或甘淡渗湿以利之；湿从寒化，宜温阳化湿；湿从热化，宜清热利湿；水湿壅盛，可攻逐水湿。

本节主要介绍芳香化湿、清热祛湿、利水渗湿、祛风胜湿四类方剂。

祛湿方剂使用时当注意以下事项：

（1）“湿”之与“水”，异名同类，湿为水之渐，水为湿之积。一身之中，主水在肾，制水在脾，调水在肺，故水湿为病，与肺、脾、肾三脏有密切关系。脾虚则生湿，肾虚则水泛，肺失宣降则水精不布，所以在治疗中须密切联系脏腑、辨证施治。此外，三焦、膀胱亦与水湿有关，三焦气阻则决渎无权，膀胱不利则尿道不通，因而畅三焦之机、化膀胱之气，均可使水湿有其去路。

（2）湿性重浊黏腻，易于阻碍气机，故祛湿剂中，又往往配伍理气药，此即“气化则湿亦化”之理。

（3）祛湿剂多属辛香温燥或淡渗之品，易耗伤阴津。对年老体弱、病后阴亏津枯者，以及孕畜等均应慎用。

第二节　芳香化湿方剂

芳香化湿方剂，主要用于湿浊内盛、脾失健运，患畜表现草料减少、大便溏泄、呕吐、肚腹胀满、舌苔白而厚腻、脉濡缓等症状。组方常以芳香化湿或苦温燥湿之物为主（如藿香、苍术、陈皮等），配伍理气、消导或解表药为辅而成。代表方剂如平胃散、藿香正气散等。

藿香正气散

（一）源流出处

出自宋代官修成方药典《太平惠民和剂局方》。

（二）组成及用法

大腹皮、白芷、紫苏叶各 10 克，半夏曲、白术、陈皮（去白）、厚朴（去粗皮，姜汁炙）、苦桔梗各 12 克，藿香 30 克，甘草炙 3 克。上药为细末，每服二钱，水一盏，姜三片，枣一枚，同煎至七分，热服，如欲出汗，衣被盖。

动物用量：马、牛用藿香 90 克、紫苏 30 克、白芷 30 克、大腹皮 30 克、茯苓 30 克、白术 60 克、半夏曲 60 克、陈皮（去白）60 克、厚朴（姜汁炙）60 克、苦桔梗 60 克、炙甘草 75 克。共为末，每次 50～150 克，生姜、大枣煎水冲调，候温灌服；亦可水煎灌服。

（三）功能主治

解表化湿、理气和中。主治外感风寒、内伤湿滞。患畜表现发热恶寒、肚腹胀满、肠鸣泄泻，或呕吐、舌苔白腻等。

（四）方义解析

《太平惠民和剂局方》云："治伤寒头痛，憎寒壮热，上喘咳嗽，五劳七伤，八般风痰，五般膈气，心腹冷痛，反胃呕吐，气泻霍乱，脏腑虚鸣，山岚瘴疟，遍身浮肿，妇人产前产后，血气刺痛，小儿疳伤，并宜治之。"。

藿香正气散证乃外感风寒、内伤湿滞，以致肌表不疏、脾运失常所致，但重点在内伤湿滞。是以方中藿香用量偏重，以其既能辛散风寒，又能芳香化浊，且兼升清降浊，善治霍乱，为君药。配以苏叶、白芷辛香发散，助藿香外解风寒，兼可芳化湿浊；半夏、陈皮燥湿和胃，降逆止呕；白术、茯苓健脾运湿，和中止泻；厚朴、腹皮行气化湿，畅中除满，共为臣药；桔梗宣肺利膈，既利于解表，又益于化湿；生姜、大枣、甘草调和脾胃，且和药性，为佐使药。诸药相伍，使风寒外散、湿浊内化、清升浊降、气机通畅，诸症自愈。藿香正气散重在化湿和胃，以恶寒发热、上吐下泻、舌苔白为证治要点。

《医方考》曰："凡受四时不正之气，憎寒壮热者，此方主之。风寒客于皮毛，理宜解表。四时不正之气由鼻而入，不在表而在里，故不用大汗以解表，但用芳香利气之品以主之。白芷、紫苏、藿香、陈皮、腹皮、厚朴、桔梗，皆气胜者也，故足以正不正之气；白术、茯苓、半夏、甘草，则甘平之品耳，所以培养中气，而树中营之帜者也。"。

综观全方，调整胃肠功能的作用最为突出，发汗解热及祛痰止咳作用亦较明显，兼有利尿、抗菌、抗病毒等多种功能，故临证应用较为广泛，而为解表和中、理气化湿之良方。

现代研究发现，藿香正气丸（水）能抑制家兔离体十二指肠平滑肌的自发收缩，对水杨酸毒扁豆碱和氯化钡所引起的离体平滑肌的紧张收缩，有显著的解痉作用。对水杨酸毒扁豆碱所引起的狗及家兔在体肠管的痉挛有抑制作用；藿香正气丸（水）与肾上腺素抑制肠管的作用比较表明，其抑制作用并非通过兴奋 α 受体而发挥［中成药研究，1984（5）：7］。

（五）临证应用

（1）藿香正气散主要适用于内伤湿滞、更感风寒的四时感冒，尤其是夏季感冒、流行性感冒、胃肠型流感、急性胃肠炎、消化不良等，症属外感风寒，而以湿滞脾胃为主之症。

（2）藿香正气散所治霍乱并不等于西医的霍乱，但发热不恶寒、证属实热者，尤其湿热霍乱非本方所宜。另，本方辛温香燥，病情偏热及阴虚者忌用。

（3）藿香正气散中紫苏等药物解鱼毒，狗、猫摄入不新鲜的海货引起腹泻，可酌情灌服。

（4）甘肃省礼县畜牧中心兽医院赵王学等采用藿香正气散加减化裁（由藿香 60 克、厚朴 50 克、半夏 40 克、苍术 50 克、木香 50 克、肉桂 30 克、陈皮 40 克、焦地榆 40 克、茯苓 40 克、粟壳 20 克、甘草 20 克、生姜 20 克、大枣 15 枚。1 剂/天，水煎，分三次灌服，每次灌服 1500 毫升，同时饮食清洁草料及水），10 余年来治疗牛因饲喂不洁净草料和饮水引起的急性肠胃炎 39 例，治愈 35 例［中兽医医药杂志，2003，22（1）：28］。

（5）湖北省武汉市新洲区畜牧服务中心申济丰采用藿香正气水以 2 倍温水稀释后用吸管投服治疗蛋鸡风寒型感冒治愈率在 98% 以上，未见不良反应［中兽医学杂志，2002（4）：39］。

（六）加减化裁

（1）藿香正气散乃夏月常用方剂，对伤湿感寒、脾胃失和的病例，若表邪偏重、寒热无汗者可加香薷以助其解表；兼气滞脘腹胀痛、食积者，可加枳实、木香、延胡索以行气止痛，加三仙、莱菔子以消食导滞；湿重舌苔厚腻者，加苍术、槟榔，加强香燥化湿之力；泄泻重者，可加猪苓、泽泻、车前以利水止泻。

（2）六和汤（见《太平惠民和剂局方》由缩砂仁、半夏、杏仁、人参、甘草、赤茯苓、藿香叶、白扁豆、木瓜、香薷、厚朴组方，共为末，人每服 12 克，水一盏半，生姜三片，枣子一枚，煎至八分，去滓，不拘时服。功能祛暑化湿、健脾和胃，主治湿伤脾胃、暑湿外袭、霍乱吐泻、倦怠嗜卧、胸膈痞满、舌苔白滑等。

平胃散

（一）源流出处

出自宋代官修成方药典《太平惠民和剂局方》。

（二）组成及用法

陈皮（去白）、厚朴（姜汁炒）各 25 克，苍术 40 克，甘草（炒）15 克组方。用时上药研末，生姜、大枣煎汤冲调，候温灌服。

动物用量：根据人用量，按体重比例折算。用法同。

（三）功能主治

燥湿运脾、行气和胃。主治湿阻脾胃。患畜表现草料减少、肚腹胀满，或泻粪稀溏、舌苔白而厚腻、脉缓。本方性偏苦燥，最善燥湿行气，以脘腹胀满、舌苔厚腻为证治要点。

（四）方义解析

原书曰："主治脾胃不和，不思饮食，心腹胁肋胀满刺痛，口苦无味，胸满短气，呕哕恶心，噫气吞酸，面色萎黄，肌体瘦弱，怠惰嗜卧，体重节痛，常多自利。"。

湿邪困脾、气机阻滞，故生诸症。治宜燥湿运脾、行气和胃。平胃散方中重用苍术，以其苦温性燥，最善除湿运脾，故为主药；厚朴苦温，行气化湿、消胀除满，为辅药；陈皮辛温、理气化滞，为佐药；甘草甘缓和中，生姜、大枣调和脾胃，均为使药。诸药合用，共奏化湿浊、畅气机、健脾运、和胃气之功。

《医方考》云："湿淫于内，脾胃不能克制，有积饮痞膈中满者，此方主之。此湿土太过之证，经曰敦阜是也。苍术味甘而燥，甘则入脾，燥则胜湿；厚朴味温而苦，温则益脾，苦则燥湿，故二物可以平敦阜之土。陈皮能泄气，甘草能健脾，气泄则无湿郁之患，脾强则有制湿之能，一补一泄，又用药之则也。是方也，惟湿土太过者能用之，若脾土不足及老弱、阴虚之人，皆非所宜也。"。

湿淫脾不健运而胃滞，燥胜脾复其职则胃开。故曰平胃者，培脾土而使胃平也。《删补名医方论》中说："内经以土运太过曰敦阜，其病腹满；不及曰卑监，其病留满痞塞。张仲景制三承气汤，调胃土之敦阜，李杲制平胃散，平胃土之卑监。培其卑者而使之平，非削平之谓……名曰平胃，实调脾承气之剂。"。

（五）临证应用

(1) 平胃散是燥湿、健脾、和胃的基础方，主要适用于湿阻脾胃，以舌苔白、厚腻及脘腹胀满为辨证要点，凡痰湿积滞内停、脾胃失和之证，都可以之化裁为用。收载于《元亨疗马集》使用歌方（俗称"三十六汤头"）中。临症应用时，可进行广泛的加减变化。如有表证加苏叶、藿香、佩兰；呕吐多痰加半夏；腹满痛加木香；食滞加山楂、神曲、麦芽。

若兼食滞不化者，可加三仙；食滞重者，可加槟榔、莱菔子；便秘者，可加硝、黄；兼有热象者，可加黄连、黄芩；兼寒者，可加干姜、肉桂；兼脾虚者，可加党参、黄芪等。《医学传心录》中有专篇"平胃散加减歌"，列举了十余种加减法。

(2)《猪经大全》治"猪受疫不食症"方即为平胃散。《元亨疗马集》中的消积平胃散，则为平胃散加山楂、香附、砂仁而成，治马伤料不食草，歌曰："甘草山楂香附子，砂仁术朴与陈皮，姜枣水调煎一沸，料伤草少灌之愈。"至于《抱犊集》中"治牛胃寒不食草、呕屎"的平胃散（由苍术、甘草、前胡、陈皮、厚朴、砂仁、草果、山楂肉、枳实、山药、扁豆、青皮、牵牛子、车前、木通、生姜组方），虽也是以《局方》平胃散为基础，却加了较多的药味。以平胃散加槟榔、山楂，名消食平胃散，治寒湿困脾、宿食不化。

(3) 据报道，平胃散加减治疗猪胃肠病（包括胃寒不食、胃寒兼外感、胃寒化燥、湿困脾胃、脾胃虚弱、伤食）30 例，均在服药 1～3 剂后治愈［中国兽医杂志，1981 (5)：31］。

又据观察，用平胃散、消食平胃散、消食注射液（平胃散加大腹皮、山楂制成注射剂）治疗猪的胃寒不食、胃冷吐涎、胃寒呕吐症，均获治愈［中国兽医杂志，1979 (5)：14］。

(4)《牛医金鉴》中的承气平胃散（由炒苍术、神曲、草果、川厚朴、焦山楂、青皮、法半夏、槟榔、枳壳、枳实、甘草、焦麦芽组方），用以治牛“草伤脾胃”，有消食化积、理气宽肠作用，可酌情应用。

(5) 据报道，参苓平胃散（党参、茯苓、苍术、厚朴、陈皮、大枣、甘草、生姜组方）加减，治疗牛的脾虚泄泻，其提取液交巢穴注射治猪脾虚泄泻及仔猪白痢确有疗效。试验表明，参苓平胃散提取液肌内注射，可提高家兔细胞免疫功能和红细胞总数［中兽医学杂志1985（3）：6］。

又据研究，参苓平胃散能使肠道吸收氯离子的能力加强，能降低胃内总酸度，对肠管的蠕动机能有双向调节作用［中兽医医药杂志，1985（5）：9］。

(6) 四川省苍溪县文昌镇畜牧兽医站王宽采用平胃散加减［由苍术（土炒）40克、厚朴（姜汁炒）35克、陈皮30克、黄芪60克、菟丝子50克、槟榔35克、面炒枳壳35克、怀山药45克、首乌35克、苦参35克、当归40克、贯仲40克、干炒麦芽40克、干炒黄荆子60克、甘草20克组方。大便稀薄者，槟榔减为25克］煎水灌服或研末用温开水冲调，灌服治疗以消瘦、被毛粗乱、经常舔毛、消化功能紊乱、粪便时干时稀、劳伤乏力、发情不规则为主症的适龄黄母牛不孕症50例，其中4～8岁43例，全部治愈；8～12岁7例，治愈怀孕5例，病情好转但未妊娠2例，总有效率为96%［中兽医医药杂志，1996（2）：25-26］。

(7) 平胃散香燥辛烈，更比藿香正气散为甚，故对阴血不足者忌用。

（六）加减化裁

平胃散为湿滞脾胃的基础方，若证属湿热者，宜加黄连、黄芩以清热燥湿；证属寒湿者，宜加干姜、草豆蔻以温化寒湿；湿盛泄泻者，宜加茯苓、泽泻以利湿止泻。

平胃散加藿香、半夏，名不换金正气散，主治湿浊内停，兼有外感。

三仁汤

（一）源流出处

出自清代吴鞠通《温病条辨》。

（二）组成及用法

杏仁15克、飞滑石18克、白通草6克、白蔻仁6克、竹叶6克、厚朴6克、生薏仁18克、半夏15克。甘澜水八碗，煮取三碗，每服一碗，日三服。

动物用量：根据人用量，按体重比例折算。用法同。

（三）功能主治

清利湿热，适用于湿重于热之湿温病，症见头痛恶寒、身重疼痛、面色淡黄、胸闷不饥、午后身热、舌白不渴、脉弦细而濡等。

（四）方义解析

本方为湿温初起、邪在气分、湿重于热之证而设。湿邪阻遏、卫阳不达，故头痛恶寒、身重疼痛；湿为阴邪、湿遏热伏，则午后身热；湿阻气机、脾胃受困，故胸闷不饥；舌白不渴、面色淡黄、脉弦细而濡皆因湿邪为患。本证病机为湿热合邪、邪阻气机，涉及上中下三焦，湿遏热伏、湿重热轻。其中三焦气机受阻为病机之关键。治宜宣畅通利三焦。方用“三仁”为君，其中杏仁苦辛，轻开肺气以宣上；白蔻仁芳香苦辛，行气化湿以畅中；薏苡仁甘淡渗利、渗湿健脾以渗下，方中杏仁宣上、白蔻仁畅中、薏苡仁渗下，三焦并调。臣以半夏、厚朴辛开苦降、行气化湿、散满除痞，助蔻仁以畅中和胃。佐以滑石、通草、竹叶甘寒淡渗、清利下焦，合薏仁米以引湿热下行。诸药合用，宣上、畅中、渗下，气机调畅，使湿热从三焦分消，诸症自解。

（五）临证应用

(1) 临床常用于治疗肠伤寒、胃肠炎、肾盂肾炎、肾小球肾炎以及关节炎等属湿重于热者。

(2) 犬猫临床中除上述情况外，对各种传染病、膀胱炎、尿道炎、口炎、渗出性皮炎、肺炎等属于湿重于热的证候均可考虑使用。

（六）注意事项

(1) 热重于湿、湿热并重者不宜使用。

(2) 大便溏稀水样，腥味较重，腹痛等寒性腹泻禁用。

枫蓼肠胃康片

（一）源流出处

出自《中华人民共和国药典》。

（二）组成及用法

牛耳枫 4000 克、辣蓼 2000 克。此药加水煎煮二次，第一次 1.5 小时，第二次 1 小时，合并煎液，滤过，滤液减压浓缩至稠膏状，在 80℃ 以下干燥，粉碎成细粉，加入适量淀粉，混匀，制成颗粒，压制成 1000 片，包糖衣，即得。

人一次 4～6 片，一日 3 次。口服。

动物用量：根据人用量，按体重比例折算。用法同。

（三）功能主治

理气健胃、除湿化滞。用于脾胃不和、气滞湿困所致的泄泻，症见腹胀、腹痛、腹胀；急性胃肠炎见上述证候者。

（四）方义解析

方中牛耳枫苦涩、平，具有燥湿止泻之功，为君药。辣蓼辛平、清热燥湿、健脾理气，为臣药。两药合用，共奏理气健胃、除湿化滞之功。

（五）临证应用

(1) 治疗气滞湿困、脾胃不和之泄泻。症见大便稀薄、次数明显增加，伴腹痛、恶心呕吐、不思饮食、口干渴、发热头痛、头晕，常见于急性胃肠炎过程中。

(2) 犬猫腹泻伴有大量肠黏膜脱落，大便恶臭者不宜使用本方。

（六）注意事项

(1) 脾胃虚寒泄泻者忌用。

(2) 孕妇忌用。

(3) 严重脱水者，应采取相应措施，不宜单纯用本方治疗。

(4) 服药期间务必清淡饮食，忌油腻。

第三节　清热祛湿方剂

清热祛湿剂以清热利湿药和清热燥湿药为主组成的方剂，主要适用于湿热外感、湿热内盛或湿热下注所致黄疸、热淋、痹痛等症。常用清热燥湿或清热利湿药为方中的主要药物(如黄连、黄柏、茵陈、栀子、滑石、木通等)。清热祛湿剂代表方剂如茵陈蒿汤、八正散、滑石散、龙胆泻肝汤等。

茵陈蒿汤

(一)源流出处

出自东汉张仲景《伤寒论》。

(二)组成及用法

茵陈 18 克、栀子 9 克、大黄 6 克。上药三味，以水一斗二升，先煮茵陈，减六升，内二味，煮取三升，去滓，分三服。

动物用量：根据人用量，按体重比例折算。马、牛用茵陈蒿 150 克、栀子 75 克、大黄 50 克。水煎，去渣，候温灌服；亦可研末调水灌服。

(三)功能主治

清热利湿。主治湿热黄疸。证见口、眼、肌肤俱黄，黄色鲜明如橘，尿黄而不利，舌苔黄腻，脉象滑数等。

(四)方义解析

《伤寒论》曰："阳明病，发热汗出者，此为热越，不能发黄也；但头汗出，身无热，剂颈而还，小便不利，渴引浆者，此为淤热在里，身必发黄，茵陈蒿汤主之。"。

茵陈蒿汤证系湿热熏蒸，使肝失疏泄、胆汁外溢肌肤所致黄疸。方中重用茵陈，以其最善清热除湿、利胆退黄，为主药，故用量较大；以栀子清泄三焦湿热，为辅药，增强清热利胆退黄的作用；佐以大黄之苦寒、泻热通腑，使腑气通畅。茵陈蒿配栀子，可使湿热从小便而出；茵陈蒿配大黄，可使瘀热从大便而解。三药合用，清利降泄，且引湿热自二便而去，使邪有出路，则黄疸自除。茵陈蒿汤虽药仅三味，但力专效宏，善能清热利湿退黄，乃治疗阳黄最为得效之方。以一身面目俱黄、黄色鲜明、舌苔黄腻、脉沉数为证治要点。不论有无腹满及大便秘结，均可用之。

《伤寒来苏集》云："太阳阳明俱有发黄证，但头汗而身无汗，则热不外越；小便不利，则热不下泄，故瘀热在里而渴饮水浆。然黄有不同，在太阳之表，当汗而发之，故用麻黄连翘赤小豆汤，为凉散法。证在太阳阳明之间，当以寒胜之，用栀子柏皮汤，乃清火法。证在阳明之里，当泻之于内，故立本方，是逐秽法。茵陈……能除热邪留结，佐栀子以通水源，大黄以除胃热，令瘀热从小便而泄，腹满自减，肠胃无伤，仍合引而竭之之义，亦阳明利水之奇法也。”。

药理实验证实，本方有明显的利胆和催胆作用。但拆方实验表明，单味茵陈或山栀均仅能轻度收缩胆囊，大黄则无作用；山栀与茵陈配伍，亦仅出现轻度利胆作用；而山栀和茵陈分别与大黄配伍，则均有较明显的利胆、催胆作用［汉方医药，1972（1）：32］。

茵陈蒿汤加茅根对乙型肝炎抗原亦有抑制作用，但除大黄外，其他三药均呈阴性结果，说明其阳性作用是由于大黄的影响［新医药学杂志，1975（9）：28］。

以大白鼠一次口服异硫氰酸α-萘酸100毫克/千克（以体重计）导致肝中毒的方法造急性黄疸模型。分别取茵陈蒿、山栀子和大黄的50%乙醇提取物，按200：150：50（质量比）混合并溶于2.5毫升蒸馏水中一次口服，于中毒前、中毒6小时及中毒次日共灌胃5次。结果证明，本方能非常显著地降低血清谷丙转氨酶和谷草转氨酶（$P<0.001$），对血清胆红素的作用则较轻微。此外，山栀子的乙醇、正丁醇和三氯甲烷-甲醇三种溶剂的提取物，具有良好的降低血清胆红素、谷丙转氨酶和谷草转氨酶的作用；肝组织病理学观察亦发现有一定疗效。山栀子的有效成分经鉴定为去羟栀子苷（*Geniposide*）。单味茵陈蒿或大黄的作用则不明显［中西医结合杂志，1985（6）：356］。

（五）临证应用

（1）茵陈蒿汤善于清热、利湿、退黄，为治湿热黄疸之主方。《伤寒论》原书云：“伤寒七八日，身黄如橘子色，小便不利，腹微满者，茵陈蒿汤主之。”。对于急性黄疸型肝炎、急性胆囊炎以及其他疾病出现黄疸而属于湿热症者，均可加减应用。

（2）《猪经大全》中治“猪黄膘症方”（由鲜茵陈、生大黄、生栀子组方），即为茵陈蒿汤。著名中兽医高国景治马黄疸之茵陈大黄散，也是茵陈蒿汤，只不过改煎汤为散剂而已（见《中兽医治疗学》第59页）。

（3）据报道，茵陈蒿汤加味治疗马急性实质性肝炎3例，3～4剂，均获痊愈。［中兽医学杂志，1985（2）：26］。

（4）据报道，用四氯化碳致成大鼠急性肝损伤，后观察茵陈蒿汤及其组成各药对肝损伤的防治作用。结果发现，接受药物治疗的动物，肝脏细胞的肿胀、气球样变、脂变与坏死，均有不同程度的减轻；肝细胞内蓄积的糖原与核糖核酸含量有所恢复或接近正常；血清谷丙转氨酶活力显著下降［山西医药杂志，1975（3）：79］。

（5）茵陈蒿汤去大黄，加黄连，名三物茵陈汤（见《证治准绳》），适用于湿热盛而无便干之黄疸。《河南省中兽医经验集》中治马黄疸方（由茵陈四两、栀子二两、黄柏一两半组方），就是三物茵陈汤的变方。

（6）茵陈蒿汤药性寒凉，只适用于湿热阳黄。若为寒湿阴黄，则本方不宜，脾阳不足者也须慎用，必要时加干姜或炮姜，以制约其寒。对阴黄者也可另选用茵陈四逆汤（出自《玉机微义》，由茵陈、附子、干姜、炙甘草组方）或茵陈术附汤（出自《医学心悟》，由茵陈、白术、附子、干姜、甘草组方）。

（六）加减化裁

（1）如有恶寒、发热、头痛等表证，加柴胡、黄芩以和解退热；大便秘结，加重大黄，或加枳实、虎杖：小便短赤，选加金钱草、泽泻、车前等清热利湿；胁肋胀痛，加郁金、川楝子以疏肝理气止痛；热重，加龙胆草、大黄、黄柏以加强清热；湿重，加茯苓、泽泻、猪苓以利水渗湿；肝肿大者，加当归、丹参、郁金以化瘀散结。

（2）栀子柏皮汤（见《伤寒论》）由栀子、甘草、黄柏组方。上三味，以水四升，煮取一升半，去滓，分温再服，功能清热利湿。主治伤寒身热发黄。茵陈蒿汤与栀子柏皮汤均能清热利湿，而治湿热黄疸，前者茵陈配以栀子，清热利湿并重，故主治湿热俱盛之黄疸；后者栀子伍以黄柏，清热之力大于利湿，故适用于热重于湿之黄疸。

（3）茵陈四逆汤（见《卫生宝鉴》）由干姜、炙甘草、炮附子、茵陈组方，水煎凉服。功能温里助阳、利湿退黄。茵陈四逆汤则茵陈与附子、干姜合用，而温阳利湿退黄，故主治寒湿内阻之阴黄。证见黄色晦暗、皮肤冷、背恶寒、手足不温、身体沉重、神倦食少、脉紧细或沉细无力。

八正散

（一）源流出处

出自宋代官修处方药典《太平惠民和剂局方》。

（二）组成及用法

木通、瞿麦、车前子、萹蓄、滑石、甘草（炙）、大黄（煨）、山栀子各500克。上药为散，每服二钱，水一盏，入灯芯，煎至七分，去滓，温服，食后临卧。小儿量力少少与之。现代用法：散剂，每服6～10克，灯心煎汤送服；汤剂，加灯心，水煎服，用量根据病情酌定。

动物用量：根据人用量，按体重比例折算。各药研末，马、牛每次服50～150克，猪、羊每次服15～50克，开水冲调，候温灌服；亦可煎汤灌服，每味药30～50克。

（三）功能主治

原书云："治大人小儿心经邪热。一切蕴毒，咽干口燥，大渴引饮，心忪闷热，烦热不宁，目赤睛疼，唇焦鼻衄，口舌生疮，咽喉肿痛……又治小便赤涩，或癃闭不通，及热淋，血淋，并宜服之。"。清热泻火，利水通淋，主治湿热下注之热淋、石淋、血淋等。患畜表现排尿不畅、淋沥涩痛，甚至癃闭不通，尿色深或带血，舌红苔黄，脉实而数。本方所治以尿频尿急，溺时涩痛，舌苔黄腻，脉数为证治要点。

（四）方义解析

湿热下注所致之热淋等症，治宜清泻湿热，利尿通淋。方中集瞿麦、萹蓄降火通淋，车前、木通、滑石清利湿热，通淋利窍之品，为主辅药；山栀泻三焦湿热，制大黄攻下之力缓而泄热降火之力强，共为佐药；甘草缓急止痛、调和诸药为使药。诸药合用，共奏清热泻火、利水通淋之效。

《医方集解》云："此手足太阳、手少阳药也。木通、灯草，清肺热而降心火，肺为气化之源，心为小肠之合也。车前清肝热而通膀胱，肝脉络于阴器，膀胱津液之府也。瞿麦、萹蓄降火通淋，此皆利湿而兼泻热者也。滑石利窍散结，栀子、大黄苦寒下行，此皆泻热而兼利湿者也。甘草合滑石为六一散，用梢者，取其径达茎中，甘能缓痛也。虽治下焦而不专于治下，必三焦通利，水乃下行也。"。

试验发现，八正散能抑制尿道致病性大肠杆菌的菌毛表达和对尿道上皮细胞的黏附。

（五）临证应用

（1）凡膀胱炎、尿道炎、泌尿系结石、急性肾炎、急性肾盂肾炎属于下焦湿热者，均可用本方加减治疗。

（2）据报道，用加味八正散（黄芩 30 克、栀子 30 克、木通 25 克、车前子 15 克、大黄 15 克、萹蓄 30 克、瞿麦 30 克、滑石 30 克、甘草梢 30 克组方，用时煎汁）早晚拌精料服，每日一剂，治疗母猪膀胱炎 13 例，治愈 12 例［中兽医医药杂志，1985（1）：62］。

（3）河南省镇平县兽医站李新春用八正散治疗鸡痛风病，将药物混合研细末，混于饲料中喂服，1 千克以下的鸡每只每日 1～1.5 克，1 千克以上的鸡每只每日 1.5～2 克，连喂 5 天；或将上述药物加水煎汁，自由饮服，连饮 5 天。治疗内脏型痛风 120 例，均 4 日获效［中兽医医药杂志，1996（3）：28］。

（4）青海省化隆县兽医站胡海元以八正散加味（由金银花 60 克、车前子 60 克、马齿苋 50 克、连翘 45 克、黄芩 30 克、栀子 30 克、萹蓄 30 克、瞿麦 30 克、滑石 30 克、牛膝 30 克、桑寄生 45 克、续断 45 克、木通 25 克组方。水煎或研末服。腰背拱起者加乳香、没药各 30 克，秦艽、巴戟天各 35 克；有尿毒症状时，加郁金、菖蒲、远志各 25 克；体温升高、小便色深者，加黄连、黄柏、生地各 25 克）治疗耕牛膀胱炎 11 例，效果满意［中兽医医药杂志，2001（5）：28］。

（5）《猪经大全》中治"猪尿血症"，即采用的八正散，但少滑石一味；《中兽医治疗学》中载用本方去大黄，加酒知母、酒黄柏、棕皮炭，治牛尿血，名加味导赤散；《校正驹病集》中载治驹儿尿血亦用八正散，未用甘草，并说："如若不效加木香"。

（6）八正散为苦寒通利之剂，只适用于实热症。若属虚证、孕畜，则应另择他方。《医宗金鉴》对"小便不通"作了如下归纳："实热不化大便硬，癃闭八正木香痊；阳虚不化多厥冷，恶寒金匮肾气丸；阴虚不化发午热，不渴知柏桂通关；气虚不化不急满，倦怠懒言春泽煎。"可作参考。其中的春泽汤由白术、桂枝、猪苓、泽泻、茯苓、人参组成，见于《医方集解》。

（六）加减化裁

（1）八正散为苦寒通利之剂，凡淋证属于湿热者均可用之。用治血淋，宜加生地、小蓟、白茅根、旱莲草、山栀等，以凉血止血；石淋涩痛者，宜加金钱草、海金沙、鸡内金以化石通淋；膏淋混浊者，宜加萆薢、菖蒲以分清化浊；若伴发热、便秘，加连翘、山栀清热解毒。

（2）五淋散（见《太平惠民和剂局方》）由赤茯苓、当归、甘草、赤芍、山栀组方，共为细末，煎服。五淋散功能清热凉血、利水通淋，主治湿热血淋、尿如豆汁、溺时涩痛，或溲如砂石、脐腹急痛。五淋散与八正散所治之证，均属湿热蕴结膀胱。五淋散中重用栀子、赤芍，意在清热凉血，故以治血淋为主；八正散虽亦用栀子，但用量较轻，且与木通、滑石相伍，意在清热通淋，故以治热淋为主。

龙胆泻肝汤

（一）源流出处

原出于李东垣《兰室秘藏》，原方中无黄芩、栀子。后见于清代汪昂《医方集解》。

（二）组成及用法

柴胡梢、泽泻各 3 克，车前子、木通各 1.5 克，生地黄、当归梢、草龙胆各 9 克。上锉如麻豆大，都作一服，用水 450 毫升，煎至 150 毫升，去滓，空腹时稍热服，便以美膳压之。

动物用量：根据人用量，按体重比例折算。马、牛用龙胆草（酒拌炒）30 克、柴胡 30 克、泽泻 60 克、车前子（炒）45 克、木通 30 克、生地（黄酒拌炒）45 克、当归尾（酒拌）25 克、栀子（炒）30 克、黄芩（酒炒）45 克、甘草 30 克，水煎，去渣，候温灌服；或研末，开水冲调，候温服。

（三）功能主治

泻肝胆实火、清三焦湿热。主治肝胆实火上炎证，症见头痛目赤，胁痛，耳肿等，舌红苔黄，脉弦数有力；肝胆湿热下注证，症见阴肿，小便淋浊，或带下黄臭等，舌红苔黄腻，脉弦数有力。

（四）方义解析

龙胆泻肝汤证是由肝胆实火或湿热所致。治宜清肝胆、利下焦。方中以龙胆草泻肝胆实火及下焦湿热，为主药；黄芩、栀子苦寒泻火，协助龙胆草以清肝胆湿热，为辅药；泽泻、木通、车前子佐主药清利湿热，引火从小便而出，肝藏血，肝有热则易伤阴血，故用当归尾活血，生地养血益阴，柴胡疏畅肝胆，甘草调中和药，共为佐使。诸药合用，共奏泻肝火、清湿热、养阴血之功。

龙胆泻肝汤清肝胆、利湿热，凡属肝胆实火上炎或湿热下注所致各种证候，均可使用。临证时，不必各证悉具，而以尿短赤、舌红苔黄、脉弦数有力为证治要点。

《删补名医方论》云："用龙胆草泻肝胆之火，以柴胡为肝使，以甘草缓肝急；佐以芩、栀、通、泽、车前辈，大利前阴，使诸湿热有所从出也；然皆泻肝之品，若使病尽会，恐肝亦伤矣，故又加当归、生地补血以养肝。肝为藏血之胜，补血即所以补肝也。而妙在泻肝之剂反作补肝之药，寓有战胜抚绥之义也。"。

（五）临证应用

龙胆泻肝汤适用于肝胆实火上炎，或湿热下注所致各种症候。凡急性结膜炎、外耳道痈肿、急性黄疸型肝炎、尿路感染等病，属于肝火上炎或湿热下注者，均可酌情应用本方。人医常用本方治疗顽固性偏头痛、头部湿疹、高血压、急性结膜炎、虹膜睫状体炎、外耳道疖肿、鼻炎、急性黄疸型肝炎、急性胆囊炎，以及泌尿生殖系炎症、急性肾盂肾炎、急性膀胱炎、尿道炎、外阴炎、睾丸炎、腹股沟淋巴腺炎、急性盆腔炎、带状疱疹等病，凡属肝经实火湿热者均有良效。

（六）加减化裁

（1）宁夏回族自治区互助县沙塘川乡兽医站许德瑞用本方加减（由柴胡 30 克、龙胆草 30 克、陈皮 15 克、木通 15 克、蝉蜕 15 克、菊花 30 克、当归 15 克、党参 15 克、防风 30 克、连翘 9 克、郁金 12 克、甘草 15 克组方）治马肝热传眼（暴发火眼）（见《全国中兽医经验选编》第 158 页）。

（2）吉林省蛟河市动物医院陆国致等灌服龙胆泻肝汤加减（由龙胆草 9 克、柴胡 9 克、黄芩6克、栀子6克、木通6克、泽泻6克、车前子6克、当归6克、生地6克、白术3克、陈皮3克、三仙3克组方，水煎取汁，候温灌服）配合氯霉素点眼，治疗山羊传染性角膜结膜炎208例，除2头外全部治愈［中国兽医科技，2000（12）：49］。

（3）吉林省蛟河市新站镇畜牧兽医站马常熙采用龙胆泻肝汤加味投服，治马焦虫愈后黄疸仍明显者47例，均2～4剂获效［中兽医学杂志，2000（3）：25］。

具体组方及用法如下：龙胆草（酒炒）50克、黄芩40克、栀子40克、大黄60克、茵陈100克、泽泻30克、木通30克、车前子20克、当归（酒炒）20克、柴胡30克、生地30克、甘草20克，共为末，开水冲调，候温一次内服，每日一次。结膜苍白，有贫血表现的，重用当归，加白芍、川芎；便干涩难下的加芒硝、人工盐；高热已退，仍食欲缺乏的，加三仙、槟榔、枳壳。

（4）《中兽医方剂选解》中记载有用本方治疗马“阴道流黄白之物，阴户溃疡，月余不愈”病例，取得疗效。

（5）中医临床报道：用龙胆泻肝汤治疗经骨髓穿刺确诊的急性白血病具有肝胆湿热表现者26例（急粒12例，急淋14例）。以龙胆泻肝汤为主配合间歇化疗，结果完全缓解者14例，部分缓解者10例，未缓解者2例（急粒），总缓解率为92.3%［中医杂志，1980（4）：36］。

（6）若肝胆实火较盛，可去木通、车前子，加黄连以助泻火之力；若湿盛热轻者，可去黄芩、生地，加滑石、薏苡仁以增利湿之功；若玉茎生疮，或便毒悬痈，以及阴囊肿痛、红热甚者，可去柴胡，加连翘、黄连、大黄以泻火解毒。

滑石散

（一）源流出处

出自明代喻仁、喻杰《元亨疗马集》。

（二）组成及用法

滑石60克、泽泻30克、灯芯10克、茵陈30克、知母30克、黄柏（酒炒）30克、猪苓30克。用时为末，开水冲调，候温灌服（原方为末，每服二两，水一升，调煎三沸，入童便半盏，带热空草灌之。

（三）功能主治

清热降火、利水通淋。主治马胞转（即小便不通或尿道炎）。患畜表现肚腹胀痛、踏地蹲腰、欲卧不卧、打尾刨蹄。

（四）方义解析

滑石散为治马胞转而设。《元亨疗马集》中说：“皆因乘骑涌急，卒热而饮冷水，水未入肠，又且加之紧骤，清气未升，浊气未降，清浊未分，冷热相击，以致膀胱闭塞也……凡治者，清膀胱，利小水，泻相火，顺阴阳……”。

方中滑石性寒而滑、寒能清热、滑能利窍，两兼清热利尿之功，为主药；知母、黄柏、茵陈、猪苓、泽泻清热降火、利木通淋，共为辅佐药；灯芯清热利水，引湿热从小便而出，为使药。诸药合用，共奏“清膀胱、利小水、泻相火、顺阴阳”之功。

（五）临证应用

(1) 滑石散主要适用于湿热尿闭（尿潴留之属于湿热症者）。凡膀胱炎、尿道炎、膀胱麻痹、膀胱括约肌痉挛所起的尿闭，属于湿热症者，均可应用本方。同时可配合进行直肠按摩或导尿。正如《元亨疗马集》中说："涂油入手于谷道，膀胱轻按即时安。"。

(2) 裴耀卿在用本方治马胞转（尿道炎）时，加木通、木香、酒黄芩、甘草梢、竹叶五味药（见《中兽医诊疗经验》第二集第 136 页）。

(3)《中兽医治疗学》中载有治马胞转的滑石散，亦为本方，但加有木通、瞿麦、车前子。

(4)《新刻注释马牛驼经大全集》亦有滑石散，由黑白二丑、滑石、车前子、萹蓄、瞿麦组成，治牛砂石淋症。

苍术散

（一）源流出处

出自元代卞宝《痊骥通玄论》。

（二）组成及用法

苍术、柴胡、黄柏各等份（各 30～60 克）。用时各药为末，开水冲调，候凉灌服（原方为末，每用一两，水一升，葱白三茎，同药煎一沸，草前灌之）。

（三）功能主治

清热燥湿。主治马湿热腰胯痹痛。患畜表现腰胯疼痛、局部温热肿胀，并有发热、汗出、口干、脉数等症状。

（四）方义解析

湿热所致腰胯痹痛，治宜清热燥湿、疏散风邪。方中苍术苦温燥湿、黄柏苦寒清热，二药合用，具有清热燥湿之功，为主辅药；柴胡解肌透表、疏散风热，为佐药。诸药合用，共奏清热燥湿、疏散风邪之功。

苍术散为二妙散（《丹溪心法》中收录）加柴胡而成。二妙散原方由黄柏、苍术二味组成，功能清热燥湿，主治湿热下注所致下肢痿软无力，或足膝红肿热痛，或下部湿疮等症。早在《世医得效》方中，二妙散亦名苍术散。

（五）临证应用

(1) 苍术散主要适用于马、牛湿热所致腰膀疼痛。凡腰胯及后肢的急性肌肉风湿、急性关节炎等，可酌情应用本方。

(2)《中兽医学（下册）》（全国高等农业院校试用教材）中治风湿热痹的白虎加桂枝汤加减（由生石膏、知母、桂枝、桑枝、防己、忍冬藤、苍术、薏苡、黄柏、甘草组方），与苍术散理法略同，可互参为用。

(3) 二妙散加牛膝（苍术散中牛膝易柴胡），名三妙丸（《医学正传》中收录），治腰膝关节疼痛。

(4) 人医临床报道，山东省蓬莱市人民医院任凤怡以苍术散敷神阙穴（苍术 10 克、黄芪 10 克、砂仁 5 克、莱菔子 5 克、大黄 3 克，均以研末后计量，生姜汁 2～3 毫升，加白酒调成软泥状，敷神阙穴，外用胶布固定，16～20小时，每日1次，疗程3周）治疗糖尿病胃轻瘫40例，总有效率达到95％［中国药事，2002，16（6）：380］。

四妙丸

（一）源流出处

出自清代张秉成《成方便读》。

（二）组成及用法

苍术125克、牛膝125克、盐黄柏250克、薏苡仁250克。以上四味，粉碎成细粉，过筛，混匀，用水泛丸，干燥，即得。

动物用量：每次6～9克/60千克体重，每日2次。

（三）功效主治

清热利湿、强筋壮骨。治肝肾不足、清热利湿。用于湿热下注所致痹病，症见足膝红肿、筋骨疼痛。

（四）方义解析

方中苍术燥湿健脾；黄柏清热燥湿；牛膝补肝肾、强筋骨；薏苡仁去湿热、利筋络。四味合用，为治湿热痿证之方。

（五）临证应用

（1）临床广泛用于治疗下焦湿热所致疾病，如湿热性肾炎、湿热性膀胱炎、湿热性阴囊炎、湿热性睾丸炎、湿热性跗关节肿痛、湿热性关节炎等。可按炒苍术6克、黄柏6克、川牛膝及生薏苡仁6∶15的比例，研末填充1号或0号胶囊，投服。

（2）四妙丸是由二妙丸加味得来，二妙丸为苍术、黄柏，两味药，用于清热燥湿，属于基础方剂，多用于湿热所引起的痿证、湿疮、丹毒等。后经过加味，其去湿热效果更佳。苍术炒用，燥湿健脾；生用祛风散寒，在四妙丸中用炒苍术取燥湿健脾。薏苡仁生用祛湿排脓、炒用利湿健脾。四妙丸中取生薏苡仁用于祛湿排脓，增强苍术黄柏的清热利湿作用。川牛膝活血化瘀、引血下行，在祛湿药物中加一味活血药有利于祛湿，增加有害物质排出。

（3）曾治一德国牧羊犬，前期确诊为淋巴癌，治疗月余，左侧后肢跗至趾区域及阴囊水肿严重，多日不消，按压跗趾区域指痕明显，且有疼痛；阴囊皮表分泌黏液；精神不振，食欲差，明显消瘦，舌质红略暗，脉滑紧数而涩，沉取少力。诊断为湿热下注，将四妙丸改丸为汤，口服。两剂药后精神食欲明显恢复，阴囊皮表渗出明显减少，跗、趾区域明显消肿。

（4）近年老龄犬慢性肾炎发病率较高，多以排尿带泡沫、尿血为主要表现，伴有心脏病、高血压等基础病。临床一般给予抗生素联合激素治疗，但反复2～3次后尿液送检，多反馈为抗生素全部耐药，偶见有仍可用万古霉素、庆大霉素等1～2种抗生素者。此类病例多呈现下焦湿热的证候，尿蛋白较高，且气味重，时有带血，体瘦，舌质红暗滑，脉滑沉取有力（多常年口服强心药，不排除其脉有力为药物反应），公犬易出现性兴奋。对此类犬按湿热下注治疗，给予四妙丸加减，多在口服两周后症状明显改善，口服1.5个月后，尿蛋白指标多可减至1个“+”或更低。停药观察两个月调整饮食未见反复。

（5）动物湿热，体味往往较大，皮毛油脂分泌增加。四妙丸中，苍术既是中焦之药，也能兼宣上焦，有一定的解表作用。对因湿热而皮脂腺分泌过度旺盛的犬，可在调整生活、饮食的基础上，给予四妙丸，常在3周左右开始见症状减轻。

甘露消毒饮/丸

（一）源流出处

出自清代叶桂述、吴金寿校《医效秘传》。

（二）组成及用法

飞滑石十五两、绵茵陈十一两、淡黄芩十两、石菖蒲六两、川贝母五两、木通五两、藿香四两、射干四两、连翘四两、薄荷四两、白豆蔻四两。上药生晒研末，人每服三钱，开水调下，或神曲糊丸，如弹子大，开水化服亦可。

动物用量：根据人用量，按体重比例折算。用法同。

（三）功能主治

芳香化湿、清热解毒。用于暑湿蕴结、身热肢酸、胸闷腹胀、尿赤黄疸。

（四）方义解析

方中滑石清利湿热解暑，为君药。茵陈清热利湿、黄芩清热燥湿，共为臣药。佐以石菖蒲、白豆蔻、藿香、薄荷芳香化浊、行气醒脾，射干、川贝母化痰利咽、降肺止咳、木通清利湿热、连翘清热解毒。诸药合用，共奏芳香化湿、清热解毒之功效。

（五）临证应用

(1) 治湿温初起、邪在气分、湿热并重，症见身热肢酸、胸闷腹胀、咽痛、尿赤或身目发黄、舌苔黄腻或厚腻。

(2) 临床常用于治疗犬猫细小病毒、犬瘟热病毒感染，肝炎，胃肠炎属于湿温证者。

(3) 湿温或湿热或痰热内阻气机不通，均可使用本方，本方主症之一为口内黏，其表现是动物频繁舔水，似为饮水，但水不见减少。凡有湿邪，易阻塞气机，最易发热呈缠绵之势，越用凉药（包括抗生素、激素）体温越高。

（六）注意事项

(1) 本品芳香化湿，清热解毒，寒湿内阻者慎用。

(2) 孕期慎用。

(3) 服药期间以清淡饮食。

砂淋丸

（一）源流出处

出自清末民初张锡纯《医学衷中参西录》。

（二）组成及用法

生鸡内金（去净砂石）30克、生黄芪24克、知母24克、生杭芍18克、硼砂18克、朴硝15克、硝石15克。共轧细，炼蜜为丸，梧桐子大，人空腹时用开水送服9克，一日二次。

动物用量：根据人用量，按体重比例折算。用法同。

（三）功能主治

消石破瘀、解热滋阴。用于小便中含有砂石、尿痛、尿频、尿淋漓。

（四）方义解析

方中鸡内金为鸡之砂囊内壁，能消砂石；硼砂能柔五金，消骨鲠，故亦善消硬物；朴硝，《本经》谓其能化七十二种石；硝石，《别录》亦谓其能化七十二种石。诸药皆有消破之功，但恐有伤元气，所以加黄芪以补气分，气分壮旺，更能运化药力。然淋每多郁热，故又加知母、芍药，以解热滋阴。

（五）临证应用

可治疗膀胱结石、肾结石等。

（六）注意事项

本品多消石品久服耗气，且宜饭后服用。

清肾汤

（一）源流出处

出自清代张锡纯《医学衷中参西录》。

（二）组成及用法

知母、黄柏、生龙骨、生杭芍、生山药各 12 克，生牡蛎 12 克、海螵蛸 6 克、茜草 6 克、泽泻 4.5 克。

动物用量：每日 1 剂/60 千克体重。煎汤口服。

（三）功能主治

清热泻火、滋阴潜阳。小便频数涩痛、遗精自浊、舌红、脉洪滑有力。

（四）方义解析

本方用知母、黄柏泻肾清热，龙骨、牡蛎潜阳涩遗，泽泻利尿；通利与收涩并用，清热而不伤阴、收涩而不碍邪。

（五）临证应用

可用于治疗肾中湿热所致小便淋沥不畅。临证应用以小便频数、涩痛、舌红、脉洪滑有力为辨证要点。

（六）注意事项

（1）本品若口服呕吐则可灌肠使用。

（2）因气虚所致固摄无权，不可使用本方。

天水涤肠汤

（一）源流出处

出自清末民初张锡纯《医学衷中参西录》。

（二）组成及用法

生山药 30 克、滑石 30 克、生杭芍 18 克、潞党参 9 克、白头翁 9 克、粉甘草 6 克。各药水煎服。人每日 1 剂。

动物用量：根据人用量，按体重比例折算。用法同。

（三）功能主治

清热养阴生津、利湿解毒止痢。久痢不愈，肠中浸至腐烂，时时切痛，身体因病久羸弱者。

（四）方义解析

方中滑石、甘草治热痢，为君药，故方曰天水。辅白头翁、生白芍清热止痛，为臣药，君臣共奏清热止痛之效，佐以山药、党参以扶正促修复。

（五）临证应用

（1）治疗结肠炎之大便稀软，肠黏膜脱落时有带血，粪便恶臭或气味浓郁，每日排便 2 次以上，消瘦，舌质淡红或淡嫩，两脉弱而略数。反复使用抗生素及益生菌、激素无效的病例，可考虑本方。

（2）犬猫结肠炎案例中笔者多用此方与半夏泻心汤合方或交替使用。

（六）注意事项

（1）本方用于热痢或湿热痢有急性转为慢性。

（2）本方治痢，大便必带黏膜，所谓“痢不利，赤白冻”。

三金片

（一）源流出处

出自《中华人民共和国药典》。

（二）组成及用法

金樱根 808 克、菝葜 404 克、羊开口 404 克、金沙藤 242.4 克、积雪草 242.4 克。以上五味加水煎煮 2 次，第一次 2 小时，第二次 1 小时，煎液滤过，滤液合并，浓缩至适量，喷雾干燥，加入辅料适量，混匀，制成颗粒，干燥，压制成 1000 片（小片）或 600 片（大片），包糖衣或薄膜衣，即得。

动物用量：每次 5 片（2.1 克规格）或 3 片（3.5 克规格）/60 千克体重，每日 3～4 次。口服。

（三）功能主治

清热解毒、利湿通淋、益肾。用于下焦湿热所致热淋、小便短赤、淋沥涩痛、尿急频数。

（四）方义解析

方中菝葜利小便、消肿痛；羊开口清热利尿，为君药。积雪草、金沙藤清热利湿，为臣药。金樱根清热利湿、活血解毒、益肾补虚，为佐药。全方配伍，共奏清热解毒、利湿通淋、益肾之功。

（五）临证应用

(1) 治下焦湿热所致热淋，症见小便短赤、淋沥涩痛、尿急频数、舌苔黄腻、脉滑数。常见于急慢性肾盂肾炎、膀胱炎、尿道炎等。

(2) 本方常用于犬猫湿热下注型膀胱炎、尿道炎、肾炎等，因犬猫粮食热量较高，长期膏粱厚味，又缺乏运动，久蕴湿热而下注。三金片恰恰方证相对效果较好。

（六）注意事项

(1) 淋证属于肝郁气滞或脾肾两虚，膀胱气化不行者不宜使用。

(2) 服药期间宜清淡饮食。

(3) 注意多饮水，避免剧烈运动。

(4) 经临床观察发现，服药期间部分动物血中肌酐含量会有所升高，停药后多自行下降。

皮肤病血毒丸

（一）源流出处

出自《中华人民共和国药典》。

（二）组成及用法

茜草 30 克、桃仁 30 克、荆芥穗（炭）30 克、蛇蜕（酒炙）15 克、赤芍 30 克、当归 30 克、白茅根 60 克、地肤子 30 克、苍耳子（炒）30 克、地黄 30 克、连翘 30 克、金银花 30 克、苦地丁 30 克、土茯苓 30 克、黄柏 30 克、皂角刺 30 克、桔梗 30 克、益母草 30 克、苦杏仁（去皮炒）30 克、防风 15 克、赤茯苓 60 克、白芍 30 克、蝉蜕 15 克、牛蒡子（炒）30 克、牡丹皮 30 克、白鲜皮 30 克、熟地黄 30 克、大黄（酒炒）30 克、忍冬藤 30 克、紫草 15 克、土贝母 30 克、川芎（酒炙）15 克、甘草 30 克、白芷 15 克、天葵子 30 克、紫荆皮 15 克、鸡血藤 30 克、浮萍 15 克、红花 15 克。上三十九味，粉碎成细粉，过筛，混匀，用水泛丸，干燥。每 100 克/丸；药用滑石粉 250 克，包衣、打光、干燥即得。

动物用量：每次 20 粒/60 千克体重，每日 2 次。口服。

（三）功能主治

清热利湿解毒、凉血活血散瘀。用于血热风盛、湿毒瘀结所致瘾疹、湿疮、疖肿，症见皮肤红赤、斑疹、肿痛、瘙痒、大便干燥。

（四）方义解析

方中以金银花、连翘、忍冬藤、苦地丁、天葵子清热解毒，土贝母、土茯苓、白鲜皮、地肤子、黄柏、赤茯苓解毒利湿散结。当归、白芍、熟地、鸡血藤养血活血；生地、丹皮、白茅根、紫草、紫荆皮、赤芍、益母草、茜草、川芎、桃仁、红花凉血清热解毒、活血散瘀消肿。蛇蜕、防风、蝉蜕、牛蒡子、苍耳子、浮萍、荆芥穗炭祛风消肿，止痒杀虫；杏仁、桔梗清肺热、化痰浊；白芷、皂角刺脱毒生新。酒大黄苦寒沉降、直达下焦，甘草调和药性。诸药合用，共奏清热利湿解毒、凉血活血散瘀之功。

（五）临证应用

（1）治疗因血热风盛、湿毒瘀结所致荨麻疹，症见皮肤灼热刺痒，遇热加重，搔后即起红色风团，常可伴发热恶寒、咽喉肿痛。

（2）治疗因血热风盛、湿毒瘀结所致湿疮，症见皮损初起、潮红焮热、轻度肿胀，继而粟疹成片或水泡密集、渗液流津、瘙痒无休。常伴身热、口渴、心烦、大便秘结、小便短赤。

（3）治疗因血热风盛、湿毒瘀结所致疖肿，症见毛囊周围色红肿硬，触痛明显。热毒较盛者，可伴有恶寒、发热、口感、尿黄、大便干。

（4）本方药味较多，治疗湿热壅塞气机、耗损营血、侵犯三焦，治法以清利三焦为主，同时凉血散血兼以解毒。从犬猫临床使用反馈看，其起效较慢，需要长时间口服，效果并不理想，但其组方原则可供犬猫皮肤病治疗借鉴。

（六）注意事项

（1）孕期及哺乳期慎用。

（2）服药期间禁食发物，宜清淡饮食。

第四节　利水渗湿方剂

利水渗湿方剂适用于水湿壅盛所致癃闭、淋浊、泄泻、水肿等症。所谓“治湿不利小便，非其治也。”即是指此而言。常用利水渗湿药为方中的主要药物，如茯苓、猪苓、泽泻等。利水渗湿剂代表方剂如五苓散、猪苓散、五皮饮等。

五苓散

（一）源流出处

出自东汉张仲景《伤寒论》。

（二）组成及用法

猪苓（去皮）14克、泽泻18克、白术14克、茯苓14克、桂枝（去皮）10克。以上五味，捣为散，以白饮和服方寸匕，日三服，多饮暖水，汗出愈，如法将息。

动物用量：根据人用量，按体重比例折算。马、牛用猪苓45克、泽泻75克、白术45克、茯苓45克、桂枝30克，研末，开水冲调，候温灌服；或水煎灌。

（三）功能主治

五苓散功能利水渗湿、温阳化气。主治外有表证、内停水湿，证见发热恶寒、小便不利、舌苔白、脉浮；亦治水湿内停之泄泻、水肿、小便不利等症。

（四）方义解析

太阳表邪未解，内传太阳膀胱腑，致膀胱气化不利，水蓄下焦，而成太阳经腑同病。外有太阳表邪，故发热脉浮；内传太阳腑以致膀胱气化不利，则小便不利，水液蓄而不行以致津液不得输布，而成太阳经腑同病。治宜利水渗湿，并兼化气解表。五苓散方中重用泽泻，渗湿利水，直达膀胱，为主药，茯苓、猪苓淡渗利水，以增强蠲饮之功，为辅药；白术健脾，以助运化水湿之力，为佐药；桂枝一则外解太阳之表，一则温化膀胱之气，为使药。诸药合用，共奏行水化气、解表健脾之功。五苓散所治诸证以小便不利、舌苔白、脉浮或缓为证治要点。

《删补名医方论》云："是方也，乃太阳邪热火府，水气不化，膀胱表里药也……君泽泻之咸寒，咸走水府，寒胜热邪。佐二苓之淡渗，通调水道，下输膀胱，并泄水热也。用白术的燥湿，健脾助土，水之堤防以制水也。用桂之辛温，宣通阳气，蒸化三焦以行水也。泽泻得二苓下降，利水之功倍，小便利而水不蓄矣。白术须桂上升，通阳之效捷，气腾津化渴自止也。"。

复方实验研究表明，本方煎剂给正常大白鼠灌胃有利尿作用，大白鼠给予五苓散后，第一小时的排尿率与给药前对比显著增加；健康人和家兔口服本方煎剂，均有利尿效果［日本药学会杂志，1935，20（3）：29；《中国药学会 1962 年学术会议论文摘要》第 237 页；中华医学杂志，1961（1）：7］；用盐水注射于家兔皮内，引起局限性水肿，造成水代谢障碍，此时给予五苓散，可利尿并促进局限性水肿的吸收（1968 年第二届和汉药讨论会记录第 65 页）。

（五）临证应用加减化裁

（1）五苓散原治太阳蓄水证。《伤寒论》原文云："太阳药……若脉浮，小便不利，微热消渴者，五苓散主之。"。

（2）五苓散具有健脾利水之功，凡水湿内停、小便不利所致泄泻、水肿等症均可应用本方。如无表证，方中之桂枝可改用肉桂。

（3）五苓散临证应用时若水肿兼有表证者，可与越婢汤合用；水湿壅盛者，可与五皮散合用；泄泻偏于热者，须去桂枝，加车前子、木通以利水清热。

（4）五苓散加茵陈，名茵陈五苓散（《金匮要略》中收载），功能清湿热、退黄疸，主治湿热黄疸之湿重于热者。证见湿热黄疸、湿多热少、小便不利等。

（5）五苓散合平胃散，加姜、枣，名胃苓散（《丹溪心法》中收藏），功能健脾利湿，为治泄泻之要方。正如《医学三字经》曰："湿气胜，五泻成；胃苓散，厥功宏。湿而冷，萸附行；湿而热，苓连程；湿挟积，曲查迎；虚兼湿，参附苓。"。

（6）五苓散去桂枝，名四苓散（《明医指掌》中收载），功能健脾利水，主治小便不利、泄泻。

（7）干姜猪苓汤（《牛经备要医方》中收录）由麻黄 10 克、干姜 15 克、生甘草 12 克、猪苓 60 克、青皮 30 克、车前子 60 克、破故纸 60 克、木通 60 克、泽泻 60 克组方，功能温散寒邪、利水消肿，主治牛尿肿胀小便不通。原方云："牛之尿脬，一名肾囊，乃膀胱肾经之外室。牛患是症者，必寒邪袭入膀胱肾经，小便短涩。法宜辛温开泄，兼以通利膀胱，干姜猪苓汤主之。"。

猪苓汤

（一）源流出处

出自东汉张仲景《伤寒论》。

（二）组成及用法

猪苓、茯苓、滑石、泽泻、阿胶各 9 克。以水 800 毫升，先煮四味，取 400 毫升，去津，入阿胶烊消，分二次温服。

动物用量：根据人用量，按体重比例折算。用法同。

（三）功能主治

利水清热养阴。主治水热互结、邪热伤阴、小便不利、发热、口渴欲饮，或见心烦不寐，或兼有咳嗽、呕恶、下痢、舌苔白、脉濡。

（四）方义解析

本方能清利水湿郁热，对于中下焦湿热所致尿路感染、膀胱炎、肾炎、胃肠炎等效果显著，猪苓利全身水湿，利水力强。茯苓利水健脾，通过利水减轻脾的负担，从而达到利水健脾的作用，泽泻利水清热止泻，三药合用利水渗湿较强，加入滑石引药下行，且滑石利水清热而不伤阴。阿胶止血养阴，防止利水伤阴。如果猪苓、茯苓为君，则泽泻、滑石为臣，阿胶为佐使。

（五）临证应用

（1）犬猫临床用量　猪苓 10 克、茯苓 10 克、滑石 10 克、泽泻 10 克、阿胶 10 克。诸药水煎，阿胶烊化。猪苓汤无明显苦味，由于制作阿胶时加入冰糖，故药汤有甜味，适口性较好，做汤剂饲喂犬猫并不困难。阿胶片止血养阴功效比阿胶免煎剂效果好。

（2）治疗膀胱炎、尿路感染、小便少、小便不利、膀胱区疼痛、尿淋漓、尿血等，以及肾炎、肾区疼痛。

（3）用于大便水样、口渴、烦躁、鼻干、口内滑、脉滑数。

（4）2013—2018 年在治疗犬细小病毒时凡遇到呕吐浑浊水液无黏稠、大便稀水恶臭，甚至带血，口内滑、舌质淡红，小便少黄，脉不细而无力者，多用此方，每获良效。

（5）猫膀胱炎、尿频、尿血、饮水量下降，给予八正散，虽然能暂时控制尿血，但是容易稀便，给予猪苓汤原方，一天一剂。连用 10 天，尿血停止、尿频缓解、单次尿量增大、气味减轻。超声影像膀胱炎有所减轻。

（六）注意事项

（1）使用猪苓汤务必注意小便，用本方多伴有小便少或小便不利，药后应当小便增多。

（2）皮毛干燥、皮屑增多、瘙痒，属于干燥性皮肤病不适宜使用。

五皮散

（一）源流出处

出自相传为东汉华佗《华氏中藏经》。

（二）组成及用法

生姜皮、桑白皮、陈橘皮、大腹皮、茯苓皮各等量。上药为粗末，人每服 9 克，水一盏半，煎至八分，去津，不计时候温服。

动物用量：根据人用量，按体重比例折算。用时为末，开水冲调，候温灌服；或煎汤胃管投服。

（三）功能主治

健脾渗湿、利水消肿。主治因脾虚湿盛、水溢肌肤所致水肿。证见全身水肿，或四肢、腹下水肿，或妊娠浮肿。

（四）方义解析

五皮散所治水肿，乃脾虚湿盛、泛溢肌肤所致。治宜健脾渗湿利水。五皮散方中茯苓皮利水渗湿，兼以健脾以助运化；生姜皮辛散水饮；桑白皮肃降肺气，遍调水道；水湿阻滞，则气机不畅，故用大腹皮、陈皮理气兼以除湿。五药相合，共奏消肿、理气、健脾之效。

综观全方，有一定的利尿作用，能增强消化机能，促进血液循环，并有轻度降血压作用。前人虽以陈皮、茯苓皮为主药，但其利尿消肿作用，似主要来自桑白皮与茯苓皮。

《华氏中藏经》云："大凡男子、妇人脾胃停滞，头面四肢悉肿，心腹胀满，上气促急，胸膈烦闷，痰涎上壅，饮食不下，行步气奔，状如水病，先服此药能疏理脾气，消退虚肿，切不可乱服泄水等药，以致脾元虚损所患愈甚，此药平良无毒，多服不妨。"。

《成方便读》："治水病肿满，上气喘急，或腰以下肿，此亦肺之治节不行，以致水溢皮肤，而为以上诸症。故以桑皮之泻肺降气，肺气清肃，则水自下趋。而以茯苓之从上导下，大腹皮之宣胸行水，姜皮辛凉解散，陈皮理气行痰。皆用皮者，因病在皮，以皮行皮之意。然肺脾为子母之脏，子病未有不累及其母也。故肿满一证，脾实相关。否则，脾有健运之能，土旺则自可制水，虽肺之治节不行，绝无肿满之患。是以陈皮、茯苓两味，本为脾药，其功用皆能行中带补，匡正除邪，一举而两治之，则上下之邪，悉皆涣散耳。"。

（五）临证应用

(1) 五皮散为治皮水之通用方，以脾虚湿盛，一身肌肤悉肿为主。凡肾性水肿、心脏性水肿之属于脾虚湿盛者，均可用本方加减治疗。湿重者，可合五苓散；脾虚者，可加党参、白术，或合四君子；寒盛阳虚者，可加干姜、肉桂、附子等。

(2) 五皮散去桑白皮，加五加皮，亦名五皮饮（《麻科活人全书》中收载），主治基本相同，但桑白皮性较凉，能利水湿而降肺气；五加皮性较温，利水湿而通经络，且去风湿。

(3) 用五皮饮和白及拔毒散（由白及 30 克、白蔹 15 克、白矾 30 克、龙骨 30 克、大黄 24 克、黄柏 30 克、黄连 15 克、木鳖子 9 克、雄黄 30 克、青黛 15 克组方，为末，米醋调涂患处）治疗马、牛肚底黄 23 例，治愈 22 例 [中兽医医药杂志，1935 (5)：48]。

(4) 五皮散去桑白皮、陈皮，加五加皮、地骨皮，亦名五皮饮（《和剂局方》），主治亦基本相同，但行气之力较缓。

(5) 五皮散去桑白皮，加白术，名全生白术散（《妇人良方》中收录），功能健脾利湿、安胎消肿，主治妊娠水肿之属于脾虚湿重者。

(6) 杨凌职业技术学院兽医院肖乃志等采用五皮散加减（桑白皮、陈皮、生姜皮、大腹皮、茯苓皮 30～45 千克，水煎温服，日服一剂，连用四剂为一疗程。分娩前水肿加土炒白术 80～120 克、黄芪 35～60 克、当归 25 克、炒黄芩 35 克、川芎 20 克、桑寄生 60 克、砂仁 25 克、菖蒲 20 克；分娩后水肿加炮姜 30 克、艾叶 40 克、土炒白术 80 克、当归 60 克、川芎 20 克、益母草 150～200 克、香附 45 克、甘草 30 克。兼有胎衣不下加桃仁 30 克、红花 25 克；兼有消化不良加炒三仙各 60 克、玉片 25 克、李仁 60 克、麻仁 60 克）治疗以牛为主的大家畜妊娠水肿18例，其中黄牛6例、奶牛5例、马5例、驴怀骡2例（失败），轻则一诊治愈，重则二诊治愈，治愈率88％［黄牛杂志，2002，28（4）：73～74］。

萆薢分清饮

（一）源流出处

出自南宋杨倓《杨氏家藏方》。

（二）组成及用法

益智仁、川萆薢、石菖蒲、乌药各等份。以上药为细末。人每服9克，水盏半，入盐一捻（0.5克），同煎至七分，食前温服。现代用法：水煎服，一方加茯苓、甘草。

动物用量：根据人用量，按体重比例折算。马、牛用益智仁45克、川萆薢60克、石菖蒲45克、乌药45克，水煎，去渣，候温灌服；或研末冲灌。

（三）功能主治

温肾利湿、分清化浊。主治膏淋、白浊。症见尿频数、混浊不清、白如米泔、积如膏糊。

（四）方义解析

原书曰："治真元不足，下焦虚寒，小便白浊，频数无度，凝白如油，光彩不足，漩即澄下，凝如膏糊。"。

萆薢分清饮所治膏淋、白浊，乃阳虚湿浊下注所致。治宜温肾利湿、分清化浊。方中川萆薢利湿、分清化浊，为主药；益智仁温肾缩尿，为辅药；乌药温肾化气、石菖蒲化浊利窍，共为佐药；一方加茯苓、甘草以增强利湿分清之力，或更用少许食盐，咸以入肾，为使药。诸药合用，共奏温肾利湿、分清化浊之功。以小便混浊而频数、舌淡苔白、脉沉为证治要点。

《张氏医通》云："精通尾膂，溲出膀胱，泾渭攸分，源流各异。详溲便之不禁，乃下焦阳气失职，故用益智之辛温以约制之，得盐之润下，并乌药亦不至于上窜也。独是胃中浊湿下渗，非萆薢无以清之，兼菖蒲以通九窍，利小便，略不及于收摄肾精之味，厥有旨哉！"

（五）临证应用

（1）萆薢分清饮主要适用于膏淋、白浊。凡乳糜尿、慢性前列腺炎等属于肾虚寒湿者，可酌情应用本方。如兼中气不足，可与四君子汤合用。

（2）《猪经大全》中所载治"猪膏淋白浊症"处方（由萆薢、台乌药、益智、石菖蒲、茯苓、甘草梢，加盐少许，熬水喂下）即为萆薢分清饮原方。

（3）甘肃省庆阳市畜牧兽医站采用萆薢分清饮加减（由萆薢15克、黄柏8克、石菖蒲5克、茯苓10克、白术10克、莲子心10克、丹参8克、车前子10克。共为末，开水冲服，每日1剂，连用3日）治疗大小家畜尿白浊症20余例，疗效均较好［见《中兽医医药杂志》，2002，21（4）：31］。

（六）加减化裁

萆薢分清饮临证应用时，若兼虚寒腹痛者，可加肉桂、盐茴以温中祛寒；久病气虚者，可加黄芪、白术以益气祛湿；腰酸神疲者，可加人参、鹿角胶等以补肾气。

《医学心悟》中载有另一萆薢分清饮，与本方相比，去益智仁、乌药，加黄柏、白术、莲子心、丹参、车前子，具有清热利湿之功，主治膏淋白浊之属于湿热下注者。组成略有不同，应注意区别。

宣阳汤

（一）源流出处

出自清末民初张锡纯《医学衷中参西录》。

（二）组成及用法

野台参 12 克、威灵仙 4.5 克、寸麦冬 8 克、地肤子 3 克。煎汤内服。人每日 1 剂。动物用量：根据人用量，按体重比例折算。用法同。

（三）功能主治

益气宣利。治阳分虚损、气弱不能宣通、小便不利。

（四）方义解析

方中野台参补元气以复气化；麦门冬滋阴液而制参之温性；威灵仙走而不守，宣通十二经脉，《本草纲目》谓其“味微辛咸，辛泄气，咸泄水”，亦取其宣通泄水之义；地肤子分利水湿。共成益气宣利之剂。故适用于元气虚而小便不利者。

（五）临证应用

用于治疗因气虚、膀胱气化不利，导致小便少或小便不利。动物能进食水，但膀胱长时间贮尿量不足。

济阴汤

（一）源流出处

出自明代王肯堂《证治准绳》。

（二）组成及用法

连翘、炒黄芩、赤芍、金银花各 12 克，炒山栀子、牡丹皮各 10 克，炒黄连、甘草各 6 克。煎汤内服。人每日 1 剂。

动物用量：根据人用量，按体重比例折算。用法同。

（三）功能主治

泻火解毒、凉血散瘀。感染邪毒之产后发热。症见产后高热寒战、小腹疼痛、恶露少而臭秽、口苦烦躁、舌红脉数。临床常用于治产褥感染、乳痈等属热毒郁结者。

（四）方义解析

本方治证乃因产后正气大虚、火热毒邪直犯胞中（指接生不洁或产褥衣物不洁，感染邪毒）、正邪相争所致。治宜清解邪毒、凉血化瘀之法。本方集数味苦寒清热解毒之品于一体，“相须”为用，其中连翘、金银花清解邪毒。疏散退热；黄连、黄芩清热泻火以助金银花、连翘清解邪毒；炒山栀子清泻三焦实火、凉血解毒；牡丹皮、赤芍凉血活血、消散痈肿；甘草清热解毒，兼调和药性。诸药合用，共奏清热解毒、凉血化瘀之效，使邪毒清、瘀热散则诸症可愈。

（五）临证应用

犬猫临床多用此方治疗各种湿热性或热性疾病，如乳痈、子宫炎、皮炎、肠炎、结膜炎等。本方清热燥湿、凉血解毒，较五味消毒饮适应症更广。

（六）注意事项

本方苦寒，中阳虚弱者慎用，无湿热实证者不可用。

第五节　祛风胜湿方剂

祛风胜湿方剂，适用于风寒湿邪在表所致的一身尽痛、恶寒微热，或风湿着于筋骨的腰肢痹痛等症。常用祛风湿药为方中的主要药物，如防风、羌活、独活、秦艽、桑寄生等。若痹痛日久、经络阻滞者，常须配以活血药，即“治风先治血，血行风自灭”之理。若属久病正虚，又当配以扶正之品。祛风胜湿剂代表方剂有防风散、蠲痹汤、独活寄生汤等。

防风散

（一）源流出处

出自明代喻仁、喻杰《元亨疗马集》。

（二）组成及用法

防风 30 克、独活 25 克、羌活 25 克、连翘 15 克、升麻 15 克、柴胡 15 克、黑附子 15 克、乌药 15 克、当归 25 克、葛根 25 克、山药 25 克、甘草 15 克。用时共为末，开水冲调，候温灌服（原方等份为末，每服四两，水一碗，同煎三五沸，候温灌之）。

（三）功能主治

祛风胜湿、理气活血。主治马风湿在表。患畜表现恶寒微热、肌肉紧硬、腰肢疼痛等症状。

（四）方义解析

防风散所治为风湿在表之痹痛，治宜祛风胜湿为主。方中防风、羌活、独活散肌表及周身之风湿，舒利关节而通痹，为主药；升麻、柴胡、葛根升散在表之风湿，以助主药宣散周身表湿，为辅药；山药壮腰肾而祛湿，附子温阳气而除寒、乌药理气、当归活血、连翘散结，均为佐药；甘草调和诸药，为使药。诸药合用，共奏散表湿、祛寒邪、理气血之功。

（五）临证应用和加减化裁

（1）防风散原方“治马肾风腰硬，把前把后”。从方剂组成来看，外散风湿、内除寒邪，故对于风湿在表、里有寒邪之痹痛较为合适。若寒重，宜去连翘、升麻、柴胡、葛根，加茴香、桂枝。

（2）凡感冒、肌肉风湿、风湿性关节炎等属于风湿在表者，均可酌情运用防风散。

(3)《中兽医诊疗经验》第五辑中所载治牛“软脚风”方（由防风、荆芥、麻黄、桂枝、牛膝、木瓜、苍术、当归、薏苡、细辛组方），亦治风湿在表之痹痛，但方中用的是麻黄、桂枝等辛温表散药，与防风散用升麻、柴胡、葛根之类不同，临症应用时可相互参酌。

(4) 甘肃省漳县兽医工作站张彦清采用防风散加减（由防风 30 克、石决明 30 克、决明子 30 克、夏枯草 20 克、青葙子 30 克、夜明砂 30 克、黄连 20 克、黄芩 20 克、没药 20 克、白药 20 克、蝉蜕 25 克、贝母 20 克、荆芥 20 克、木贼 25 克、甘草 10 克、鸡蛋 5 枚取清组方，为 400 千克病畜用量）治疗家畜肝经风热证 37 例，效果满意［中兽医医药杂志，2002，21（3）：33］。

(5) 河北农大山区研究所鹿瑞麟及河北承德农业学校冯伟应用羌活防风散（由羌活 25 克、独活 25 克、防风 21 克、白术 21 克、桂枝 21 克、杏仁 21 克、陈皮 21 克、藁本 15 克、白芷 15 克、川芎 15 克、茯苓 15 克、川朴 15 克、半夏 15 克、苍术 31 克、制马钱子 9 克组方。烘干后共为细末，过 40 目筛，水煎后一次内服，连服 3～5 剂）加减治疗牛流感，屡屡奏效。有血便者加炒大黄 64 克、焦地榆 32 克；鼻内出血者，加赭石 96 克、大蓟 32 克，疼痛明显可配合止痛药穴位注射；对咬肌麻痹吞咽困难者，可在咬肌上点注肾上腺素，一侧 1 毫升，或电针锁口穴；不能站立者，可取麻黄 125 克煎汁加白酒 250 克洗四肢，2 次/日，连用 2～3 日；或电针百会、大胯、小胯、汗沟等穴［中兽医学杂志，1999（3）：9～10］。

羌活胜湿汤（《内外伤辨惑论》中收载）由羌活、独活、藁本、防风、甘草、川芎、蔓荆子组方，功能祛风胜湿，主治风湿在表，与防风散大同小异。

蠲痹汤

(一) 源流出处

出自宋代王璆原《百一选方》。

(二) 组成及用法

当归、羌活、姜黄、黄芪、白芍、防风各一两（各 9 克），甘草半两（3 克）。各药水煎服。

动物用量：根据人用量，按体重比例折算。水煎，去渣，候温灌服；或研末冲灌。

(三) 功能主治

益气和营，祛风湿，主治风痹。证见项脊紧硬，肩膊痹痛，束步难行等。

(四) 方义解析

蠲痹汤所治，为风寒湿痹而以风邪为重者。治宜益气和营、祛风除湿。方中黄芪、甘草益气扶正，黄芪并能实卫固表，为主药；防风、羌活疏风除湿，其性善走，与黄芪、甘草配合，使补而不滞、行而不泄，为辅药；当归、赤芍和营活血，姜黄理血中之气滞，共为佐药；或可用姜、枣调和营卫而为使药。诸药合用，共奏营卫兼顾、祛风除湿之功。

(五) 临证应用

(1)《素问·逆调论》云：“营虚则不仁，卫虚则不用。”。故本方主要适用于营卫两亏、风寒湿三气侵袭所致之痹痛，而三气之中尤以风邪偏胜者。

(2)《医学心悟》中之程氏蠲痹汤（由羌活、独活、桂心、秦艽、当归、川芎、甘草、海风藤、桑枝、乳香、木香组方）与蠲痹汤不同，为风寒湿三气合而成痹之通治方。临症应用时，可根据三气之偏胜而适当加减。偏风者可加防风；偏寒者可加制附子；偏湿者可加防己、苍术、薏苡仁。

(3) 河南省农业学校陈功义等采用蠲痹汤（由羌活 20 克、姜黄 15 克、酒当归 30 克、炙黄芪 40 克、赤芍 15 克、防风 15 克、甘草 10 克、生姜 15 克、大枣 10 枚组方，水煎两次，混合 1 次灌服，每日 1 剂，连用 3～5 剂）治疗羊急性肌肉风湿症 28 例，其中小尾寒羊 15 例、波尔山羊 13 例，治愈 26 例，总有效率 90%以上［中兽医医药杂志，2003，22（5）：21］。

独活寄生汤

（一）源流出处

出自唐代孙思邈《备急千金要方》。

（二）组成及用法

独活 9 克，桑寄生、杜仲、牛膝、细辛、秦艽、茯苓、肉桂心、防风、川芎、人参、甘草、当归、芍药、干地黄各 6 克。上药㕮咀，以水一斗，煮取三升，分三服，温服勿冷也。现代用法：水煎服。

动物用量：根据人用量，按体重比例折算。水煎，去渣，候温灌服；或按比例适当减少剂量，研末冲灌。

（三）功能主治

祛风湿、止痹痛、益肝肾、补气血。主治痹证日久、肝肾两亏、气血不足。证见腰胯寒痛、四肢屈伸不利、腰腿软弱、卧地难起、口色淡、脉象细弱。以腰膝冷痛、关节屈伸不利、心悸气短、舌淡苔白、脉细弱为证治要点。

（四）方义解析

独活寄生汤所治乃风寒湿三气痹着日久、肝肾不足、气血两虚之症。治宜祛风湿、补气血、邪正兼顾。方中独活、秦艽、防风祛风湿、止痹痛，更加细辛发散阴经风寒，搜剔筋骨风湿，且能止痛；杜仲、牛膝、槲寄生补益肝肾兼祛风湿；当归、地黄、白芍养血和血，党参、茯苓、甘草补益正气；川芎、桂心温通血脉，并助祛风。诸药合用，共奏祛风湿、补气血、益肝肾之功，扶正祛邪，标本同治。

《成方便读》云："此亦肝肾虚而三气承袭也。故以熟地、牛膝、杜仲、寄生补肝益肾，壮骨强筋，归、芍、川芎和营养血，所谓治风先治血，血行风自灭也；参、苓、甘草益气扶脾，又所谓祛邪先扶正，正旺则邪自除也；然病因肝肾先虚，其邪必乘虚深入，故以独活、细辛之入肾经，能搜伏风，使之外出；桂心能入肝肾血分而祛寒；秦艽、防风为风药卒徒，周行肌表，且又风能胜湿耳。"。

（五）临证应用

(1) 独活寄生汤适用于痹症日久、正虚邪实者，凡慢性肌肉风湿、慢性关节炎、慢性腰肢病等属于肝肾两亏、气血不足者，均可酌情应用本方。若寒重，酌加附子、干姜、茴香；湿重，酌加苍术、防己；正不甚虚，可酌减党参、地黄。

(2)《中兽医治疗学》中所载治牛"软脚风（风湿痹痛）"的独活散，实际上就是独活寄生汤，药味相同。

(3) 据报道，用独活寄生汤加减，配合针灸及外敷，治疗家畜风寒湿痹 24 例，治愈 22 例、好转 1 例，总有效率为 95.7%［中兽医医药杂志，1985（6）：45］；用独活寄生汤治疗水牛腰部风湿病 50 余例，除例 2 外均收良效。［中兽医学杂志，1985（4）：41］。

(4)《抱犊集》中“治牛拐脚筋骨胀各症”方也称独活寄生汤（由独活、羌活、防风、当归、桂枝、五加皮、防己、秦艽、续断、川芎、杜仲、车前仁、桑寄生组方）。但与独活寄生汤相比，有较大加减，补气血之功不及，而祛风湿之能更增。

(5) 独活寄生汤去寄生，加黄芪、续断，名三痹汤（《校注妇人良方》中收录），功效与本方近似，但独活寄生汤重于治腰胯，偏于血弱；三痹汤略重于治四肢，偏于气虚。

（六）加减化裁

独活寄生汤临证应用时，对痹证疼痛较剧者，可酌加制川乌、制草乌、白花蛇等以助搜风通络、活血止痛之效；寒邪偏盛者，酌加附子、干姜以温阳散寒；湿邪偏盛者，去地黄，酌加防己、薏苡仁、苍术以祛湿消肿；正虚不重者，可减地黄、人参。

健运汤

（一）源流出处

出自清末民初张锡纯《医学衷中参西录》。

（二）组成及用法

生黄芪 18 克、党参 9 克、当归 9 克、麦冬 9 克、知母 9 克、乳香（生明）9 克、没药（生明）9 克、莪术 3 克、三棱 3 克。

动物用量：水煎，每日一剂/60 千克体重，分早晚 2 次温服。或炼蜜和丸内服。

（三）功能主治

益气养血、行气活血。治腿疼、臂疼因气虚者。亦治腰疼。

（四）方义解析

本方治疗腰腿臂膀疼痛，以益气养血、行气活血为法进行治疗，其意在于强化气血运用、周流全身，而周身痹者、瘀者、滞者，不治自愈，即偶有不愈，治之亦易为功也。方中黄芪、党参、当归益气养血，为君药。乳香、没药、莪术、三棱行气止痛、活血破瘀，为臣药。佐麦冬、知母，滋阴降火，防止君药补益助热，又防臣药消耗而生虚热。

（五）临证应用

犬猫临床多用于治疗老年退行性关节炎。

（六）注意事项

(1) 使用本品可配合桑寄生、桑枝等祛风湿药同用。

(2) 热性关节病慎用。

第十一章 补养方剂

第一节 概述

补养方剂是以补益药物为主要组成，具有补益作用，用于治疗各种虚证的方剂。在八法中属于“补法”。《素问》中所说“虚则补之、损者益之”，《三农纪》中所说“不及者补之”等，即为本类方剂的立法原则。

引起虚证的原因很多，但总起来可以分两方面，即先天不足与后天失调。不论是先天不足，还是后天失调，总不能离开五脏。而五脏之伤又不外乎气、血、阴、阳。若以气、血、阴、阳为纲，五脏为目，则虚证提纲挈领，一目了然。因此，补养剂一般分为补气、补血、补阴、补阳四个方面。

补气方剂，适用于气虚证，主要为脾肺气虚，患畜表现头低耳耷、毛焦賺吊、怠行好卧、食少便稀、易出汗、口色淡、脉无力等症状。常用补气药为补气剂方中的主要药物，如党参、黄芪、白术、山药、甘草等。补气剂的代表方剂有四君子汤、益气黄芪散、补中益气汤、生脉饮等。

补血方剂适用于血虚症，患畜表现口色淡、脉细、体质虚弱等症状。常以补血药为补血剂方中的主要药物，如当归、熟地、何首乌、白芍、阿胶等；但如《脾胃论》所指出：“血不自生，须得生阳气之药，血自旺矣”，故补血方中常配以黄芪、人参等药以益气生血。补血剂的代表方剂如四物汤、归芪益母汤、归脾汤等。

养阴方剂，适用于阴虚证，患畜表现体瘦毛焦、潮热盗汗、干咳、口干舌燥、舌红少苔、脉细数等症状。常以滋阴药为补阴剂方中的主要药物，如沙参、麦冬、生地、龟板、鳖甲等。补阴剂的代表方剂有六味地黄丸、知母散等。

助阳方剂，适用于阳虚证，患畜表现形寒肢冷、四肢不温、体瘦毛焦、腰肢痿软、口色淡、脉沉细、公畜阳痿、母畜宫寒不孕等。常以温热助阳药为补阳剂方中的主要药物，如附子、肉桂、淫羊藿、巴戟天等。补阳剂的代表方剂如肾气丸、荜澄茄散、催情散等。

由于气血相因、阴阳互根，故补气与补血、补阴与补阳又每每配合应用。所以补血剂中常配以补气药，以助生化，甚至可着重补气以养血。但是，气虚一般只以补气为宜，很少配补血药，以防阴柔伤胃。又如《景岳全书》中说：“善补阳者，必于阴中求阳，则阳得阴助而生化无穷；善补阴者，必于阳中求阴，则阴得阳升，而源泉不竭。”因此，阳虚补阳，宜辅以补阴之品，以阳根于阴，使阳有所依，并可借阴药的滋润以制阳药的温燥，使之温煦生化；阴虚补阴，宜辅以补阳之药，以阴根于阳，使阴有所化，并可借阳药的温运，以制阴药的凝滞，使之滋而不滞。

在运用补益剂时，应注意脾胃功能。若脾胃运化功能减弱，则不能消化吸收，应配以理气健脾、和胃消食的药物，以资运化；甚或先理脾，再补虚。

补益剂若煎汤时，不妨时间稍长，以使药味尽出。

现代药理学研究表明，补养方的药理作用十分广泛，作用机制涉及细胞因子、细胞和细胞亚群、组织和器官、生命系统和机体等从微观到宏观的许多环节。其中，作用于神经-体液信息网络、调节机体免疫功能是其共同特征之一，体现了补养方整体调节的作用特点，充分显示了“补益”作用在防治疾病中的重要价值和中药配伍理论的科学内涵。

第二节　常用补养方剂

四君子汤

（一）源流出处

出自宋代官修成方药典《太平惠民和剂局方》。《中兽医方剂大全》《中兽医方剂精华》中均有收录；《中华人民共和国兽药典》（2000 年版）中的四君子散即本方。

（二）组成及用法

人参（去芦）、甘草（炙）、茯苓（去皮）、白术，各等份。上为细末。人每服二钱，水一盏，煎至七分，通口服，不拘时，入盐少许，白汤点亦得。

动物用法：根据人用量，按体重比例折算。水煎，去渣，候温灌服；亦可研末，开水冲调，候温灌服。马、牛 200～300 克，羊、猪 30～50 克，犬、猫 5～15 克。

（三）功能主治

益气补中、健脾养胃。主治脾胃气虚。患畜表现头低耳耷、肷吊毛焦、四肢无力、怠行好卧、草少，或泄泻、口色淡、脉虚无力。

（四）方义解析

本方所治为脾胃气虚、运化力弱。法当益气健脾。方中人参（党参）甘温，益气补中，为主药；脾喜燥恶湿，脾虚不运，则每易生湿，故以白术健脾燥湿，并合党参以益气健脾，为辅药；茯苓渗湿健脾，为佐药；炙甘草甘缓和中，为使药。诸药协同，共奏益气补中、健脾养胃之功。

《名医方论》：“是方也，四药皆甘温。甘得中之味，温得中之气，犹之不偏不倚之人，故名君子。”

药理研究表明，四君子汤的药理作用主要有：兴奋中枢，减轻疲乏感；纠正贫血，增强免疫功能；调整胃肠功能；调节神经内分泌和能量代谢；减轻自由基损伤等。

将四君子汤制剂连续经口饲喂小鼠，1 周后，给药小鼠的肝细胞中糖原颗粒聚积成较大团块，含量比对照组显著增多。肝糖原含量升高有利于增强肝脏的解毒功能，故推测本方益气补脾的作用可能包括糖代谢的改善，以及相应的能量供应增加［广东中医，1962（3）：4］。

另据研究，以四君子汤去甘草制成煎剂内服，能使自然玫瑰花瓣形成率及植物血凝素诱发淋巴细胞转化率显著上升，故可认为有促进细胞免疫作用。而本煎剂还能使血清抗体的主要成分 IgG 含量显著上升，说明又有提高体液免疫功能作用［新医药学杂志，1979（6）：60］。

动物试验证明，四君子汤及其组方成分党参、白术、茯苓均有明显提高小白鼠腹腔巨噬细胞吞噬功能的作用，其中尤以党参最为显著。党参、白术、茯苓中二药或三药配伍均能提高吞噬功能，呈相加作用。炙甘草与上三种药中的一种或两种配伍时，其含量为 1/5 时能显著提高吞噬功能，当含量提高到 1/3 时，可明显减弱其作用［中西医结合杂志，1984（6）：363］。

用限制食量导致营养不足的方法造成小白鼠胸腺萎缩、功能减退，主要表现为胸腺重量减轻，组织内核酸含量和外周血中淋巴细胞百分比均下降（此种表现属虚证范畴）。在造模过程中，每日给予四君子汤 0.5 毫升灌胃，14 天后处死，动物胸腺重量、胸腺组织内核酸含量和外周 T 淋巴细胞百分比均高于对照组。结果提示四君子汤能促进营养不足所致胸腺萎缩恢复，其机理可能是增强了胸腺素活动的结果。四君子汤对正常小鼠重量、核酸含量、组织结构及外周 T 淋巴细胞百分比均无明显影响［中西医结合杂志 1984（6）：366］。

还有研究证明，四君子汤对家兔离体小肠运动呈抑制性影响，主要与其抗乙酰胆碱作用有关。四君子汤有明显的抗组织胺作用。此外尚有一定程度的抗肾上腺素作用。从药物对肠管运动的调整作用这一角度出发，四君子汤治疗脾虚可能与抗乙酰胆碱、抗组织胺、调整植物神经紊乱有关［新中医，1978（5）：53］。

贵阳医学院任光友等报道，四君子汤对肠道菌群失调的小鼠，能使肠道双歧杆菌和乳酸杆菌菌量明显增加；对正常动物的胃排空、小肠推进运动、胃液分泌以及离体肠肌具有明显的抑制作用［中成药，2000（7）：504-506］。

（五）临证应用

四君子汤为补气的基本方剂。后世以补气健脾为主的许多方剂多从本方发展而来。故凡属气虚的各种病证均可酌情加减应用，但以治脾胃气虚为主。

四君子汤加黄芪、山药，名六神散，健脾益气作用增强；而加山药、扁豆，名正元饮，则健脾化湿作用增强（《方剂大成》中收录），均可酌情参考应用。

（六）加减化裁

四君子汤为补气的基础方。很多补气或健脾的方剂都是由此变化而来。如《小儿药证直诀》中的异功散、《医学正传》中的六君子汤、《和剂局方》中的香砂六君子汤等，其衍化如下：

四君子汤益气健脾；加陈皮，则成异功散，可治脾胃虚弱而兼有气滞；异功散加半夏，则成六君子汤，用于治脾胃气虚而兼有痰湿；六君子汤加木香、砂仁则成香砂六君子汤，治脾胃虚弱而寒湿滞于中焦。

四君子汤加诃子、肉豆蔻，名加味四君子汤（《世医得效方》中收录），为著名的健脾益气、收涩止泻方剂，主治脾虚泄泻。

《中兽医治疗学》中所载四君三消散，亦为四君子汤加味（见泻下消导剂）而成，治马伤料而兼有脾胃气虚者。

河北定县中兽医学校治马虚劳的虚劳补阳散（由党参、炒白术、茯苓、炙草、陈皮、当归、五味子、炙芪、肉桂组方）、《中兽医诊疗经验》第四辑中治马虚寒不孕方（由党参、白术、茯苓、炙甘草、山药、芡实、莲子、陈皮、车前子、巴戟、破故纸、归身、小茴香组方），《活兽慈舟》中治马脾虚的健脾药方（由白术、茯苓、陈皮、法半夏、甘草、丁香、砂仁、官桂、黄芪、泡参、升麻、柴胡、干葛、吴茱萸、广香、当归、川芎组方）等，均是以四君子汤为基础加味而成。

《畜牧兽医学报》2005 年第 3 期所载四君子汤（黄芪、白术、茯苓、甘草共为末，在蛋鸡饲料中添加 1%，能显著提高高温条件下蛋鸡的生产性能和免疫能力，降低血清中皮质醇含量）也为此四君子汤以黄芪易人参而成。

参苓白术散

（一）源流出处

出自宋代官修成方药典《太平惠民和剂局方》。《中华人民共和国兽药典》（2000 年版）收载。

（二）组成及用法

人参（去芦）、白术、白茯苓、甘草（炒）、山药各 2 斤，莲子肉、桔梗（炒至深黄色）、薏苡仁、缩砂仁各 1 斤，白扁豆 1.5 斤（姜汁浸去皮微炒）。各药为细末，或制成小丸。人每次 6～9 克，每日 2～3 次。口服。

动物用量：根据人用量，按体重比例折算。用时为末，猪、羊每次服 15～30 克，马、牛每次服 50～100 克，开水冲调，候温灌服；或用温开水冲灌；亦可煎汤用。

（三）功能主治

健脾益气、和胃渗湿。主治脾胃气虚兼湿。症见四肢无力、体瘦毛焦、草料减少，或泄泻、口色淡白、脉虚缓。

（四）方义解析

脾虚挟湿，治宜健脾益气、和胃渗湿。参苓白术散方中党参、山药、莲子肉益气健脾、和胃止泻，为主药；白术、茯苓、薏苡仁、扁豆渗湿健脾，为辅药；炙甘草益气和中，砂仁和胃醒脾、理气宽胸，为佐药；桔梗载药上行，宣肺利气，借肺之布精而养全身。各药合用，补其虚、除其湿、行其滞、调其气、两和脾胃，则诸证自除。

参苓白术散也是由四君子汤加味而成，而且较四君子汤更能泛应曲当，对于脾胃虚弱、消化不良、泄泻体虚等证，自有良效。

（五）临证应用

参苓白术散药性平和，温而不燥，是健脾益气、和胃渗湿，并兼生津保肺的常用方剂，可根据情况随证加减应用。

本方对于一些慢性疾病，如慢性消化不良、慢性胃肠炎、久泄、贫血等，呈现消化功能减退、食欲缺乏、消瘦乏力者，均可酌情应用。对幼畜脾虚泄泻，尤为适宜。

据天津市宝坻区畜牧兽医站介绍，用参苓白术散治疗马骡脾虚胃弱性泄泻数十例，均痊愈（见《华北地区中兽医资料选编》第 25 页）。

补中益气汤

（一）源流出处

出自金元时期李杲《脾胃论》，见于《牛经备要医方》，《中华人民共和国兽药典》（2000年版）中收载的补中益气散即本方。

（二）组成及用法

黄芪20克、炙甘草6克、人参10克、当归身10克、橘皮6克、升麻3克、柴胡3克、白术10克。上药㕮咀，都作一服。用水300毫升，煎至150毫升，去滓，空腹时稍热服。

动物用量：根据人用量，按体重比例折算。用时水煎，去渣，候温灌服；或适当减少剂量研末冲服。

（三）功能主治

补气升阳、调补脾胃。主治脾胃气虚。患畜表现头低耳耷、体瘦毛焦、四肢无力、怠行好卧、草料减少、出虚汗、口色淡、脉虚无力，或久泻、脱肛、子宫脱等。

（四）方义解析

本方所治为脾胃气虚、中气下陷，治宜益气升阳、调补脾胃。方中黄芪补中益气、升阳固表，为主药；党参、白术、炙甘草益气健脾，为辅药；陈皮理气和胃，当归养血，升麻、柴胡升提下陷之阳气，为佐使药。诸药合用，使脾胃强健、中气提升，则诸症自除。

《名医方论》："至若劳倦，形衰气少，阳虚而生内热者，表证颇同外感。惟东垣知其为劳倦伤脾，谷气下陷阴中而发热，制补中益气之法。谓风寒外伤其形为有余，脾胃内伤其气不足，遵《内经》劳者温之，损者益之大义，大忌苦寒之药，选用甘温之品，升其阳以行春升之令。凡脾胃一虚，肺气先绝，故用黄芪护皮毛而闭腠理，不令自汗；元气不足，懒言气喘，人参以补之；炙甘草之甘以泻心火而除烦，补脾胃而生气，此三味除烦热之圣药也。佐白术以健脾，当归以和血。气乱于胸，清浊相干，用陈皮以理之，且以散诸甘药之滞。胃中清气下沉，用升麻、柴胡气之质轻而味之薄者，引胃气以上腾，复其本位，便能升浮以行生长之令矣。补中之剂得发表之品而中自安，益气之剂赖清气之品而气益倍，此用药有相须之妙也。是方也，用以补脾，使地道卑而上行；亦可以补心肺，损其肺者益其气，损其心者调其营卫也；亦可以补肝，木郁则达之也。惟不宜于肾，阴虚于下者不宜升，阳虚于下者更不宜升也。凡东垣治脾胃方，俱是益气。去当归、白术，加苍术、木香，便是调中；加麦冬、五味子，便是清暑。此正是医不执方，亦是医必有方。"

补脾胃为医宗王道，取义补剂之王，故补中益气汤又有医王汤之称。

据研究，当小肠蠕动亢进时，补中益气汤有抑制作用，张力下降时，则有兴奋作用；本方能使蛙横纹肌的收缩增强；本方少量使蛙心力增强，过量则起抑制作用。在试验中看到，有升、柴之制剂对动物作用明显，去升、柴则作用减弱，且不持久［天津医药杂志，1960（1）：4］。

国内外大量试验表明，补中益气汤能增强机体的免疫功能，具有抗肿瘤、抗感染作用，还有解热、保护胃黏膜等作用，是一种有效的生物反应调节剂［张永祥：《中药药理学新论》，人民卫生出版社，2004］。

（五）临证应用

补中益气汤为补气升阳的代表方，主要适用于脾胃气虚以及脾虚下陷引起的久泻久痢、脱肛、子宫脱等症。

知名中兽医崔涤僧治牛“脾虚中气衰败”之“大便下血症”以及“牛伤力久泻症”所用的补中益气汤，即本方加五味子、乌梅、诃子、槐花、车前等（《中兽医诊疗经验》第四辑）。

《抱犊集》中的“儿肠外翻吃药方”即补中益气汤少白术一味。《牛经备要医方》中治“牛产后子代走出”的升麻黄芪饮（由川芎、柴胡、升麻、生甘草、五味子、皮硝、黄芪、白矾、荷叶蒂组方，水煎服），亦由本方加减化裁而成。

用补中益气汤加减（由当归 40 克、炙黄芪 80 克、党参 50 克、续断 40 克、益母草 100 克、陈皮 30 克、升麻 40 克组方，煎成汤剂）治疗奶牛子宫收缩不全证，结果比对照组提早发情，提高受胎率［中国兽医杂志，1981（6）：35］。又据类似报道，补中益气汤加减（由党参、黄芪、当归、续断、益母草、陈皮、升麻、白术、醋香附、甘草组方）对奶牛子宫复原延迟有较好疗效，能提高受胎率［中兽医医药杂志，1985（6）：17］。

（六）加减化裁

补中益气汤去当归、加木香，用苍术易白术，名调中益气汤（《脾胃论》中收录），功效大同小异。

《脾胃论》中尚有升阳益胃汤（由黄芪、半夏、人参、炙甘草、独活、防风、白芍、羌活、橘皮、茯苓、泽泻、柴胡、白术、黄连组方），亦可酌情用于脾胃气虚。据报道，用升阳益胃汤加减与士的宁并用，治疗牛前胃弛缓属于脾阳不振者 173 例，治愈 154 例，治愈率为 89.1%［中兽医医药杂志，1985（6）：17］。

益气黄芪散

（一）源流出处

出自元代卞宝《痊骥通玄论》。

（二）组成及用法

黄芪 45 克、橘皮 25 克、升麻 15 克、茯苓 45 克、炙甘草 30 克、人参（党参）45 克、苍术 30 克、泽泻 25 克。用时共为末，开水冲调，候温灌服；亦可煎汤，去渣，候温灌服（原方为末，用药一两，水一碗，姜一块，同煎三五沸，放温，草前灌之。马、牛 200～400 克；猪、羊 30～80 克。

（三）功能主治

益气健脾、燥湿利水、止泻。主治马脾虚久泄。患畜表现泻粪稀软、草谷不化、体瘦毛焦、四肢无力、慢草、口色淡、脉象无力。

（四）方义解析

脾虚久泻，治宜益气健脾、去湿止泻。益气黄芪散黄芪、党参、炙甘草甘温益气、健脾补虚，为主药；苍术燥湿健脾，茯苓、泽泻利水止泻，为辅药；橘皮理气和胃、醒脾胃之呆，升麻升举清阳、提下陷之气，共为佐药；可用姜温中散寒为引。诸药合用，共奏益气健脾、去湿止泻之功。

益气黄芪散可视为四君子汤的变方。由四君子汤之白术易苍术，再加黄芪、橘皮、升麻、泽泻而成。

益气黄芪散与补中益气汤相近，可以看成是补中益气汤去当归、柴胡，加茯苓、泽泻，并用苍术易白术而成。两方比较，补中益气汤益气升提，适用于气虚或兼脾气下陷之证；而益气黄芪散益气利水，适用于气虚或兼脾湿泄泻。

（五）临证应用

益气黄芪散原方“治马脾胃久冷泄泻，草谷不化，行动四脚无力，骨节肿痛，口中沫出，不食水草”。其中“骨节肿痛”乃瘦弱四肢无力、常卧地不起的一种表现，并非真正肿痛。

益气黄芪散与参苓白术散均治脾虚泄泻，但参苓白术散药性平和，可作为脾虚的一种较为广泛的调理剂；而益气黄芪散燥湿利水作用较强，主要适用于脾虚泄泻。

内托生肌散

（一）源流出处

出自清末民初张锡纯《医学衷中参西录》。

（二）组成及用法

生黄芪四两、甘草二两、乳香一两半、没药一两半、生杭芍二两、天花粉三两、丹参一两半。上七味共为细末，开水送服三钱，日三次。若将散剂变作汤剂，须先将花粉改用四两八钱，一剂分作八次煎服，较散剂生肌尤速。

动物用量：根据人用量，按体重比例折算。用法同。

（三）功能主治

益气活血、止痛生肌。主治瘰疬疮疡破后，气血亏损，不能化脓生肌，或其疮数年不愈，外边疮口甚小，里边溃烂甚大，且有窜至他处不能敷药者。

（四）方义解析

原书云：“从来治外科者，于疮疡破后不能化脓生肌者，不用八珍即用十全大补。不知此等药若遇阳分素虚之人服之犹可，若非阳分素虚或兼有虚热者，连服数剂有不满闷烦热，饮食顿减者乎？夫人之后天，赖水谷以生气血，赖气血以生肌肉，此自然之理也。而治疮疡者，欲使肌肉速生，先令饮食顿减，斯犹欲树之茂而先戕其根也。虽疮家阴证，亦可用辛热之品，然林屋山人阳和汤，为治阴证第一妙方，而重用熟地一两以大滋真阴，则热药自无偏胜之患，故用其方者，连服数十剂而无弊也。如此方重用黄芪，补气分以生肌肉，有丹参以开通之，则补而不滞，有花粉、芍药以凉润之，则补而不热，又有乳香、没药、甘草化腐解毒，辅助黄芪以成生肌之功。况甘草与芍药并用，甘苦化合味同人参，能双补气血，则生肌之功愈速也。至变散剂为汤剂，花粉必加重者，诚以黄煎之则热力增，花粉煎之则凉力减，故必加重而其凉热之力始能平均相济也。至黄必用生者，因生用则补中有宣通之力，若炙之则一于温补，固于疮家不宜也。”。

（五）临床应用

犬猫临床主要用于疮面久不收口，术后伤口不愈合。

（六）注意事项

疮面破溃但腐臭红肿者，不宜使用。

扶中汤

（一）源流出处

出自清末民初张锡纯《医学衷中参西录》。

（二）组成及用法

炒白术一两、生山药一两、龙眼肉一两。将三物一起水煮成汤，去渣，代之以饮。

动物用量：根据人用量，按体重比例折算。用法同。

（三）功能主治

益气养血、健脾补中。凡因久泄不止而致气血俱虚、身体羸弱、可辅食此汤。

（四）方义解析

本方用于脾肾两虚所致久泄不止。炒白术健脾燥湿养血，与龙眼肉配伍补血力增，与山药同用则增加固肾健脾之力。本方亦可作为药膳食用。

（五）临证应用

(1) 治疗脾肾两虚所致固摄失约、久泄不止、大便稀软或溏稀、脉细软无力、舌质淡嫩。

(2) 治疗脾虚不运的腹泻、消瘦、贫血，两脉细弱无力，舌质淡嫩。

(3) 在犬猫临床作药膳食用，可缓解气血两虚的情况。常在方中加入山萸肉、禹余粮等；有虚寒者加干姜。

（六）注意事项

(1) 本方具有收敛性，湿热或热结便秘禁用。

(2) 本品为温补品，且龙眼肉助火较迅速，若非虚弱性贫血不宜久用。若作为药膳久服，宜配墨旱莲、地骨皮等降火之品。

十全育真汤

（一）源流出处

出自清末民初张锡纯《医学衷中参西录》。

（二）组成及用法

野台参 12 克、生黄芪 12 克、生山药 12 克、知母 12 克、玄参 12 克、生龙骨（捣细）12 克、生牡蛎（捣细）12 克、丹参 6 克、三棱 4.5 克、莪术 4.5 克。煎汤口服。人每日 1 剂。

动物用量：根据人用量，按体重比例折算。用法同。

（三）功能主治

补气养阴、活血敛汗。治虚劳、脉弦数细微、肌肤甲错、形体羸瘦、饮食不壮筋力，或自汗，或咳逆，或喘促，或寒热不时，或多梦纷纭、精气不固。

（四）方义解析

用黄芪以补气，而即用人参以培元气之根本。用知母以滋阴，而即用山药、玄参以壮真阴之渊源。用三棱、莪术以消瘀血，而即用丹参以化瘀血之渣滓。至龙骨、牡蛎，若取其收涩之性，能助黄芪以固元气；若取其凉润之性，能助知母以滋真阴；若取其开通之性，又能助三棱、莪术以消融瘀滞也。

（五）临证应用

(1) 治虚劳，见脉弦、数、细、微，肌肤甲错，形体羸瘦，饮食不壮筋力，或自汗，或咳逆，或喘促，或寒热不时，或多梦纷纭、精气不固。

(2) 犬猫临床常用本方治疗虚型咳喘、虚型前列腺炎等。

(3) 本方益气降火、固精化瘀，对于犬猫化疗导致的虚弱、气喘、乏力、心动过速等有治疗作用。

（六）注意事项

本品仅适用于虚劳范畴内病症。

来复汤

（一）源流出处

出自清末民初张锡纯《医学衷中参西录》。

（二）组成及用法

萸肉（去净核）二两、生龙骨（捣细）一两、生牡蛎（捣细）1两、生杭芍六钱、野台参四钱、甘草（蜜炙）二钱。各药水煎服，人每日1剂。

动物用量：根据人用量，按体重比例折算。用法同。

（三）功能主治

固涩止汗、益气敛阴。寒温外感诸证，大病愈后不能自复，寒热往来，虚汗淋漓；或但热不寒，汗出而热解，须臾又热又汗，目睛上窜，势危欲脱，或喘逆，或怔忡，或气虚不足以息。

（四）方义解析

山萸肉救脱之功，较参、术更胜。盖山萸肉之性，不独补肝也，凡人身之阴阳气血将散者，皆能敛之。故救脱之药，当以山萸肉为第一。其余诸药为臣。共奏固涩止汗、益气敛阴之功。

（五）临证应用

(1) 犬猫气脱症，可见嗜睡乏力、喉中痰鸣、鼻头冰冷水湿、二便时有失禁。两脉微弱，舌淡白、水滑、痿软。

(2) 犬化疗后不良反应，常见嗜睡乏力、气喘、时有痰鸣、二便无力、两脉空涩、舌滑嫩。

(3) 本方用于精亏大虚之时，两脉空涩，乏力，必重用山萸肉，配龙牡，少佐参、芪。本方与十全育真汤有相似之处，十全育真汤虽然治疗虚劳、两脉空涩，但精神尚佳，有火旺亢盛之像，脉与精神表现不符；而本方所治的情况重于十全育真汤证，多配合仙鹤草、淫羊藿、仙茅同用改善虚弱疲乏等症。

(六) 注意事项

本方用于脱证，因此重用固涩品，非脱证不宜使用。

生脉饮

(一) 源流出处

又名参麦饮、生麦散，出自金元时期李杲《内外伤辨惑论》。《中国兽医杂志》收载有关论文；《中兽医方剂大全》《中兽医方剂精华》均有记载。

(二) 组成及用法

人参、麦冬、五味子。原方未标用量，现人用多取麦冬 9 克、人参 6 克、五味子 9 克，水煎服。

动物用量：根据人用量，按体重比例折算。水煎，去渣，候温灌服；或为末，开水冲调，温灌。马、牛用 250～500 克，猪、羊 50～100 克，犬、猫 10～20 克。

(三) 功能主治

益气生津、敛阴止汗，主治气阴不足。症见力倦神疲、多汗、口干舌燥、脉虚弱，或干咳气短。

(四) 方义解析

热伤气阴，治宜益气生津、敛阴止汗。生脉饮方中人参甘温，益气生津，为主药；麦冬甘寒，养阴清热；五味子酸温，敛肺止汗。三药合用，一补一清一敛，共成益气敛汗、养阴生津之功。

经耳缘静脉注射橄榄油制成心肌收缩机能严重障碍而休克的动物模型，经试验观察生脉散注射液对急性心功能不全的预防作用，结果预防治疗组存活率为 75%，对照组仅为 12.5%，差别显著；并认为生脉散注射液对休克的积极作用主要与改善心肌功能及冠脉循环有关［天津医药，1974 (9)：449］。

另据试验，人工造成狗急性失血性休克，用生脉散注射液静脉注射，可使血压缓慢上升；但对正常狗的血压无明显影响。麻醉兔注射生脉散注射液，可使心脏收缩振幅增加，对受巴比妥钠抑制的兔心亦有增强其搏动的作用［天津药医学通讯，1972 (11)：6，44］。

试验表明，注射生脉散加大分子右旋糖酐（HMWD）的大白鼠 24 小时死亡率为 36.8%，注射生理盐水加 HMWD 的死亡率为 72.2%，两组相比差异显著，表明生脉散注射液对 HMWD 所致微循环障碍和血管内弥漫性凝血有保护作用，使大白鼠死亡率明显降低。血液流变学指标测定结果表明，生脉散加 HMWD 组与生理盐水加 HMWD 组相比，全血比黏度、红细胞比容明显降低，凝血酶原时间、红细胞电泳时间显著缩短，血小板计数、纤维蛋白质含量明显升高，表明生脉散注射液对 HMWD 所引起的病理变化有一定的对抗和保护作用［辽宁中医杂志，1984（12）：36］。

生脉饮可显著提高小鼠心肌脱氧核糖核酸（DNA）合成的作用，而且在三种不同的缺氧方法下，对心肌 DNA 合成的影响结果是一致的，但此种作用可被受体阻断剂普萘洛尔所减弱，故其可能是通过受体而起作用的。拆方试验发现，麦冬、五味子基本上无提高心肌 DNA 合成的作用，而人参却能明显提高，故人参是关键药物。对照观察发现，复方丹参和潘生丁均不能提高心肌 DNA 合成能力，说明它们具有不同的作用类型，而生脉饮是有其特殊性的。生脉饮能有效提高心肌 DNA 的合成，对促进心肌细胞恢复及保护在缺氧条件下的心肌细胞都有重要意义［陕西新医药，1978（4）：6］。

生脉饮对大白鼠和豚鼠（体外）心肌膜三磷酸腺苷酶（ATPase）活性有抑制作用，其强心作用可能与此有关。三味药中，人参和五味子煎剂都有抑制大白鼠心肌膜 ATPase 活性的作用，而麦冬则无此作用［新医药学杂志，1973（10）：27］。

从抗炎及免疫角度对生脉注射液进行药理研究，并用放射免疫法（RIA）测定了给药后不同动物血浆中糖皮质激素及前列腺素 E 水平的变化。结果表明，本品具有非特异性抗炎作用，能明显激活机体的巨噬细胞系统吞噬功能，抑制 IgE 介导的体液免疫，使机体免疫功能处于相对激活状态。另外，本品可显著提高动物、健康人体内源性糖皮质激素水平，能降低实验动物血浆中的前列腺素水平［药学通报，1984（7）：22］。

（五）临证应用

本方主要适用于热伤气阴。夏季伤暑之后，气阴耗伤者，可酌情应用本方。

心脏衰弱、心律不齐而属于气阴不足者，可用生脉饮加减治疗。有人认为，生脉饮是一个相当完善的“强心合剂”，优于常用的强心剂。

据原成都军区军马防治检验所李克琛等试验观察，参麦注射液（四川雅安制药厂出品，每 1 毫升相当于人参、麦冬、生地各 0.1 克）对大肠杆菌内毒素所致豚鼠休克有一定的对抗作用，能延缓其休克致死时间；若与解毒活血冲剂（由黄连、黄芩、黄柏、连翘、赤芍、大黄、桃仁、红花、蒲黄、五灵脂、当归、枳实、厚朴、郁金、甘草组方）配合使用，可大大提高内毒素休克豚鼠的存活率［中国兽医杂志，1981（7）：40］。

甘肃农业大学李绪权等用加味生脉散治小尾寒羊产后盗汗（方 1：由党参、麦冬、五味子、牡蛎、浮小麦组方）和自汗（方 2：由党参、麦冬、五味子、牡蛎、黄芪、防风、白术、甘草、大枣组方），效果良好［中兽医医药杂志，2003，22（6）：31］。

（六）加减化裁

助禽免（出自《中国兽医杂志》1999 年第 7 期）由党参 50 克、灵芝 30 克、女贞子 30 克、麦冬 10 克、枸杞子 10 克、桑葚 10 克组方，加水浸泡 30 分钟，煎煮 30 分钟，煎 3 次，合并 3 次滤液，浓缩成相当于 100%的生药，灭菌备用。1～5 日龄鸡饮水中添加 1%，功能扶正固本、益气滋阴，用作免疫增强剂，能克服新城疫免疫接种时母源抗体的干扰，提高抗体效价。此方与生脉散的组成及理法相近。

四物汤

（一）源流出处

出自宋代官修成方药典《太平惠民和剂局方》。《中兽医方剂大全》《中兽医方剂精华》

中均有收录。

（二）组成及用法

当归（酒浸微炒）、川芎、白芍药、熟地黄（酒蒸），各等份。人每服三钱，水一盏半，煎至八分，去渣热服，空心食前。

动物用量：根据人用量，按体重比例折算。水煎，去渣，候温灌服，亦可研末冲服。马、牛用150～300克，猪、羊30～60克，犬、猫5～10克。

（三）功能主治

补血调血，主治血虚、血滞及各种血病，诸如血虚、口色淡白无华、血瘀作痛，以及母畜胎产期间的多种血症等。

（四）方义解析

血虚血滞，治宜补血养肝、调血行滞。四物汤方中熟地黄甘温，滋肾养血，以填阴精，为主药；当归补血养肝、和血调经，为辅药；白芍药和营养肝，为佐药；川芎活血行气，使补而不滞，为使药。四药相合，则补中有通、补而不滞，使营血恢复，而周流无阻。

四物汤是从《金匮要略》胶艾汤（由芎䓖、阿胶、甘草、艾叶、当归、芍药、干地黄组方，补血调经、安胎止漏）化裁而来。

《成方便读》："补气者，当求之脾肺；补血者，当求之肝肾。地黄入肾，壮水补阴；白芍入肝，敛阴益血，二味为补血之正药。然血虚多滞，经脉隧道不能滑利通畅，又恐地、芍纯阴之性，无温养流通之机，故必加当归、川芎，辛香温润，能养血而行血中之气者以流动之。总之，此方乃调理一切血证，是其所长；若纯属阴血虚少，宜静不宜动者，则归、芎之走窜行散，又非所宜也。"。

据研究，四物汤对处于急性失血状态下的动物有促进红细胞增生的作用，主要表现在加速网织红细胞的转变成熟过程。

军事医学科学院放射医学研究所和北京中医药大学进行的一项研究表明，传统的补血方剂四物汤能调节骨髓蛋白质表达，并可由此促进造血细胞的生长和分化，发挥补血作用（中国医药报，2005）。

《中药药理学新论》将四物汤的现代研究归纳为：①对血液系统的作用（抑制实验性血栓形成、提高红细胞膜ATPase活性、降血脂、防治贫血、促进造血功能）；②免疫调节作用；③对心血管系统的作用（增强心脏的收缩性能、增加心脏的泵血功能、抗心律失常、改善微循环）；④抗辐射、抗炎和抗皮肤病作用等。

（五）临证应用

四物汤主要用于治疗血虚、血滞，也是治疗多种血病的基础方。临症应根据情况进行加减：兼见气虚，可加党参、黄芪以补气生血；兼有瘀血，可加桃仁、红花，白芍易赤芍，以活血祛瘀；血虚有寒，加肉桂、炮姜以温养血脉；血虚有热，加黄芩、丹皮，熟地易生地，以清热凉血；欲其行血，则以白芍易赤芍；欲其止血，则去川芎，加入阿胶、棕炭等。

《中兽医诊疗经验》第四辑中治"驹儿泻血症"血分不足者，用四物汤加焦地榆、炒槐花；治疗风寒侵袭、下元虚寒之陈氏四物牛膝散，即四物汤加牛膝、木瓜、松节。《元亨疗马集》中"治马、牛胎气，腹下及四肢浮肿"的当归散，也是由四物汤加枳实、青皮、红花而成，因此，在《校正驹病集》中引载本方时，即名四物汤。

据报道，用加味四物汤（由当归 60 克、川芎 40 克、熟地 60 克、白芍 60 克、花粉 60 克、炒王不留行 45 克、木通 40 克组方，猪蹄为引）治疗母畜无乳 28 例，均获满意疗效。此加味四物汤原为《医宗金鉴》中治疗乳汁不行、产后血虚证之方［中兽医医药杂志，1985（4）：36］。

据张海旺等报道，四物汤加味（由柴胡 60 克、黄芪 60 克、当归 60 克、熟地 60 克、白芍 50 克、川芎 40 克、王不留行 40 克、木通 40 克、玄参 40 克、桂枝 40 克组方）加在小尾寒羊的饲料中，每天每只 80 克，可增强免疫功能，提高母羊泌乳量［中国兽医杂志，2003，39（11）：27-29］。

（六）加减化裁

四物汤与四君子汤合方，名八珍汤（《正体类要》中收录），气血双补，常用于病后、产后气血两虚之证。如《抱犊集》中治牛产后气血两虚方（由熟地、白芍、当归、川芎、白术、云苓、砂仁、香附、党参、炙甘草、延胡索组方），即是八珍汤加味。

八珍汤再加黄芪、肉桂即十全大补汤（见《和剂局方》），能大补气血，并能固表助阳。主治虚劳诸证。《抱犊集》中载，用十全大补汤“治牛瘦弱及胞衣不下”（稍有加减：减熟地、肉桂，加威灵仙、香附）；在“血虚纳茄症”（阴道脱或子宫脱）中也说，“十全大补方为妙”。

十全大补汤去肉桂、茯苓，加续断、黄芩、砂仁等，名泰山盘石散（《景岳全书》中收录），功能补气健脾、养血安胎。主治妊娠气血两虚、不能营养胎元、屡有堕胎之患者。中国农业科学院原中兽医研究所用泰山盘石散治疗驴怀骡妊娠毒血症之脾胃虚弱、气血两虚型，取得了较好效果（见《中兽医科技资料选辑》第二辑）。

当归补血汤

（一）源流出处

出自金元时期李杲《内外伤辨惑论》，又名黄芪当归汤、芪归汤、归芪汤、补血汤、黄芪补血汤。《中兽医方剂大全》《中兽医方剂精华》中均有收录。

（二）组成及用法

生黄芪 30 克、当归（酒洗）6 克。上二味，哎咀。用水 300 毫升，煎至 150 毫升，去滓，空腹时温服。

动物用量：根据人用量，按体重比例折算。水煎，去渣，候温灌服；亦可研末，开水冲调，候温灌服。马、牛用 200～400 克，猪、羊 40～80 克，犬、猫 15 克。

（三）功能主治

补气生血，主治过力劳伤、气虚血弱。患此病时马、牛等役畜表现头低耳耷、四肢无力、怠行好卧、口色淡、脉细弱。

（四）方义解析

当归补血汤的适应证为“气血虚，阳浮于外，烦渴欲饮，脉大而虚，重按无力……血虚发热，证象白虎。”，实为大虚的危险状态。本方并非如八珍汤般通过增加生血原料、促进脾胃运化而补血。方中黄芪的作用有三，如按紧要程度来排序，分别为补气供血、补气摄血、补气生血。首先，血虚太过可致生命危险，一时又无法速生，则通过补气、加强微循环供血能力，提高现有血液的周转效率，以此吊命；第二，气血亏虚可导致血不养脉、气不摄血而出血，通过补气供血以养血脉、摄血；最后才是通过补气、补血来逐渐生血。所以，当归补血汤主要在于补气，如明代张景岳所说："有形之血不能速生，无形之气所当急固。"。待气血大亏的危象有所解除，仍当以食补来养血。

方中黄芪与当归用量之比为5∶1。重用黄芪大补脾肺之气，以资生血之源，为主药；当归养血和营，使阴生阳长、血生气旺，为辅佐药。

现代研究表明，当归补血汤能促进造血、升血压、增强免疫功能，而且以"五倍黄芪归一份"为最佳组方。原湖南医科大学、中国医科大学等研究显示，方中的主药黄芪可刺激造血干/祖细胞由静止期进入增殖期，刺激造血干/祖细胞的增殖和向粒系与红系细胞的分化，以增加白细胞、红细胞和血红蛋白的含量。还可刺激基质细胞分泌某些细胞生长因子，从而促进造血干/祖细胞的增殖。

（五）临证应用

当归补血汤可酌情运用于过力劳伤所致气血俱虚、产后气血虚弱等症。疮疡久溃不愈者，亦可用本方托毒生肌。

秦雪君等认为，通常将当归补血汤归入补益剂的补血类，强调了当归补血汤的补血作用，但忽略了其补气作用。实际上，本方"重用黄芪大补脾肺之气，以资气血生化之源。"，显然具有不容小觑的补气作用，因此亦可用于治疗一些气虚证［中华现代临床医学杂志，2004，2（2）：155］。

（六）加减化裁

归芪益母汤可视作当归补血汤加味方。

归脾汤

（一）源流出处

出自宋代严用和《济生方》。《中兽医方剂大全》《中兽医方剂精华》中均有收载。

（二）组成及用法

白术一钱、当归一钱、白茯苓一钱、黄芪（炒）一钱、龙眼肉一钱、远志一钱、酸枣仁（炒）一钱、木香五分、甘草（炙）三分、人参一钱。加生姜、大枣，水煎服。人每日1剂。

动物用量：根据人用量，按体重比例折算。用法同。

（三）功能主治

益气补血、健脾养心，主治心脾两虚、气血不足。症见体倦神疲、草料减少、口色淡、脉细弱，以及脾虚气弱不能统血所致便血、子宫出血等。

（四）方义解析

心脾两虚，治宜益气补血、健脾养心。归脾汤方中黄芪、党参补气健脾，为主药；当归、龙眼肉养血和营，合主药以益气养血，为辅药；白术、木香健脾理气，使补而不滞，茯苓、远志、枣仁养心安神，共为佐药；甘草、生姜、大枣和胃健脾，以资生化，使气旺而血充，为使药。诸药合用，能补益心脾，使气旺血生，则诸症自除。

归脾汤也可视为四君子汤合当归补血汤，再加龙眼肉、枣仁、远志、木香、姜、枣而成。

《名医方论》云："……脾阳苟不运，心肾必不交，彼黄婆者，若不为之媒合，则己不能摄肾气归心，而心阴何所赖以养。此取坎填离者，所以必归之脾也。"。

据报道，通过对归脾汤抗烫伤休克的试验观察，证明本方静脉注射对家兔烫伤休克期的血压、肠管、呼吸、血糖均有一定的稳定作用。对血压，在第一个小时内有明显的回升作用，而全程（4 小时）内维持于较高水平；对在体肠管的收缩减弱现象，具有一定的恢复作用，能改善消化道症状、增进食欲；对血糖有明显升高作用［中医杂志，1963（7）：30］。

（五）临证应用

归脾汤主要适用于心脾两虚及气不摄血的出血。凡久病体虚、再生障碍性贫血、胃肠道慢性出血、子宫出血等属于心脾两虚者，均可酌情加减应用。马、牛用量：白术 45 克、茯苓 50 克、黄芪 60 克、龙眼肉 50 克、酸枣仁（炒，去壳）50 克、人参（党参）60 克、木香 25 克、甘草（炙）25 克、当归 50 克、远志 50 克、生姜 30 克、大枣 15 枚为引，水煎，去渣，候温灌服；亦可适当减少剂量，为末冲灌。

《中兽医学初编》中用归脾汤加减治牛气虚便血的具体组方为：当归、党参、炙黄芪、白术、白芍、熟地、炙甘草、地榆炭各等份（30～60 克），研末，灶心土 250 克煎汤冲灌。

人参归脾丸

（一）源流出处

出自宋代严用和《济生方》。

（二）组成及用法

党参 80 克、炒白术 160 克、炙黄芪 80 克、炙甘草 40 克、茯苓 160 克、炙远志 160 克、炒酸枣仁 80 克、龙眼肉 160 克、当归 160 克、木香 40 克、大枣（去核）40 克。以上十味，粉碎成细粉，过筛，混匀。每 100 克粉末加炼蜜 130～140 克制成大蜜丸，即得。

每次 1 丸/60 千克体重，一日 2 次。口服。

（三）功能主治

益气补血、健脾养心。用于心脾两虚、气血不足所致心悸、怔忡、失眠健忘、食少体倦，以及脾不统血所致便血、崩漏、带下。

（四）方义解析

方中人参、黄芪甘微温，补脾养气；龙眼肉甘平，补心安神；益脾补血，共为君药；白术苦甘温，助参、芪补脾益气，枣仁、茯苓甘平，助龙眼养心安神，当归甘辛苦温，滋养营血，与参、芪配伍，补血之力更甚，以上并为臣药；远志苦辛温，交通心肾、安神宁心，木香辛苦温，理气利脾，使诸益气养血之品补而不滞，共为佐药；生姜、大枣调和营卫，炙甘草甘温益气、调和诸药，共为使药。

（五）临证应用

（1）本方是犬猫临床常用补虚药之一，凡见气血两虚、脉细弱无力，舌色淡白、舌质嫩，或舌色淡而偏绛，伴有多梦、乏力、纳呆等均可使用。可用于大病过后，精气亏虚、形体消瘦、纯虚无邪而需气血两补的情况；也常用于治疗猫瘟等疾病过程中的白细胞、血小板低下。

(2) 可治疗由脾胃虚弱、气血生化之源不足导致的心失所养，可见心悸、易惊、倦怠乏力、舌质淡、脉细弱、失眠难寐、睡眠多梦不安等。

(3) 治疗脾气虚弱、统摄无权导致的血溢脉外，可见衄血、便血、皮下紫斑、舌淡苔薄、脉细弱。

（六）注意事项

(1) 本品属于温补气血药，若热邪内伏、阴虚脉数以及痰湿壅盛者禁用。

(2) 服药期间应进食营养丰富且易消化食物，不宜进食高油脂类食物。

人参健脾丸

（一）源流出处

源于明代王肯堂《证治准绳》，经加减化裁而成。

（二）组成及用法

人参 25 克、白术（麸炒）150 克、茯苓 50 克、山药 100 克、陈皮 50 克、木香 12.5 克、砂仁 25 克、黄芪（蜜炙）100 克、当归 50 克、酸枣仁（炒）50 克、远志（制）25 克。此十一味，粉碎成细粉，过筛，混匀。每 100 克粉末加炼蜜 40～50 克与适量的水，泛丸，干燥，制成水蜜丸；或加炼蜜 110～120 克，制成大蜜丸，即得。

每次 2 丸/60 千克体重，每日 2 次。口服。

（三）功能主治

健脾益气、和胃止泻。用于脾胃虚弱所致饮食不化、脘闷嘈杂、恶心呕吐、腹痛便溏、不思饮食、体弱倦怠。

（四）方义解析

方中人参、白术补中益气、健脾养胃，为君药。黄芪助君药补气健脾，茯苓、山药、砂仁健脾化湿和胃，共为臣药。陈皮、木香理气醒脾，当归、酸枣仁、远志养血宁心，血足则气行，有助脾胃运化，共为佐药。全方以补为主，以行为辅，气血兼顾，共奏健脾养胃、化湿止泻之功。

（五）临证应用

(1) 治疗因脾胃虚弱、运化失职所致泄泻。症见大便时溏时泻、水谷不化，稍进油腻之物则大便次数增多，饮食减少，恶心呕吐，脘腹疼痛胀闷不舒，伴面色萎黄、肢倦乏力，舌淡苔白，脉细弱。

(2) 治疗脾胃虚弱、气机阻滞、运化不行所致胃脘痞闷胀满、纳食减少、嗳气泛恶、大便时溏、神倦乏力、面色白或萎黄、舌苔薄、脉缓弱。

(3) 犬猫临床见脾虚型腹泻多用此方。慢性胃肠炎所致气血两虚多用本品与人参归脾丸合用。可昼间用人参健脾丸以促进食欲，改善粪便情况；晚间用人参归脾丸，有利于安眠。

两药配合，结合适当的饮食调养，可较快增加体重。

（4）对犬各种原因所致气血两虚，气血不能上达巅顶，不能荣养于脑所致癫痫、脑病等，也可将人参健脾丸与人参归脾丸并用。

（六）注意事项

（1）湿热积滞所致泄泻、纳呆、口疮不宜使用本品。

（2）服用本品目的为补益气血而改善长期腹泻导致的体重下降，在服用本品的同时务必配合静养，切勿加大运动量。

（3）服用本品时宜进食易消化食物，忌一切油腻食物。

复脉汤

（一）源流出处

又名炙甘草汤，出自东汉张仲景《伤寒论》。《中兽医方剂大全》有收载。

（二）组成及用法

甘草（炙）四两（12克）、生姜（切）三两（9克）、人参二两（6克）、生地黄一斤（50克）、桂枝（去皮）三两（9克）、阿胶二两（6克）、麦门冬（去心）半升（10克）、麻仁半升（10克）、大枣（擘）三十枚（10枚）。上以清酒七升、水八升，先煮阿胶外八味，取三升，去滓，内胶烊消尽。人温服一升，日三服。现代用法：水煎服，阿胶烊化，冲服。

动物用量：根据人用量，按体重比例折算。水煎，去渣，候温灌服；亦可适当减少剂量，研末，以生姜、大枣煎汤冲灌。马、牛用200～500克，猪、羊40～100克，犬、猫8～20克。

（三）功能主治

益气养血、滋阴复脉，主治气虚血少。症见心动悸、口色淡、脉结代等。

（四）方义解析

气血虚少，故心动悸、脉结代，治宜益气养血、滋阴复脉。复脉汤方中炙甘草甘温益气、缓急养心，为主药，因重用炙甘草，化气生血，以复脉之本，故又名炙甘草汤；党参、大枣益气补脾养心，生地、麦冬、麻仁、阿胶等甘润之品，滋养阴血，合主药以益心气而养心血，为辅药。诸药合用，共奏益心气、养心血、振心阳、复血脉之功；桂枝、生姜辛温，温阳通脉，使血气流通、脉始复常，为佐使药。

复脉汤中地黄用量很重，原方以酒煎煮，则其养血复脉之力益著，所以前人有“地黄得酒良”的说法。在《肘后备急方》《千金方》诸书里，凡地黄与酒同用的方剂，大多具有活血止血的作用，在临证运用时值得注意。

（五）临证应用

复脉汤主要用于气血不足所致脉结代、心动悸等证。

可用于心肌炎、风湿性心脏病，功能性心律不齐，期外收缩等；对于贫血、营养不良等亦可酌情应用。

由于复脉汤具有益气养血、滋阴复脉功能，并兼有通泻作用，临床应用很广泛，如治疗心律失常、室性早搏、病毒性心肌炎等。尤其治疗多种以心律失常为主要表现的心血管系统疾病，疗效确切。

日本矢野敏夫等报道，对于某些心瓣膜病、心功能不全、内服洋地黄制剂无效者，加服炙甘草汤立见效验 [日本东洋医学会志，1966，16 (4)：45]。

六味地黄丸

（一）源流出处

出自宋代钱乙《小儿药证直诀》。《中兽医方剂大全》《中兽医方剂精华》中均有收录，《中华人民共和国兽药典》中的六味地黄散即本方。

（二）组成及用法

熟地 240 克、山萸肉 120 克、干山药 120 克、泽泻 90 克、牡丹皮 90 克、白茯苓 90 克。各药粉碎成细粉，每 100 克粉末加炼蜜 80～110 克，制成小蜜丸或大蜜丸。

人用大蜜丸每次 1 丸，每日 2 次。口服。

动物用法：各药为末，炼蜜为丸，马、牛 50～150 克，猪、羊 10～30 克，犬、猫 2～6 克，亦可按比例减量水煎灌，或研末冲灌。

（三）功能主治

滋阴补肾，主治肾阴不足，证见形体消瘦、腰胯痿软、虚热盗汗、滑精早泄、舌红少苔、脉细数等。

（四）方义解析

肾阴不足，阴虚则内热，治宜滋补肾阴。六味地黄丸方中熟地滋肾填精，为主药；山萸肉养肝肾而涩精，山药补益脾阴而固精，均为辅药；三药合用，以达到肾、肝、脾三阴并补之功，这是补的一面。又配茯苓淡渗脾湿，以助山药益脾；泽泻清泄肾火，并防熟地之滋腻；丹皮清泄肝火，并制山萸肉之温，共为佐使药，这是泻的一面。各药合用，使之滋补而不留邪，降泄而不伤正，补中有泻，寓泻于补，相辅相成，是通补开合的方剂。

《医方论》云："此方非但治肝肾不足，实三阴并治之剂。有熟地之滋补肾水，即有泽泻之宣泄肾浊以济之；有萸肉之温涩肝经，即有丹皮之清泻肝火以佐之；有山药之收摄脾经，即有茯苓之淡渗脾湿以和之。药止六味，而有开有合，三阴并治，洵补方之正鹄也"。

据研究，六味地黄丸对正常小白鼠可增加体重，延长游泳时间，增强体力，并能降低 *N*-亚硝基肌氨酸乙酯引起的小白鼠前胃鳞癌的诱发率，肿瘤发生率仅为对照组的 29% [新医药学杂志，1977 (7)：41]。

六味地黄丸对实验性肾性高血压有明显的降压、改善肾功能、降低病死率的作用 [中华内科杂志，1964 (1)：23]。

军事医学科学院毒物药物研究所研究发现，六味地黄汤中山茱萸的鞣质活性部位具有免疫抑制活性，可能是六味地黄汤免疫调节作用的物质基础（中国医药报，2004）。

六味地黄丸的广泛药理作用包括：抗肿瘤作用，增强机体的抗应激能力，改善免疫功能，降血压、血脂，调节钙磷代谢等。

（五）临证应用

六味地黄丸是钱仲阳从《金匮要略》中肾气丸减桂、附而成，适用于肝肾阴虚诸证。凡慢性肾炎、肺结核、周期性眼炎、甲状腺功能亢进等，以及其他慢性消耗性疾病，只要属于肝肾阴虚者，均可加减使用。

（六）加减化裁

六味地黄丸为补阴的基础方，很多补阴方剂都是由它加减化裁而来。本方加知母、黄柏，名知柏地黄丸（见《医宗金鉴》），滋阴降火之力更大，适用于阴虚火旺；本方加枸杞子、菊花，名杞菊地黄丸（见《医级》），滋补肝肾以明目；本方加五味子，名都气丸（见《医宗已任编》），纳气平喘，适用于肾阴虚而气喘；本方加麦冬、五味子，名麦味地黄丸（见《医级》），滋阴敛肺，适用于肺肾阴虚。

《审视瑶函》中治肾虚目暗不明的明目地黄丸，为六味地黄丸加柴胡、茯神、当归、五味子而成；《中兽医治疗学》中载此方，可用于治马、骡、驴月盲。

左归饮出自《景岳全书》，由熟地、山药、枸杞子、炙甘草、茯苓、山茱萸组方，能养阴补肾，主治真阴不足。左归饮亦导源于六味地黄丸。原书云："此壮水之剂也，凡命门之阴衰阳胜者，宜此方加减主之。"。但两者略有不同。六味地黄丸寓泻于补，适用于阴虚火旺之证；本方为纯甘壮水之剂，适用于真阴虚而火不旺者，故未取泽泻、丹皮之清泻。

陕西省扶风县康君嗣治马"心火妄动，相火内炽"之滑精所用的二地散（由生地、熟地、山药、山萸肉、丹皮、泽泻、当归、白芍、麦冬、天冬、白术、茯苓、知母、黄柏、龙骨、牡蛎、生甘草组方），即为知柏地黄丸加味。高国景用知柏地黄丸合五子衍宗丸（由菟丝子、枸杞子、车前子、覆盆子、五味子组方，见《丹溪心法》）治疗猪的难妊症（见《中兽医治疗学》）。

二至丸

（一）源流出处

出自明代王三才《医便》。

（二）组成及用法

女贞子 100 克、旱莲草 300 克。女贞子晒干研末，旱莲草捣汁浓煎，与前末为丸，如梧桐子大，水蜜丸，每 40 粒重 3 克。

9 克（120 粒）/60 千克体重，每日 2～3 次。空腹，温水送服。

（三）功能主治

补益肝肾、滋阴止血。治肝肾阴虚之崩漏。

（四）方义解析

方用女贞子甘平，益肝补肾；旱莲草甘寒，入肾补精，能益下而荣上。两药既能补肝肾之阴，又能止血，是治疗肝肾阴虚兼有出血的著名方剂。

（五）临证应用

(1) 阴虚血虚者重用女贞子；阴虚火旺重用墨旱莲；血虚贫血多陪枸杞、桑葚。配制滋阴补血药需要小剂量口服，一般 15 日为一疗程。

（2）体重 10 千克左右的中等体型犬，女贞子 20 克、墨旱莲 20 克，填充 3 号胶囊，每次口服 1～2 颗，日 2～3 次。用于治疗肝肾阴虚或阴虚内热。常治疗肝肾阴虚或阴虚内热所致皮毛枯干、血虚、早衰等。曾诊一例贵宾犬，平素饲以较贵的冻干粮，常年皮毛干枯，瘙痒，抓挠后出现局部红血痕，眼分泌物明显增多，小便黄。前期使用抗生素、皮毛保健品、各种护理型沐浴露，未见明显效果。中兽医检查见舌体瘦淡红、两脉细数、沉取少力、气轮青瘀。考虑阴虚内热、血虚生风。给予女贞子 15 克、墨旱莲 20 克、桑葚 15 克、枸杞 10 克、生地 6 克、丹参 10 克、蒲公英 20 克。填充胶囊，每日 3 次口服。半个月后反馈皮毛质地明显改善，瘙痒明显缓解，眼分泌物消失。口服一个月后，皮毛基本正常，考虑减量长期口服作为保健用药。

（3）大便虚寒、大便溏薄者慎用。

玉液汤

（一）源流出处

出自清末民初张锡纯《医学衷中参西录》。

（二）组成及用法

生山药 30 克，生黄芪 15 克，知母、葛根、五味子、天花粉各 10 克，生鸡内金（捣细）6 克。水煎服。人每日 1 剂。

动物用量：根据人用量，按体重比例折算。

（三）功能主治

益气生津、固肾止渴。症见口渴引饮、饮水不解、小便频数量多，或小便混浊、困倦气短、脉虚细无力等。

（四）方义解析

消渴一证，多由于元气不升，此方乃升元气以止渴者也。方中以黄芪为主，得葛根能升元气。而又佐以山药、知母、花粉以大滋真阴，使之阳升而阴应，自有云行雨施之妙也。用鸡内金者，因此证尿中皆含有糖质，用之以助脾胃强健，化饮食中糖质为津液也。用五味者，取其酸收之性，大能封固肾关，不使水饮急于下趋也。

（五）临证应用

（1）治疗消渴症　症见口渴引饮、饮水不解、小便频数量多，或小便混浊、困倦气短、脉虚细无力等。

（2）用于库兴氏综合征的辅助治疗　目前犬库兴氏综合征的主要治疗药物为曲洛斯坦，但不少犬用药后表现阴虚火旺或燥热证，皮毛干枯、皮屑瘙痒、心动过速、气喘、两脉细弱少力而数。此时可考虑本方使用。

（3）用于心衰的辅助治疗　心脏反流病例目前多用匹莫苯丹进行治疗，但不少犬口服 3～6 个月后出现阴虚火旺或阳亢证。表现为皮毛干枯、脱毛、兴奋等，脉细数、沉取有力。可考虑使用本方配合匹莫苯丹使用，用时可去黄芪、山药加生地、天冬。

知母散

（一）源流出处

出自元代卞宝《痊骥通玄论》。《中兽医方剂大全》中有收录。

（二）组成及用法

知母 60 克、黄柏 60 克、滑石 60 克、木通 10 克、官桂 10 克。使用时为末，开水冲调，候温灌服（原方为末，每服二两，热汤调，草前灌）。马、牛 150～300 克，猪、羊 30～60 克。

（三）功能主治

滋阴泻火、化气利水，主治马下焦有热、小便闭塞不通。

（四）方义解析

下焦有热致使膀胱闭塞不通，治宜滋肾泻火、化气利水。知母散方中知母滋肾阴而泻相火，为主药；黄柏泻下焦之火，与知母配合清相火而保真阴，为辅药；滑石、木通通膀胱、利小水，用肉桂以助气化，共为佐使药。诸药合用，泻肾火、保真阴、化气而利水，故膀胱闭塞可通矣。

（五）临证应用

知母散原方云："治马小便闭塞不通或便血"。并说："此是圣药也"。

本方主要适用于下焦蕴热、气滞不通之尿闭，故重用知母、黄柏、滑石；只用少量肉桂为佐，以助气化。凡阳虚不化或气虚不化之尿闭，均不宜用。

（六）加减化裁

知母散是由《兰室秘藏》中的通关丸（一名滋肾丸）变化而来。通关丸原方由黄柏、知母各一两、肉桂五分组成，主治热在下焦的小便不通之症。

增液汤

（一）源流出处

出自清代吴鞠通《温病条辨》。《中兽医方剂大全》《中兽医方剂精华》中均有收载。

（二）组成及用法

玄参一两（30 克）、麦冬（连心）八钱（24 克）、细生地八钱（24 克）。水八杯，煮取三杯，口干则与饮令尽；不便，再作服。现代用法：水煎服。

动物用量：根据人用量，按体重比例折算。使用时水煎，去渣服；或为末冲服。马、牛常用 200～400 克，猪、羊 40～80 克。

（三）功能主治

增液润燥，主治阳明温病、津液不足。症见粪干便秘，口色红而干，脉细数。

（四）方义解析

热病耗损津液，致使粪干便秘，故治宜滋养阴液而润燥。增液汤方中重用玄参养阴生津、润燥清热，为主药，麦冬滋液润燥，生地养阴清热，为辅佐药。三药均属质润之品，合用有滋液清热、润肠通便作用。

《温病条辨》云："三者合用，作增水行舟之剂，故汤名增液。"；"妙在寓泻于补，以补药之体，作泻药之用；既可攻实，又可防虚。"。

复方研究表明，增液汤有明显抗菌、中和毒素作用。热病之大便秘结与毒素吸收导致肠麻痹有关，增液汤中和毒素可能是治疗便秘的药理依据（见《方剂大成》）。

（五）临证应用

本方主要适用于阳明温病津液不足所致粪干便秘。《温病条辨》云："阳明下证，峙立三法，热结液干之火实证，则用大承气；偏于热结而液不干者，旁流是也，则用调胃承气；偏于液干多而热结少者，则用增液，所以回护其虚，务存津液之心法也。"。

凡阴虚便干者，均可酌情加减应用增液汤。

青海省共和县兽医站文进明等用养阴利咽汤（由玄参45克、生地45克、麦门冬45克、白芍35克、青果35克、贝母30克、牡丹皮30克、射干30克、木蝴蝶35克、甘草35克组方）加减，治疗大家畜慢性咽炎。此方实际上是增液汤加味［中兽医医药杂志，2003，22（6）：35］。

（六）加减化裁

生水散可视作增液汤加味而来，出自《全国中兽医经验选编》。由知母60克、玄参30克、生地30克、沙参30克、酒黄柏30克、麦门冬30克、山药60克、陈皮30克、泽泻15克、枸杞15克、甘草15克、龙眼肉30克组方，使用时为末，开水冲调，候温灌服，可滋补肾阴，主治马阳痿。

肾气丸

（一）源流出处

又名八味地黄丸、桂附地黄丸。出自东汉张仲景《金匮要略》。《中兽医方剂大全》《中兽医方剂精华》中均有收载。

（二）组成及用法

干地黄240克、薯蓣120克、山茱萸120克、泽泻90克、茯苓90克、牡丹皮90克、桂枝30克、附子（炮）30克。以上八味，粉碎成细粉，过筛，混匀。每100克粉末用炼蜜35～50克，加适量水泛丸，干燥，制成水蜜丸；或加炼蜜80～110克制成小蜜丸或大蜜丸，即得。

人用大蜜丸每次1丸，每日2次。口服。

动物用量：根据人用量，按体重比例折算。各药为末，炼蜜为小丸。马、牛用50～150克，猪、羊10～30克。亦可按比例酌情减少剂量煎汤服，或研末冲服。

（三）功能主治

温补肾阳。主治肾阳不足，症见形寒肢冷、四肢不温、腰腿痿软、口色淡、脉沉细等。

（四）方义解析

肾阳虚弱，治宜温补肾阳。肾气丸方中干地黄滋阴补肾，为主药；山茱萸、山药补益肝脾精血，以少量附子、桂枝温阳暖肾，意在微微生火，以鼓舞肾气，取“少火生气”之意，故方名“肾气”，共为辅药；茯苓、泽泻、丹皮调协肝脾，为佐药。诸药合用，共奏温补肾阳之效。肾气丸补阳药与补阴药并用，正如《景岳全书》中说：“善补阳者，必于阴中求阳，则阳得阴助而生化无穷。”。

《名医方论》云：“命门之火，乃水中之阳。夫水体本静，而川流不息者，气之动，火之用也，非指有形者言也。然火少则生气，火壮则食气，故火不可亢，亦不可衰。所云火生土者，即肾家之火，游行其间，以息相吹耳。若命门火衰，少火几于熄矣。欲暖脾胃之阳，必先温命门之火。此肾气丸纳桂、附于滋阴剂中，是藏心于渊，美厥灵根也。命门有火则肾有生气矣，故不曰温肾，而名肾气，斯知肾以气为主，肾得气而土自生也。”。

现代研究表明，肾气虚涉及机体多个系统；性功能及生殖障碍亦是多个系统功能低下或障碍所致。肾气丸具有调节神经内分泌、抗衰老、增强性功能、改善精子质量、影响脂质代谢及糖代谢、增强免疫功能等作用，而这些都直接或间接影响性功能及生殖。

（五）临证应用

肾气丸适用于肾阳不足。临证应用时，往往用熟地黄易干地黄，用肉桂易桂枝，温补肾阳效果更好。凡慢性肾炎、公畜性机能减退（阳痿）、甲状腺功能低下、肾性水肿等属于肾阳不足者，均可酌情加减运用。

《中兽医治疗学》中治马阳痿之“方一”（由熟地、枸杞、淫羊藿、山萸肉、补骨脂、益智仁、麦冬、五味子、肉苁蓉、肉桂、白附子、生地、车前子、胡芦巴、泽泻、云苓、丹皮、山药、巴戟、覆盆子组方），即为肾气丸加味。

（六）加减化裁

肾气丸加牛膝、车前，名济生肾气丸（《济生方》中收录），温阳补肾利水，主治肾虚腿肿、小便不利。

左归饮（见《景岳全书》）由熟地、山药、山萸肉、枸杞、甘草、杜仲、肉桂、制附子组方，能温肾填精，主治肾阳不足。此可看成是肾气丸的变方。原书云：“此益火之剂也，凡命门之阳衰阴盛者，宜此方加减主之。”。左归饮较肾气丸温补之力更大，纯补无泻，并能益精血，适用于肾阳不足、命门火衰之证。

免疫增益汤由黄芪 150 克、党参 105 克、白术 93 克、何首乌 90 克、女贞子 65 克、麦冬 85 克、天冬 70 克、枸杞 85 克、桑葚 70 克、甘草 70 克组方，制成 1%煎剂，自由饮用，能扶正固本、益气补血、滋阴壮阳。试验表明，此方能显著提高新城疫Ⅳ系疫苗接种雏鸡的特异性 HI 抗体水平，并延长其持续时间，不受母源抗体干扰［中兽医医药杂志，2004，23（2）：3-5］。

荜澄茄散

（一）源流出处

出自明代喻仁、喻杰《元亨疗马集》。《中兽医方剂大全》中有记载。

（二）组成及用法

荜澄茄 30 克、破故纸 30 克、葫芦巴 30 克、川楝子 25 克、肉苁蓉 30 克、肉豆蔻 25

克、厚朴 15 克、茴香 30 克、巴戟 25 克、桂心 20 克、益智 25 克、槟榔 15 克。用时各药研末，开水冲调，候温灌服（原方为末，每服二两，葱白三枝，飞盐半两，苦酒一升，同煎三沸，候温，空心灌之）。

用量：马、牛 200～400 克；猪、羊 40～80 克。

（三）功能主治

温补肾阳、行气散寒。主治马肾虚后腿浮肿。症见四肢虚肿、后腿难移、精神短慢、耳搭头低。

（四）方义解析

荜澄茄散所治后腿浮肿，乃是肾虚阳衰、寒凝气滞之故，治宜温补肾阳、散寒理气。方中荜澄茄辛温助火、散寒止痛，巴戟、肉苁蓉、破故纸、葫芦巴补肾壮阳，为主药；桂心、肉豆蔻、益智仁协主药温阳散寒，为辅药；川楝子、厚朴、茴香疏散寒邪、利气止痛，槟榔下气利水消肿，共为佐药；用葱白、盐、酒引经行药，为使药。诸药合用，共奏温补肾阳、行气散寒之功。

《中兽医治疗学》云："方中荜澄茄、破故纸、葫芦巴、巴戟、桂心，肉苁蓉、肉豆蔻补命火而壮阳；厚朴、茴香、益智温脾散湿；川楝子、槟榔导湿行水。如此脾健肾旺气化正常，则肿自消。"。

（五）临证应用

荜澄茄散原方"治马肾虚后腿浮肿"，书中说："令兽后蹄虚肿，胯拽腰拖，精神短慢，耳搭头低，此谓肾败虚羸之证也。荜澄茄散治之。"。但荜澄茄散温散之力较好，而滋补之力不足，临证应用时可酌情加熟地、山药等以增强补肾之功，寒甚可加附子，浮肿重可加牛膝、车前、茯苓等。

徐自恭治牛肾虚方（由荜澄茄、补骨脂、胡芦巴、川楝子、肉苁蓉、茴香、厚朴、桂心、益智仁、槟榔、葱白、炒食盐共同组方）即荜澄茄散去肉豆蔻、巴戟而得（见《中兽医诊疗经验》第五集）。

壮阳散

（一）源流出处

出自《中华人民共和国兽药典》（2000 年版）。

（二）组成及用法

熟地黄 45 克、淫羊藿 45 克、锁阳 45 克、补骨脂 40 克、菟丝子 40 克、肉苁蓉 40 克、山药 40 克、续断 40 克、覆盆子 40 克、五味子 30 克、阳起石 20 克、肉桂 20 克、车前子 20 克。用时各药为末，开水冲调，候温灌服。

用量：马、牛 250～300 克，羊、猪 50～80 克。

（三）功能主治

温补肾阳。主治性欲减退、阳痿、滑精。

（四）方义解析

公畜性欲减退、阳痿、滑精多为肾阳虚所致，治宜温补肾阳、壮阳散方中淫羊藿、锁阳、阳起石、肉桂、补骨脂、菟丝子、肉苁蓉、覆盆子等温补肾阳，为主辅药；熟地黄、山药补阴以配阳，续断、五味子、车前子活血、涩精、利水，为佐使药。诸药合用，共奏温肾壮阳、敛阴涩精之功。

（五）临证应用

凡公畜性欲减退、阳痿、滑精属于肾阳虚者，均可酌情加减应用壮阳散。

《中华人民共和国兽药典》（2000 年版）中还收载了一个补肾壮阳散（由淫羊藿 35 克、远志 35 克、锁阳 35 克、菟丝子 35 克、五味子 35 克、蛇床子 35 克、韭菜籽 35 克、覆盆子 35 克、沙苑子 35 克，熟地黄 30 克、巴戟天 30 克、肉苁蓉 30 克、莲须 30 克、葫芦巴 25 克、丁香 20 克、补骨脂 20 克，用时为末。马、牛 250～350 克。功能温补肾阳，主治性欲减退、阳痿、滑精），与壮阳散相近。

（六）加减化裁

（1）生精汤　出自《中兽医医药杂志》1990 年第 2 期，由首乌 50 克、续断 50 克、枸杞子 50 克、党参 50 克、菟丝子 40 克、五味子 40 克、花粉 40 克、麦冬 40 克、竹叶 40 克、陈皮 40 克、覆盆子 40 克、桑葚子 40 克、车前子（另包）40 克、熟地 45 克、玄参 45 克、当归 45 克、仙灵牌 45 克、黄芪 60 克、知母 30 克、黄柏 30 克组方，水煎 3 次，混合煎液，可供牛、马 3 天用药，每天早晚灌服。28 天为一疗程，最长不超过 90 天。生精汤能补肾填精、补气益血、养阴生津，可提高种公畜精液品质。据观察，生精汤使大部分种公畜的射精量、精子密度、精子存活率、精子活力均有明显提高，对精子畸形率无作用。

（2）促精散　出自《中兽医医药杂志》1987 年 6 期，由炙淫羊藿 40 克，肉苁蓉 30 克、巴戟天 30 克、白术 30 克，党参 20 克、麦门冬 20 克、天门冬 20 克、黄柏 20 克、甘草 20 克组方，为末，公鸡每次 8 克，每天 1 次，调灌，或混于饲料中喂服，连用 5 天。促精散功能益气助阳，主治鸡精子、精液品质下降。

（3）金刚丸　出自《中兽医诊疗经验》第四辑，由远志、桂心、生地、五味子、蛇床子、菟丝子、青盐、柏子仁、肉苁蓉、酒牛膝、枸杞子、淫羊藿，各一两，共同组方，用时共为细末、炼蜜为丸，如弹子大，黄酒和盐汤调灌。金刚丸功能温肾助阳，主治马阳痿。本金刚丸与《保命集》中的金刚丸（由萆薢、肉苁蓉、菟丝子、巴戟天、鹿胎组方）功用相近。

（4）苁蓉锁阳汤　系昆明军区后勤部卫生部验方，由肉苁蓉 30 克、锁阳 25 克、枳实 25 克、淫羊藿 30 克、蛇床子 25 克、菟丝子 30 克、覆盆子 30 克、破故纸 18 克、酒知母 25 克、酒黄柏 18 克组方，用时为末，开水冲调，候温灌服。苁蓉锁阳汤能温补肝肾、壮阳固精，主治马阳痿不举。

（5）龟缩集　出自《中兽医学杂志》1983 年第 2 期，由续断、大活血、破故纸、公丁香、阿胶、川楝子、杜仲、陈皮、龙骨、牡蛎、地龙、党参、当归各 25 克组方，用时为末，引黄酒，开水冲调，候温灌服，功能温肾涩精、益气活络，主治马阴茎麻痹。临证加减法：初期阴茎肿胀有热者，加双花、连翘、栀子、防风；病程长者，加附子、蜈蚣、菟丝子、巴戟天；排尿不利者，加茯苓、泽泻、车前子。

（6）破故纸散　出自《元亨疗马集》，由破故纸、肉豆蔻、茴香、川楝子、葫芦巴、厚朴、青皮、陈皮、巴戟天各 30 克组成，用时为末，水煎三沸，入童便半盏，候温空腹灌服，功能温肾壮阳，主治马肾败垂缕不收。《新刻注释马牛驼经大全集》转载本方时，加入了桂枝、官桂、炮姜、泽泻、木通，散寒利湿功能增强，主治相同。

(7) 暖肾故纸散系甘肃省验方，由破故纸 18 克、肉豆蔻 18 克、厚朴 18 克、青皮 12 克、陈皮 15 克、小茴香 25 克、川楝子 18 克、当归 18 克、葫芦巴 18 克、巴戟天 18 克、白芍 18 克组方，用时为末，开水冲调，候温灌服，功能暖肾壮阳，主治马垂缕不收。

七补散

(一) 源流出处

原名精简七补散，出自《全国中兽医经验选编》，是根据《安骥药方》七补散、《元亨疗马集》大七伤散等的理法，结合临床经验精炼而成。《中华人民共和国兽药典》(2000 年版) 收载有本方。

(二) 组成及用法

党参 30 克、白术 30 克、茯苓 30 克、甘草 25 克、黄芪 30 克、山药 30 克、酸枣仁 25 克、当归 30 克、秦艽 30 克、陈皮 20 克、川楝子 25 克、香附 25 克、麦芽 30 克。用时各药为末，开水冲调，候温灌服。

用量：马、牛 200～400 克，羊、猪 45～80 克。

(三) 功能主治

益气养血、行气健脾。主治劳伤、虚损、体弱。

(四) 方义解析

七补散的“七补”原意是针对“七伤”(寒伤、热伤、水伤、饥伤、饱伤、肥伤、走伤) 而设。但在各种劳伤虚损之病机中，脾为后天之本、气为亏虚之基，健脾益气是首先要考虑的立方法则。故本方以四君子汤为基础，加黄芪、山药、当归益气健脾、养血，为主辅药；酸枣仁安神养心，秦艽、川楝子除湿通痹，香附、麦芽行气消导，令补而不滞，为佐使药。诸药合用，以益气健脾为主，补而不滞。脾气健则气血生化之泉源不竭，而诸虚伤损自然得补矣。

(五) 临证应用

凡虚损劳伤之证，均可酌情应用七补散，但主要适用于脾气虚为主的患畜。若以血虚、阴虚、阳虚为主，或明显属于他脏者，则本方需随证加减，或另谋他方。

山西省长治市验方伤力散 (由党参 40 克、黄芪 40 克、山药 40 克、当归 40 克、陈皮 40 克、白术 30 克、香附 30 克、甘草 30 克、茯苓 25 克、秦艽 25 克组方，为末，开水冲调，候温灌服，功能补虚益气，主治马、牛气虚劳伤) 即为本方减酸枣仁、川楝子、麦芽而成。全国应用和生产的名为伤力散的方剂有多个，方剂组成和功能各有特色，经有关方面组织评选，认为本方比较简明适用。

(六) 加减化裁

(1) 七补散　出自《安骥药方》，由青皮、陈皮、川楝子、茴香、益智、芍药、当归、木通、滑石、官桂、红豆、乳香、没药、自然铜 (淬) 各 20 克组方，为末，引葱、酒，水煎三五沸，候温灌服。此七补散能行气活血、温中散寒，主治马七伤。马的七伤，其病症表现各不相同。《元亨疗马集》中说：“寒伤者，因冷月饮宿水，系寒处得之，其病令马毛焦受尘是也。热伤者，因暑月乘骑过多，不时饮喂得之，其病令马烦躁闷乱是也。水伤者，因骑回便饮水，停滞不散得之，其病令马水结肠胃，积聚成病是也。饥伤者，因马盛饥，更令大走，喘息未定，卒然饮喂得之，其病令马心脾气结，草料不消是也。饱伤者，因饱乘骑，而便饮喂，吃草太猛得之，其病令马肠胃积聚，粪行迟而涩是也。肥伤者，因马膘大，力行得之；走伤者，因马极走太过得之；二者皆令马肉断脂消，气不续也。”。故临证应用七补散时，应根据病情不同加减化裁。

(2) 大七伤散　出自《元亨疗马集》，由知母、贝母、防己、青皮、干姜、虎骨、芍药、当归、瓜蒌、桔梗、大黄、豆蔻、人参、破故纸、茯苓、甘草、茴香、茵陈、益智、白芷、槟榔、官桂、广木香各12克，为末，引猪脂，水煎三沸，候温灌服。大七伤散能益气健脾，温肾理肺，添膘，主治羸牛瘦马。大七伤散药味组成较多，功能以益气、温肾、健脾为主，兼有理肺、开胃、祛湿等作用。凡虚弱、消瘦、营养不良等五劳七伤之症，均可应用。但必须根据五劳七伤不同而对药味组成作较大的取舍化裁。

(3) 七伤散　出自《新刻注释马牛驼经大全集》，由知母20克、贝母15克、羌活20克、防风20克、青皮15克、陈皮20克、干姜15克、虎骨10克、白芍20克、当归20克、瓜蒌15克、桔梗20克、熟地20克、白豆蔻15克、人参15克、补骨脂20克、茯苓15克、甘草10克、小茴香20克、茵陈15克、益智仁20克、白芷15克、槟榔10克、官桂15克、木香15克组方，为末，水煎三沸，候温灌服。七伤散能补养气血、温脾益肾，主治马、牛形体瘦弱。七伤散源于《元亨疗马集》大七伤散，但减去防己、大黄；加入羌活、防风、熟地。

(4) 茴香七补散　出自《新刻注释马牛驼经大全集》，由小茴香30克、附子15克、木瓜30克、牛膝20克、杜仲20克、羌活20克、防风15克、追风藤20克、松节20克、苏木20克、乳香20克、没药20克、当归20克、川芎15克、红花15克、麻黄15克组方，为末，开水冲调，候温灌服。茴香七补散能补益肝肾、舒筋活血、通利关节，主治马行伤筋劳、拘行束步、四肢难移。

(5) 加减驻龙百补丸　出自《鸡谱》，由当归（酒洗）9克、生地（酒洗）9克、熟地9克、菟丝子9克，天冬6克、麦冬6克，枸杞9克、白茯苓9克、山萸（酒浸）9克、山药9克、人参9克、鹿角胶（蛤粉炒成珠）9克、五味子3克、柏子仁3克，牛膝（酒浸）9克、杜仲（姜炒）9克组方，共为细末，制成蜜丸，每丸3克，每服一丸。加减驻龙百补丸功能益气补血、滋阴壮阳。主治鸡劳伤。本方可看成是鸡的十全大补丸，人参一味在兽医上一般用党参代替。鸡劳伤表现“冠瘦、腿脚枯干、精神疲倦、目光神少、不鸣不浴、懒行懒动”。多见于短期内频繁角斗或交媾无度的公鸡。

白术散

（一）源流出处

出自明代喻仁、喻杰《元亨疗马集》。《中华人民共和国兽药典》（2000年版）引载此方。

（二）组成及用法

白术20克、当归20克、川芎20克、人参20克、甘草20克、砂仁20克、熟地20克、陈皮10克、紫苏10克、黄芩10克、白芍15克、阿胶15克。用时共为末，生姜为引，水煎五沸，候温灌服。

用量：马、牛250～350克，羊、猪60～90克。

（三）功能主治

益气补血、安胎。主治马胎病、胎动不安。

（四）方义解析

胎动不安，总不外脾肾虚损、气血不足、冲任失固等几个方面，尤以肾不载胎、脾失摄养为发病关键。故白术散以白术健脾养胎，为君药；配熟地固肾摄胎，人参、当归、川芎、白芍、阿胶、甘草益气补血、滋养胎元，为臣药；砂仁、陈皮、紫苏（叶）、黄芩行气清热以安胎为佐使药。诸药合用，共奏健脾补肾，益气养血，固摄胎元之功。白术散方中白术、砂仁、黄芩为常用安胎之品，然三药有偏补、偏温、偏凉之性，可根据临床证候权衡其用量之轻重。

（五）临证应用

马的胎动不安、先兆流产等常用白术散加减。

山西省长治市验方保胎无忧散，即白术散去砂仁、阿胶，加黄芪、枳壳、艾叶而成。由当归30克、熟地30克、白术40克、党参25克、白芍20克、黄芪20克、枳壳20克、陈皮20克、黄芩20克、苏梗20克、川芎15克、艾叶15克、甘草15克组方，共为末，开水冲调，候温灌服。此方能养血、补气、安胎，主治胎动不安。

《中兽医诊疗经验》第四集的大安胎饮，由当归9克、酒白芍9克、党参12克、白术6克、川芎6克、砂仁6克、黄芩12克、熟地12克、桑寄生15克、续断9克、苏梗9克、炙甘草6克组方，用时共为末，开水冲调，候温引米酒调灌。此方能补气血、固胎元，主治马胎动。

山西省阳高县验方保胎散，由白术15克、黄芩10克、党参15克、当归20克、川芎10克、白芍15克、苏叶10克、陈皮10克、焦杜仲15克、阿胶珠15克、焦艾7克、炙黄芪20克、炙甘草10克、葫芦巴15克、炒山药15克、续断20克、鱼鳔50克组方，用时共为末，引麻油，开水冲调，候温灌服，从怀胎后每月灌1剂直至产驹为止。保胎散功能益气养血、安胎，主治马习惯性流产。加减法：膘满肉肥者减炙黄芪、焦杜仲，加地骨皮10克；体质瘦弱者加菟丝子15克、续断30克，葫芦巴加到25克。春季用药，加黄柏15克，黄芩加大到20克；夏秋减炙甘草，加黄连15克；秋季减陈皮，加熟地20克，冬季白术加到30克。乳房发热肿大者，原方减去川芎、苏叶，加花粉40克。

《全国中兽医经验选编》中治马习惯性流产方由当归18克、红花10克、川芎1克、白术18克、茯苓18克、砂仁12克、黄芩18克、续断18克、阿胶25克、陈皮18克、麦门冬18克、熟地黄25克、厚朴18克、甘草15克组方，共为末，开水冲调，候温灌服，功能养血安胎。

河南省南阳农业学校李时德等用不同方剂治牛胎动不安31例，治愈28例。血虚胎动用白术安胎散，由焦白术90克、熟地100克、党参100克、陈皮45克、全当归60克、炙甘草60克、生姜60克、阿胶60克、白芍60克、砂仁45克、黄芩30克、紫苏30克、川芎25克、大枣100克组方；热邪胎动用清热安胎散，由生地100克、熟地60克、山药60克、白芍60克、黄芩60克、黄柏60克、炒栀子60克、川续断60克、桑寄生60克、黄连45克、制香附45克、甘草45克、荷叶60克组方；损伤胎动用活血安胎散，由全当归60克、赤芍60克、熟地60克、白术60克、川续断60克、黑杜仲60克、制香附60克、棕炭60克、川芎30克、黄芩30克、木香45克、陈皮45克、煅牡蛎100克组方，黄酒、艾叶为引[中兽医医药杂志，2003，22（6）：22-23]。

（六）加减化裁

（1）白术散去熟地　名安胎白术散（见《校正驹病集》），功用与白术散相同。《新刻注释马牛驼经大全集》转载时，增加了一味枳壳，功能与白术散相同。

（2）安胎饮　出自《校正驹病集》，由当归、川芎、白术、黄芩、枳壳、贝母、炒艾、党参、砂仁、柿饼、阿胶、甘草各20克组方，引粽子1个，煎汤服。安胎饮功能益气和血、安胎，主治母马将流产。该书中还有一个安胎饮（由黄芪、党参、当归、白术、川芎、甘草、阿胶、毛姜、木香、杜仲、续断、白芍组方），用于预防母马堕胎。

（3）十六味保胎散　出自《民间藏兽医药方选》，由当归2400克、熟地150克、贝壳灰150克、石榴皮800克、小豆蔻250克、桂皮150克、荜茇100克、干姜250克、天门冬2400克、喜马拉雅紫茉莉2400克、虫草500克、肉豆蔻250克、刺蒺藜100克、蜂蜜100克、黄精2400克、长筒马先蒿100克、手掌参2400克组方，用时为末；用量：马、牛45～540克，羊、猪5～10克，开水冲调，候温灌服，功能温中和血、补肾益气、养阴固胎，主治流产，并有预防作用。

催情散

（一）源流出处

出自《中国兽医杂志》，《中兽医方剂大全》《中兽医方剂精华》中均有收录。

（二）组成及用法

羊红膻200克、淫羊藿100克、阳起石100克。用时研末，开水冲调，候温灌服（原方一日1剂，连服三剂，停药2天，若出现卵泡者即观察至20天，若无卵泡出现者，再一日1剂，连服2剂，仍观察至20天；即一个发情周期服药3～5剂为一疗程）。

（三）功能主治

补肾健脾、壮阳催情。主治母畜肾虚阳衰不发情。

（四）方义解析

本方所治为脾肾阳虚不发情，治宜补肾健脾、壮阳催情。方中羊红膻为伞形科茴芹属缺刻叶茴芹的全草，味辛性温，健脾补虚、温肾壮阳，促进发情，为主药；淫羊藿、阳起石均能补肾壮阳，为辅佐药。三药合用，温补壮阳催情之功效尤良。

据报道，用羊红膻全草粉末内服，能增进食欲，促进消化，使体重增长提高13.6%～83.9%，饲料报酬提高11%～37.7%；对马脾虚泄泻，猪消化不良，母猪产后不吃，牛、马瘦弱等均有一定疗效。单味羊红膻内服，或羊红膻复方（羊红膻、淫羊藿）注射液，亦能用于大家畜催情［中国兽医杂志，1979（1）：18；（7）：18］。

据研究观察，34匹不发情的马、驴服催情散后，31匹治愈（发情并排卵）（其中卵巢静止者15匹、卵泡萎缩者10匹、卵巢不全硬化者3匹、持久黄体者3匹），占91.17%，其中21匹即在该发情期妊娠。另外，血中雌二醇、孕酮的变化与直肠检查所得卵泡发育的结果一致［中国兽医杂志，1980（10）：10］。

（五）临证应用

催情散主要适用于马、驴阳虚不发情。对于卵巢静止、卵泡萎缩、持久黄体者等均可应用本方，临证可根据情况适当加味。

《中华人民共和国兽药典》二部（2000年版）中载有一个用于母猪不发情的催情散，其组成为淫羊藿6克、阳起石6克、当归4克、香附5克、益母草6克、菟丝子5克，与本催情散相近。

《中兽医医药杂志》1990年第3期所载催情散由当归30克、炙黄芪30克、淫羊藿30克、阳起石30克、茯苓30克、白芍20克、菟丝子20克、肉苁蓉20克、巴戟天25克、白术15克、党参15克、川芎15克组方，用时为末，每日每只1克，分2次混饲喂服；2～3天后每日每只6克，分2次混饲喂服，连续喂服10天。此方能益气补血、助阳催情，用于促进雌银狐发情受胎。

另据报道，用自拟催情散（由淫羊藿、阳起石、益母草、马胎衣、黄芪、党参、当归、熟地、巴戟、肉苁蓉、山药、甘草组方）治疗多卵泡发育及卵泡发育停滞10例，服药5～14剂，均在一个发情周期内排卵，其中人工授精7例，5例怀孕［兽医科技杂志，1981（8）：51］。

（六）加减化裁

《全国兽医中草药制剂经验选编》收载的催情散由当归30克、熟地30克、小茴香30克、川芎15克、红花15克、肉桂15克、艾叶炭15克、香附25克、丹参25克、益母草25克、白术21克、白芍21克、茯苓18克组方，共为末，每次30～45克，作舔剂或水调灌服，功能活血调经、温肾暖宫，主治母猪宫寒不孕、发情不正常。

类似方还有以下一些。①壮阳催情散，出自《中兽医医药杂志》1991年第1期，原无方名，由淫羊藿500克、阳起石400克、菟丝子300克、枸杞子300克、熟地300克、益母草400克、旱莲草300克、山药300克、通草100克组方，用时将各药粉碎后混匀。按每千克体重0.5克拌料饲喂，每日2次，连喂2～3天。此方能补肾益精、壮阳催情。用本方治母猪不发情137例，均收效。其中超过配种年龄8个月不发情者22例；产后断奶40天不发情者52例；产后断乳50～60天不发情者47例；产后断奶90天不发情者16例。服药后2天发情38例；3～天发情者55例；5～6天发情32例；7天以上发情12例。②催情汤，出自《中兽医学杂志》1996年第2期。此方由益母草60克、淫羊藿40克、红花20克、当归30克、女贞子30克、阳起石30克、母畜卵巢1对组方；用时中药共为细末，分2份；母畜卵巢切碎捣成泥状，加白酒200毫升浸泡30分钟，分2份；取中药粉末1份，开水冲泡，候温加卵巢液1份，混合，拌食喂服。隔日再服另1份。用于10头不发情的适龄母猪，服药后12～15天发情配种，均怀孕。正常分娩86头仔猪。此方中的卵巢可在屠宰场采集，可用鲜品，或冰冻保存，或制成干粉备用。③补肾催情汤，出自《中兽医学杂志》1993年第1

期。此方由黄芪 15 克、党参 15 克、杜仲 15 克、肉苁蓉 15 克、白术 12 克、当归 12 克、菟丝子 12 克、巴戟天 10 克、升麻 10 克、甘草 10 克组方，水煎浓汁，米酒为引，混入饲料中喂服，日服 1 剂。用此方共治母猪产后不孕 321 例，治愈 318 例。临证应用时，宜酌情加减。若属气血两虚，症见形体消瘦、食少纳呆、喜卧懒动，可加山药、地黄、补骨脂等；若属肾虚不孕，症见尿液清长、下元虚冷，加肉桂、附子；发情不明显者，加淫羊藿、阳起石、山萸肉。

促孕灌注液，出自《中华人民共和国兽药典》（2000 年版）。方由淫羊藿 400 克、益母草 400 克、红花 200 克组成，以上 3 味水煮提取后，滤过，滤液浓缩，放冷，分别加乙醇和明胶溶液，除去杂质，药液加注射用水至 1000 毫升，煮沸，冷藏，滤过，加注射用葡萄糖粉 50 克使溶解，精滤，灌封，灭菌，即得。用法为子宫内灌注，马、牛 20～30 毫升。此灌注液功能补肾壮阳、活血化瘀、催情促孕，主治卵巢静止、持久黄体性不孕。

滋乳汤

（一）源流出处

出自清末民初张锡纯《医学衷中参西录》。

（二）组成及用法

生黄芪 30 克、当归 15 克、知母 12 克、玄参 12 克、穿山甲（炒，捣）6 克、路路通（大者）3 枚（捣）、王不留行（炒）12 克。上药用丝瓜瓤作引，无者不用亦可。若将猪前蹄 2 个煮汤用以煎药，更佳。

动物用量：根据人用量，按体重比例折算。用法同。

（三）功能主治

补气血、通乳汁。治产后气血两虚、经络瘀阻、乳汁甚少者。

（四）方义解析

本证因气血不足、经络瘀阻所致，故用黄芪、当归补养气血；穿山甲、路路通、王不留行通络下乳；以知母、玄参滋阴清热。

（五）临证应用

（1）缺乳证因气血两虚所致少奶。

（2）笔者曾重用黄芪 90 克、龙眼 60 克、当归 30 克、炮山甲粉 6 克等十余味药物治疗一老龄犬闭合性子宫蓄脓并伴有重度贫血、菌血症病例。其间发现，重用黄芪配龙眼肉生血速度较黄芪配当归快；炮山甲对乳腺影响较大，服药次日开始腹壁血管明显扩张，且乳房充有奶水，挤压有白色乳汁溢出，停用炮山甲、加入五味消毒饮后第二日乳汁消退，腹部血管扩张情况也明显减退。

（六）注意事项

（1）本品可作为药膳食用。

（2）下奶后应停止使用，防止湿热内蕴，导致幼犬猫内热便秘。

石斛夜光丸

（一）源流出处

出自元代倪维德《原机启微》。

（二）组成及用法

石斛 30 克、人参 120 克、山药 45 克、茯苓 120 克、甘草 30 克、肉苁蓉 30 克、枸杞子 45 克、菟丝子 45 克、地黄 60 克、熟地黄 60 克、五味子 30 克、天冬 120 克、麦冬 60 克、苦杏仁 45 克、防风 30 克、川芎 30 克、枳壳（炒）30 克、黄连 30 克、牛膝 45 克、菊花 45 克、蒺藜（盐炒）30 克、青葙子 30 克，决明子 45 克、水牛角浓缩粉 60 克、羚羊角 30 克。以上二十五味，除水牛角浓缩粉外，羚羊角锉研成细粉；其余石斛等二十三味粉碎成细粉；将水牛角浓缩粉研细，与上述粉末配研，过筛，混匀。每 100 克粉末用炼蜜 35～50 克加适量的水泛丸，干燥，制成水蜜丸；或加炼蜜 100～120 克制成小蜜丸或大蜜丸，即得。

大蜜丸，每次 1 丸/60 千克体重，每日 2 次。口服。

（三）功能主治

滋阴补肾、清肝明目。用于肝肾两亏、阴虚火旺、内障目暗、视物昏花。

（四）方义解析

方中主药石斛、天门冬、麦门冬、熟地黄、生地黄、枸杞子、肉苁蓉、菟丝子、五味子、牛膝滋肾养肝、生精养血、益精明目；辅以党参、山药、炙甘草、茯苓培补脾胃、滋生气血，以治其本；佐以白蒺藜、青葙子、菊花、防风、决明子、川芎、枳壳理气疏风、杏仁利肺气，再用黄连、羚羊角、犀角清肝泻火熄风，以治其标。诸药标本兼治，共奏其效。

（五）临证应用

治疗因肝肾不足、阴虚火旺所致云翳内障，双眼同时或先后发病，视力逐渐减退，最后只能辨别光感。多见于老年性白内障的早、中期。

（六）注意事项

(1) 本品肝肾阴虚目疾所设，若属于肝经风热、肝火上攻实证者不宜使用。

(2) 本品补药较多，其味厚质黏、滋腻难散，故脾胃虚弱、运化失调者不宜使用。

(3) 本品含有牛膝，具引导下行之功，有碍胎气，孕期慎用。

(4) 白内障程度重者，非手术治疗无法改善视力。

琥珀还睛丸

（一）源流出处

出自明代张景岳《景岳全书》。

（二）组成及用法

琥珀 30 克、菊花 45 克、青葙子 45 克、黄连 15 克、黄柏 45 克、知母 45 克、石斛 40 克、地黄 90 克、麦冬 45 克、天冬 45 克、党参（去芦）45 克、枳壳（去瓤麸炒）45 克、茯苓45克、甘草（蜜炙）20克、山药45克、苦杏仁（去皮炒）45克、当归45克、川芎45克、熟地黄45克、枸杞子45克、沙苑子60克、菟丝子45克、肉苁蓉（酒炙）45克、杜仲（炭）45克、羚羊角粉15克、水牛角浓缩粉18克。以上二十六味，除羚羊角粉、水牛角浓缩粉外，其余琥珀等二十四味粉碎成细粉，过筛，混匀，与上述羚羊角粉等二味细粉配研，过筛，混匀，每100克粉末加炼蜜100克，制成大蜜丸，即得。

每次2丸/60千克体重，每日2次。口服。

（三）功能主治

补益肝肾、清热明目。用于肝肾两亏，虚火上炎所指的内外翳障、瞳孔散大、视力减退、夜盲昏花、目涩羞明、迎风流泪。

（四）方义解析

方中熟地黄、生地黄、肉苁蓉、杜仲力补肝肾之虚，以治其本；枸杞子、菟丝子、沙苑子补益肝肾、益精明目，以治其标，七味合用补肝肾、明眼目，标本兼得。天冬、麦冬、知母、石斛养阴清热，阻遏虚火上炎之势；黄连、黄柏清热泻火，与养阴药同用，无苦燥伤阴之虞。以党参、山药、茯苓健脾益气；配当归、川芎养血和血，合则气血双补，增补益肝肾之功。琥珀、水牛角、羚羊角、青葙子、菊花清热凉血、平肝明目；苦杏仁、枳壳调理气机，使补虚而不壅滞、精血上注而濡养眼目；甘草有调和诸药之用。诸药合用，共奏补益肝肾，清热明目之功。

（五）临证应用

（1）治疗因肝肾两亏、虚火上炎所致视觉不清。眼外部多无异样表现，亦无疼痛不适，唯觉视物昏渺蒙昧不清，常见于慢性球后视神经炎、视神经萎缩。

（2）治疗因肝肾两亏、精血不足所致夜盲。早期双眼外观如常，入暮不见，天晓复明，晚期常继发青盲或黄色内障，乃至完全失明。

（3）治疗肝肾两亏、眼液失约而易流泪者。常见于年老或体弱、肝肾不足的动物。

（六）注意事项

（1）本品为肝肾不足眼疾所设，若风热、肝火上扰者不宜应用。

（2）本品中含有苦寒滑泄药物，对脾胃虚寒者慎用。

（3）本品中含有利水行气导滞药物，孕妇慎用。

（4）本品治疗眼底病变，应配合静脉用药、针灸、穴位注射用药等综合治疗。

壮骨关节丸

（一）源流出处

出自《中华人民共和国药典》。

（二）组成及用法

狗脊、淫羊藿、独活、骨碎补、续断、补骨脂、桑寄生、鸡血藤、熟地黄、木香、乳香、没药。上十二味，乳香、没药、木香、独活均半量，补骨脂、续断、熟地黄、鸡血藤均四分之一量，粉碎成细粉，过筛；剩余的药材与其余狗脊等四味加水煎煮，滤过，滤液减压浓缩成相对密度为1.25～1.28（60℃）的清膏，与上述细粉混匀，干燥，粉碎成细粉，用水泛丸，打光，制成浓缩水丸；或以上十二味，粉碎成细粉，过筛，混匀，用水泛丸，低温干燥，用甘草炭（或生地炭）包衣，制成水丸，即得。

浓缩丸，人每次10丸，每日2次。晚饭后口服。

（三）功能主治

补益肝肾、养血活血、舒筋活络、理气止痛。用于肝肾不足、血瘀气滞、脉络痹阻所致骨性关节炎、腰肌劳损。症见关节肿胀、疼痛、麻木、活动受限。

（四）方义解析

方中狗脊补肝肾、除风湿、健腰脚、利关节；淫羊藿补肾壮阳、强腰膝、祛风除湿，合以滋补肝肾、祛风除湿、强筋壮骨，共为君药。独活祛风胜湿、散寒止痛；骨碎补补肾强骨、活血续伤；续断补肾、行血脉，续筋骨；熟地养血滋阴、补精益髓；补骨脂、桑寄生补肝肾、祛风湿，合用辅助君药补肾强骨、祛风除湿、活血止痛，故为臣药。鸡血藤活血舒筋、通利血脉；木香活血利气；乳香、没药活血伸筋、消肿止痛，合以佐助君药活血行气、伸筋止痛，共为佐药。诸药合用，共收补益肝肾、养血活血、舒筋活络、理气止痛之功。

（五）临证应用

本方可用于犬、猫骨关节病，以及骨折术后愈合。但应注意本品以及类似药物如藤黄健骨丸，均存在肝损伤的不良反应，此类反应也多见于湿热体质。因此关节病及术后不能盲目使用，应先进性体质辨别，虚寒体质的犬临床中未见不良反应。

（六）注意事项

(1) 壮骨关节丸有时可引起胆汁淤积性肝炎、高血压或过敏等。宜避免大剂量、长时间服用，尤其老年患者或肝炎病史患者。

(2) 本品含有活血化瘀之品，孕期忌用。

(3) 关节红肿热痛者慎用。

(4) 本品含有乳香、没药，脾胃虚弱者慎用。

第十二章 收涩方剂

第一节 概 述

凡以固涩药物为主组成，具有收敛固涩作用，用以治疗气、血、精、津液耗散滑脱之证的方剂，统称为固涩方剂。《素问》中说："散者收之"，《三农记》中说："散者敛之"，《伤寒明理论》中说："涩可固脱"等，即为收涩剂方剂的立法原则。

固涩法为正气虚而气、血、精、津液耗散滑脱的病证所设。如果气、血、精、津液耗散过度，引起滑脱不禁，可导致机体虚弱甚至死亡。须采用固涩收敛的方法，以制其变。除在治疗中使用收敛药物外，应根据气、血、阴、阳、精、液的耗伤程度不同来配伍药物，达到标本兼治的效果。

收涩类方剂适应于气、血、精、津液耗散滑脱之证。由于病因及发病部位的不同，常见有自汗、盗汗、久咳不止、久泻不止、遗精滑泄、小便失禁等症状。固涩剂根据所治病证的不同，分为固表止汗、敛肺止咳、涩肠固脱、涩精止遗四类。

临床使用固涩剂时当注意，本类方剂为正气内虚、耗散滑脱之证而设，凡外邪未去，误用固涩，则有"闭门留寇"之弊，转生他变。此外，对于由实邪所致热病多汗、火扰遗泄、热痢初起、食滞泄泻等，均非本类方剂之所宜。在运用时，还应根据患者气、血、精、津液耗伤程度的不同，配伍相应补益药，使之标本兼顾，不可一味固涩，导致留邪。若是元气大虚、亡阳欲脱所致大汗淋漓、小便失禁，又非急用大剂参附之类回阳固脱不可，非单纯固涩所能治疗。

第二节 固表止汗方剂

固表止汗方剂适用于卫外不固，或阴虚有热而自汗、盗汗症。常用的固表止汗的药物有黄芪、牡蛎、麻黄根等，代表方剂有牡蛎散、玉屏风散等。

牡蛎散

（一）源流出处

出自宋代官修成方药典《太平惠民和剂局方》。

（二）组成及用法

黄芪去苗土一两（30 克）、煅牡蛎米泔浸再刷去土后火烧通赤一两（30 克）、麻黄根洗一两（9 克）。三药为粗散，人每服 9 克，水一盏半，加小麦百余粒，同煎至八分，去渣热服，日二服，不拘时候。现代用法：水煎温服。

动物用量：根据人用量，按体重比例折算。马、牛用牡蛎 80 克、麻黄根 60 克、浮小麦 40 克、黄芪 40 克，研末，开水冲调，候温，分 2～3 次灌服。

（三）功能主治

敛汗潜阳、益气固表，主要用于治疗体虚自汗、心动过速、好卧少气、口色淡白、脉虚。

（四）方义解析

《太平惠民和剂局方·卷之八治杂病》云："治诸虚不足，及新病暴虚，津液不固，体常自汗，夜卧即甚，久而不止，羸瘠枯瘦，心忪惊惕，短气烦倦。"《医方集解》云："此手太阴少阴药也。陈来章曰：'汗为心之液，心有火则汗不止。牡蛎、浮小麦之咸凉，去烦热而止汗。阳为阴之卫，阳气虚则卫不固，黄芪、麻黄根之甘温，走肌表而固卫。'"牡蛎散中牡蛎具有潜阳敛汗功效，为主药；黄芪益气固表，麻黄根止汗，与主药一起益心气而敛汗固表；浮小麦养心阴、清心热，为佐药。各药合用，具有益气固表、敛阴止汗功效。

现代研究表明，牡蛎散方中牡蛎具有敛汗、潜阳镇静，安神，抑制心惊、心动过速等功效，为主药；麻黄根、浮小麦具有除虚热、止虚汗和敛心阴作用，同时麻黄根止汗力作用较强，为佐使药；黄芪具有益气固表、止汗，补益肺气，协助牡蛎共同起到敛汗潜阳、固表止汗作用，为辅药。全方对阳虚自汗、心动过速易惊者具有良好效果。

（五）临证应用

（1）牡蛎散用于治疗因阳气虚弱而不能卫外之证。该证导致汗液自出，晚间更甚；汗为心之液，汗出过多，导致心阳受损，不能内敛心阴；肺主卫外，肺气虚则卫外之力弱，出现少气。牡蛎散也可用于治疗误用发汗药或者发汗过度引起的自汗证。在临床中，应当敛汗潜阳、实卫固表。若动物阳虚较甚，则可加白术、附子以助阳固表；若阴虚，可加生地、白芍以养阴止汗；若气虚者，可加党参、白术以健脾益气。

（2）采用牡蛎散加五味子、炒枣仁、柏子仁、黄芪、当归、麻仁，可用于治疗马阴阳皆虚的昼夜汗出证。或者以牡蛎散加生地、当归，可用于治疗久汗不止；导致阴虚者，还可加当归以补血养阴，加生地以滋阴养津进行治疗。

（3）本方为卫气不固，阴液外泄的自汗、盗汗证而设，以汗出、心悸、短气、舌淡、脉细弱为证治要点。

（4）临证使用时，汗出属阳虚者，可加附子以温阳；属气虚者，可加人参、白术以益气；属阴虚者，可加生地、白芍以养阴。自汗应重用黄芪以固表，盗汗可再加糯稻根以止汗，疗效更佳。

(5) 常用于病后、手术后及产后自汗、盗汗，属卫外不固、阴液外泄者。

(六) 加减化裁

另有牡蛎散（《中兽医方剂选解》中收录）由麻黄根45克、黄芪90克、牡蛎90克、浮小麦120克、生龙骨60克组方，治疗家畜天不热而自汗或者劳役出汗。

来复汤由山茱萸90克、生龙骨50克、牡蛎50克、生白芍30克、党参60克、炙甘草30克组方，具有固涩止汗、益气敛阴功效，临床常用于治疗虚汗、喘逆、气虚者。

玉屏风散

(一) 源流出处

出自元代危亦林《世医得效方》。

(二) 组成及用法

防风一两（15克）、黄芪蜜炙二两（30克）、白术二两（30克）。上药㕮咀。每服三钱（9克），用水一盏半，加大枣一枚，煎至七分，去滓，食后热服。现代用法：研末，每日2次，每次6～9克，大枣煎汤送服；亦可作汤剂，水煎服，用量按原方比例酌减。

动物用量：根据人用量，按体重比例折算。用法同。

(三) 功能主治

益气固表止汗功效。主要治疗表虚卫阳不固。证见恶风自汗、口色淡、脉浮而无力。

(四) 方义解析

气虚卫阳不固而自汗，治宜益气固表止汗。玉屏风散方中黄芪益气固表，为主药；白术健脾，合黄芪以补脾而助气血之源，使气充血旺，则卫外固而汗可止，为辅药；防风走表而祛风邪，黄芪得防风，固表而不致留邪，防风得黄芪，祛邪而不伤正，实系补中有疏，散中寓补之意，为佐药。三药合用，共奏益气祛邪、固表止汗之功。

《名医方论》云："邪之所奏，其气必虚。故治风者，不患无以驱之，而患无以卸之；不畏风之不去，而畏风之复来。何则？发散太过玄府不闭故也。昧者不知托里固表之法，遍试风药以驱之，去者自去，来者自来，邪气留连，终无解期矣。防风遍行周身，称治风之仙药……为风中之润剂，治风独取此味，任重功专矣。然卫气者，所以温分肉而充皮肤，肥腠理而司开合，惟黄芪能补三焦而实卫，为玄府御风之关键，且有汗能止，无汗能发……是补中之风药也。所以防风得黄芪，其功愈大耳。白术健脾胃，温分肉，培土以宁风也。夫以防风之善驱风，得黄芪以固表，则外有所卫，得白术以固里，则内有所据，风邪去而不复来，此欲散风邪者当倚如屏珍如玉也。"。

现代研究表明，玉屏风散可使正常小鼠的脾脏、胸腺重量明显增加，对醋酸泼尼松引起的脾脏和胸腺重量的减轻具有抑制作用；可显著提高小鼠腹腔巨噬细胞对鸡红细胞的吞噬百分比和吞噬指数，并能有效活化小鼠腹腔巨噬细胞；对动物机体的补体系统具有激活作用和促进免疫系统作用；能对体液免疫系统的IgG的产生具有促进作用；可促进机体T细胞亚群恢复正常，增强细胞免疫功能；可加强慢性阻塞性肺病红细胞免疫功能；可抑制小鼠体内IgE的产生，抑制肥大细胞释放生物活性物质，对Ⅰ型变态反应具有抑制作用；此外，玉屏风散还具有抑制流感病毒，对实验性肾炎具有保护作用，还具有抗应激作用（季宇彬著《中药复方化学与药理》，人民卫生出版社）。

（五）临证应用

（1）玉屏风散主要适用于气虚自汗，但本方所治之自汗与太阳中风之自汗不同，彼责之表实，此责之表虚，故治法补散各异。

（2）在《中兽医学初编》中，用玉屏风散加牡蛎、浮小麦、大枣，治马阳虚自汗，其固表止汗功能更强。

（3）牡蛎散与玉屏风散均能固表止汗，但牡蛎散敛汗之力较强，适用于卫气不固、营不内守之自汗，玉屏风散健脾益气力大，适用于表虚自汗及体虚易感风邪者。

（六）加减化裁

玉屏风散合六味地黄汤治疗耕牛夜间出汗，具有良好效果，方为黄芪 25 克、防风 15 克、白术 20 克、生地黄 30 克、山药 30 克、泽泻 15 克、丹皮 15 克、山茱萸 20 克、甘草 10 克。若表虚重者可用黄芪、炙甘草；若阴虚者可重用生地、丹皮［《中兽医学杂志》，1989（4）］。

加味牡蛎散由牡蛎、黄芪、麻黄根、防风、浮小麦、糯稻根、龙骨、甘草组方，具有敛汗固表益气、补血安心的功效［中国新医药，2003，2（6）］。

当归六黄汤

（一）源流出处

出自金元时期李杲《兰室秘藏》。

（二）组成及用法

当归、生地黄、熟地黄、黄柏、黄芩、黄连各等份，黄芪加一倍。

人每用 15 克，用水 300 毫升，煎至 150 毫升，空腹服。小儿减半。

动物用量：根据人用量，按体重比例折算。用时各药水煎，去渣，候温灌服。

（三）功能主治

滋阴清热、固表止汗。主要治疗虚热、盗汗。症见发热、盗汗、口干舌燥、粪球干小、尿黄、口色红、脉数。

（四）方义解析

汗出一证，病因多端，凡外感风邪、营卫不和、内伤七情、劳逸虚损而阴阳失调均可引起汗液外泄。阴虚火扰，阴液为火蒸越外出，故发热盗汗。治宜滋阴清热、固表止汗。当归六黄汤为虚实夹杂、阴虚内热之汗证而设。《兰室秘藏·卷下》云："治盗汗之圣药也"。当归六黄汤中当归、生地黄养血增液、育阴清火，为主药；黄连、黄芩、黄柏清热泻火，为辅药；黄芪益气固表，合当归、熟地以益气养血，气血充则腠理密而汗不易泄，合三黄以扶正泻火，火不内扰则阴液内守而汗可止。

《名医方论》云："是方当归之辛养肝血、黄连之苦清肝火，一补一泄，斯为主治。肝火之动，山水虚无以养，生地凉血分之热，熟地补髓中之阴，黄柏苦能坚肾，是泻南补北之义也。肝木之实，由金虚不能制，黄芪益肺中之气，黄芩清肺小之热，是东实西虚之治也。惟阴虚有火、关尺脉旺者始宜。”。

（五）临证应用

（1）当归六黄汤主要适用于阴虚盗汗而有热者。若纯虚而无火者，芩、连、柏等苦寒之药宜去，入玄参、麦冬以增液养阴；若阴虚火旺，则宜加知母、龟板以滋阴潜阳。

（2）据《中兽医方剂》记载，当归六黄汤“对马、牛夜间出汗，白天汗止，水草减少，神疲力乏的盗汗证，可根据病情而化裁使用本方，确有良效。临证一般尚需加入生龙骨、生牡蛎、麻黄根、浮小麦等药，可增强其敛汗固表的作用。”。《中兽医学》（下册）中亦记载当归六黄汤治阴虚盗汗。

（3）对于脾胃虚弱者，食少便溏者不适宜使用本方治疗。

（六）加减化裁

另方当归六黄汤由当归、生地、熟地、黄芩、黄柏、黄连、黄芪、龙骨、牡蛎、麻黄根、浮小麦组方，具有滋阴补血、凉血清虚热功效，又能潜阳固表止汗、治疗盗汗。

第三节　涩肠固脱方剂

涩肠固脱方剂适用于泻痢日久、滑脱不禁等病症。常用的涩肠止脱药物有乌梅、诃子、肉豆蔻、罂粟壳等。常用的涩肠固脱方剂有乌梅散、真人养脏汤、桃花汤、四参丸。

乌梅散

（一）源流出处

出自宋王愈《蕃牧纂验方》。

（二）组成及用法

乌梅 25 克、诃子 20 克、干柿子 25 克、黄连 10 克、姜黄 10 克。用时研末，开水冲调，牛、马分 2 次灌服；其他动物煎服或减量服用。

（三）功能主治

涩肠止泻、解毒散瘀、清热。临床常用于幼年家畜泻痢持久、里急后重、粪便黏稠带脓血、毛焦体瘦、精神不振、口色淡白、眼球下陷等。

（四）方义解析

本方主要用于治疗幼畜奶泻，方中乌梅涩平，具有涩肠止泄生津的功能，为主药；黄连苦寒，清热燥湿而止泻，为辅药，这样达到泻不伤正、敛而不留邪；干柿子、诃子甘涩寒凉，能清热、涩肠止泄；姜黄辛温，能行气活血而止痛，为佐使药。各药共用达到清热燥湿、涩肠止泄功效。

现代研究表明，乌梅散中乌梅含有柠檬酸，对离体肠管具有抑制作用，诃子对菌痢和肠炎引起的黏膜溃疡具有保护作用，诃子素可对平滑肌具有解痉作用；黄连中含有小檗碱，具有广谱抗菌作用，黄连可增强白细胞和巨噬细胞吞噬功能，乌梅还具有抑制痢疾杆菌等作用。姜黄可利胆，促进胆汁排泄。这样各药共同起到收敛涩肠作用，并增强白细胞和吞噬细胞的吞噬功能，有利于治疗肠炎。

（五）临证应用

（1）乌梅散主要用于治疗幼畜滑泻不止，常用于治疗牛、马、仔猪等。

（2）在临床中，若动物出现腹痛肢冷，可减去黄连，加罂粟壳、干姜以温中涩肠；若食滞不化者，可加焦三仙以消食导滞；若兼有气虚者，可加党参、附子以固气救逆，或者加白术、茯苓、山药等以益气健脾；若体热者，可减去诃子、干柿子，加金银花、蒲公英、黄柏和黄芩等以清热解毒。

（六）加减化裁

《全国中兽医经验选编》采用乌梅散的加减方，即黄连、诃子、乌梅、白芍、郁金等治疗新驹奶泻。《羊病防治》中采用加味乌梅散，即乌梅、诃子、黄连、黄芩、柿饼、焦楂、郁金、猪苓、泽泻、神曲、炙甘草等治疗羔羊痢疾。此外，《元亨疗马集》中的乌梅散为乌梅、干柿、黄连、姜黄、诃子肉组成，与本乌梅散功能相同。

《安骥药方》中的诃子散为乌梅散减去姜黄，加郁金，功能与本方相同。《元亨疗马集》中的当归散为当归、荷叶、红花、海带、赤芍、青皮、连翘、天花粉、栀子、黄芩、生地组方，具有清热散瘀功效，主要治疗新驹奶泻时给母马服用，新驹服用乌梅散。

真人养脏汤

（一）源流出处

出自宋代官修成方药典《太平惠民和剂局方》。

（二）组成及用法

人参六钱、当归（去芦）六钱、白术（焙）六钱、肉豆（面裹）半两，肉桂（去粗皮）八钱、甘草（炙）八钱、白芍药一两六钱、木香（不见火）一两四钱、诃子（去核）一两二钱、罂粟壳（去蒂，盖，蜜炙）三两六钱。

上锉为粗末，每服二大钱（6克），水一盏半，煎至八分，去渣食前温服。忌酒、面、生冷、鱼腥、油腻。

动物用量：根据人用量，按体重比例折算，用时研末，开水冲调，候温灌服。

（三）功能主治

涩肠止泻、补虚温中，用于治疗因久泻、脾阳虚寒导致的大便久泻不止、口鼻冷、腹痛、口色淡白或者青白、脉迟细。

（四）方义解析

养脏汤主要用于治疗脾阳虚弱、久泻久痢、内无积滞而肠道失固摄。本方中诃子、罂粟壳、肉豆蔻具有涩肠止泻功效，为主药；党参、白术具有益气健脾的功效，肉寇温脾散寒，共同起到温肠固涩、健脾补中的作用，为辅药；当归、白芍和营养血，木香醒脾理气、行气止痛，使补益而不滞留，为佐药；甘草调和诸药，为使药。全方共奏温脾涩肠、养护受伤之脏的目的，故得名“养脏”。

《医方考》云：“下痢日久，赤白已尽，虚寒脱肛者，此方主之。甘可以补虚，故用人参、白术、甘草；温可以养脏，故用肉桂、豆蔻、木香；酸可以收敛，故用芍药；涩可以固脱，故用粟壳、诃子。是方也，但可以治虚寒气弱之脱肛耳。若大便燥结，努力脱肛者，则属热而非寒矣，此方不中与也，与之则病益甚。”。

（五）临证应用

(1) 养脏汤在临床中可灵活加减用于治疗，若动物出现脾极虚，泻下日久，可加生姜、附子以增强温脾暖肾功效；若出现中气下陷脱肛者，可加黄芪、升麻以补气升阳。

(2) 本方为脾肾虚寒、久泻久痢者设。以泻痢滑脱不禁、腹痛、食少神疲、舌淡苔白、脉迟细为证治要点。

(3) 脾肾虚寒、四肢不温者，可加附子以温肾暖脾；脱肛坠下者，加升麻、黄芪以益气升陷。慢性肠炎日久不愈属脾肾虚寒者，可随证加减用之。

（六）加减化裁

《兰室秘藏》中的诃子散由诃子、罂粟壳、干姜、陈皮组方，具有涩肠止泻、温中健脾功效，主要治疗脾虚久泻、鼻寒耳冷、大便溏泻、毛焦体瘦、口色青白、脉迟细等症。

真人养脏汤（见《局方・卷之六治泻痢》）由人参、当归、白术、肉豆蔻、肉桂、甘草、白芍药、木香、诃子、罂粟壳组方，具有涩肠止泻、温中补虚的功效，主要用于治疗久泻久痢、泻痢无度、滑脱不禁甚至脱肛坠下、脐腹疼痛、不思饮食、舌淡苔白、脉迟细等症。

桃花汤

（一）源流出处

出自东汉张仲景《伤寒论》。

（二）组成及用法

赤石脂 30 克（一半全用，一半筛末）、干姜 9 克、粳米 30 克。上药三味，以水 700 毫升，煮米令熟，去滓，温服 150 毫升，纳赤石脂末 5 克，日三服。若一服愈，余勿服。

动物用量：马、牛用赤石脂 100 克、干姜 25 克、粳米 125 克，水煎去渣，候温灌服。

（三）功能主治

温中涩肠。主要治疗久痢不愈，症见下痢脓血、色暗不鲜、毛焦肷吊、口色淡白、脉象迟细。

（四）方义解析

原书云：“少阴病，下利便脓血者，桃花汤主之。”。

久痢不愈、脾肾阳衰、下焦不能固摄，故治宜温涩固脱。桃花汤方中赤石脂涩肠固脱，为主药；干姜温中散寒，为辅药；粳米养胃和中，助赤石脂、干姜以厚肠胃，用为佐使。诸药合用，共奏涩肠止痢之功。

《医学衷中参西录》云：“石脂原为土质，其性微温，故善温养脾胃，为其具有土质，颇有黏涩之力，故又善治肠辟下脓血……故方中重用之以为主药……且服其末，又善护肠中之膜，不至为脓血瘀滞所损也。用干姜者，因此证其气血因寒而瘀，是以化为脓血，干姜之热既善祛寒，干姜之辛又善开瘀也。用粳米者，因其能和脾胃，兼能利小便，亦可为治下利不止者之辅佐品也。”。《注解伤寒论》云：“涩可去脱，赤石脂之涩以固肠胃；辛以散之，干姜之辛以散里寒；粳米之甘以补正气。”。

（五）临证应用

(1)《伤寒论》云：“少阴病，下利便脓血者，桃花汤主之。”。所谓少阴病便脓血、久痢不愈、脾肾阳衰、下焦不能固摄之证，用桃花汤治疗，力嫌不足，宜加党参、白术等以增强温养脾肾之功。

(2) 桃花汤偏于温中涩肠而止泻痢，主治虚寒血痢证。以久痢便脓血、色黯不鲜、腹痛喜温喜按、舌淡苔白、脉迟弱为证治要点。对久泻滑脱不禁者，虽无脓血，亦可用之。

(3) 本方亦可用于久泻滑脱者，可加党参、内豆蔻以益气固脱；或与真人养脏汤合方应用。如慢性细菌性痢疾、慢性阿米巴痢疾、慢性结肠炎、胃及十二指肠溃疡出血、功能性子宫出血等属阳虚阴盛、下焦不固者，可用本方。

（六）加减化裁

枳壳散（见《痊骥通玄论》）由枳壳、官桂、当归、干姜（炮）、赤石脂组方。使用时各药为末，用砂糖、粳米、绿豆、盐熬粥灌，功能理气温中、涩肠止泻，主治马水泻。此方由桃花汤加味而成，临证可酌情加减应用。

四神丸

（一）源流出处

出自明代王肯堂《证治准绳》。

（二）组成及用法

肉豆蔻 60 克、补骨脂 120 克、五味子 60 克、吴茱萸 30 克。加红枣 50 枚、生姜 120 克。生姜、大枣先煎，其余药物共研细末，待枣煮熟后，去姜取枣肉，合药末为丸，如梧桐子大。

人每日 2 次，每次 9～12 克。口服。亦可作汤剂水煎服，用量按原方比例酌减。

动物用量：根据人用量，按体重比例折算。加水适量、姜 240 克、枣 100 枚同煮，待枣熟时，去姜取枣肉，和末为丸而成。马、牛每次投服 60～150 克，猪、羊每次投服 20～30 克；亦可研末冲服或水煎灌服，用量按原方比例酌减。

（三）功能主治

温肾健脾、涩肠止泻。主治脾肾虚寒泄泻，症见泻粪清稀、完谷不化、腰寒肢冷、体瘦毛焦、口色淡白、脉象沉迟无力之症状。

（四）方义解析

四神丸证由肾阳虚衰，命门之火不能上温脾土，以致运化力弱，而成泄泻。治宜温补脾肾、涩肠止泻。四神丸方中补骨脂补命门之火，以温养脾阳，为主药，吴茱萸温中散寒，肉豆蔻温肾暖脾、涩肠止泻，为辅药，主辅相配，温阳涩肠之力相得益彰；五味子酸敛固涩，生姜助吴茱萸以温胃散寒，大枣补脾养胃，共为佐使药。诸药合用，共奏温养脾肾、固涩大肠之功。

《名医方论》云："夫鸡鸣至平旦，天之阴，阴中之阳也，因阳气当至而不至，虚邪得以留而不去，故作泻于黎明。其由有四；一为脾虚不能制水，一为肾虚不能行水，故二神丸君补骨脂之辛燥者，入肾以制水也，佐肉豆蔻之辛温者，入脾以暖土，丸以枣肉，以辛甘发散为阳也；一为命门火衰不能生土，一为少阳气虚无以发陈。故以五味子散君五味子之酸温，以收坎宫耗散之火，少火生气，以培土也，佐吴茱萸之辛温，以顺肝木欲散之势，为求气开滋生之路，以奉春生也。此四者，病因虽异，而见证则同，皆水亢为害，二神丸是承制之剂，五味子散是生化之剂也。二方理不同而用则同，故可互用以奏效，亦可合用以建功。合为四神丸是制生之剂也。制生则化，久泄自疗矣。称曰四神，比理中、八味二丸较速欤。"。

（五）临证应用

（1）四神丸是由《本事方》中的二神丸（由补骨脂、肉豆蔻组方）和五味子散（由五味子、吴茱萸组方）二方组合而成。

（2）本方主要适用于脾肾虚寒之泄泻（在人俗称"五更泻"）。寒甚者，可加附子、肉桂以增强温阳补肾之效；兼见肛门松弛不收或脱肛者，可加黄芪、升麻以升阳益气。

（3）《医学心悟》中说："须知脾弱而肾不虚者，则补脾为亟，肾弱而脾不虚者，则补肾为先，若脾肾两虚，则两补之。"。四神丸与真人养脏汤均为脾肾两补之剂，但真人养脏汤以健脾温中为主，兼温肾阳，而四神丸以温补命门为主，兼补脾阳，是共同中之异，临证应用时须加斟酌。

（六）加减化裁

山西省晋东南地区著名中兽医常鸿年用四神丸方（由破故纸 30 克、煨肉豆蔻 30 克、五味子 30 克、吴萸子 25 克组方，炒高梁面 90 克为引，使用时共为末开水冲服）治马冷肠泄泻。

第四节　涩精止遗方剂

涩精止遗剂适用于肾虚不摄或者肾虚膀胱失约引起的滑精早泄、排尿失禁等。常用的涩精止遗药物有龙骨、牡蛎、金樱子、乌药、益智仁等。常用的方剂有金锁固精丸、缩泉丸。

金锁固精丸

（一）源流出处

出自清代汪昂《医方集解》。

（二）组成及用法

沙苑蒺藜（去皮、炒）、芡实（蒸）、莲须各二两（60 克），龙骨（酥炙）、牡蛎（盐水煮一日一夜，煅粉）各一两（30 克）。用法共为细末，莲子粉糊为丸，每服 9 克，每日 2

次，淡盐汤送服。

动物用量：根据人用量，按体重比例折算。用时各药研末，以莲子粉糊为丸，马、牛每次投服100～250克，开水冲调，候温灌服。

（三）功能主治

固肾涩精，主治公畜肾虚不固、滑精早泄、腰腿痿软、四肢无力、口色淡白、脉象细弱。

（四）方义解析

动物由于肾虚精关不固之滑精早泄，治宜固肾涩精。金锁固精丸方中沙苑蒺藜补肾益精止遗，为主药；莲子肉、芡实补肾涩精、益气宁心，为辅药；龙骨、牡蛎、莲须涩精止遗、收敛固脱，为佐药。诸药合用，标本兼顾，共奏补肾涩精之功。

《成方便读》云："夫遗精一证，不过分其有火无火，虚实两端而已……既属虚滑之证，则无火可清，无瘀可导，故以潼沙苑补摄肾精，益其不足，牡蛎固下潜阳，龙骨安魄平木，二味皆有涩可固脱之能，芡实益脾而止浊，莲肉入肾以交心，复用其须者，专赖其止涩之功，而为治虚滑遗精者设也。"。

（五）临证应用

本方主要适用于肾虚精关不固的滑精早泄。兼见阳痿者，可加锁阳、淫羊藿等以壮阳补肾；偏于阴虚者，可加女贞子、龟板以滋养肾阴。

（六）加减化裁

著名中兽医阎冠五治公马滑精的固精散（由山萸肉、煅牡蛎、莲须、牛膝、赤石脂、补骨脂、阿胶、巴戟、黑豆、车前、金樱子、蛇床子、肉豆蔻、甘草组方，见《中兽医治疗学》），以及徐自恭治公牛滑精方（由芡实、煅龙骨、煅牡蛎、蒺藜子、炒知母、菟丝子、骨碎补、山茱萸、莲子肉、炒黄柏、甘草组方，见《中兽医诊疗经验》第五集）等，都是由金锁固精丸加减演化而来，可酌情参考运用。

缩泉丸

（一）源流出处

出自明代薛己《校注妇人良方》。

（二）组成及用法

益智仁（盐炒）、乌药、山药各300克。上药三味，粉碎成细粉，过筛，混匀，用水泛丸，干燥，即得。

动物用量：根据人用量，按体重比例折算。马、牛每次投服100～150克，或研末冲服。

（三）功能主治

温肾缩尿。主治下元虚冷、排尿频数或遗尿。

（四）方义解析

肾气不足则膀胱虚冷、不能约束，于是排尿频数或遗尿，故治宜温肾祛寒、缩尿止遗。缩泉丸方中益智仁温补脾肾、固精气、涩小便，为主药；乌药温膀胱气化、止排尿频数，为辅药，更以山药糊丸，取其健脾补肾之功，为佐使药。诸药合用，共奏温肾缩尿之功。

《医方考》云：“脬气者，太阳膀胱之气也。膀胱之气，贵于冲和，邪气热之则便涩，邪气实之则不出，正气寒之则遗尿，正气虚之则不禁。是方也，乌药辛温而质重，重者坠下，故能疗肾间之冷气；益智仁辛热而色白，白者入气，故能壮下焦之脬气。脬气复其元，则禁固复其常矣。”。

（五）临证应用

（1）缩泉丸可用于排尿频数或遗尿。

（2）临证应用时可酌情加减，遗尿甚者，可加桑螵蛸、龙骨、牡蛎等以固涩缩尿；虚寒甚者，可加肉桂、小茴香、巴戟天等以温肾壮阳；兼气虚者，可加党参、白术等以补虚益气。

（3）山西省忻县地区兽医院曾用缩泉丸合六味地黄汤加减（由熟地、生地、山药、山萸、丹皮、茯苓、甘草、麦冬、元参、益智仁、乌梅组方）治疗马的尿崩症获效。

（六）加减化裁

秦艽巴戟散（见《中兽医诊疗经验》第四集）由秦艽、巴戟、木通、金铃子、山药、青皮、陈皮、山栀、黄芩、玉片、川朴、二药、二母、黄柏、生甘草组方，具有治疗马气虚遗尿的功效。

第五节　敛肺止咳方剂

敛肺止咳方剂适用于久咳肺虚、气液耗伤之证，常用的敛肺止咳药物是五味子、乌梅、罂粟壳、阿胶、白及等，常用的敛肺止咳方剂为九仙散。本节以九仙散为例说明此类方剂及应用。

九仙散

（一）源流出处

出自明虞抟《医学正传》。

（二）组成及用法

人参 10 克、款冬花 10 克、桑白皮 10 克、桔梗 10 克、五味子 10 克、阿胶（烊化）10 克、乌梅 10 克、贝母 5 克、蜜炙罂粟壳 15 克。上药为末，人每服 9 克，用生姜、大枣煎水冲调，嗽住止后服。

动物用量：根据人用量，按体重比例折算。用法同。

（三）功能主治

益气敛肺止咳。主治久咳不已、肺气虚弱，甚则气喘、脉虚无力。

（四）方义解析

久咳不愈，以致肺气耗散、肺阴亏损。治宜益气敛肺止咳。久咳不已，伤肺伤气，故用人参以补气、阿胶以补肺，为主药；喘则气耗，用五味子之酸收，以敛耗散之肺气，为辅药；乌梅、罂壳敛肺止咳，款冬、桑皮、贝母止咳平喘，兼以化痰，桔梗载药上行，共为佐使药。诸药合用，共奏益气、敛肺、止咳之功。

（五）临证应用

（1）九仙散主要适用于久咳肺虚、气耗阳亏之证。如马、牛慢性气管炎、慢性肺气肿并发毛细支气管炎等，证属肺虚久咳者，均可酌情应用。

（2）本方补涩收敛，只宜用于虚证，若有痰、热等实邪者，切勿误用，以免留邪为患。

第十三章 安神开窍方剂

第一节 概 述

凡以安神药为主组成，具有安神定志作用，治疗神志不安疾患的方剂，称为安神方剂。

神志不安，多表现为惊恐癫痫，病机主要在于心和肝，并与其他脏腑有一定关系。实证多因心火亢盛、肝郁化火、扰乱心神所致。症见精神兴奋、烦躁不安、易惊善恐；虚证多因心气不足、心阴血亏损所致，症见精神衰微、心动过速、恍惚痴呆。根据《素问·至真要大论》“惊者平之”的原则，家畜如马、牛等的神态不安，多属实证，治疗应以重镇安神为主。如果因热而狂躁者，应清热泻火；若痰致惊狂者，可祛痰镇惊；若虚实夹杂者，应标本兼治。

在临床上，神志不安并有惊狂、善怒、躁扰不安者，多因外受惊恐，或肝郁化火、内扰心神所致，主症表现较为急迫时，应予重镇安神；心悸健忘、恍惚失眠者，多因忧思太过、心肝之血不足、心神失养或心阴不足、虚火内扰所致，应补养安神为主。

神志不安的病证，由于虚实的不同，实者应泻其有余，安神药和清心泻火药合用，虚者可补其不足，安神药和补气滋阴养血药同用。

由于重镇药多属金石类，碍胃，中病即止，对脾胃虚弱者应用时应注意。质硬打碎久煎，使药力尽出。某些安神药，如朱砂等具有一定毒性，久服能引起慢性中毒，在临床使用中应当注意。

以芳香开窍药为主组成方剂，称为开窍方剂，主要用于由邪气壅盛、蒙蔽心窍所致闭证神昏。闭证因其病因不同，又有寒闭、热闭之异，治疗亦有凉开、温开之别，故本类方药也有凉热之分，用时尤当注意。如，清热方剂中所述之安宫牛黄丸，就是典型的凉开方剂，治疗热闭神昏。

开窍类方药中的药物多为芳香辛散走窜之品，故只可暂用，不可久服，久服易耗气伤津，临床上多只作急救治标之用。

第二节 常用安神方剂

朱砂散

（一）源流出处

出自明代喻仁、喻杰《元亨疗马集》。《中华人民共和国兽药典》（2000 年版）收载。

（二）组成及用法

朱砂 15 克、人参 15 克（党参 45 克）、茯神 60 克、黄连 20 克。各药研末（朱砂单独研末并水飞），加猪胆汁 100 毫升、童便 1 碗，开水冲调，候温灌服。

（三）功能主治

镇心安神、清热泻火。治疗马心神风邪，主要见于心神不安、易惊善恐、食欲降低、浑身出汗、肉颤头摇、左右乱跌、气促喘粗、口色赤红、脉洪数。

（四）方义解析

本方中朱砂甘、微寒，镇心安神，且能清心火。重能镇怯、寒能胜热、甘以生津、抑阴火之浮游，以养上焦之元气，为安神之第一品（《删补名医方论》），为主药；黄连苦寒，清泄心经之火热，为辅药；茯神甘平，能宁心安神，增强主药之安神作用，且心火旺盛，则汗出过多而耗气伤阴，党参性甘平可补气生津，可防朱砂碍胃之弊，达到扶正祛邪功效，为佐药；猪胆和童便清热引经，为使药。共同起到镇心安神、泻火宁心的功效。

现代研究表明，朱砂可降低大脑中枢神经的兴奋性，起镇静作用；茯神能镇静安神，二药合用是本方镇静安神的药理基础。黄连可增强机体白细胞、网状内皮系统的吞噬功能，并具有解热和降血压作用；党参具有兴奋中枢的作用，增强机体的抵抗力，这样全方起到了镇静安神的药理作用（四川畜牧兽医学院《中兽医方剂学》）。

（五）临证应用

（1）朱砂散为治疗心热风邪而设。临床常见心气虚弱，且内热蕴集，在受到突然惊吓时，导致心神惊扰，不能自主，以至动物烦躁不安、易惊善恐。《元亨疗马集》中认为："热邪者，正名中风也。皆因三焦热积，胸膈痰血郁结于心，心窍痰瘀，迷乱其心也。"因此，在治疗中应采取清热泻火、宁心安神。

（2）朱砂散可作为治疗心神扰乱的基础方。若癫狂痰迷者，可加胆南星、贝母、陈皮、石菖蒲、半夏等以涤痰开窍；对于热盛者，可加黄芩、栀子以清热泻火；若惊恐者，可加珍珠母、琥珀以镇静安神；若大便秘结，可用大承气汤，以达到"釜底抽薪"、荡涤实热下行的作用。

（3）对于阴伤者，用朱砂散时可加生地、麦冬、竹叶、连翘以滋阴清心泻火。本方和《元亨疗马集》中治疗黑汗风的茯神散，均可酌情应用于家畜中暑和高热癫狂，配合放血、冷水淋头、冷水灌肠和将病畜置于阴凉通风处等措施，效果更佳。

（六）加减化裁

（1）安心散（见《全国中兽医经验选编》），由朱砂 9 克、黄连 9 克、远志 9 克、茯神 15 克、焦枣仁 9 克、玄参 9 克、焦栀子 9 克、黄药子 15 克、白药子 15 克、连翘 15 克、天花粉 15 克、郁金 15 克、知母 15 克、防风 15 克、甘草 9 克组方。用时为末，开水冲调，加白糖 120 克、鸡蛋清 2 个为引，候温灌服。功能清心泻火、镇痉安神，主治马心热风邪。

（2）山栀散（见《中兽医诊疗经验》），由栀子 30 克、朱砂 12 克、茯神 24 克、黄连 24 克、金银花 30 克、连翘 24 克、桔梗 21 克、瓜蒌 30 克组方。用时为末，蜂蜜 250 克为引。开水冲调，候温灌服。功能清热解毒、安神通窍，主治马心热风邪。

（3）茯神散（见《元亨疗马集》），由茯神 45 克、朱砂 15 克、雄黄 15 克组方、研为细末，引猪胆汁，水调灌服。茯神散能安神镇心。主治马黑汗症。此外，尚有出自《新刻注释马牛驼经大全集》的同名方剂，由茯神 45 克、远志 20 克、麦冬 30 克、天花粉 45 克、当归 30 克、石菖蒲 30 克、香附 30 克、桔梗 20 克、陈皮 20 克、甘草 15 克、葛根 30 克、升麻 30 克、生地 30 克、白芷 20 克、灯心草 10 克、淡竹叶 15 克组方，为末，开水冲调，候温灌服。功能养心安神、滋阴生津、开上导下，主治马黑汗症。

（4）天竺黄散（见《中兽医治疗学》），由天竺黄、川黄连、郁金、栀子、生地、朱砂、茯神、远志、防风、桔梗、木通、甘草、蜂蜜、鸡蛋清组方。具有泻火涤痰、镇心安神功效，用于治疗心风狂、斜走转圈、气粗吐沫，或低头耷耳、头靠墙角或食槽、心神不宁。

朱砂安神丸

（一）源流出处

出自金元时期李杲《内外伤辨惑论》。

（二）组成及用法

朱砂五钱（15 克）另研，水飞为衣；黄连去须，净，酒洗，六钱（18 克）；炙甘草五钱半（16.5 克）、生地黄一钱半（4.5 克）、当归二钱半（7.5 克）。上药四味共为细末，另研朱砂，水飞如尘，阴干，为衣，汤浸蒸饼为丸，如黍米大，人每服十五丸（6 克），津唾咽之，食后服。现代用法：上药研末，炼蜜为丸，朱砂另研，水飞为衣。人每次服 6～9 克，临睡前温开水送服；亦可作汤剂，用量按原方比例酌定，朱砂研细末水飞，以药汤送服。

动物用量：根据人用量，按体重比例折算。用法同。

（三）功能主治

重镇安神、清心泻火。主治心火亢盛、阴血不足、失眠多梦、惊悸怔忡、心烦神乱、舌红、脉细数。

（四）方义解析

朱砂安神丸中朱砂质重性寒，入心经，寒能清热，重能镇心，具有清心火、镇浮阳而安神的作用，为主药；黄连苦寒入心经，可清心火、除烦宁神，为臣药；生地甘寒养心阴，能滋肾水，当归甘润，可补养心血，共同起到养血滋阴的功效，为佐药；甘草具有调和诸药，防止黄连、朱砂的苦寒伤胃作用。诸药共同起到清心火以宁神、补心血、养心阴、滋肾水，达到滋阴以制阳的功效。

《兰室秘藏·卷下杂病门》云："治心神烦乱怔忡，兀兀欲吐，胸中气乱而热，有似懊侬之状。皆膈上血中伏火，蒸蒸然不安，宜用权衡法，以镇阴火之浮越，以养上焦之元气。"。《医宗金鉴·删补名医方论》叶仲坚："朱砂具光明之体，色赤通心，重能镇怯，寒能胜热，甘以生津，抑阴火之浮游，以养上焦之元气，为安神之第一品。心苦热，配黄连之苦寒，泻心热也，更佐甘草之甘以泻之。心主血，用当归之甘温，归心血也，更佐地黄之寒以补之。心血足则肝得所藏而魂自安；心热解则肺得其职而魄自宁也。"。

现代研究表明，本方主要含有硫化汞，小檗碱、黄连碱、丁烯基苯酞、藁本内酯、阿魏酸、丁二酸、甘草黄酮等。具有镇静催眠功效，可明显缩短动物清醒期、延长慢波睡眠期，具有促进入睡作用；给动物灌胃给药，可明显缩短氯仿肾上腺素和草乌诱发的心律失常家兔的心律失常持续时间，减少异常搏动次数，降低中枢神经兴奋性（《中药复方化学与药理》）。

（五）临证应用

（1）心火上炎，可灼伤心阴，引起心失所养，故出现心神烦乱；心阴血被灼，导致心血不足出现烦躁不安，临床以惊悸失眠、舌红、脉细数为证治要点。

（2）神经衰弱所致心悸、健忘、失眠或精神抑郁症引起的神志恍惚等，属心火上炎、阴血不足者，均可用之。

（六）加减化裁

生铁落饮（见《医学心悟》），由天冬、麦冬、贝母、胆星、橘红、远志肉、石菖蒲、连翘、茯苓、茯神、元参、钩藤、丹参、辰砂、生铁落组方。具有镇心安神、清热涤痰的功效，主要用于治疗痰火上扰之癫狂证。

镇心散

（一）源流出处

出自明代喻仁、喻杰《元亨疗马集》；《中华人民共和国兽药典》（2000年版）收载。

（二）组成及用法

朱砂、茯神、人参、防风、甘草、远志、栀子、郁金、黄芩、黄连、麻黄各25克。上药为末，引蜂蜜、胆汁、鸡蛋，井华水同调灌服。马、牛250～300克。

（三）功能主治

清心安神、扶正祛风。主治马心黄（心风黄）。

（四）方义解析

镇心散中朱砂甘、微寒，具有镇心安神、清泻心火作用，为主药；黄连、黄芩、栀子、郁金清心泻火解毒；茯神甘平，宁心神；远志苦辛微寒，具有祛痰利窍，宁心安神作用；人参具有益气宁心作用，为辅药；郁金辛、苦寒，行血解郁，宣窍凉血；麻黄、防风疏风解表，使热自表而出；同时人参具有补气益津、扶正祛邪功效，共为佐药。甘草、蜂蜜、胆汁解毒调和药性，共为佐使药。方中各药共为清热解毒、祛痰安神之功。

现代研究表明，黄连、黄芩、栀子等均具有较强的抗菌作用，增强机体抵抗力；甘草具有抗病毒、抗炎作用；麻黄和防风等具有促进发汗、解热作用。朱砂可降低大脑中枢神经的兴奋性，具有镇静功效；茯神、远志等具有镇静安神作用。本方可用于脑膜炎、脑充血、慢性脑水肿等疾患的治疗。

（五）临证应用

（1）镇心散主要用于治疗马心黄。由“热极生惊，惊急生风”可知，脏腑积热、热极生风，引起肝风内动；同时热灼伤津液成痰，导致痰火攻心，乃生癫狂。《元亨疗马集》中认为：“心黄者，邪热中心也。凡治者，定心定魂，降火清痰。”。因此，在治疗中应采取清解热毒、祛痰宁心安神的治疗原则。

（2）临床使用镇心散时，应根据病症进行灵活加减使用。若痰火盛，可减去党参，加竹茹、天竺黄、天南星以清热涤痰；若热盛伤阴者，可加玄参、麦冬、生地、柏子仁以养阴清心；若小便短赤者，可加滑石、木通以清热利尿，使热从小便而出。

（六）加减化裁

《中华人民共和国兽药典》（2000年版）收载本方时以党参、茯苓易人参、茯神。《元亨疗马集》中另有一个镇心散，又名人参散，即本方减去郁金、麻黄，功能和主治相同。其他一些同名方和功用类似方如下：

（1）《安骥药方》之镇心散，由白茯苓60克、人参60克、桔梗30克、白芷30克组方。为末，引酒、童便，同调，草后灌服。功能扶正、安神、开窍。主治马惊狂不宁。

（2）《新刻注释马牛驼经大全集》之镇心散由人参10克（以党参45克代）、桔梗30克、白芷25克、茯苓30克、远志20克、麦冬45克、天花粉45克、泽泻25克、栀子30克、连翘30克、葛根45克组方。用时为末，开水冲调，候温灌服。功能镇心安神、养阴清热。主治马风邪惊悸、癫狂不宁等症。

（3）《新刻注释马牛驼经大全集》之另方镇心散，由茯神30克、远志30克、朱砂10克、防风20克、甘草20克、郁金30克、黄芩30克、栀子30克、人参15克、连翘30克、大黄30克、黄连20克、当归20克、芒硝45克、淡竹叶20克、灯心草10克组方。用时为末，开水冲调，候温灌服。功能宁心安神、降火清痰。主治马心热闷乱、抱胸咬臆、眼急惊狂。本方源于《元亨疗马集》镇心散，减去麻黄，加入连翘、大黄、当归、芒硝组成。

（4）《安骥药方》之人参散，由人参30克、茯苓30克、远志30克、防风30克、麦门冬30克、薄荷30克、甘草30克、龙脑1克、牛黄1克组方。各捣为末，浆水同煎二三沸，候冷入蜜30克，草后灌服。功能扶正安神、清热散风。主治马心经伏热、惊狂。

（5）《蕃牧纂验方》之人参散，由甘草30克、吴蓝30克、大青30克、郁金30克、黄药子30克、板蓝根30克、人参30克、茯苓30克组方。用时为末，生姜、油、蜜为引，加水同煎三五沸，候温草后灌服。功能清热解毒、扶正安神，主治马心黄、易惊。

（6）《安骥药方》之远志散，由远志、地骨皮、茯苓、大青、黄连、甘草、防风、吴蓝、茵陈、人参各25克组方。用时为末，水煎二三沸，候温草后灌服。功能清热解毒、扶正安神。主治马心经积热、多惊。

（7）《蕃牧纂验方》防风散，由郁金、黄芪、干地黄、知母、没药、天冬、黄药子、沙参、防风、桔梗、蚕沙、桑螵蛸、大黄、人参、贝母、紫参、麦冬各15克组方。用时为末，鸡蛋、浆水为引调灌。功能清热化痰、益气滋阴、和血息风。主治马心风黄。

(8)《活兽慈舟》之消黄解毒汤，原无方名。由黄连30克、黄芩30克、黄柏30克、栀子30克、玄参30克、连翘30克、芒硝90克、白芍30克、当归25克、红花25克、木通25克、丹皮25克、甘草25克组方。煎汤去渣，加绿豆汤、童便，候温灌服。功能清心泻火、凉血化瘀。主治马心风黄。

(9)《中兽医治疗学》之归脾散，由党参15克、白术15克、茯神15克、远志15克、生地15克、甘草15克、当归30克、郁金12克、白芍12克、朱砂9克组方。用时为末，开水冲调，候温灌服。功能益气养血、安神镇惊。主治马心风黄。

(10)《青海省中兽医经验集》之镇心茯神散，由当归20克、黄芩20克、半夏20克、黄连20克、川芎20克、甘草15克、朱砂9克、茯神21克、远志21克、青黛9克、牡丹皮15克、雄黄21克、桔梗21克、白芷21克组方。共为末，开水冲调，候温灌服。功能清热解毒、镇心安神，主治马心风黄。

(11)《青海省中兽医经验集》之五黄散，由黄连21克、黄柏21克、黄芩15克、雄黄30克、大黄24克、栀子24克、连翘30克、朱砂21克、玄参24克、桔梗24克、金银花21克、茯苓21克、茯神21克、郁金21克、远志24克、天花粉24克、甘草9克组方。用时为末，开水冲调，候温灌服。功能清热和血、镇心安神。主治马心风黄。

天王补心丹

(一)源流出处

出自明代洪基等《摄生秘剖》。

(二)组成及用法

人参15克，五味子、当归(酒洗)、天门冬(去心)、麦门冬(去心)、柏子仁、酸枣仁(炒)、玄参、白茯神(去皮)、丹参、桔梗(去芦)、远志(去心)各15克，黄连(去毛，酒炒)60克，生地黄(酒洗)120克，石菖蒲30克。上药为细末，炼蜜为丸，如梧桐子大，朱砂为衣。

人每服30丸，临卧时用灯芯、竹叶煎汤送下。

动物用量：根据人用量，按体重比例折算。各药先经水煎，候温加朱砂5克、蜂蜜100毫升，调匀后灌服。

(三)功能主治

清热滋阴、养心安神。主要用于治疗心肾不足、阴虚血少、精神衰微、烦躁不安、心悸易惊、久立少卧、虚热夜汗、舌红少苔、脉细弱。

(四)方义解析

天王补心丹中生地滋阴清热，“壮水之主，以制阳光”，使心神不为虚火所扰，为主药。天冬、麦冬、玄参甘寒，滋阴清虚火、清心除烦；当归、丹参可养血安神；党参、茯苓可益心气安心神；柏子仁、远志可宁心而安神，共为辅药。五味子、酸枣仁可敛心气，为佐药。桔梗载诸药上行，朱砂安神镇惊，蜂蜜补脾养胃，调和药性，共为使药。全方滋中寓清，标本兼治，有补心血、清心火、敛心气、养心神之功。可使心气和而神自归、心血足而神自藏，从而虚烦、失眠、惊悸诸症得以痊愈。故称“天王补心丹”。

《古今名医方论》柯韵伯："心者主火，而所以主者神也。神衰则火为患，故补心者必清其火而神始安。补心丹用生地黄为君者，取其下足少阴以滋水主，水盛可以伏火，此非补心之阳，补心之神耳！凡果核之有仁，犹心之有神也。清气无如柏子仁，补血无如酸枣仁，其神存耳！参、苓之甘以补心气，五味之酸以收心气，二冬之寒以清气分之火，心气和而神自归矣；当归之甘以生心血，玄参之咸以补心血，丹参之寒以清血中之火，心血足而神自藏矣；更假桔梗为舟楫，远志为向导，和诸药入心而安神明。以此养生寿则，何有健忘、怔忡、津液干涸、舌上生疮、大便不利之虞哉?"

现代研究表明丹参具有镇静、安定作用，可使小鼠的自发活动减少；枣仁的镇静、催眠作用较强；朱砂、茯苓和当归也具有一定的镇静作用，这样共同起镇静安神作用。方中的丹参可扩张冠状动脉增加血流量，麦冬可提高机体耐缺氧能力，玄参具有降压作用，党参可促进动物白蛋白、红细胞的增加，当归具有补血功能；远志和柏子仁具有安神宁心功效。全方共同起治疗作用。可用于治疗阵发性心动过速、心律不齐等病的治疗。

（五）临证应用

(1) 临床中常见动物因心肾不足，阴亏血少，血虚则神耗，神志衰微。因心藏神，心失所养则神乱，导致心悸痴呆，易惊，或躁动不安，可用本方。

(2) 天王补心丹主要用于治疗心肾不足、阴虚有热引起的心悸易惊、精神倦怠等症。在临床使用中，若动物出现心悸、久立不卧者，可加龙眼肉、合欢皮增强养心安神；若见食少便溏者，可加黄芪、白术以补气健脾。

（六）加减化裁

(1) 补心丹（见《青海中兽医验方汇编》），由朱砂 6 克、远志 18 克、茯苓 15 克、黄连 12 克、栀子 24 克、柏子仁 24 克、菖蒲 12 克、细辛 12 克、当归 15 克、白芍 15 克、黄芩 25 克、麦冬 25 克、寄生 15 克、甘草 15 克组方。主要治疗心律不齐、心跳不规则、时快时慢、动物瘦弱易倦。

(2) 柏子养心丹（见《体仁汇编》），由柏子仁、枸杞子、麦冬、当归、石菖蒲、茯神、玄参、熟地、甘草组方。具有养心安神、补肾滋阴功效。主要治疗营血不足、心阴虚血亏、肝肾不足，及心失所养所致心悸易惊、精神恍惚、脉迟细、口色淡白。

(3) 养心汤（见《证治准绳》），由黄芪、党参、炙甘草、茯苓、茯神、当归、川芎、柏子仁、枣仁、远志、五味子、肉桂、半夏曲组方，具有益气补血、养心安神作用。主要治疗心虚血少，可加减用于治疗动物慢性心动过速。

(4) 孔圣枕中丹（见《备急千金要方》，原名孔子大圣知枕中方），由龟板、龙骨、远志、菖蒲组方。具有补肾宁心、益智安神的功效。主要治疗心肾不足而致健忘失眠、心神不安。

镇痫散

（一）源流出处

出自《中兽医治疗学》。

（二）组成及用法

当归 60 克、白芍 6 克、川芎 9 克、僵蚕 6 克、钩藤 10 克、全蝎 3 克、朱砂 5 克、蜈蚣 2 条、麝香 0.5 克（此为百日内幼驹剂量）。朱砂，麝香另研，其余各药共为末，开水冲；候温加入朱砂、麝香灌服。

（三）功能主治

养血熄风祛痰、安神止痫。主要见于发病无定时、突然倒地、四肢抽搐、口吐白沫、呻吟、醒后如常。

（四）方义解析

镇痫散中，钩藤、僵蚕熄风止痉、化痰，为主药；全蝎、蜈蚣祛风解痉，为辅药；当归、川芎、白芍养血育阴，朱砂重镇安神，麝香顺气开窍，共为佐药。各药合用，具有养血祛痰、安神止痫的功效。

《古今名医方论》王又原云："磁石直入肾经，收散失之神，性能引铁，吸肺金之气归藏肾水。朱砂体阳而性阴，能纳浮游之火而安神明。水能鉴，火能烛，水火相济，而光华不四射与？然目受脏腑之精，精资于谷，神曲能消化五谷，则精易成矣。盖神水散大，缓则不收，赖镇坠之品疾收而吸引之，故为急救之剂也。其治耳鸣、耳聋等症，亦以镇坠之功，能制虚阳之上奔耳。"。

（五）临证应用

（1）镇痫散主要用于治疗出生后百日内所发生的胎痫病。本病常可分为血虚痰结、火盛痰多和心肾虚弱等证型。

（2）在血虚时可选用镇痫散，火盛痰多者应清心化痰为主，可采用胆南星散（由胆南星、天麻、川贝、姜半夏、陈皮、茯神、丹参、寸冬、远志、全蝎、僵蚕、白附子、朱砂组方）；若为心肾虚弱者，可以补虚安神、祛痰定痫为主，可用安神散（由生地、芍药、当归、川芎、党参、白术、茯神、远志、胆南星、炒枣仁、黄连、生甘草、石菖蒲、勾藤组方）。

（六）加减化裁

磁朱丸（见《备急千金要方》），由磁石 60 克、朱砂 30 克、六曲 120 克组方，具有重镇安神、潜阳明目的功效，可用于治疗肾阴不足、心阳偏亢之心悸、眼目昏暗等症，可治疗癫痫。

医痫丸

（一）源流出处

出自《中华人民共和国药典》。

（二）组成及用法

生白附子 40 克、天南星（制）80 克、半夏（制）80 克、猪牙皂 400 克、僵蚕（炒）80 克、乌梢蛇（制）80 克、蜈蚣 2 克、全蝎 16 克、白矾 120 克、雄黄 12 克、朱砂 16 克。上十一味，朱砂、雄黄分别水飞成极细粉；其余生附子等九味粉碎成细粉，与上述粉末配研，过筛，混匀，用水泛丸，干燥，即得。

动物用量：每次 3 克/60 千克体重，每日 2～3 次。口服。

（三）功能主治

祛风化痰、定痫止搐。用于诸痫时发、二目上窜、口吐涎沫、抽搐昏迷。

（四）方义解析

方中生白附子祛风痰、定惊止搐；猪牙皂祛痰开窍、开痰散结，二药为君，涤痰息风开窍。辅以白矾燥湿化痰，天南星燥湿化痰、祛风止痉，半夏祛痰、降逆、开痰散结，全蝎、僵蚕、乌梢蛇、蜈蚣息风定痉。佐以雄黄豁痰解毒、辟秽开窍，朱砂镇惊安神。各药合用，共奏祛风化痰、定痫止搐之功。

（五）临床应用

用于治疗肝风上扰清窍，痰浊阻塞经络所致癫痫。症见发作性神昏抽搐、两目上视、口吐涎沫、喉中痰鸣、舌质淡、苔白腻、脉弦滑。

（六）注意事项

（1）体虚正气不足者慎用。

（2）服药期间出现心率过缓、呕吐、恶心等不适症状应停药就医。

（3）合并慢性胃肠病、心血管病、肝肾功能不全者忌用。

（4）内含朱砂、雄黄，不宜过量、久服，孕期禁用。

（5）服药期间清淡饮食。

芍药甘草汤

（一）源流出处

出自东汉张仲景《伤寒论》。

（二）组成及用法

芍药、甘草（炙）各四两。上二味，以水三升，煮取一升五合，去滓，分温再服。现代用法：芍药 30 克、甘草 10 克，水煎 40 分钟，分 2～3 次温服。

动物用量：根据人用量，按体重比例折算。用法同。

（三）功能主治

芍药甘草汤具有养阴舒筋功能。主要治疗肝阴血不足导致的筋急证。症见筋脉拘急、肌肉疼痛或跳动、筋脉或关节屈伸不利，或关节活动疼痛、舌红、脉细。此外，还可治疗胃阴不足轻证、口干舌燥、大便干结、小便短少、饮食不佳、纳谷无味、舌红、少苔、脉细或弦细。

（四）方义解析

芍药甘草汤中芍药补血养阴以柔筋，甘草补益和中缓急。二药相伍，酸甘化阴而养血，柔筋缓急而舒筋，善治筋脉拘急。

现代研究表明，本方对家兔的肠胃运动及乙酰胆碱、组织胺等所致收缩，在低浓度时有促进作用，在高浓度时则能抑制；对胃酸缺乏者能增加胃酸分泌，而对胃酸过多者又能抑制；对胃排空有明显的抑制作用；抑制肠管收缩，缓解肠管痉挛；对肌肉有松弛作用，但不为新斯的明所拮抗，对于低频肠壁所致牵拉反应，呈持续性抑制反应而显示解痉、镇痛作用。同时研究表明，本方具有良好的抗炎作用。抑制巴豆油所致小鼠耳壳炎症的作用，能显著降低小鼠毛细血管通透性，减少炎性渗出，对醋酸所致腹腔炎症有明显对抗作用［中药材，1991，14（3）：22-25；中国中药杂志，1995（9）：550-552］。

（五）临证应用

（1）芍药甘草汤可用于治疗消化系统溃疡（如胃和十二指肠溃疡、胃痉挛、过敏性肠炎、肠粘连、胰腺炎等）、血管平滑肌痉挛、血小板减少性或过敏性紫癜、呼吸系统之支气管哮喘、泌尿系统特发性肾炎、肾出血等、类风湿性炎、荨麻疹等［中医药研究，1998，14（2）：50-52］。

（2）用芍药甘草汤加味治疗萎缩性胃炎，具有较高的有效率。

（六）加减化裁

（1）通肠芍药汤（见《牛经备要医方》），由大黄、槟榔、山楂、枳实、赤芍药、木香、黄芩、黄连、玄明粉组方，具有清热泻火、导滞止泄功效；主要用于治疗牛热毒痢疾，症见患畜排便不爽、下痢赤白、鼻镜干燥、口色红、脉数。

（2）红白痢方（见《抱犊集》），由生黄芩、川黄连、炒白芍、当归、花大白、阿胶、麦冬、桔梗、秦艽、贯众、甘草、赤小豆组方，功用与通肠芍药汤相同。

甘麦大枣汤

（一）源流出处

出自东汉张仲景《金匮要略》。

（二）组成及用法

甘草三两（9克）、小麦一升（15克）、大枣十枚。用时煎水，候温灌服。

（三）功能主治

养心安神、和中缓急。主要治疗脏躁（主要表现为精神恍惚、情绪烦乱、睡眠不安、呵欠频作、舌淡红苔少、脉细微数）。现在临床多用于治疗癔症、神经衰弱等属心阴不足、肝气失和者。

（四）方义解析

甘麦大枣汤中小麦甘凉，具有补心养肝、除烦安神的功效，为主药；甘草甘平，具有补养心气、和中缓急的功效，为臣药；大枣甘温质滋，具有益气和中、润燥缓急的功效，为佐药。三药合用，甘润平补、养心调肝，共奏养心安神、和中缓急之功。

《金匮要略论注》："小麦能和肝阴之客热，而养心液，且有消烦利溲止汗之功，故以为君。甘草泻心火而和胃，故以为臣。大枣调胃，而利其上壅之燥，故以为佐。盖病本于血，心为血主，肝之子也，心火泻而土气和，则胃气下达。肺脏润，肝气调，躁止而病自除也。补脾气者，火为土之母，心得所养，则火能生土也。"。

现代研究表明，本方主要含有甘草酸、甘草黄酮、生物碱类成分。甘麦大枣汤具有镇静、催眠和抗惊厥的作用，可明显延长环乙烯巴比妥诱导的小鼠入睡时间，延长回苏灵引起小鼠死亡的时间，抑制小鼠的自发活动，并对士的宁诱导的小鼠惊厥具有对抗作用。此外，本方可升高白细胞，提高动物机体耐缺氧能力，并可抑制机体平滑肌收缩（季宇彬《中药复方化学与药理》）。

（五）临证应用

（1）甘麦大枣汤为治脏躁的常用方剂，用于治疗脏躁，具有良好疗效，结合针刺、穴位治疗，效果更佳。

（2）甘麦大枣汤可用于治疗失眠、便秘等，具有较好效果。

（3）若心烦不眠、舌红少苔、阴虚较明显者，加生地、百合以滋养心阴，头目眩晕、脉弦细、肝血不足者，加酸枣仁、当归以养肝补血安神。

（六）加减化裁

临证应用甘麦大枣汤时，可酌情加减化裁应用。

（1）若动物心火旺盛、口苦、舌苔黄者，可配交泰丸、朱砂安神丸、安神丸等进行配合使用达到清心泻火目的。

（2）若兼有胃气不和、呕吐恶心、舌苔腻者，治疗采用和胃降气法，配伍旋覆代赭汤；若咽喉中有物者，可配伍半夏厚朴汤，使胃气和降，心神自安。

（3）若兼有肝气郁结，可采用疏肝解郁法，配伍四逆散；若兼有疼痛者，可配伍金铃子散。

（4）若兼有脾胃虚弱、饮食减少、大便稀薄者，可健脾胃以养心神，配伍归脾丸；若倦怠无力者，可配伍定志丸；若行寒肢冷者，舌苔淡白、阳虚者，可配伍黄芪建中汤，养脾胃之气，心神得养则自安。

（5）若肾虚腰酸、尿频者，可配伍地黄丸、左归丸等使用，充养肾精，气血旺盛，心神自足。对于舌红少苔、口干舌燥者，可配伍增液汤、生脉饮补充阴液，养阴生津。

第三节　常用开窍方剂

苏合香丸

（一）源流出处

出自宋代官修成方药典《太平惠民和剂局方》。

（二）组成及用法

苏合香50克、安息香100克、冰片50克、水牛角浓缩粉200克、麝香75克、檀香100克、沉香100克、丁香100克、香附100克、木香100克、乳香（制）100克、荜茇100克、白术100克、诃子肉100克、朱砂100克。上药为细末，研匀，用安息香膏并炼白蜜和剂，每服旋丸如梧桐子大。早朝取井华水，温冷任意，化服四丸。老人、小儿可服一丸。温酒化服亦得，并空腹服之。

动物用量：1丸/60千克体重，每日1～2次，口服。苏合香丸气味浓烈，可将药物搓为小丸，外裹葡萄糖粉或黄油以矫味。

（三）功能主治

芳香开窍、行气温中。主治寒闭证。症见突然昏倒，牙关紧闭，不省人事，苔白，脉迟；心腹卒痛，甚则昏厥。亦治中风、中气及感受时行瘴疠之气，属于寒闭证者。

（四）方义解析

本方所致诸证多由寒湿痰浊或秽浊之气闭塞气机、蒙蔽清窍所致。寒痰秽浊、上蒙神明，致突然昏倒，牙关紧闭，不省人事；面白、肢冷、苔白、脉迟均属寒象；若感受时疫秽恶之气，致气机壅滞，则心腹卒痛，进而气机逆乱，扰及神明，可致神昏。治宜芳香开窍、辟秽化浊药与温中散寒、辛香行气药配合，以化痰、辟秽、开窍。方中苏合香、安息香善透窍逐秽化浊、开闭醒神；麝香、冰片开窍通闭、辟秽化浊，善通全身诸窍，共为君药。香附、丁香、木香、沉香、白檀香辛香行气、调畅气血、温通降逆、宣窍开郁，使气降则痰降、气顺则痰消；乳香行气兼活血，使气血运行通畅，则疼痛可止，共为臣药。本方集 10 种香药为一方，开窍启闭，为方之主体。荜茇温中散寒，增强诸香药止痛行气开郁之功；心为火脏，不受辛热之气，故配水牛角清心解毒，以防热药上扰神明，其性虽凉，但其气清香透发，寒而不遏；朱砂镇心安神；白术健脾和中、燥湿化浊；诃子温涩敛气，以防辛香走窜耗散太过，共为佐药。诸药合用，既可加强芳香开窍与行气止痛之效，又可防止香散耗气伤正之弊。

（五）临证应用

（1）苏合香丸辛香气味浓郁，行气走窜力量较强，正常人一次口服一丸有明显升压作用，药后可出现头胀痛、眼皮沉等情况。

（2）曾治一例阿拉斯加幼犬，早晨就诊，已连续呕吐腹泻两日，神志昏迷，体温不足 37℃，四末冷，牙关紧闭，口内冷涎。考虑寒厥证，并伴有低血压、低血糖。加热 25%葡萄糖水 40 毫升溶化苏合香丸 1 丸，频繁滴入昏迷犬之口腔。药后 15 分钟，牙关紧闭有缓解。针刺廉泉穴以促进吞咽。药后 20 分钟，牙关紧闭消失，神志恢复。药后 40 分钟体温升至 37.5℃，逐渐能站立，口内冷涎消失。口服苏合香丸药液 15 毫升后开始有干哕，但未见呕吐，精神逐渐改善。继续缓慢温服 5 毫升后停药，精神良好，体温 37.7℃，转为常规治疗。

（六）注意事项

孕期动物禁用。

十香返生丸

（一）源流出处

出自清代孟文瑞《春脚集》。

（二）组成及用法

苏合香 30 克、安息香 30 克、沉香 30 克、丁香 30 克、檀香 30 克、土木香 30 克、香附（醋炙）30 克、降香 30 克、广藿香 30 克、乳香（醋炙）30 克、天麻 30 克、僵蚕（麸炒）30 克、郁金 30 克、莲子心 30 克、瓜蒌子（蜜炙）30 克、金礞石（煅）30 克、诃子肉 30

克、甘草 60 克、麝香 15 克、冰片 7.5 克、朱砂 30 克、琥珀 30 克、牛黄 15 克。

动物用量：每次 1 丸/60 千克体重，每日 2 次。口服。

（三）功能主治

方中麝香辛香走窜、开窍醒神，为君药。辅以苏合香、安息香、檀香、降香、冰片、辛香开窍醒神；牛黄、天麻、僵蚕、瓜蒌子清心化痰开窍。佐以沉香、丁香、土木香、香附、乳香、郁金调畅气机、祛痰化瘀；朱砂、琥珀、莲子心清心镇惊安神；诃子肉味涩收敛，且佐制诸香药辛散耗气伤正之弊；金礞石煅用，去顽痰。使以藿香、甘草、醒脾和胃。全方相伍，共奏开窍化痰、镇静安神之功。

（四）方义解析

开窍化痰、镇静安神。用于中风痰迷心窍引起的言语不清、神志昏迷、痰涎壅盛、牙关紧闭。

（五）临证应用

（1）治痰浊内风闭阻清窍所致神志昏迷、语言不清、口眼涡斜、半身不遂、痰涎壅盛、牙关紧闭、舌苔白腻、脉沉滑。

（2）治疗气郁内闭、痰浊蒙心导致的休克、癫痫、抑郁、惊痫等。

（六）注意事项

（1）脱证者不宜用。

（2）本方含朱砂，不宜过量长期服用，孕期忌用。

复方丹参滴丸

（一）源流出处

出自《中华人民共和国药典》。

（二）组成及用法

丹参 90 克、三七 17.6 克、冰片 1 克。以上三味，冰片研细，丹参、三七加水煎煮，煎液滤过，滤液浓缩，加入乙醇，静置使沉淀，取上清液，回收乙醇，浓缩成稠膏，备用。取聚乙二醇适量，加热使熔融，加入上述稠膏和冰片细粉，混匀，滴入冷却的液体石蜡中，制成滴丸，或包薄膜衣，即得。

动物用量：每次 10 丸/60 千克体重，每日 3 次。瘀阻严重者可酌情加量。

（三）功能主治

活血化瘀、理气止痛、开心窍。治气滞血瘀所致胸痹，症见胸闷、心前区刺痛、冠心病、心绞痛等。

（四）方义解析

对本方的解析，多认为丹参通行血脉、活血祛瘀，为君药；三七活血通络止痛，为臣药；冰片芳香开窍、通阳定痛，为佐药。诸药合用，具有活血化瘀、理气止痛的功效。但临床常将本方用于缓解急性闷痛、神昏窍闭，实则冰片以其强力的通散作用而为君药，丹参与三七为臣。

（五）临证应用

（1）服药期间禁生冷、油腻。本品冰片寒凉性质较重，气血虚弱者、脾胃虚寒者慎用。个别犬使用一段时间后出现纳差、腹泻现象，应减量口服。受孕动物禁用。

（2）宠物临床多用于充血性心力衰竭所致舌质青紫。某10岁斗牛犬，体重18千克，患有瓣膜疾病，心脏肥大已2年，长期口服强心、降压药。近期咳喘加重、舌质青紫、嗜卧少动、夜间咳喘严重、喜暖怕冷、脉数无力。给予桂枝龙骨牡蛎汤合并五苓散，送服复方丹参滴丸，每日3次，每次3丸。药后夜间能平稳睡觉，口服两剂药后脉数有所改善，脉力量有所增强。配合强心药口服，延长了生命周期。

（六）注意事项

（1）本方冰片含量较高，主要用于临时缓解气滞血瘀导致的心胸憋闷等不适感，长用易耗心气。

（2）冰片含量较高的药物，久用亦可损伤胃阳。

人丹

（一）源流出处

为民国时期上海黄楚九根据“诸葛行军散”及祖传《七十二症方》所制。见于《北京市中药成方选集》。

（二）组成及用法

薄荷脑40克、冰片30克、丁香25克、砂仁25克、八角茴香15克、肉桂40克、胡椒15克、木香15克、干姜25克、儿茶200克、甘草364.1克、糯米粉180克、苯甲酸钠5克。上十一味药材，儿茶加水，加热溶解，滤过，加入糯米粉、苯甲酸钠，加热搅匀，制成儿茶糯米浆。取冰片、薄荷脑，加入适量95%乙醇，制成混合液。其余丁香等八味粉碎成细粉，混匀，加入混合液搅拌混合均匀，制成混合粉。取混合粉与儿茶糯米浆搅匀，制成丸块，机制成丸，干燥，红氧化铁包衣，即得。具特异香气，味甘、凉。每丸重约0.04克。

口服或含服，人一次4～8粒。

动物用量：根据人用剂量，按体重比例折算。用法同。

（三）功能主治

醒脑开窍、祛暑化浊、和中止呕。用于轻度中暑、神志昏沉，以及暑热季节消化不良、恶心呕吐等。

（四）方义解析

方中冰片、薄荷脑基本属于中药辛香走窜之最，为醒神开窍之主药；砂仁、木香行气化湿，助主药通气醒神，并开胃肠之滞气；小茴香、丁香、胡椒、肉桂、干姜，作用既有芳香又有温通，助木香、砂仁之行气，其用量不大，尚不助热，仅为刺激醒胃而治逆呕；儿茶活血止痛、清肺化痰，与各芳香温通药物共为佐药；甘草调和诸药，为使。全方芳香开窍、芳香化湿、芳香理气药物，起到开窍、避秽、止呕、健胃之作用。

（五）临证应用

（1）临床可用于动物轻度中暑、神志昏蒙、行动迟缓、步态轻度不稳。此时动物多不易接受口服给药，可将药物研细末，水调灌肠，以应急。

（2）人丹含有较大量冰片，也可用于心脏病气喘、憋闷，舌色不鲜。

（六）加减化裁

另有日本组方之“仁丹”，其制法为：陈皮 50 克、檀香 100 克、砂仁 100 克、豆蔻去果皮）100 克、甘草 80 克、木香 30 克、丁香 50 克、广董香叶 100 克、儿茶 150 克、肉桂 300 克、薄荷脑 80 克、冰片 20 克、朱砂 100 克，除薄荷脑、冰片外，朱砂水飞或粉碎成极细粉，其余陈皮等十味共粉碎成细粉，薄荷脑、冰片研细，与上述粉末配研，过筛，混匀，用水泛丸，朱砂粉末包衣，干燥，即得。每 10 粒重 0.3 克，含化或用温开水送服，一次 10～20 粒。其组成与人丹相似，但应注意其方中含朱砂，目的应是加强镇静作用，但在肾衰动物不宜用。

十滴水

（一）源流出处

出自《中华人民共和国药典》。

（二）组成及用法

樟脑 62.5 克、干姜 62.5 克、大黄 50 克、小茴香 25 克、肉挂 25 克、辣椒 12.5 克、桉油 31.25 毫升。

酊剂：以上七味，除樟脑和桉油外，其余干姜等五味粉碎成粗粉，混匀，照《中国药典》流浸膏剂与浸膏剂项下的渗漉法，用 70%乙醇作溶剂，进行渗漉，收集漉液约 6000 毫升，加入樟脑及桉油，搅拌，使完全溶解，再继续收集漉液，使成 8000 毫升，即得。

软胶囊：以上七味，大黄、辣椒粉碎成粗粉，干姜、小茴香、肉桂提取挥发油，备用，药渣与大黄、辣椒粗粉照流浸膏剂与浸膏剂项下的渗漉法，用 80%乙醇作溶剂，浸渍 24 小时后，续加 70%乙醇进行渗漉，收集渗漉液，回收乙醇至无醇味，药液浓缩至相对密度为 1.30（50℃）的清膏，减压干燥，粉碎，加入植物油适量，与上述挥发油及樟脑、桉油混匀，制成软胶囊 1000 粒，即得。

人用量：口服，酊剂一次 2～5 毫升，儿童酌减；口服，软胶囊一次 1～2 粒，儿童酌减。

动物用量：根据人用量，按实际体重折算，以 2～4 倍体积水稀释后口服或灌肠。

（三）功能主治

健胃、祛风。用于因中暑而引起的头晕、恶心、腹痛、胃肠不适。

（四）方义解析

十滴水共由七味药组成，用于夏秋季节感受暑湿引起的头晕、恶心、腹痛、胃肠不舒。方中肉桂、小茴香、干姜、辣椒大辛大热，刺激性强烈，口服后可使消化道微循环强力开张，从而引血下行，并通过刺激消化道而加强开表散热作用，从而救脑、肺充血之危象；樟脑、薄荷油、桉叶油辛香走窜、醒脑开窍、行气止痛，与辛热药共为主药。辅以大黄苦寒、凉血活血、清热健胃、降气通腑。诸药配伍，降脑压、醒神、凉血活血，是中暑神昏欲抽风之急救药。

（五）临证应用

（1）耕牛中暑，先行尾尖放血，然后按大牛30毫升、小牛15～20毫升的剂量，兑适量水一次灌服。一般服药后15～30分钟即可康复［农村养殖技术，1997（7）：23］。

（2）猪亚硝酸盐中毒　25千克体重猪，用十滴水10毫升，再加常水200毫升混合灌服，病猪服药后约15分钟左右临床症状逐渐消失，能自行走动，30分钟后采食而痊愈。共治愈300余头［中兽医学杂志，1999（1）：28］。

（3）犬病临床，对神昏牙关紧闭者，可用十滴水之辛辣刺激犬口开张，并产生吞咽，以利滴服其他药物。

第十四章 治风方剂

第一节 概 述

凡是由辛散祛风或熄风止痉等药物为主组成，具有疏散外风或平熄内风等作用，以治疗风证的方剂，统称治风方剂。

风的类型分为内风和外风。若风邪侵入机体，留于肌表、经络、筋骨、骨节等处，可引起头痛、恶风、肌肤瘙痒、肢体麻木、筋骨痉挛、关节屈伸不利、口眼歪斜或角弓反张等；而内风是由于肝风上扰、热极生风、阴虚风动或者血虚生风等，引起眩晕、震颤、四肢抽搐、卒然倒下、口眼歪斜等症状。

风病复杂多变，外风可引发内风，内风可夹杂外风，产生机理各不相同。在治疗中应当根据复杂的证候，循证立方，须先辨内外，分清寒热虚实。对于外风，应当进行疏散，不宜平抑；对于内风，可平抑而不宜发散。若风邪挟寒、挟痰、挟热、挟湿者，可与祛寒、清热、化痰、祛湿等法合用；对于病情虚实夹杂者，可进行标本兼治。主要的治疗方剂包括平熄内风剂与疏散外风剂。

一、平熄内风剂

内脏病变所致风病称为内风，即《素问·至真要大论》："诸风掉眩，皆属于肝""风从内生"之意。主要治疗因阳邪亢盛、热极生风引起的高热神昏、四肢抽搐；虚风内动、温邪久留，导致耗损真阴，出现的筋脉痉挛、手足蠕动、神倦等；或者肝阳上亢，引起肝风内动、血气逆乱上犯，引起的头目眩晕、口眼歪斜、肢体不灵等病症。

二、疏散外风剂

适用于外感所致诸病，为风邪外袭，侵入肌肉、经络、筋骨、关节等处而设。常用辛散祛风的药物，如羌活、独活、防风、川芎、白芷、荆芥、白附子等为主组成方剂。在配伍用药方面，常因病人体质的强弱、感邪的轻重、病邪的兼夹等不同，而分别配合清热、祛寒、养血、活血之品。

在治疗过程中，应当注意：

(1) 必须辨证准确，分清外风、内风，而分别选用疏散外风或平熄内风法。

(2) 需辨明外风是否引内风，内风是否兼挟外风。

(3) 风邪不能独伤人，多挟寒热湿燥痰，故当灵活加减。

(4) 疏风药多温燥，易伤津动火。

第二节 常用治风方剂

镇肝熄风汤

(一) 源流出处

出自清末民初张锡纯《医学衷中参西录》。

(二) 组成及用法

怀牛膝一两（30克）、生石一两（轧）（30克）、生龙骨五钱（捣碎）（15克）、生牡蛎五钱（捣碎）（15克）、生龟板五钱（捣碎）（15克）、生杭五钱（15克）、玄参五钱（15克）、天冬五钱（15克）、川楝子二钱（捣碎）（6克）、生麦芽二钱（6克）、茵陈二钱（6克）、甘草一钱半（4.5克）。各药用时水煎服，每日1剂。

动物用量：根据人用量，按体重比例折算。用法同。

(三) 功能主治

镇肝熄风、滋阴潜阳。治类中风。头目眩晕、目胀耳鸣、脑部热痛、心中烦热、面色如醉，或时常噫气，或肢体渐觉不利、口角渐形歪斜；甚或眩晕颠仆、昏不知人、移时始醒；或醒后不能复原、脉弦长有力者。

(四) 方义解析

镇肝熄风汤中牛膝味苦酸而平，可引血下行，具有补益肝肾的功效，为主药；代赭石具有镇肝降逆的功效，龙骨、牡蛎、龟板、白芍具有益阴潜阳、镇肝熄风的功效，为臣药；玄参、麦冬、茵陈、川楝子、生麦芽等清泻肝热、疏肝理气，以利于肝阳的潜降，为佐药；甘草与麦芽相配，可调中和胃，以除金石类药物碍胃之结果，为使药。

《医学衷中参西录》："方中重用牛膝以引血下行，此为治标之主药。而复深究病之本源，用龙骨、牡蛎、龟版、芍药以镇熄肝风，赭石以降胃降冲，玄参、天冬以清肺气，肺中清肃之气下行，自能镇制肝木。从前所拟之方，原止此数味，后因用此方效者固多，间有初次将药服下，转觉气血上攻而病加剧者，于斯加生麦芽、茵陈、川楝子即无斯弊。盖肝为将军之官，其性刚果，若但用药强制，或转激发其反动之力。茵陈为青蒿之嫩者，得初春少阳升发之气，与肝木同气相求，泻肝热兼舒肝郁，实能将顺肝木之性。麦芽为谷之萌芽，生用之亦善将顺肝木之性，使不抑郁。川楝子善引肝气下达，又能折其反动之力。方中加此三味，而后用此方者，自无他虞也。心中热甚者，当有外感，伏气化热，故加石膏。有痰者，恐痰阻气化之升降，故加胆星也。"。

现代研究表明，本方含有萜类如甘草酸、甘草黄酮、生物碱类，具有对麻醉猫小肠显著的降压作用；抑制小鼠自发活动，加快小鼠入睡时间，具有镇静、催眠效果。可用于治疗血管性头痛、脑血栓形成以及后遗症的治疗。可治疗阴虚阳亢性高血压，具有良好的效果（见《中药复方化学与药理》）。

（五）临证应用

（1）本方为治疗类中风的常用方剂。无论中风前后，如辨证为阴亏阳亢、肝风内动者，均可应用。以头目眩晕、脑部胀痛、面色如醉、心中烦热、脉弦长有力为证治要点。

（2）若心中热甚者，加生石膏以清热；痰多者，加胆星以清热化痰；尺脉重按虚者，加熟地、山萸肉以补益肝肾。

（3）高血压病、血管性头痛等，属肝肾阴亏、肝阳上亢者，均可加减应用。

（六）加减化裁

《医学衷中参西录》加减：心中热甚者，加生石膏一两；痰多者，加胆星二钱；尺脉重按虚者，加熟地黄八钱，净萸肉五钱；大便不实者，去龟板、赭石，加赤石脂一两。

建瓴汤：亦出自（《医学衷中参西录》），由生龙骨、生地、生牡蛎、怀牛膝、生怀山药、生赭石、生杭芍、柏子仁组方。具有镇肝熄风、滋阴潜阳功效，主要用于治疗肝阳上亢、脉弦硬而长。建瓴汤与镇肝熄风汤均能滋阴潜阳、镇肝熄风，用于肝肾阴亏、肝阳上亢之证。镇肝熄风汤镇潜清降之力较强，可用于气血逆乱见有动物肢体渐觉不利等；而建瓴汤方中用柏子仁、生山药，故宁心安神之力略优，适用于肝风内动但未至气血逆乱者。

镇风汤

（一）源流出处

出自清末民初张锡纯《医学衷中参西录》。

（二）组成及用法

钩藤钩三钱（9克），龙胆草、青黛、清半夏、生赭石（轧细）、茯神、僵蚕各二钱（各6克），薄荷叶一钱（3克），朱砂二分（0.6克），羚羊角一钱（3克），另炖兑服。磨浓生铁锈水煎药，或研细送服。

动物用量：根据人用量，按体重比例折算。用法同。

（三）功能主治

清热熄风、除痰安神。治小儿急惊风。其风猝然而得、四肢搐搦、身挺颈痉、神昏面热，或目睛上窜，或痰涎上壅，或牙关紧闭，或热汗淋漓。

（四）方义解析

本方以钩藤、羚羊角、僵蚕、茯神为君，主治因热邪扰动肝风而见抽动烦躁不安。辅以龙胆草、青黛、半夏、生赭石、朱砂、铁锈水，清热降逆安神为臣，以药之苦寒折热降逆，助君药除热邪安神，以薄荷叶上行头目而透散热邪，并在诸降逆之品中反佐一升发之品有利于气机疏泄。诸药合用共奏清热熄风、除痰安神之功。

（五）临证应用

（1）治热惊风。其风猝然而得，四肢搐搦、身挺颈痉、神昏面热，或目睛上窜，或痰涎上壅，或牙关紧闭，或热汗淋漓。

（2）治犬受热邪、余热未解、久蓄经络，症见躁动不安、无故嚎叫、烦躁不寐，重者不能起卧行走。舌质红少津，脉弦数有力。

（六）注意事项

（1）本方含有朱砂，孕期慎用，不宜长期服用。

（2）本品用于热邪所致惊风，气血亏虚、脾胃虚弱者不宜使用。

牵正散

（一）源流出处

出自南宋杨倓《杨氏家藏方》。

（二）组成及用法

白附子、僵蚕、全蝎各等份。共为细末，人每服 3 克，温开水送下；亦可水煎服，用量按原方比例酌减。

动物用量：根据人用量，按体重比例折算。用法同。

（三）功能主治

祛风化痰止痉功效。用于治疗风中经络、口眼歪斜。

（四）方义解析

风痰阻于头面，引起口眼歪斜。治疗应该祛风痰、通经络。方中白附子祛头面之风，僵蚕化痰、善祛络中之风，全蝎可祛风而善止痉。三药合用，加上温酒作用，可增强药势，直达头面受病之所，使邪祛痰消、经络通畅而病愈。

《医方考》云："中风，口眼歪斜，无他证者，此方主之。斯三物者，疗内生之风，治虚热之痰，得酒引之，能入经而正口眼。又曰：白附之辛，可使祛风，蚕、蝎之咸，可使软痰；辛中有热，可使从风，蚕、蝎有毒，可使破结。医之用药，有用其热以攻热，用其毒以攻毒者，《大易》所谓同气相求，《内经》所谓衰之以属也。"。

（五）临证应用

（1）方中白附子药性温燥，适用于风痰阻络而偏于寒性者。以卒然口眼歪斜、舌淡苔白为证治要点。方中白附子和全蝎均为有毒之品，用量宜慎。

（2）本方为治风中经络、口眼歪斜的常用方剂。若酌加蜈蚣、天麻、地龙等祛风止痉通络之品，可增强疗效。

（3）颜面神经麻痹、三叉神经痛、偏头痛等属风痰痹阻经络者，均可加减应用。

（六）加减化裁

止痉散（《方剂学》）全蝎、蜈蚣各等份。具有祛风止痉功效，主要治疗痉厥、四肢抽搐等，具有较好的止痛作用。与牵正散比较：减白附子、僵蚕而增蜈蚣。蜈蚣辛温有毒，性善走窜、截风定搐，为祛风止痉之要药，与全蝎配伍，止痉之效更显。

加味牵正散（《中兽医治疗学》）为本方加天麻、当归、川芎、白术、党参、防风、黄酒，具有益气活血、祛风化痰的功效，主要治疗马歪嘴风。

消风散

（一）源流出处

出自清代官修医学百科全书《医宗金鉴》。

（二）组成及用法

荆芥、防风、当归、生地、苦参、苍术（炒）、蝉蜕、胡麻仁、牛蒡子（炒、研）、知母（生）、石膏（煅）各一钱，甘草（生）、木通各五分。水二钟，煎八分，食远服。

动物用法：根据人用量，按体重比例折算。马、牛，每用荆芥15克、防风15克、当归15克、生地15克、苦参15克、苍术15克、蝉蜕15克、胡麻仁15克、牛蒡子15克、知母15克、石膏5克、甘草10克、木通10克。水煎去渣，候温灌服；或者研末灌服。

（三）功能主治

疏风清热、除湿止痒，主要治疗湿疹、风疹。可见有皮肤红疹、瘙痒、擦树桩、皮破后可见津水、口色稍红、脉象浮数。

（四）方义解析

消风散所治之证，是因风毒之邪侵袭畜体，与湿热相搏，内不得疏泄、外不得透达，郁于肌肤、腠理之间而发，因此见有皮肤瘙痒、皮疹色红、渗液流溢。痒自风来，止痒必先疏风，故方中以荆芥、防风、蝉蜕、牛蒡子开发腠理，透解在表的风邪，为主药；湿热相搏，渗液流溢，故以苍术散风祛湿，苦参清热燥湿，木通渗利湿热，为辅药；风毒蕴滞，则气血壅遏，郁而化热，故以石膏、知母清热泻火，当归和营行血，生地清热养阴、凉血，胡麻仁养血润燥，共为佐药；甘草调和药性，并能解毒和中，为使药。诸药合用，具有疏风清热、除湿止痒的作用。

现代研究表明，本方荆芥煎剂口服能使皮肤血管扩张、汗腺分泌旺盛，故能解热。实践证明，在荨麻疹、风疹时用之，起到加速病理消退和止痒的作用；牛蒡子、防风亦有发汗解热之功。防风并能镇痛。蝉蜕善能解热、解痉。动物实验初步证明，蝉蜕具有神经节阻断和镇静作用。甘草有抗炎及抗过敏反应的效能，并擅长解毒。诸药合用，使发汗解热、镇静、抗过繁功能增强。故用于过敏性皮炎、荨麻疹、湿疹，能起疏风清热、除湿止痒之效。生地有强心利尿作用，当归能改善微循环和镇痛。此外，牛蒡子、当归、知母、苦参具有抗菌功能。因此，全方具有清热、镇静、镇痛、抗炎作用，同时具有抗过敏、抗菌作用，临床用于湿疹、多种皮炎以及因破损遭致感染而见瘙痒者（四川畜牧兽医学院《中兽医方剂学》）。

（五）临证应用

（1）消风散主要用于治疗湿疹、风疹。对于过敏性皮炎、湿疹或疥癣，可使用本方治疗。若风毒盛者，可加连翘、金银花以疏风解热清毒；血热盛者，可加赤芍、紫草以清热凉血；湿热盛者，可加地肤子、车前子以清热利湿。

（2）著名中兽医崔涤僧治疗马“肺风黄症”（湿疹）处方（黄芪、二花、黄芩、川黄连、大黄、黄柏、山栀、连翘、防风、虫退、玉金、生甘草、二母、二药、地肤子、生地、玄参、牛蒡子、薄荷、露蜂房），具有清热解毒、凉血消风的功效。

（3）消风散临证应用时若风毒盛者，加金银花、连翘以宣透清热解毒；血热盛者，加赤芍、紫草以清热凉血；湿热盛者，加地肤、车前仁以清利湿热。

（六）加减化裁

(1) 五参散（见《元亨疗马集》），由人参、苦参、玄参、紫参、沙参、秦艽、何首乌组成。具有清热润肺、祛风除湿功效。用于治疗马肺风毛燥。本方减沙参，加苦参、苍术、蛇床子、防风、威灵仙为加减五参散。

(2) 三参败毒散（见《中兽医诊疗经验》），由沙参、苦参、党参、白芷、菊花、麦冬、知母、甘草、白芍、金银花、天门冬、生地黄组成。治疗牛四肢湿疹。

(3) 丹皮散（见《中兽医治疗学》），由粉丹皮、紫荆皮、胡麻仁、石菖蒲、何首乌、天花粉、苍耳子、威灵仙、白芷、金银花、甘草组成。功效：清热凉血、疏风止痒。用治湿疹皮肤锨红成片、瘙痒揩擦。

(4) 防风通圣散（见《青海省中兽医经验集》）防风、麻黄、荆芥、薄荷、石膏、朴硝、滑石、黄芩、栀子、桔梗、白术、当归、川芎、天花粉、白芍、大黄、连翘、金银花、白蘚皮、桂枝、白酒。功效：祛风除湿、泻热解毒。用治湿疹搔痒，症见皮肤出现红色小疹，擦破流水，结为痂皮。其湿疹或局限于某部，或蔓延全身。

千金散

（一）源流出处

出自明代喻仁、喻杰《元亨疗马集》。《中华人民共和国兽药典》(2000 年版）收载。

（二）组成及用法

防风 40 克、蔓京子 40 克、天麻 25 克、羌活 50 克、独活 50 克、细辛 15 克、川芎 20 克、全蝎 25 克、乌蛇 50 克、僵蚕 30 克、蝉蜕 20 克、制南星 30 克、旋覆花 30 克、阿胶 25 克、沙参 25 克、桑螵蛸 25 克、制首乌 40 克、升麻 20 克、藿香 20 克。研末，开水冲调，牛、马分 2～3 次灌服；猪、羊则减量或煎水服用。

（三）功能主治

祛风止痛、熄风化痰、活络养血。主要用于治疗破伤风证：牙关紧闭、肢体僵硬、角弓反张、两眼上翻、耳竖尾直、阵发性抽搐、口色青、脉弦紧。

（四）方义解析

当动物机体受损后，导致毒气风邪经伤口侵入机体，经过经络，攻注太阳经脉，引起肢体僵直、角弓反张；若攻注阳明经脉，则出现牙关紧闭、唇颤。可采取导邪外出、祛风止痉、定止抽搐。本方中防风、蔓京子、天麻、羌活、独活、细辛、川芎具有疏散经络风邪，导邪外出，为主药；全蝎、乌蛇、僵蚕、蝉蜕具有熄风止痉定搐作用，南星、旋覆花化痰，为辅药，共同达到清解风痰、祛除病邪的目的。制首乌、阿胶、沙参、桑螵蛸养血补阴、缓和其他药物的燥烈性，使祛邪而不伤正；藿香、升麻可升清避秽，使风散痰消、抽搐停止、各症状缓解。

现代研究表明本方中蝉蜕、全蝎、乌蛇具有镇静作用，可消除家兔烟碱引起的肌肉震颤，全蝎具有抗惊厥作用，乌蛇可扩张血管而降压；天麻可减少痉挛性惊厥的发生，具有镇静作用；僵蚕具有抗惊厥作用，可解热、祛痰；南星具有明显的镇静和镇痛作用；川芎扩张血管，可缓解血管痉挛；羌活、独活、细辛、蔓荆子等具有解热、镇痛功效，防风可抗炎，细辛具有镇静、催眠作用。因此本方具有解热、镇静、抗炎、降压作用（四川畜牧兽医学院《中兽医方剂学》）。

（五）临证应用

(1) 千金散是中兽医治马属动物破伤风症的传统方剂，实践证明有一定疗效。若与破伤风抗毒素合用，比单用抗毒素能更好地缓解肌肉强直，缩短病程。

(2)《中兽医诊疗经验》第四辑中治马破伤风的千金散即本千金散方减独活，加半夏、地肤子、露蜂房。《中兽医治疗学》中治马破伤风的加减千金散即本方减蔓荆子、藿香、桑螵蛸、旋覆花，加露蜂房。

(3) 千金散中药味较多，临床使用中可减去藿香、升麻、旋覆花、阿胶等药物，可加入白附子，增强方剂的祛风止痉作用。

（六）加减化裁

(1) 五虎追风散（《晋南史全恩家传方》）：蝉蜕、天南星、全蝎、天麻、僵蚕。具有祛风定搐、止痉功效。用于治疗破伤风：项背强直、四肢抽搐、反复发作等。

(2) 玉珍散（《外科正宗》）：天南星、防风、白芷、天麻、羌活、白附子、热酒、童便。祛风化痰、止痉。用于治疗破伤风：牙关紧闭、肢体强直、角弓反张、脉弦紧。

(3) 七蝎散（《安骥药方》）：天南星 1 个、干蝎 7 个，为末，温酒调灌。功能熄风止痉。主治马破伤风。制法：用黑豆半升，炒令烟出，以酒一升沃之，去豆用酒。

(4) 麝香散（《安骥药方》）：天麻 20 克、全蝎 20 克、乌蛇 20 克、天南星（炮）20 克、白附子（炮）20 克、半夏 20 克、防风 20 克、蔓荆子 20 克、蝉蜕 20 克、藿香 20 克、川乌（炮）20 克、麝香 0.3 克（另研）、朱砂 10 克（另研）、腻粉 0.3 克，前十一味为末，再入后 3 味拌匀，酒半升调灌。功能熄风止痉。主治马破伤风。

(5) 螵蛸散（《安骥药方》）：天麻、全蝎、防风、蔓荆子、何首乌、羌活、独活、乌蛇、天南星（炮）、细辛、沙参、高良姜、阿胶（炒）、白僵蚕、蝉蜕、藿香、桑螵蛸、旋覆花、白附子、川芎各等份（各 15 克），为细末，引酒，水煎二三沸，候温灌服。功能熄风活血、止痉。主治马破伤风。

(6) 天麻二香散（《甘肃省中兽医诊疗经验》）：天麻 18 克、藿香 12 克、麝香 2 克、防风 18 克、全蝎 15 克、蝉蜕 18 克、半夏 18 克、乌蛇 30 克、僵蚕 15 克、朱砂 9 克、川乌（酒浸）120 克、胆南星 15 克、白附子 15 克、蔓荆子 18 克，用时为末，开水冲调，候温灌服。此方能疏肝除风、通经活络。主治马破伤风。

(7) 乌蛇散（《中兽医治疗学》）：乌蛇 60 克、天竹黄 30 克、荆芥 12 克、胆南星 15 克、全蝎 25 克、钩藤 30 克、白花蛇 1 条、防风 12 克、明天麻 10 克、当归 25 克、川芎 12 克、羌活和独活各 15 克、知母 18 克、浙贝 25 克、苏叶 15 克、桔梗 15 克、蝉蜕 25 克、木通 12 克、南红花 12 克，用时为末，引生姜，开水冲调，候温灌服。功能疏风解表、和血镇痉。主治马破伤风。

(8) 乌蛇菊花散（山西省乡宁县验方，见于《中兽医方剂大全》）：乌蛇 100 克、白菊花 50 克、黄芪 150 克、防风 75 克、荆芥 50 克，用时为末，水煎，候温投服。功能熄风解痉，主治马破伤风。加减法：当风由肺传肝时，加羌活 100 克、桂枝 25 克；风由肝传于脾时，加苍术50克、香附50克、白芍50克、干姜30克、厚朴30克、草豆蔻30克、枳实30克、广木香30克、茯苓30克、陈皮30克；当风由脾传于肾时，加僵蚕50克、续断50克、血竭花50克；当风由肾传于心时，加薄荷50克、白芷30克；若为怀胎母畜，应去乌蛇、荆芥，加续断50克、砂仁50克、阿胶珠30克、土白术50克、白芍30克、酒黄芩30克、厚朴25克、白茯苓30克、陈皮30克、生姜20克；若为怀孕期，可去白菊花、荆芥，加乌药30克、地龙52克、红花30克、当归50克、川芎25克、山丹皮30克、炒桃仁25克、陈皮30克、甘草20克。

(9) 追风如圣散（《痊骥通玄论》）：雄黄10克（细研）、草乌20克、白术45克、苍术45克、防风20克、川芎20克、细辛20克、白芷20克。用时为末，用好酒调灌；并可用适量敷贴洗净的伤口。功能解毒散风。主治马金刀所伤、多年恶疮及破伤牙关紧闭。《元亨疗马集》引载时名追风散；用于治马揭鞍风。本方与《证治准绳》中治破伤风的如圣散（多川乌、两头尖、蝎尾三味）相似，或许就是由如圣散减味而成。

(10) 追风散Ⅰ（《新刻注释马牛驼经大全集》）：蔓荆子、旋覆花各25克、白僵蚕15克、天麻、乌蛇各25克、沙参、桑螵蛸各15克、何首乌30克、天南星15克、防风25克、川芎15克、羌活20克、蝉蜕25克、细辛15克、升麻25克、藿香15克、独活25克、制川乌、制草乌各15克，为末，开水冲调，候温灌服。功能祛风解痉、熄风涤痰、养阴补血。主治马破伤风。本方源于千金散，但减少了全蝎、阿胶，加入制川乌、制草乌。其功能、主治相同。

(11) 追风散Ⅱ（见《新刻注释马牛驼经大全集》）：雄黄2克，川乌15克，草乌10克，川芎15克，细辛10克，白芷20克，苍术25克，天麻15克，乌蛇20克，制天南星15克，麻黄、桂枝、荆芥、薄荷、当归各20克，为末，开水冲调，候温灌服。功能发汗解痉、散风除湿。主治马揭鞍风。本方源于追风如圣散，加入天麻、乌蛇、南星、麻黄、桂枝、荆芥、薄荷、当归，减去白术、防风。

秦艽散

（一）源流出处

出自《中兽医外科学》。

（二）组成及用法

秦艽50克、防风50克、羌活50克、桂枝20克、白芷25克、威灵仙40克、乳香30克、没药30克、当归30克、白芍30克、甘草15克、陈皮20克、桔梗20克。研末，开水冲调，候温，牛、马2～3次灌服；猪、羊减量。或水煎服。

（三）功能主治

祛风除痹、活络止痛。主治风寒湿痹、肢节疼痛、行走跛行，或游走性疼痛（运动后跛行减轻，遇阴雨寒冷痛则加剧）、口色青白、脉缓。

（四）方义解析

秦艽散为风寒湿痹而设。因久处潮湿之地，或长期在水中作业，以致感受风寒湿之邪，着于肌腠、关节，因湿性趋痛，着于肌腠、关节而导致跛行。治当祛风除痹、活络止痛。方中秦艽、防风，驱寒行血、舒利关节、活络止痛，用为辅药；祛风祛寒药多辛燥，故佐以当归、白芍、甘草养血敛阴和中，又能缓急止痛；生姜、陈皮理气散湿；下行必上开，故使以桔梗以开肺气，期收上开下行之效。

现代研究表明，本方药物多含挥发油，有镇痛作用，并能发汗解热；如白芷能扩张血管，缓解血管痉挛，故有止痛作用；防风挥发油有明显的镇痛和发汗解热之功。秦艽酒精浸剂能加速大鼠蛋清性关节肿胀的消退。四药协同作用，抗炎、祛风湿和镇痛效果比较明显。乳香、没药、当归对外周血管有直接作用，能改善血液循环和组织营养代谢，并能镇痛。当归、桂枝尚能镇静，白芍亦能扩张肝体血管，以及镇痛。综观全方，其抗炎、镇痛、解热作用显著，且能扩张血管、改善血循和营养代谢。故用于风湿性肌炎、关节炎、肌腱炎等有一定疗效。

（五）临证应用

秦艽散祛风胜湿止痛功效尤显，又善行前肢，故对两前肢风湿为主的行痹用之最为适宜。若风湿在肩膊，原方可加姜黄；兼有气虚，可加黄芪；风湿在后肢，可加独活、木瓜、五加皮。

（六）加减化裁

（1）除痹散（见《实用兽医针灸学》），由秦艽、防风、荆芥、伸筋草、大血藤、木瓜、当归、薏苡仁、续断、防己、甘草、五加皮、酒组方。功效：祛风活络、除痹、消肿。用治肢节、肌肉或关节风湿，患部肿胀，跛行。

（2）防己祛风除湿散（见《家畜实用内科诊疗学》），由汉防己、羌活、独活、当归、苍术、秦艽、五加皮、续断、白芍、木瓜、灵仙组方。功效：祛风除湿、活络。用治风湿入侵肢体关节，导致患部疼痛而跛行。

（3）祛风散（见《全国中兽医经验选编》），由秦艽、续断、独活、桂枝、牛膝、当归、川芎、钻地风、木瓜、防风、红花、川乌、草乌、乳香、没药、杜仲、千年健、海风藤组方。功效：温经散寒、祛风止痛。用治风寒湿痹、肢体关节肿痛、痛处不移及遇冷加剧。

胆南星散

（一）源流出处

出自《中兽医治疗学》。

（二）组成及用法

胆南星 40 克、姜半夏 40 克、白附子 30 克、全蝎 20 克、天麻 30 克、僵蚕 30 克、贝母 20 克、远志 40 克、麦冬 40 克、丹参 30 克、朱砂 40 克、茯神 40 克、陈皮 20 克。用时研末，开水冲调，牛、马分 1～2 次灌服；猪、羊减量。

（三）功能主治

祛痰熄风、镇心定搐。

（四）方义解析

胆南星散为风痰攻注上焦，以致痫病晕倒抽搐而设。因劳伤心肾，或先天不足，肾阴亏虚，命火偏旺，水不济火，火灼津液，酿成痰涎，随虚火上升，攻注上焦，心包经气闭塞，痫病乃作，故宜祛痰熄风、镇心定搐。方中胆南星、半夏、白附子祛风化痰，全蝎、天麻、僵蚕熄风定搐，祛风化痰与熄风定搐相互为用，专治风痰闭塞清窍、经络；配以贝母、远志化痰，麦冬、丹参滋阴宁心，朱砂、茯神镇心安神；用陈皮目的在于顺气，气顺则一身津液亦顺、痰涎易消。综合全方，对痫病发作、卒然晕倒、四肢抽搐、两眼上翻、呻吟嘶叫，根据“急则治其标”的原则，采用上方确为对证。病久则为本虚兼有标实，故在发作间歇期，又当健脾、补肾、养心，兼以化痰，标本同治，以提高疗效。

胆南星散中半夏、南星、白附子皆能祛痰、镇静；天南星并能镇痉和抗惊厥；全蝎和僵蚕元气有抗惊厥作用，前者还能镇静、降压，后者又可解热、祛痰。朱砂亦有镇静之功；天麻能对抗戊四氮引起的小鼠阵挛性惊厥；对豚鼠实验性癫痫也有效，对小鼠具有镇痛作用。六药同伍，加强了祛痰、镇静、抗惊厥之功。丹参有抑制中枢作用，与安定药镇静颇相类似。丹参还能扩张血管和降压。麦冬可使抗体存在的时间延长。茯神亦有镇静安神作用。本方具有镇静、祛痰、扩张血管、降压、抗惊厥等作用，故对癫痫出现的卒然晕倒、痉挛抽搐、口吐涎沫，以后又渐渐苏醒等病状有治疗作用。

（五）临证应用

胆南星散在临床应用时，若兼热者，原方加黄连、栀子、龙胆草以清热泻火；心脾气虚者，加党参、大枣、酸枣仁以健脾宁心；痰涎壅盛者，加石菖蒲、白矾、郁金以开窍祛痰。

痫病大抵初其正气尚盛、痰结不深，故发作持续时间短、间歇期长；病久正气损伤、痰结较深，则发作持续时间长、间歇期短，说明此病早期可治、后期难医。

（六）加减化裁

镇痫散（《中兽医治疗学》）：全蝎、僵蚕、钩藤、当归、川芎、白芍、蜈蚣、朱砂（研末）、麝香。功效：熄风定搐、养血镇心，兼以开窍。用治痫病兼有血虚、卒然晕倒、拘挛抽搐，甚则失去知觉、移时苏醒。

羚羊钩藤汤

（一）源流出处

出自清代俞根初所著之《通俗伤寒论》。

（二）组成及用法

羚羊角 1～5 克先煎、钩藤 9 克后下，霜桑叶 6 克、川贝母 9 克、鲜竹茹 10 克、生地黄 15 克、菊花 9 克、白芍 12 克、茯神木 10 克、生甘草 3 克。水煎服。羚羊角先煎、钩藤后下。

动物用量：根据人用量，按体重比例折算。牛、马用羚羊角 25 克、钩藤 60 克、桑叶 40 克、菊花 40 克、生地 60 克、白芍 45 克、贝母 20 克、竹茹 30 克、茯神 45 克、甘草 15 克，水煎，去渣，候温，分 1～2 次灌服；猪、羊减量。

（三）功能主治

凉肝熄风、止痉功效。主要治疗热盛动风、高热不退、躁动不安、项背强直、四肢抽搐甚至神昏、舌绛而干、脉弦而数。

（四）方义解析

羚羊钩藤汤为肝经热盛、热极动风而设。热邪内盛，则见高热不退；热扰心神，则见躁动不安，甚至神昏；由于热盛动风、风火相煽，则见四肢抽搐。法宜凉肝熄风止痉，方中羚羊角（山羊角代）、钩藤清热凉肝、熄风止痉，为主药；桑叶、菊花协助主药平肝清热、熄风止痉，为辅药；风火相煽，易耗阴液，帮用生地、白芍养阴增液、缓急拘挛；热邪每易灼津为痰，故用贝母、竹茹清热化痰；热扰心神，又以茯神宁心安神、甘草缓急和药，均为佐使药。诸药相合，肝热得清、阴液得滋、痰郁得化，则痉挛抽搐自然缓解。

《重订通俗伤寒论》中指出："肝藏血而主筋，凡肝风上翔，症必头晕胀痛，耳鸣心悸，手足躁扰，甚则瘈疭，狂乱痉厥，与夫孕妇子痫，产后惊风，病皆危险。故以羚、藤、桑、菊熄风定惊为君。臣以川贝善治风痉，茯神木专平肝风。但火旺生风，风助火势，最易劫伤血液，尤必佐以芍、甘、鲜地，酸甘化阴，滋血液以缓肝急；佐以竹茹，不过以竹之脉络通人之脉络耳。此为凉肝熄风，增液舒筋之良方。然惟便通者，但用甘咸静镇，酸泄清通，始能奏效；若便闭者，必须犀连承气，急泻肝火以熄风，庶可救危于俄倾。"。

现代研究表明，羚羊角具有解热、镇静及抗惊厥作用；钩藤煎剂有明显的镇静效能，其乙醇提取物可预防豚鼠实验性癫痫的发作。川贝母所含川贝碱及西贝碱，均有降压作用，主要由于外周血管扩张所致；钩藤的降压作用也较显著；桑叶和白芍亦有一定降压效能。茯神、白芍尚能镇静。菊花、桑叶皆能解热。白芍、菊花、竹茹均能抗菌；甘草则能抗炎、解毒。因此，本方降压、镇静作用明显，并能抗惊厥、解热，抑菌、解毒及抗炎。故有清肝熄风止痉之效，用于感染或非感染性疾病所致高热惊厥者有效。

（五）临证应用

(1) 羚羊钩藤汤在临证应用时，若高热不退，耗伤阴液较甚，可加玄参、麦冬、阿胶等养阴增液；大便秘结，可加大黄、芒硝以泻热攻下，引热下出。

(2) 若热病后期，阴虚风动，而病属虚风者，不宜应用。

(3) 若热邪内闭、神志昏迷者，配合紫雪、安宫牛黄丸等清热开窍之剂同用。

（六）加减化裁

(1) 天麻钩藤饮（见《杂病证治新义》） 由天麻 9 克、栀子 9 克、黄芩 9 克、杜仲 9 克、益母草 9 克、桑寄生 9 克、夜交藤 9 克、朱茯神 9 克、川牛膝 12 克、钩藤后下 12 克、石决明（先煎）18 克组方，具有平肝熄风、清热活血、补益肝肾功效；主治肝阳偏亢、肝风上扰、失眠、舌红苔黄、脉弦。

(2) 镇肝熄风汤可视为羚羊钩藤汤之加减方，详见本章"镇肝熄风汤"。

（七）注意事项

钩藤入汤剂当后下，久煎则有效成分受到破坏，效力降低。

八宝惊风散

（一）源流出处

出自《中华人民共和国药典》。

（二）组成及用法

天麻（制）66 克、黄芩 106 克、天竺黄 150 克、防风 105 克、全蝎（制）26 克、沉香 106 克、丁香 26 克、钩藤 106 克、冰片 18.3 克、茯苓 106 克、麝香 1.32 克、薄荷 80 克、川贝母 106 克、金礞石（煅）106 克、胆南星 106 克、人工牛黄 30 克、珍珠 50 克、龙齿 120 克、栀子 80 克。上药十九味，珍珠水飞或粉碎成极细粉；冰片、麝香、牛黄研细；其余天麻等十五味粉碎成细粉，过筛，与上述粉末配研，过筛，混匀，即得。

动物用量：每次 0.52 克/10 千克体重，每日 3 次，口服。

（三）功能主治

祛风化痰、退热镇惊。用于痰热内蕴所致急惊风，症见发热咳嗽、呕吐痰涎、大便不通；高热惊厥见上述证候者。

（四）方义解析

方中人工牛黄苦凉，善清热解毒、豁痰开窍、息风定惊，为君药。黄芩、栀子清热解毒；天竺黄、川贝母、金礞石、胆南星清热化痰、息风止痉，为臣药。天麻、钩藤、防风、全蝎祛风止痉；珍珠、龙齿、茯苓镇惊安神；丁香、沉香调畅气机；薄荷疏散风热、透邪外出，合为佐药。麝香、冰片芳香开窍，以助诸药透达之力，为使药。诸药合用，共奏祛风化痰、退热镇惊之功。

（五）临证应用

（1）惊风　由于外感风寒表邪、内蕴痰火、引动肝风所致，症见发热、头痛、神昏、抽搐、舌苔薄黄、脉浮数；小儿高热惊厥见上述证候者。

（2）咳嗽　由于痰热熏扰肺金所致，症见咳嗽痰多、稠黏难咯、发热、面赤、目赤、口苦作渴、烦躁不宁、小便短赤、大便干结、舌红苔黄、脉滑数、指纹色紫；上呼吸道感染、气管炎见上述证候者。

（3）八宝惊风散适用于突受惊吓过度所致癫痫等神经症状者（尤适于素有痰湿内阻者）。笔者曾用八宝惊风散治疗一例被大型犬甩咬后导致全身痉挛的犬，角弓反张、二便失禁、二目圆睁、气急喘粗、四肢僵直、四末凉而腹部温热，无论饲主或兽医触碰均引起异常惊叫，持续 20 分钟以上，尚有吞咽能力。给予八宝惊风散 1 包，常温水化开缓慢灌服。约 15 分钟后四肢僵直缓解，呼吸相对平稳，能自行翻身行走，但饲主抱回家后，仍惊恐警惕。连续服药 2 日，每日 3 次。2 日后患犬病情缓和，惊恐、警惕性减弱。

（4）本品尚能止咳，主要与方中蜈蚣、蝎子、珍珠、龙齿有关，蝎子、蜈蚣有效缓解气管痉挛；珍珠、龙齿则镇静安神，降低机体对呼吸道刺激的反应能力，因此有镇咳作用。但应注意，多数情况下镇咳药并不适用于咳嗽的治疗。咳嗽有痰者，以排痰为要，如痰未净而咳先止，实在危险。

（六）注意事项

（1）本品含人工牛黄、天竺黄、麝香、冰片、薄荷等辛凉走窜之品，平素阳虚气弱者、脾胃较差者不宜长期使用。本品多作为急救品，宜中病既止。

（2）本品为治痰火咳嗽、痰热急惊风所设，若咯痰清稀，属于寒痰停饮咳嗽或痰盛壅肺咳嗽均不宜使用本品。

（3）服药期间宜清淡饮食，忌油腻厚味。

琥珀抱龙丸

（一）源流出处

出自元代曹世荣《活幼心书》。

（二）组成及用法

真琥珀、天竺黄、檀香（细锉）、人参（去芦）、白茯苓（去皮）各 45 克，粉草 90 克（去节），枳壳、枳实各 30 克，水飞朱砂 150 克，山药（去黑皮）500 克，南星 30 克（锉碎，用腊月黄牛胆酿，经一夏用），金箔 100 片。上药（除朱砂、金箔）或晒或焙（除檀香不过火），为末和匀，同朱砂、金箔（每 30 克取新汲井水 50 毫升）入乳钵内略杵匀，丸如梧桐子大。

动物用量：每次 1 丸/60 千克体重，每日 2 次。口服。

（三）功能主治

清热化痰、镇静安神。用于饮食内伤所致痰食型急惊风，症见发热抽搐、烦躁不安、痰喘气急、惊痫不安。

（四）方义解析

方中朱砂镇心安神、琥珀定惊安神，为君药；辅以天竺黄、胆南星清热化痰、熄风定惊；枳实、檀香、枳壳调节气机，使气畅痰祛、痰热不致内生；茯苓、人参、山药补气宁神；甘草调和诸药。诸药配伍，共奏清热化痰、镇惊定神之功。

（五）临证应用

(1) 治由痰火湿浊蒙蔽心包、引动肝风所致惊风，症见纳呆、呕吐、腹痛、便秘、痰多，继而发热、神呆，迅即出现昏迷惊厥、喉间痰鸣、腹部胀满、呼吸气粗、舌苔黄厚白腻、脉弦滑。

(2) 治脾虚食积、痰浊内阻，阴阳不相顺接、清阳蔽蒙所致癫痫，症见发作时痰涎壅盛、喉间痰鸣、口角流涎、瞪目直视、神志模糊犹如痴呆、失神、面色黄而不华、四肢抽搐不明显、舌苔白腻、脉弦滑。

(3) 治正气虚弱、痰湿内伏、肺气闭阻所致咳嗽，症见发热、咳嗽而喘、呼吸困难、气急鼻煽、面赤、口渴、喉间痰鸣、胸闷胀满、泛吐痰涎、舌苔黄舌质红、脉弦滑。

（六）注意事项

(1) 本品为痰痫所设，若属外伤瘀血痫证不宜单用本品。

(2) 本品用治痰火咳嗽，若口鼻冷气、吐痰清稀、寒痰停饮咳嗽不宜应用。

(3) 本品含有祛风化痰、重镇安神之品，不宜过量服用；脾胃虚弱、阴虚火旺者慎用。

(4) 饮食宜清淡。

拨云退翳丸

（一）源流出处

出自清代汪昂《医方集解》。

（二）组成及用法

密蒙花 80 克、蒺藜（盐炒）60 克、菊花 20 克、木贼 80 克、蛇蜕 12 克、蝉蜕 20 克、荆芥穗 40 克、蔓荆子 80 克、薄荷 20 克、当归 60 克、川芎 60 克、黄连 20 克、地骨皮 40 克、花椒 28 克、楮实子 20 克、天花粉 24 克、甘草 12 克。上十七味，粉碎成细粉，过筛，混匀。每 100 克粉末加炼蜜 140～160 克，制成大蜜丸，即得。

动物用量：每次 1 丸/60 千克体重，日 2 次。口服。

（三）功能主治

散风清热、退翳明目。用于风热上扰所致目翳外障、视物不清、隐痛流泪。

（四）方义解析

方中蝉蜕、蛇蜕、木贼皆为祛风散热之品，能退目中翳膜，为君药。密蒙花、蒺藜、菊花、荆芥穗、蔓荆子、薄荷散风清热、明目退翳；黄连、地骨皮、楮实子、天花粉清热养阴而明目；当归、川芎养肝血、行血滞、去头目风痛，共为臣药。花椒味辛大热，辛可散其热，解内郁之火邪，热可制君臣药性之寒凉，是为佐药。甘草调和诸药，为使药。诸药合用，共奏散风清热、退翳明目之功。

（五）临证应用

（1）治疗角膜外伤或因风热上扰所致黑睛生聚星障、凝脂翳。病愈后遗留瘢痕，早期初愈之时，白睛红赤轻微，畏光流泪已止，可仍有轻度磨涩感。

（2）治疗因风热上扰所致胬肉增生，日久病势发展，甚至攀入黑睛遮蔽瞳孔，伴轻度刺痒磨涩。

（3）犬猫胬肉攀睛临床中发病率较低，但十余年中也能见到 1～2 例，多由内热上攻或因过食肥甘而湿热上犯所致，期初多有结膜炎。接诊时务必询问饮食情况。舌质红、脉不迟缓、沉取力不绝者可使用本品。

（4）犬猫临床中治疗湿热性皮肤病、皮肤油腻、体味重、湿热疮、疮面潮湿而红化脓，触碰疼痛亦可使用本品，透表清热、祛风化湿。

（六）注意事项

（1）本品为治疗肝经风热上攻所设，阴虚火旺者忌用。

（2）本品含有天花粉，故孕期忌用。

（3）服药期间清淡饮食。凡助热病情加重。

（4）用本品治疗眼部疾病时可配合外用滴眼液以助疗效。

（5）对胬肉攀睛之治疗仅适用于早期、中期阶段，若胬肉发展欲接近瞳孔时，应尽快手术。

（6）用本品治疗皮肤病时，禁用于血虚型皮肤病。

第十五章 外用方剂

第一节 概 述

外用方剂是中兽医外治法使用的方剂，主要用于疡科治疗。疡科也称中医外科，其诊治范围很广，包括现代医学的外科感染、皮肤病、肛肠疾患、水火烫伤、跌扑损伤、虫兽伤，以及部分产科疾病。外用剂多属局部用药剂型，治疗外科疾患时，直接作用于病变部位，有利于强化局部药效并减少对机体无关组织器官的影响。外用剂最常见的适应症包括疮疡痈疽、跌打损伤、风湿痹证等。当然，外用剂不仅限于外科病的局部治疗，有时也用于内科病的外治。

一、外用方剂的主要适应症

（一）疮、疡、痈、疽

是中兽医外科的主要治疗对象。中医将机体按表里深浅分为皮、肉、脉、筋、骨。病损位于皮腠的称疡；及皮肉者称疮；发于肉脉未及筋骨者称痈；发自筋骨者称疽。疮、疡、痈，多由外感邪气或瘀血阻滞化火引起；疽，多发于脏腑虚寒，起自筋骨，也有发于皮肉而传损筋骨者。针对病程的不同时期，以及阴证和阳证的区别，应使用不同的方剂和处理方法。

（二）跌打损伤

亦常以外用剂治疗，其治疗机理多注重活血化瘀。但应注意，活血化瘀药物有寒热之分，在损伤的各阶段须选用不同药性的方剂。损伤初期多实证，正邪斗争剧烈，红肿热痛明显，常应选用偏寒性的方剂，以达消肿、散瘀、止痛之目的；损伤的急性期过后或在慢性损伤，红肿热痛已大大减轻，此时须扶助正气，使患处阳气通达，以促进组织的修复，故宜选择温热的方剂。

（三）风湿痹证

常由风、寒、湿邪引起，导致局部气血凝滞、循环不畅，出现肌肉、筋骨僵硬，屈伸不利，外治多宜祛风胜湿、活血化瘀，药性多温热，且外用药物时可配合热敷，以加速气血循行。

二、外用方剂使用注意事项

中医传统外用剂型种类繁多，包括汤剂、散剂、丹剂、硬膏、软膏、油剂、酒剂、锭剂、药线、吹鼻剂等，适用情况各异。如，汤剂用于熏洗；丹剂、散剂用于湿性的创口；硬膏、软膏用于贴敷；油剂、酒剂用于涂搽；锭剂、栓剂用于窦、瘘和自然孔道，等等。同一配方可制成多种剂型，以适应不同的需要。

值得注意的是，部分人医常用剂型在动物体的适用性较差。如贴敷类剂型，可引起被毛黏结和皮表的异物感，动物对此多非常敏感，必然竭力清除之，最终导致用药失败。显然，硬膏剂（即膏药）基本不适用于多数动物；软膏剂，在皮肤松弛、肢体灵活的动物（如猫、狗等）易被舔食，引起中毒或腹泻，故应尽量避免在此类动物上的使用。

许多外用剂有一定的毒性，尤其是含丹剂的药物毒性较大，应注意勿使患畜相互或自身舔食，以免发生中毒。部分外用药物有较强的腐蚀性；某些药物成分还可以通过皮肤、黏膜或伤口吸收而引起中毒，对于这一类外用剂则应严格控制每次的用药面积及用药量。

另外，中药制剂多带有植物色素，熏洗剂用药后常有染色作用，用于浅毛色观赏动物时，应提醒畜主注意。

第二节　常见外用方剂

桃花散

（一）源流出处

出自清代官修医学百科全书《医宗金鉴》。

（二）组成及用法

干燥熟石灰 250 克、大黄片 45 克。熟石灰研细末，与大黄片共炒，以石灰变粉红色为度，去大黄，将石灰筛细备用；或将大黄纳入锅内，加水适量，煮十余沸，再加石灰搅拌炒干。除去大黄，研成细粉，过筛备用。

用时撒布患处。

（三）功能主治

收敛、止血。主治外伤或疮口出血。

（四）方义解析

疮口出血，外治宜敛创止血。桃花散方中石灰敛伤止血，大黄外用亦有收敛止血之功，二药同炒，止血之力更强。

桃花散最早见载于《外科正宗》，书中说："桃花散最治金疮，止血效莫量"。

石灰可游离出钙离子，能降低血管通透性、抑制渗出；大黄中大黄素等有效成分亦有较强的抗菌、抗炎、改善微循环作用。大黄蒽类化合物遇石灰后发生显色反应呈现粉红色，两药共炒至石灰普遍呈粉红色，提示大黄有效成分已析出，此时应及时撤火。如翻炒温度过高，或时间过长，大黄有效成分变性，转呈棕黄色，则药效受损。

据研究，将桃花散用于试验性创伤，证明对于止血、结痂和新鲜创伤治疗均有良好效果。在实验性炎症时，有防止毒物吸收的作用（见《中兽医科技资料选辑》第一辑第405页）。

（五）临证应用

(1) 桃花散可用于疮口出血、渗出物量大，或较小的新鲜创伤出血。

(2) 为增强防腐、消肿、止痛效果，可将少许冰片加入桃花散，共研细粉，使用效果更好。

(3) 据报道，桃花散对人有良好的止血效果，对家畜新鲜创伤亦有良好的治疗效果［中华医学杂志，1945 (9)：731；中国兽医杂志，1963 (6)：32］。

(4) 另据报道，应用大黄石灰散（大黄末、熟石灰等份，焙成粉红色；局部扩创，清除坏死组织，消毒水洗，然后撒布本方）试治猪坏死杆菌病83例，治愈81例，治愈率97%［兽医科技杂志，1981 (8)：48］。

生肌散

（一）源流出处

出自明代陈实功《外科正宗》。

（二）组成及用法

煅石膏500克、轻粉500克、赤石脂500克、黄丹100克、龙骨150克、血竭150克、乳香150克、冰片150克。共为细末，混匀，装瓶。用时撒布于疮口。

（三）功能主治

去腐、敛疮、生肌。主治外科疮疡痈疽。

（四）方义解析

生肌散方中轻粉、黄丹、冰片去腐消肿；乳香、血竭活血止痛，敛疮生肌；煅石膏、龙骨、赤石脂敛疮收回。诸药相合，共奏去腐、敛疮、生肌之功。

（五）临证应用

生肌散主要适用于疮疡溃后久不收口。

（六）加减化裁

生肌散是外科常用方，名称记载较多，但配方不一。较常用而有效的有如下两种配方：

(1)《中医外科学》之生肌散　制炉甘石15克、滴乳石15克、滑石30克、血珀9克、朱砂3克、冰片0.3克，研极细末，掺疮口中，有生肌收口之功，主治痈疽溃后，脓水将尽者。

(2)《全国中药成药处方集》之生肌散　制象皮30克、血竭30克、赤石脂30克、乳香30克、龙骨30克、没药30克、儿茶30克、冰片9克，研细粉，外掺疮口，有生肌止痛之功，主治疮毒溃后久不收口。《兽药规范》二部收载此方。

冰硼散

（一）源流出处

出自明代陈实功《外科正宗》。

（二）组成及用法

冰片 50 克、朱砂六分 60 克、玄明粉 500 克、硼砂 500 克。上药各研极细末，混匀，装瓶。每用少许吹、撒患处。

（三）功能主治

清热解毒、消肿止痛。主治口腔黏膜等各部位的疮疡肿痛。

（四）方义解析

冰硼散方中诸药具寒凉之性，有清热解毒作用，且冰片、硼砂又能消肿止痛；朱砂又能防腐疗疮。诸药合用，共奏清热解毒、消肿止痛之功。

（五）临证应用

（1）本方主要适用于口、舌、咽喉之疮疡肿痛诸症。

（2）广东省高州市分界乡吕永祥治牛舌疮外用方（冰片 3 克、熟硼砂 6 克、朱砂 3 克、孩儿茶 9 克、青黛 9 克、人中白 9 克、元明粉 15 克、熟石膏 15 克，用时为末，每用少许涂撒）；江苏省农业科学研究所治牛木舌症的冰硼散（冰片 3 克、硼砂 3 克、元明粉 6 克、雄黄 15 克，为末，每用少许涂舌上）；江西农业大学治疗牛咽喉肿方（冰片 4 克、硼砂 4 克、青黛 5 克、射干 6 克、牵牛子 6 克，用时为末，每用少许吹于咽喉）等，都是根据冰硼散适当加减变化配制而成（见《全国中兽医经验选编》第 56 页、57 页、85 页）。

（3）冰硼散声名流传较广，但根据人和动物临床实际使用情况来看，由于含有较高比例的芒硝，对黏膜的刺激性很大，用后效果并不理想，常可将轻度的黏膜破损刺激成较大面积的溃疡，效果不如青黛散或锡类散。

青黛散

（一）源流出处

出自明代喻仁、喻杰《元亨疗马集》。

（二）组成及用法

青黛、黄连、黄柏、薄荷、桔梗、孩儿茶各等份。上述各药共为末，每用适量，装纱布袋，噙患畜口内；或吹撒于患处（原方为末，生绢袋内盛贮，水中浸湿，于口内噙之）。

（三）功能主治

清热解毒、消肿止痛。主治马、牛口舌生疮。

（四）方义解析

心经伏热，则舌上生疮，外治宜清热解毒、消肿止痛。方中青黛清热解毒，合黄连、黄柏、儿茶清热收湿、止痛生肌；桔梗开心气而利膈，薄荷清风热而消肿。诸药合用，共奏清热解毒、消肿止痛之功。

（五）临证应用

（1）本方可用于马、牛口舌生疮、咽喉肿痛等症。

（2）甘肃省民勤县畜牧兽医站治骆驼口疮外用方（枯矾 15 克、青黛 12 克、黄连 9 克、雄黄 6 克，为细末，每用少许口内吹之），与青黛散相似，可供参考（见《全国中兽医经验选编》第 285 页）。

锡类散

（一）源流出处

出自清代王士雄《温热经纬》。

（二）组成及用法

青黛 18 克、冰片 1 克、牛黄 1.5 克、指甲粉（滑石粉烫）1.5 克、珍珠 9 克、象牙屑 9 克、壁钱 200 个炒炭组方。各药研极细末，每取少许吹患处。

（三）功能主治

清热解毒、祛腐生新。主治口唇、咽喉糜烂肿痛；亦用于内服或直肠给药，治溃疡性胃肠炎。

（四）方义解析

牛黄、冰片清热解毒消肿；青黛泻热利咽、凉血止痛；珍珠、象牙屑、人指甲助青黛清热解毒、化腐生肌；壁钱炭清热解毒、凉血止痛。

（五）临证应用

应用同青黛散。为传统方，早年有售成药，近来少见。

（六）加减化裁

口腔溃疡散：青黛 240 克、白矾 240 克、冰片 24 克组方，各药共为细末，有市售成药，每瓶装 3 克；用消毒棉球蘸药擦患处，一日 2～3 次。口腔溃疡散功能消溃止痛，用于复发性口腔溃疡、疱疹性口腔溃疡。本方由 3 味药组成。主治湿热火毒炽盛引起的口疮。方中以青黛清热解毒、凉血疗疮，为主药；辅以冰片凉散清热、消肿止痛；白矾外用解毒杀虫、燥湿止痒，内服止血止泻、祛除风痰。诸药相合，共奏清火敛疮之功效。

如意金黄散

（一）源流出处

出自明代陈实功《外科正宗》。

（二）组成及用法

大黄 5 份、黄柏 5 份、姜黄 5 份、白芷 3 份、南星 2 份、陈皮 2 份、苍术 2 份、厚朴 2 份、甘草 2 份、天花粉 10 份。共研细末，每用适量，以清水、醋、葱汁、酒、油、蜜、银花露、丝瓜汁等调敷患处，一日数次。

（三）功能主治

清热除湿、散瘀化痰、止痛消肿。主治疮疡痈肿属阳证者，以及跌扑损伤等。

（四）方义解析

外科阳证，外治以清解消散为主。如意金黄散方中花粉、大黄、黄柏、姜黄清热散瘀；白芷、南星消肿止痛；陈皮、苍术、厚朴理气除湿散壅；甘草清热解毒。诸药共调，有清热散瘀、消肿止痛之功。

如意金黄散全方有抑菌、抗炎、抗溃疡、解热镇痛等作用，能控制炎症范围，减小坏死面积；药理试验表明，本方可激活小鼠腹腔内巨噬细胞，增强其吞噬能力。

（五）临证应用

(1) 如意金黄散是一种常用的箍围药（或称敷贴），具有箍集围聚、收束疮毒的作用，疮疡初起轻者可以消散；对毒已结聚者，可促使其局限化，早日成脓和破溃；溃后可以消肿，截其余毒。故凡疮疡之属于红、肿、热、痛的阳证，均可运用。

(2) 如意金黄散之调敷品可根据病情不同选用。如《中医外科学》中说："大抵以醋调的，取其散瘀解毒；以酒调的，取其助行药力；以葱、姜、韭、蒜捣汁调的，取其辛苦香散邪；以菊花汁、银花露调的，取其清凉解毒；以鸡子清、蜂蜜调的；取其缓和刺激；以油类调的，取其润泽肌肤。"。

(3) 原江苏省农业科学研究所验证，用如意金黄散治疗牛肩痛有效（见《全国中兽医经验选编》）。

(4) 宠物临床中可用如意金黄散外敷治疗乳腺炎、阴囊皮炎，用绿茶调稠糊，局部消毒后湿敷，每日换药一次。

雄黄散

（一）源流出处

出自元代卞宝《痊骥通玄论》。

（二）组成及用法

雄黄、白及、白蔹、龙骨、川大黄各等份组方。上药共为末，用醋或水调敷患部。敷后定时向药面喷水或醋，保持湿润，以防干燥后药效降低。

（三）功能主治

清热敛疮、消肿止痛。主治马热毒黄肿，症见肿胀、温热、疼痛。

（四）方义解析

黄肿之温热疼痛者，为热毒所致，故治宜清热解毒、敛疮消肿。雄黄散方中雄黄、大黄解毒泻火；白及、白蔹、龙骨敛疮消肿。诸药合用，共奏清热敛疮、消肿止痛之功。

（五）临证应用

(1) 本方适用于马、牛黄肿之温热疼痛者。

(2)《中兽医诊疗经验》第二辑中治马各种肿毒的消肿药（由雄黄 15 克、大黄 60 克、煅龙骨 15 克、白及 15 克、白蔹 15 克、川牛膝 30 克、吴茱萸 15 克组方，研细末，醋水调涂），《中兽医诊疗经验》第四辑中治马耳黄、束颡黄、牛颡黄等症的捆仙绳（由白及 30 克、白蔹 9 克、大黄 9 克、明雄 9 克、白矾 9 克、木别 12 克、黄柏 9 克组方，共为细末，凉水表面调贴肿处）等，均为雄黄散加减配制。

（3）《安骥药方》中还有一个雄黄散（由雄黄、川椒、白及、白蔹、官桂、草乌头、芸苔子、白芥子、川大黄、硫黄组方，各等份为末，醋熬，敷肿处）。与雄黄散相比，主要多川椒、官桂、白芥子、草乌、硫黄等散寒止痛药，故除治诸般肿毒外，原方云亦可治"筋骨太硬。"

九一丹

（一）源流出处

出自清代官修医学百科全书《医宗金鉴》。

（二）组成及用法

熟石膏 9 份、升丹 1 份组方。共为细末，混匀，装瓶。每用少许掺于疮口，或用药线蘸药插入疮口中。

（三）功能主治

提脓拔毒、去腐生肌。主治溃疡溃后脓水不尽、腐肉难脱、疮口坚硬、肉色暗紫、不易收口者。

（四）方义解析

疮疡脓水未尽，为腐肉不去也。故治宜提脓去腐。方中升丹提脓去腐，但其力量峻猛而有毒，故用熟石膏以缓制之，且熟石膏还具有敛疮生肌之功。故二药合用可提脓去腐、生肌收口。

（五）临证应用

（1）九一丹主要适用于疮疡脓水未尽者。凡日久不愈之溃疡、瘘管等，均可酌情运用本方。

（2）方中熟石膏和升丹的比例可根据需要调整。熟石膏九份、升丹一份，故名九一丹。如果需要增强其提脓脱腐作用，可相对加大升丹比例。如熟石膏七份、升丹三份，即名七三丹；若二者各半，即名五五丹。升丹比例小者，去腐力弱而生肌力强；升丹比例高者，去腐力强而生肌力弱。

（3）升丹有剧毒，严禁入口。丹药多为汞制剂，长期较大剂量使用可造成汞的蓄积和中毒，临床应用须慎重。

附　附升丹制法

升丹的最主要成分为氧化汞，以升华方法制成。其配方为：水银 30 克、火硝 120 克、白矾 30 克、皂矾 18 克、雄黄 15 克、朱砂 15 克。现多采用小升丹配方（水银 30 克、白矾 24 克、火硝 21 克），功效同升丹，力稍逊。

（1）先将白矾、皂矾及火硝研碎，入大铜杓内，加火酒一小杯炖化，一干即起研细；另将水银、朱砂及雄黄共研细末（小升丹：先将白矾、火硝研碎，再加水银共研），以不见水银滴为度，再入硝、矾一起研匀。

(2) 上药共置厚壁铁炒锅底，以大瓷碗倒扣锅中覆之，碗口周围用盐泥封压一指厚，覆麻纸条压实边缝，如此重复3次；阴干，不使泥生裂纹，如有裂纹，以盐泥补之，再阴干。

(3) 将铁炒锅炉火上，煅炼约3小时，瓷碗底放大米数粒；第一小时宜用文火（如火大则汞先飞上），后2小时宜用大火；以毛笔沾泥浆时时刷泥封，勿使干裂漏气。如有黄烟喷出，为汞外泄现象。

(4) 炼约3小时，或待大米变焦而呈黑黄色后，去火，冷定；打开封口，小心将瓷碗取出，碗底可见红色或黄色升丹，刮下，约可得18克，研极细，瓷罐盛备用。

砒枣散

（一）源流出处

砒枣散属验方。

（二）组成及用法

白砒10克、大枣10枚。大枣去核，纳入白砒，焙干或火煅存性，研极细末，加冰片0.5克，调匀，装瓶备用。

每用少许，油调涂于患处；或和以面糊做成火柴棒粗细之条状锭（砒霜面条），插入肿瘤中。

（三）功能主治

提毒去腐、箍脱肿瘤。主治体表肿瘤、牛放线菌肿等。

（四）方义解析

白砒外用有很强的腐蚀和攻毒作用，同大枣肉煅为末用，可缓其毒烈之性。

中医亦早已使用此类验方，如治“走马牙疳”的金枣散，即砒石同枣肉煅为末用。

砒霜的主要成分为三氧化二砷，微量即有强烈的防腐作用，大剂量则腐蚀作用明显；另外，极微量的砷有促进机体同化作用的功能。将砒枣散油调或制成砒霜面条可起到使药物缓慢释放的效果，减少了急性中毒的可能。

（五）临证应用

(1) 砒霜有剧毒，切勿入口；须保藏于稳妥处，勿置儿童及动物可触及之场所。

(2) 砒枣散可用于治疗体表肿瘤。据报道，枣砒散（由红枣10枚、红砒30克、血余炭5克组方、砒入枣内，发面包裹，煅烧存性，加血余炭共研细末，油调涂布瘤体表面）治疗体表肿瘤，获得满意疗效 [中国兽医杂志，1980，10：22]。

北京市门头沟区兽医院用砒枣锭（大枣去核焙干研细末，与砒霜各等份混匀，加少量淀粉糊做成火柴棒粗细之条状锭；瘤体表面用小宽针刺一小孔，插药锭于孔内，深约0.5～1厘米，瘤体大时，可插2～4处）治疗家畜体表肿瘤9例，均取得了良好疗效，用药后3～4天瘤体开始干涸，20天左右脱落。

(3) 砒枣散亦可用于牛的放线菌肿。据甘肃省酒泉市畜牧兽医工作站介绍，用砒霜雄黄丹（由砒霜、雄黄、轻粉、飞罗面组方）治疗牛放线菌病以及马、骡、骆驼的肿瘤，获得较好效果（见《全国中兽医经验选编》第469页）。

(4) 山西省运城市兽医院用白砒霜纸捻（取6厘米宽、15厘米长的白麻长一条，摊开，薄涂一层浆糊，随即将有浆糊的一面朝里卷，用手搓成纸稔，外面再薄涂一层浆糊，并粘上研细的白砒霜粉末，自然干燥备用）插入病灶，治疗牛放线菌病253例，治愈245例，疗效达97%；并能治疗瘘管、肿瘤等病（见《华北地区中兽医资料选编》第43页）。

(5) 砒霜药线，制法：棉线在砒霜饱和溶液中浸透，取出晾干，薄涂浆糊，干燥备用。适用于体大而根部较细的体表瘤，以药线结扎肿瘤根部，每日检查，不断收紧结扎线，直至瘤体被药线切割脱落。砒霜药线结扎法亦可用于瘘管的结扎切割。

（六）加减化裁

三品一条枪（见《外科正宗》）：白砒45克、明矾60克、雄黄7克、乳香4克。将砒、矾二物研成细末，入小罐内，煅至青烟尽白烟起，片时，约上下通红，住火，放置一宿，取出研末，约可得净末30克，再加雄黄、乳香二药，共研成细末，厚糊调稠，搓条如线，阴干备用。用时将药条插入患处，腐蚀组织。据天津市静海区兽医门诊部介绍，用三品一条枪治疗大牲畜各种良性肿瘤30余例，效果良好，无不良反应［天津农业科技情报增刊，1974(3)：78］。

姜矾散

（一）源流出处

出自宋代王愈《安骥药方》。

（二）组成及用法

白矾、生姜烧成灰，各等量。共为末，掺于疮口或油调涂。《元亨疗马集》云："共研为细末。如疮干，油调涂之；疮湿，乾贴也"。

（三）功能主治

敛疮生肌、温通血脉。主治马鞍伤及疮肿。

（四）方义解析

鞍屉损伤梁背成疮者，治宜敛疮生肌。方中白矾敛疮生肌，姜炭温通血脉，亦有涩敛作用。故二药共研外用，有敛疮、生肌、止痒之效。

白矾的化学成分为十二结晶水合硫酸铝钾，味涩，可将蛋白变性，有较强的鞣化作用，常配于中医外用药方中，起收敛之功效；姜浸出液在临床试验中表现对伤口的愈合有促进作用。

（五）临证应用

(1) 姜矾散适用于马鞍伤，简单而有效，为许多中兽医所习用。

(2)《安骥药方》中，另有一"治打破骡、马梁背，磨擦成疮"之丹矾散（诃子核五个不用皮肉、白矾半两、黄丹半两组方）。制法：先将白矾于铜铫内溶化，入黄丹搅匀，令熬枯干，看黄丹色紫为度；后将诃子核捣烂，入丹矾，同共捣罗为末。临用时先以温浆水将疮口洗净，揩干，用药贴之。并说；“并不妨乘骑，重者不过两上。”

烫火散

（一）源流出处

出自《中华人民共和国药典》。

（二）组成及用法

地榆炭 600 克、黄柏 250 克、生石膏 250 克、大黄 125 克、寒水石 125 克。共为细末，混匀、用时麻油调涂患处。

（三）功能主治

清解火毒。主治烫火伤。

（四）方义解析

水、火烫伤，治宜清解火毒。方中地榆凉血、收敛、解毒，为治烧伤烫伤之要药，单味（或地榆、黄柏二味）研末麻油调敷即可见效；其他四味为苦寒燥涩之品。解火毒面敛疮伤，以增强清火解毒之功；麻油调涂可润缓肌肤。诸药合用，共奏清解火毒、敛疮润肤之功。

（五）临证应用

(1) 烫火散主要适用于水、火烫伤。

(2) 许多治疗烫火伤的外用方都是以地榆、黄柏等为主药。如黑龙江省哈尔滨市家畜疾病防治院的冰甘地黄散（由地榆炭 60 克、黄柏 60 克、甘草 30 克、冰片 15 克组方。制法：植物油半斤加热至沸，离火降温至 60℃左右时，入地榆炭、黄柏、甘草末，搅拌；再入獾油 250 克化匀，入冰片粉即成）、中国人民解放军某部“烧伤 3 号”方（由酸枣树皮 4 份、黄柏 3 份、地榆 3 份、甘草 1 份组方，研末，用 80%的酒精浸泡 24～44 小时，吸取酒精浸出液，装入小喷雾器中，均匀地喷洒于创面）等均可酌情选用。

（六）加减化裁

生肌玉红膏（见《外科正宗》）：由当归 60 克、白芷 15 克、白蜡 60 克、轻粉 12 克、甘草 36 克、紫草 6 克、血竭 12 克、麻油 500 克组方，功能活血祛腐、解毒镇痛、润肤生肌。主治痈、疽、烫伤溃烂。制法：先将当归、白芷、紫草、甘草四味，入油内浸 3 日，大杓内慢火熬微枯，细绢滤清，复入杓内煎滚，入血竭化尽，次入白蜡。微火化开。用茶盅四个，预放水中，将膏分作四处，倾入盅内，候片时，下研细轻粉，每盘投一钱，搅匀。用时，根据局部溃疡情况，可掺提脓去腐药，效果更佳。

五虎丹

（一）源流出处

出自清代兽医著作《抱犊集》，作者不详。

（二）组成及用法

生川乌六钱（18 克）、生草乌六钱（18 克）、生栀子三钱（9 克）、生半夏二线（6 克）、生南星二线（6 克）。各药共为末，烧酒调涂于患处。

（三）功能主治

祛风通络、消肿止痛。主治四肢关节红肿疼痛。

（四）方义解析

五虎丹为麻醉止痛方。方中川乌祛风止痛，外用多与草乌配合，有很强的麻醉止痛作用；生半夏、生南星外敷可消肿止痛；栀子凉血解毒，敷于局部对外伤性肿痛亦有消肿止痛作用。诸药合用，共奏消肿止痛之功。

（五）临证应用

（1） 五虎丹方中生川乌、生草乌有大毒，古代也作投毒之用，故应避免患畜舔食。

（2） 五虎丹原方“治牛拐脚红肿”。临症时，凡由于跌打损伤所引起的红肿疼痛，可用本方。但因本方有毒，故皮肤破损者不宜用。

（3） 五虎丹原方云：“ 如红肿不消退，加白芥子三钱”。

（4）《医宗金鉴》中载有外敷麻药方（川乌尖、草乌头、生南星、生半夏、蟾酥、胡椒，为末，烧酒调敷）和正骨麻药方（川乌、草乌、胡茄子、姜黄、羊踯躅、麻黄，外敷），与本方相近，可参考运用。

防风汤

（一）源流出处

出自明代喻仁、喻杰《元亨疗马集》。

（二）组成及用法

防风、荆芥、花椒、薄荷、苦参、黄柏各等份。各药水煎去渣，趁温时洗敷患部。

（三）功能主治

祛风解毒、清热除湿。主治创疡破溃、遍身黄肿，也可用于直肠脱、阴道脱、子宫脱时脱出部的清洗。

（四）方义解析

防风汤方中防风、荆芥祛风解毒散邪；薄荷辛凉止痒；黄柏、苦参清热燥湿、疗疮解毒；花椒燥湿防腐。诸药合用，共奏疏风、清热、解毒、止痒之功。

荆、防为一常用药对，对皮表血液循环有促进作用；黄柏、苦参成分在体外抑菌试验中均表现较强的抗菌作用；花椒的有效成分对真菌有较强的抑制，并有一定的表面麻醉作用，可止痒。

（五）临证应用

（1） 用防风汤局部外洗，治风袭肌表引起的风肿、皮肤瘙痒、创疡破溃；也用治风热湿毒所致脏器脱垂。

（2） 防风汤是动物皮肤创疡中药熏洗治疗的代表方剂之一，主要用于病变面积较大、涉及部位广，以及非感染性皮肤病者。

临床上，疮疡最常见的病因是微生物感染。对局部小面积皮肤病，尤其是确诊为细菌、真菌感染者，使用不同浓度的消毒剂（如碘酊等）效果极佳，不应强求中药熏洗。但大面积病变时，使用消毒剂易致中毒；西兽医常用的抗生素注射或口服无法杀灭皮肤表面及被毛上的病原体，长期使用又有较大的副作用，而且由于作用原理过于单一，对非感染性皮肤病无效。此时，中药熏洗的优势较明显：一方面洗脱大量病原体，对未洗脱者也有抑制；另外，中药熏洗改善体表血液循环状态，有利加强局部代谢，促进局部的免疫功能；部分药物并有一定的缓解局部刺激的作用。

(3)《元亨疗马集》中另有一防风汤，组成为：防风、荆芥、花椒、白矾、苍术、艾叶（各等量）。功能散寒湿、消风肿。主治脱肛。用时水煎，去渣，趁温时敷洗脱出之肛头，并顺势缓缓还纳。原方云："咀一处，水二升，共煎三五沸，去渣带热洗净血脓，先用剪刀去尽风皮膜，纳以中指入肛。取出硬粪一粒，再洗去血，送入肛头。千履底炙热熨之。"。

肛头脱出，时间稍久则瘀紫风肿、冷坠难回，治宜散寒湿、消风肿之药煎汤温洗。本方用防风、荆芥、花椒、苍术、艾叶等药，均属辛温散寒之品，散瘀而消肿；明矾敛涩膜皮，以促脱出的肛头消肿回复。合用散寒湿、消风肿，配合还纳手法可促进脱肛恢复。

（六）加减化裁

防风汤外洗治疗疮疡时，可据症状进行加减。热毒明显者加公英、地丁，其清热解毒及抗菌作用较强；破溃严重者加白矾、石榴皮、五倍子等，此类药物味涩，含大量鞣质，抗菌范围广，并能收敛疮口，改善新肉生长的环境；疑有螨等寄生虫感染时，加百部；红肿、血瘀征象明显时，加大黄、紫草；为促进药物的透皮吸收性能，可加入酒、细辛、冰片、樟脑等挥发成分较多的药物。

吹鼻散

（一）源流出处

出自明代喻仁、喻杰《元亨疗马集》。

（二）组成及用法

藜芦 3 克、胡椒 3 克、半夏 3 克、白芷 3 克、瓜蒂 3 克、皂角 3 克、芸苔子 3 克、麝香 1 克。用法：共研细末，每用少许吹鼻取嚏。

（三）功能主治

辛香通窍、取嚏止痛。主治马肚腹冷病。

（四）方义解析

寒凝则气滞、气不升降，故腹中作痛。除灌服药物和针灸外，亦可用药吹鼻，以辛散通窍、开导气机而止痛。方中所用药物均为辛香通窍之品，吹入鼻中，则患马受药末之熏呛而喷鼻流涕，甚至排尿，气机随之畅达，故起卧自止。

（五）临证应用

(1) 吹鼻散主要适用于马冷痛。但据记载，亦有用类似方剂治疗"草噎"及"胃寒不食豆草"者。

(2) 在《元亨疗马集》中，还有多处运用本方，方名不同，但组成相差无几。如治马伤水起卧的麝香散（麝香、瓜蒂、藜芦、半夏、胡椒、皂角），只比本方少白芷、芸苔子两味药；治马胃寒不食豆草的麝香散（麝香、皂角、瓜蒂、胡椒、芸苔子）以及治马草噎的芸苔散（芸苔子、麝香、瓜蒂、胡椒、皂角），均为本方去藜芦、半夏、白芷而成。

(3) 在中兽医古籍和古农书中，还有用吹鼻方药防治猪、牛、羊等家畜疫病的记载（见《猪经大全》、《古兽医方集锦》等）。

十滴水

（一）源流出处

出自《中华人民共和国药典》。

（二）组成及用法

十滴水出处及组成见安神开窍方剂之“十滴水”。用时涂患部。

（三）功能主治

凉血散瘀、止痒、抗感染。主治跌打损伤急性期、蚊虫叮咬瘙痒、湿疹及皮肤浅表感染等。亦有用治烫伤、冻疮者。

（四）方义解析

本方共由 7 味药组成，兼可外用或内服。外用治疗非开放性跌打损伤等问题时，干姜、桂皮、茴香、辣椒的温热性质，可开张皮表血液循环，加速散瘀，为主药；大黄性寒，凉血活血、消散炎症为辅；樟脑、桉叶油既有导药入里的透皮作用，又有镇痛、止痒之功，为佐使。

本方内服用于夏秋季节感受暑湿引起的头晕、恶心、腹痛、胃肠不舒时，方中以大黄苦寒、清热健胃、降气通腑，薄荷油疏风凉解、祛暑化湿，共为主药。辅以肉桂、小茴香、干姜、辣椒温中散寒、和胃止吐、缓痛止泻。樟脑通窍辟秽止痛，为佐使药。

治中暑时，大黄凉血活血，樟脑、桉叶油兴奋中枢神经；辣椒、干姜、桂皮、茴香配高浓度酒精，口感极其热辣，可强烈刺激消化道，使消化道微循环开张，血容量增加，从而将脑部血液下引肠道，缓解脑压升高的危象；对消化道的强烈刺激也反射性地引起机体浅表循环开张，在有汗动物可引起发汗，有利散热外出。

（五）临证应用

(1) 治跌打损伤急性期，非开放性关节、肌肉闪伤初期，患部红肿、疼痛剧烈，不能运动，当以十滴水外涂于患部皮表，并覆以保鲜膜等柔软不透气薄膜，包覆过夜，次日即可收效。如发现对皮肤刺激较大，可将药物涂于皮表，挥干后再涂，如此反复多次，最后挥干，少量喷水，再包覆过夜，即可。

(2) 治小动物乳腺炎，十滴水涂患处，以掌覆盖 5～10 分钟，每日 3 次。如为乳汁淤积所致，当先挤净存乳。

(3) 犬猫皮肤感染，皮肤增厚、瘙痒、红暗等可使用十滴水局部涂擦，促进局部血液循环，修复皮肤组织，而内含樟脑、大黄等成分足以体外杀菌抑菌。治疗真菌性皮肤病重在增强局部气血的调动，局部血供正常才能不易反复。若是犬耳道内感染，多有黏腻的油性分泌物，气味恶臭。此时可先用干棉签将分泌物清理干净，再以2%碘酊、十滴水、藿香正气水各等量，混合，涂擦耳内，每日1～2次。3～4日后，分泌物气味已不臭，即去掉碘酊，继续涂擦十滴水与藿香正气水的混合液。对各种体表湿疹、蚊虫叮咬之瘙痒，可同样处理。

紫金锭

（一）源流出处

出自明代万全《万氏秘传片玉心书》。

（二）组成及用法

山慈姑200克、红大戟150克、千金子霜100克、五倍子100克、麝香30克、朱砂40克、雄黄20克。上药七味，朱砂、雄黄分别水飞成极细粉；山慈姑、五倍子、红大戟粉碎成细粉；将麝香研细，与上述粉末及千金子霜配研，过筛，混匀。另取糯米粉320克，加水做成团块，蒸熟，与上述粉末混匀，压制成锭，低温干燥，即得。

人每次1.5克，每日2次，口服；外用米醋调敷适量。

动物用量：若口服时，根据人用量，按体重比例折算。用法同。

（三）功能主治

辟瘟解毒、消肿止痛。用于中暑，症见脘腹胀痛、恶心呕吐、痢疾泄泻、小儿痰厥；外治疔疮疖肿、痄腮、丹毒、喉风。

（四）方义解析

方中麝香芳香开窍、行气止痛，为君药。山慈菇清热解毒，雄黄辟秽解毒，共为臣药。红大戟、千金子霜逐痰消肿，五倍子涩肠止泻，朱砂重镇安神，四味为佐药。全方共奏避瘟解毒、消肿止痛之功。

（五）临证应用

(1) 治疗因感受暑热秽浊之邪、气机闭塞、升降失常所致脘腹胀痛、胸闷呕恶、呕吐或暴泻，甚则神昏瞀闷、舌苔黄腻、脉濡数或滑数。

(2) 治疗感受湿热疫毒时邪，或饮食不洁、邪气蕴结胃肠所致下利不能食，见恶心呕吐、胸脘痞闷、舌苔黄腻、脉滑数。

(3) 治疗素体脾虚痰湿、痰浊闭窍所致突然昏厥、惊痫、呕吐涎沫、胸膈满闷、舌苔白腻、脉滑。

(4) 治疗火毒结聚、蕴阻肌肤所致疔疮疖肿。见局部皮肤红肿疼痛、结块或丹毒，尚未化脓，伴发热，口渴，尿短赤，便秘，苔黄，脉数。

(5) 犬指缝红肿伴有炎性渗出、疼痛明显，甚至破溃者，可将紫金锭醋调研磨。患部每次浸泡15分钟，一日2次，可起到明显的消肿止痛作用，对于早、中期指缝炎效果较好。对反复发作且已使用过各种抗生素、激素效果不佳者，也可使用藿香正气水加十滴水涂抹。

（六）注意事项

(1) 本方性猛峻烈，气血虚弱者忌用。

（2）本方含有麝香及重金属药，孕期忌用，肝肾功能不全者慎用。不宜过量、久服。

（3）如使用市售紫金锭成药，当注意其药物说明书，写明可内服者，方可内服使用。否则只可外用。

皮肤康洗剂

（一）源流出处

由北京华洋奎龙药业有限公司组方。

（二）组成及用法

金银花、蒲公英、马齿苋、土茯苓、蛇床子、白鲜皮、赤芍、地榆、大黄、甘草。自配药物，可以各药等量煎汤，一次适量外擦皮损处，有糜烂面可稀释5倍后湿敷，一日2次。

（三）功能主治

清热解毒、除湿止痒。用于湿热蕴阻肌肤所致湿疮、阴痒、急性湿疹、外生殖器炎症。

（四）方义解析

方中金银花、蒲公英、马齿苋、土茯苓、清热解毒，共为君药。蛇床子、白鲜皮除湿解毒止痒，用以为臣药。赤芍苦寒，凉血祛瘀、清热消肿，地榆凉血解毒，大黄活血化瘀，为佐药。甘草泻火解毒，调和诸药为使。全方共奏清热解毒、除湿止痒之效。

（五）临证应用

（1）治疗因湿热蕴阻肌肤所致急性湿疹。症见红斑、丘疹、丘疱疹、水泡、片状糜烂、渗出等多形态皮损，自觉灼热，瘙痒剧烈，常伴身热、心烦、口渴，大便秘结等。

（2）犬猫临床可用于多种皮肤炎症。对湿热内蕴所致指缝炎可用本方浸泡，每日2次，每次15～20分钟，连用1周。

（六）注意事项

（1）疮面灰暗的阴证疮疡不可使用。

（2）皮肤干燥、龟裂不可使用。

（3）用药后若有明显瘙痒感、灼热感、红肿等现象应立即停用，并用清水冲洗干净。

第十六章 驱虫方剂

第一节 概 述

驱虫方剂主要以驱虫药物组成，具有驱除或杀灭家畜体内寄生虫的作用。寄生虫的种类很多，常见危害较重的如马胃蝇蛆、蛲虫，猪蛔虫、肝片吸虫，牛、羊绦虫等。运用驱虫剂，应辨别虫的种类，选择针对性强的方药。

驱虫剂宜空腹灌服。有的还需适当配合泻下药物，以促进虫体排出。体质虚弱者，在驱虫后还要适当调理脾胃。

另外，在运用驱虫剂时，还应根据畜体正气的虚实和兼证的寒热，适当与清热药、温里药、消导药、补益药等配合。驱虫药多系攻伐之品，对年老、体弱、孕畜宜慎用。剂量也要适当，剂量过大则容易伤正或中毒，剂量不足则达不到驱虫目的。

驱虫方剂常以驱虫药为方中的主要药物，如贯众、槟榔、使君子、苦楝根皮、雷丸等。驱虫剂代表方剂有化虫丸、贯众散、君子仁散等。

目前，无论对体外、体内寄生虫，西药驱虫剂的效果均较中药确实，其功能特异性强，毒性亦较低。故中药驱虫已很少应用，但在某些特定场合仍有一定的参考价值，例如部分西药驱虫剂对某些品系的动物有较强烈的毒性，可改用中药驱虫。

第二节 常用驱虫方剂

化虫丸

（一）源流出处

出自宋代官修成方药典《太平惠民和剂局方》。

（二）组成及用法

炒胡粉五十两（30克）、鹤虱（去土）五十两（30克）、槟榔五十两（30克）、苦楝根（去浮皮）五十两（30克）、枯白矾十二两（8克）。共研细末，面糊或水泛为丸。

在人，成人每服3～6克，小儿根据年龄酌减，1岁小儿每天1次，每次1.5克，空腹时开水或米饮送服。原书云："为末，以面糊为丸，如麻子大。一岁儿服五丸，温浆水入生麻油一、二点，调匀，下之，温米汤饮下亦得，不拘时候，其虫细小者，皆化为水，大者自下。"

动物用量：根据人用量，按体重比例折算。马、牛每次投服100～150克，猪、羊投服10～30克；各药为末，面糊为丸，或研末开水冲调，候温灌服。

（三）功能主治

杀肠中诸虫。主治肠中诸虫。患畜有时表现腹痛、腹胀。

（四）方义解析

肠内有寄生虫时，治以驱杀为主。故化虫丸集诸杀虫药于一方，以增强对肠虫的驱杀作用。方中鹤虱驱诸虫，苦楝根皮能杀蛔虫、蛲虫，槟榔能杀绦虫、姜片虫，胡粉（铅粉）、枯矾也具有杀虫作用。诸药合用，互相协力以驱杀诸虫。

《医方集解》云："数药皆杀虫之品也。单用尚可治之，类萃为丸，而虫焉有不死者乎?"。

《医方考》："肠胃中诸虫为患，此方主之。经曰：肠胃为市，故无物不包，无物不容，而所以生化诸虫者，犹腐草为萤之意，乃湿热之所生也。是方也，鹤虱、槟榔、苦楝根、胡粉、白矾、芜荑、使君子，皆杀虫之品。古方率单剂行之，近代类聚而为丸尔!"

（五）临证应用

(1) 化虫丸可用于肠虫症。对蛔虫、蛲虫、绦虫以及姜片虫等均有一定的驱杀作用。

(2) 化虫丸以杀虫为主，其中铅粉杀虫力最大，但毒性也大，宜慎用，且不宜久用，去虫后，当调理脾胃、扶助正气，以资巩固。

(3)《中兽医药方及针灸》中有一个化虫汤（由鹤虱、使君子、槟榔、芜荑、雷丸、贯众、乌梅、百部、诃子、大黄、榧子、干姜、附子、木香组分），亦可用于肠中诸虫。与化虫丸相比，未用毒性较大的铅粉，而有温中暖肠的干姜、附子，行气通便的木香、大黄等药，组方更加全面。

(4)《医方考》中曰："古方杀虫，如雷丸、贯众、干漆、蜡尘、百部、铅灰之类，皆其所当用者也。有加附子、干姜者，壮正气也；加苦参、黄连者，虫得苦而伏也；加乌梅、诃子者，虫得酸而软也；加藜芦、瓜蒂者，欲其带虫吐出也；加芫花、黑丑者，欲其带虫泻下也。"。可供参考。

贯众散

（一）源流出处

出自《中兽医治疗学》。

（二）组成及用法

贯众60克、君子仁30克、槟榔30克、鹤虱30克、芜荑30克、苦楝子30克、大黄20克。各药共为末，马、牛开水冲调，候温灌服。猪、羊剂量酌减。

（三）功能主治

驱杀胃肠寄生虫。主治马瘦虫（胃蝇蛆）及其他肠寄生虫。

（四）方义解析

胃蝇蛆在胃中吸着牢固，不易驱除，非强力驱杀和泻下不可。证治宜杀虫泻下。贯众散方中贯众杀虫解毒，《神农本草经》中说能“杀三虫”，为主药；君子仁、鹤虱、芜荑、苦楝子、槟榔均能驱杀肠虫，以助贯众之力，为辅药，其中槟榔、苦楝子又有峻下理气之功，合大黄攻下，可促使虫体排出体外，故此三味又为佐使药。诸药合用，共奏杀虫泻下之功。

（五）临证应用

(1) 贯众散可酌情用于马瘦虫病或其他寄生虫病。

(2) 根据情况再加理气、泻下药将会增强贯众散驱虫功效，如《吉林省中兽医验方选集》中治马瘦虫病方（由贯众、使君子、芜荑、鹤虱、榔片、雷丸、苏子、苦楝皮、石榴皮、川椒、川军、二丑、榧子、芒硝、甘草组方）。

肝蛭散

（一）源流出处

出自《中兽医药方及针灸》。

（二）组成及用法

苏木20克、肉豆蔻20克、茯苓30克、贯众45克、龙胆草30克、木通20克、甘草20克、厚朴20克、泽泻20克、槟榔30克。上药共为末，开水冲调，候温灌服。用于羊时剂量酌减。

（三）功能主治

杀虫利水、行气健脾，主治牛、羊肝片吸虫病。患畜表现体瘦毛焦、食槽或胸下浮肿、泄泻等症状。

（四）方义解析

吸虫病为寄生虫所致，故以杀虫为主，症见水肿、泄泻等，故又辅以健脾行气利水之药。肝蛭散方中贯众、槟榔杀虫，为主药；苏木、厚朴活血行气，茯苓、泽泻健脾利水，为辅药；龙胆草疏肝，肉豆蔻温脾，木通利水去湿，甘草和药健脾，共为佐使药。诸药合用，共奏杀虫利水、行气健脾之功。

（五）临证应用

(1) 肝蛭散可用于牛、羊肝片吸虫病。体虚者，可加党参、白术以益气健脾；寒盛者，可加附子、干姜以温中。

(2) 据报道，小贯众、苦楝皮（干品，每千克体重各1.5～2克）煎水，加蜂糖250克灌服，对牛肝片吸虫和前后盘吸虫驱除效果显著［中国兽医杂志，1980(3)：19］。

君子仁散

（一）源流出处

出自《中兽医治疗学》。

（二）组成及用法

使君子20克、槟榔9克、石榴皮15克、贯众五钱15克、芜荑9克、二丑20克、大黄9克、芒硝12克、甘草3克。上述各药煎汤分两次混食内喂之（原方尚有陈小麦一合，炒盐二钱）。

（三）功能主治

驱杀蛔虫、通肠泻下。主治猪蛔虫。证见贪食而不长、体瘦、肚腹膨大等。

（四）方义解析

蛔虫积于腹内。应以驱杀为主，辅以通肠泻下。君子仁散方中使君子功专驱除蛔虫，为主药；贯众、芜荑、槟榔、石榴皮驱杀肠虫，以增强主药驱虫之功，为辅药；芒硝、大黄、二丑通肠泻下，促使虫体排出，为佐药；甘草调和，为使药。诸药合用，共奏驱杀蛔虫、通肠泻下之功。

（五）临证应用

(1) 君子仁散可用于治猪蛔虫病。

(2) 江西省中兽医研究所方（由苦楝皮、槟榔、枳实、朴硝、鹤虱、大黄、使君子组方）和山西省保德县兽医院方（由石榴皮、使君子、乌梅、槟榔组方），均与君子仁散类同，都可酌情用于猪蛔虫病。

(3) 单用使君子仁20克炒香喂猪亦有驱除蛔虫之功。

搽疥方

（一）源流出处

出自明代喻仁、喻杰《元亨疗马集》。

（二）组成及用法

狼毒120克、牙皂120克、巴旦30克、雄黄9克、轻粉6克。上药共为细末，用热油调匀搽患处（原方捣筛为细末，以生油烧热，调匀搽之。隔日再搽之）。

（三）功能主治

杀疥止痒。主治疥癣。

（四）方义解析

疥癣为患、燥痒生疮，凡治者，杀疥止痒。方中狼毒、牙皂、巴豆、雄黄、轻粉，均为辛散有毒之品，杀疥虫而止瘙痒。

（五）临证应用

(1) 搽疥方可用于马及其他家畜疥癣。但因有毒，不可让患畜舔食。若病患皮肤面积较大时，宜分片涂搽，一次不可涂搽面积太大。

(2) 本方原见载于《痊骥通玄论》，名“治马疥药方”。该书还载有“治马搽疥方”（芫花、蛇床子各五钱，为细末，油调搽之）等，亦可参考运用。

(3) 民间类似的治家畜疥癣方很多。如《吉林省中兽医经验选集》中治马疥癣方（由狼毒500克、大枫子9克、硫黄30克、巴豆9克、水鳖子30克组方，为末，豆油熬开涂搽）、《湖南省中兽医诊疗经验》中治牛疥癣方（由水银3克、铜绿6克、樟脑6克、硫黄9克、芒硝6克、青矾6克、白矾6克、蛇床子6克、木鳖子6克、花椒6克、密陀僧6克组方，为细末，桐油烧热调搽）、《中兽医治疗学》中治猪疥癣方（由硫黄30克、雄黄15克、枯矾45克、花椒24克、蛇床子24克组方，共研末，调油涂搽）、《全国中兽医经验选编》中所载甘肃省民勤县治骆驼大瘙病（俗名风皮癣）方（由红娘子60克、巴豆30克、斑蝥30克、蜈蚣20条、人言30克组方，为细末，以清油调成糊状涂搽患处）等，可酌情选择运用。

灭弓汤

（一）源流出处

出自《中兽医方药应用选编》。

（二）组成及用法

常山10克、槟榔7克、柴胡6克、麻黄5克、甘草5克、桔梗6克。常山、槟榔先用文火煮20分钟，再加入柴胡、桔梗、甘草同煎15分钟，最后放入麻黄煎5分钟，去渣候温，用胃管投服。可视病情每天服药1～2剂，连服2～3天。

（三）功能主治

退热杀虫。主治猪弓形虫病。

（四）临证应用

（1）江苏省泗阳县畜牧兽医站1985—1986年治疗阳性猪53例，康复51例。后又用猪接种活虫体人工发病的方法（弓形体虫株由江苏省农科院畜牧兽医研究所提供）进行试验。结果：治疗试验组6头猪，分别用药2～3日后，逐步康复。未经治疗的对照组2头猪则先后死亡，经剖检呈现弓形体病猪的典型病理变化。江苏省中西兽医结合研究会曾组织对灭弓汤验证试验，人工接种强毒虫株于架子猪，10头发生典型弓形体病，应用中药灭弓汤治疗5头的试验组，其平均体温一直维持在41℃以下，呼吸与体温反应分别于治疗后第3天、第7天恢复正常，无废食，无死亡。未予治疗的5头对照组，其体温一直较治疗组高0.5～1.0℃，体温、呼吸等临床症状和食欲的恢复分别较治疗组推迟3～5天，死亡1头。结果表明中药灭弓汤对弓形体在猪体内的增殖有一定程度的抑制作用。

（2）根据《中药大辞典》记载，狗口服常山水浸膏或肌注醇浸膏或皮下注射常山碱甲，可致恶心、呕吐、腹泻及胃肠黏膜充血、出血；过量槟榔碱可引起流涎、呕吐。故临床使用应掌握常山、槟榔的用法、用量，并且应在用药半小时后再饲喂食物，以免因发生呕吐而影响药效。

槟榔南瓜子方

（一）源流出处

来源于民间验方。

（二）组成及用法

生南瓜子仁 100～150 克、槟榔 100～150 克、硫酸镁 50 克。槟榔打碎，先用热水 500 毫升浸泡数小时，后用温火煎成 200 毫升左右。

服药前一天最好食用流质，次日清晨空腹服药，先将生南瓜子仁粉碎吃下，约 1 小时后服槟榔煎剂 200 毫升，再约 1 小时后服硫酸镁溶液 1000～1500 毫升。

（三）功能主治

主治绦虫病。槟榔和南瓜子共同使用，通常可以使头节和未成熟节片麻痹，从而将绦虫整体排出体外。

（四）注意事项

各次服药的时间间隔不应过长，否则影响驱虫效果。服药后应应适当控制排便，适当延长药物在肠道停留的时间，以提高一次性排虫的效果。排虫时应待虫体自行排出，切勿用手拉，以防头节留在肠道内。

过用槟榔易造成槟榔碱中毒，可见动物口噙细白泡沫、呕吐、痉挛腹痛、腹泻等表现。可用阿托品解毒。

对排出的虫体应作妥善处理，对排虫环境应彻底消杀，防止排虫反造成寄生虫传播。

乌梅丸

（一）源流出处

出自东汉张仲景《伤寒论》。

（二）组成及用法

乌梅 300 枚、细辛六两（84 克）、干姜十两（140 克）、黄连十六两（224 克）、当归四两（56 克）、附子（去皮、炮）六两（84 克）、蜀椒四两（56 克）、桂枝去皮六两（84 克）、人参六两（84 克）、黄柏六两（84 克）。上十味，各捣筛，混合和匀；以苦酒渍乌梅一宿，去核，蒸于米饭下，饭熟捣成泥，和药令相得，纳臼中，与蜜杵二千下，丸如梧桐子大。

动物用量：每次 2 丸/60 千克体重，一日 2～3 次。口服。

（三）功能主治

缓肝调中、清上温下。治蛔厥。症见脘腹阵痛、烦闷呕吐、时发时止、得食则吐，甚至吐蛔、手足厥冷，或久痢不止、反胃呕吐、脉沉细或弦紧。现用于胆道蛔虫病。

（四）方义解析

本方所治蛔厥，是因胃热肠寒、蛔动不安所致。蛔虫得酸则静、得辛则伏、得苦则下，故方中重用乌梅味酸以安蛔，配细辛、干姜、桂枝、附子、花椒辛热之品以温脏驱蛔，黄连、黄柏苦寒之品以清热下蛔；更以人参、当归补气养血，以顾正气之不足。全方合用，具有温脏安蛔、寒热并治、邪正兼顾之功。

（五）临床应用

(1) 治疗蛔虫内扰、钻入胆道所致右上腹剧痛，烦闷呕吐，时发时止，得食即吐，常自吐蛔，手足厥逆，舌质淡、苔薄白，脉弦细。

(2) 治疗痢疾日久、脾胃亏损、寒热错杂所致大便脓血、腹部隐痛、神疲乏力、食欲减退、舌白、脉沉迟。

(六)注意事项

乌梅丸并非杀虫药，但可降低蛔虫的活性、改善消化道状态。若新购犬猫有蛔虫伴有细小病毒感染所致下痢可用乌梅丸治疗，同时驱虫。

第十七章 防治瘟疫方剂

第一节 概 述

瘟疫是由外来疠气（主要如病原菌、病毒等）侵袭机体，引起机体的偏态而发病。外来微生物多种多样，同一种微生物又经常发生变异，但机体对疠气的反应却常存在共性。机体本身可以通过各种代偿反应来抵抗感染。如发热即是机体遇外感病最通常的自我保护反应。适度的发热属于正气，但发热过度又成为热邪，引起新的病理变化。

中兽医防治瘟疫，主要是提高机体自我保护反应的工作效率，使机体不易染病，或使染病后各种反应不过度亢进，保持机体处于最高效抗感染的状态，从而缩短病程，减少疾病过程中的机体资源损耗。很多解表、清热、祛湿、补虚等方剂均可用于瘟疫的防治。防治瘟疫往往采用扶正祛邪、标本兼顾等组合性治疗法则。

另外，从现代观点来看，很多防治瘟疫方剂的作用大体包括以下几方面：

（1）抗病原　一些中药对传染性疾病的病原（细菌、病毒、寄生虫）有抑制或驱杀作用。常用的如清热解毒药中的板蓝根、金银花、连翘、黄连、黄芩、大青叶，驱虫药中的贯众、槟榔、南瓜子，以及其他中药类的大黄、柴胡、常山、青蒿、苍术、黄芪、甘草、丹皮等。

（2）增强免疫功能　不少中药（主要是益气类、滋阴类、助阳类）有提高免疫功能、增强动物机体抵抗力的作用，从而减少某些传染性疾病的发病率。

（3）防治并发症和继发感染　有些传染性疾病的危害，不仅在于这种疾病本身，而且在于因这种病所导致的并发症或继发感染。有的方剂对原发病可能作用不大，而对并发症和继发感染往往能产生良好疗效，有的甚至是使患病动物康复或原发病不显临床症状的主要措施。

（4）缓解症状，促进病变恢复　有些方剂虽然不能对传染性疫病的病原起直接抑杀作用，但能调整机体、缓解症状、促进病变恢复。如对某些传染性疾病的呼吸道症状、胃肠功能紊乱、机体虚弱等，应用适当的中药方调理，往往能收到良好疗效。

（5）减少应激，延缓发病　某些传染性疫病有较长的潜伏期，是否发病、何时发病，与许多因素有关。其中，应激往往是导致传染性疫病显现或恶化的重要因素。因此，综合防治、配合中药方调理、减少应激，就可以延缓某些传染性疫病的显现或防止其恶化。

第二节　防治瘟疫代表方剂

太平散

（一）源流出处

出自《中兽医猪病医疗经验》，原名冬春季太平药。

（二）组成及用法

苍术25克、牙皂10克、贯众30克、白芷18克、细辛10克、雄黄6克、白矾6克、羌活30克、独活30克。用时研末，混入饲料中，饲喂10头体重约50千克猪。

（三）功能主治

健脾、散寒、杀虫、解毒。主要治疗食欲缺乏、虫积，并预防时疫。

（四）方义解析

本方为逐邪避疫之剂，方中苍术具有燥湿健脾功效，贯众杀虫消积，雄黄解毒避疫，为主药；白芷、细辛散寒，羌活、独活祛风湿、应冬季寒湿时令，为辅药；牙皂、雄黄开窍逐邪，白矾化痰，为佐药。诸药合用，避邪逐疫，为良好的防治瘟疫剂。

（五）临证应用

(1) 太平散通过健脾胃、杀虫、杀菌作用达到保健防病作用，在临床中适当使用，会收到良好效果。

(2) 临床生产中，猪的常发病为脾胃病、寄生虫和传染病。因此，太平散的防病保健方面也主要体现在预防这些疾病方面。

（六）加减化裁

夏秋季太平药（《中兽医猪病医疗经验》）：金银花15克、连翘15克、大黄15克、黄芩15克，雄黄6克、白矾6克、苍术25克、白芷25克、贯众25克、神曲25克。具有清热解毒、促进胃肠消化功能。

矾雄散

（一）源流出处

出自清代张宗法《三农纪》，原无方名。

（二）组成及用法

白矾、雄黄、甘草各等份。用时共为末，每只鸡每次1～1.5克，拌料饲之。

（三）功能主治

清热燥湿。可防鸡的部分急性热性病。

（四）方义解析

矾雄散中白矾外用解毒杀虫、燥湿止痒，内服止血止泻、祛除风痰；雄黄具有解毒杀虫、燥湿祛痰、截疟功效；甘草具有补脾、润肺、解毒功效，用以调和白矾和雄黄的燥烈之性。

原文载："若遇瘟，急用白矾、雄黄、甘草为末，拌饭饲之，熏以苍术、赤小豆、皂角、藜芦末。"。这里所指鸡瘟，是古代对鸡各种急性热性病的泛称。

（五）临证应用

（1）《新疆畜牧业》1985 年第 1 期中所载自拟雄明散（由雄黄、明矾、甘草、腐殖酸钠组方，用于防治禽霍乱）即矾雄散加味。

（2）《内蒙古中兽药标准》（1988 年版）中收载的鸡清瘟解毒片，其药味组成也与矾雄散相同。另据《中兽医医药杂志》1986 年第 6 期报道，矾雄散的水浸上清液和混悬液对多杀性巴氏杆菌的体外抑菌效价为 1∶256。

二花二黄散

（一）源流出处

出自《淡水渔业》。

（二）组成及用法

金银花 500 克、菊花 500 克、大黄 2500 克、黄柏 1500 克。用时共为细末，平均水深 1 米的鱼池，每亩用此方 750 克，加食盐 1500 克，混合后加水适量，全池泼洒。

（三）功能主治

清热解毒、化瘀。主治草鱼出血病。

（四）临证应用

二花二黄散也可制成煎剂：金银花 75 克、菊花 75 克、大黄 375 克、黄柏 225 克，加水适量，煎熬 15～20 分钟，加食盐 1500 克，再加水适量，连液带渣全池泼洒。功用、主治与散剂相同。

四味麦

（一）源流出处

出自《农村科技开发》，原名四合剂。

（二）组成及用法

大黄 50 克、黄芩 25 克、黄柏 25 克、苦参 50 克，加食盐 200～250 克。上药加常水 3000～3500 毫升，煮沸 30 分钟，去渣取汁；取适量小麦，用药液浸泡一昼夜，使麦粒吸足药汁。每天投喂 1 次，连喂 5～9 天。

（三）功能主治

清热解毒。防治草鱼、青鱼出血病。

大黄饵

（一）源流出处

出自《实用养鱼技术手册》，原无方名。

（二）组成及用法

大黄 500 克为末，加水煎 30 分钟，或浸泡 12 小时，拌饵投喂。

（三）功能主治

清热化瘀。主治草鱼出血病。

（四）加减化裁

(1) 湖北省浠水县验方　由板蓝根 2500 克、大黄 1500 克、食盐 500 克、稻草粉 35000 克、大麦粉 15000 克共同制成鱼饵，每亩鱼池用 5 千克，每天 2 次，连喂 3 天。此方功能清热化瘀。主治草鱼出血病。

(2) 湖南省茶陵县验方　用虎杖、金银花、苦参各 250 克煎汤，连汤带渣泼洒鱼池，用于约 50 千克草鱼。此方功能清热解毒、化瘀。主治草鱼出血病。

三黄粉

（一）源流出处

出自《天然物中草药饲料添加剂大全》。

（二）组成及用法

大黄 250 克、黄柏 150 克、黄芩 100 克、食盐 250 克。上药为末，加面粉 2000 克，成饵，分 3～5 天喂 100 千克鱼。

（三）功能主治

清热解毒。主治草鱼出血病、烂鳃、赤皮病、肠炎。

（四）加减化裁

三黄一莲合剂出自《天然物中草药饲料添加剂大全》。此方由盐酸小檗碱 4 克、大黄苏打片 8 克、磺胺脒 8 克、穿心莲 8 克，共为末，均匀混合于面粉糊中，拌 20 千克青草，晾干后喂 50 千克草鱼，第 2 天起剂量减少，连用 4 天，功能清热解毒、消炎止痢。主治草鱼烂鳃、肠炎、赤皮病。

大蒜饵

（一）源流出处

出自《实用养鱼技术手册》，原无方名。

（二）组成及用法

大蒜 1000 克捣碎，拌饵料投喂 1000 千克鱼，连喂 3 天；预防量减半。

（三）功能主治

杀菌止痢。用于防治草鱼细菌性肠炎。

大蒜浸液

（一）源流出处

出自《实用养鱼技术手册》，原无方名。

（二）组成及用法

大蒜 5 克捣碎，加水 1000 毫升，浸泡 12 小时，浸洗病鱼。

（三）功能主治

杀菌解毒。主治鲤鱼、金鱼竖鳞病。

乌蔹莓煎

（一）源流出处

出自《实用养鱼技术手册》，原无方名。

（二）组成及用法

乌蔹莓（适量）煎汤，连渣全池泼洒，使池水中药物浓度为 5～7 克/立方米；同时于池中撒硼砂 5～2 克/立方米，连用 3～5 天。

（三）功能主治

清热解毒。主治鱼白头白嘴病。

苦参煎

（一）源流出处

出自《常见鱼病防治手册》，原无方名。

（二）组成及用法

苦参，每亩水面用 800～1000 克，加水 8000～10000 毫升，煮沸后慢火熬 20～30 分钟，连汤带渣泼入池中。亦可制成药饵，按 0.4 克/千克体重投喂。

（三）功能主治

清热燥湿。主治鲢、鳙打印病。据研究，苦参对黄笛鲷链球菌病具有良好的防治效果。

五倍子煎

（一）源流出处

出自《常见鱼病防治手册》，原无方名。

（二）组成及用法

五倍子，用量为每立方米水用 1～3 克，煎汤全池泼洒。亦可制成 4%的五倍子饵喂鱼。

（三）功能主治

敛疮。主治鱼白皮病、赤皮病、细菌性烂鳃、白头白嘴病、细菌性肠炎。据研究，五倍子对鳗鱼、黄笛鲷的细菌性结节病、爱德华病、弧菌病等具有良好的抑菌作用及疗效。

十神散

（一）源流出处

出自宋代官修成方药典《太平惠民和剂局方》，见于《猪经大全》。

（二）组成及用法

川芎、甘草（炙）、麻黄（去根、节）、升麻、赤芍药、白芷、陈皮各四两，干葛十四两。上药为细末。每服三大钱，水一盏半，生姜五片，煎至七分，去滓，热服，不拘时候。如发热头痛，加连须葱白三茎。如中满气实，加枳壳数片同煎服。

（三）功能主治

发汗散寒、理气解肌。主治猪时行感冒。

（四）方义解析

原书云："虽产妇、婴儿、老人皆可服饵。如伤寒，不分表、里证，以此导引经络，不致变动，其功效非浅。"。

时行感冒，即流行性感冒。此病流行有一定的季节性，以冬春季节较多，也叫时行症。猪患此病，耳鼻微凉、被毛逆立、恶寒发抖、喜卧懒动、食欲下降、鼻流清涕、咳嗽气促、口色白润、苔薄白、脉浮紧。若治疗不及时，可发展到食欲废绝、便干尿黄、口色干红、苔黄燥、脉象洪数。方中麻黄发汗解表、宣肺平喘，紫苏、白芷、姜、葱表散风寒为主药；升麻、葛根解肌透疹，助主药驱邪外出，陈皮、香附理气行滞，赤芍、甘草解毒和营。全方共用，适用于寒邪在表未解而有入里内传阳明之势的外感病。

感冒汤

（一）源流出处

出自《全国兽医中草药制剂经验选编》。

（二）组成及用法

羌活 10 克、白芷 10 克、防风 10 克、川芎 6 克、细辛 3 克、苍术 10 克、桔梗 6 克、紫苏 6 克、黄芩 6 克、荆芥 6 克、甘草 3 克。羌活、白芷、防风、川芎、苍术、桔梗、黄芩、甘草先煎 10 分钟，细辛、荆芥、紫苏后下，再煎 10～20 分钟。煎两次，去渣取液，一次服用。

（三）功能主治

祛风解表。主治猪感冒。

（四）方义解析

方中，紫苏、白芷、荆芥、防风、细辛辛温解表，为主药；羌活、苍术既祛湿又解表，与主药相须为用，为臣；桔梗治肺气不宣的兼证，黄芩清肺热并适度制约君臣药物的温热性质，为佐药；甘草为使，调和诸药。各药共用，治风寒外感表闭较重者。适用于新感风寒、恶寒发热均较明显的情况。全方辛温燥烈，如动物存在低热暗耗等因素导致的阴虚，不宜使用。

复方柴胡注射液

（一）源流出处

出自《中兽医方药应用选编》。

（二）组成及用法

柴胡 750 克、细辛 500 克、独活 250 克，经蒸馏法制成灭菌注射液 1600 毫升。按猪体重每 30～50 千克肌注 10 毫升，50 千克体重以上酌加剂量。

（三）功能主治

解表退热、祛风止痛。主治猪感冒。

（四）加减化裁

复方柴胡注射液（见《猪病防治手册》）由柴胡 3000 克、虎杖 1000 克、防风 500 克、苏叶 500 克、薄荷 500 克组方，将上药切成薄片或磨成粗粉，水浸 2 小时，加水适量，蒸馏，收集馏液 6000 毫升。再蒸馏，收集馏液 3000 毫升。加 25.5 克氯化钠、15 毫升吐温 80，搅拌至溶解，用 10%火碱液调 pH 至 6～7，精滤，封装，流通蒸汽灭菌 30 分钟。小猪 2～3 毫升；中等猪 5～10 毫升；大猪 15～20 毫升。肌内或皮下注射，每日 2 次，连用 2 日。

抗菌灵注射液

（一）源流出处

出自《中兽医学杂志》1992 年第 2 期。

（二）组成及用法

鱼腥草 300 克、筋骨草 300 克、青蒿 200 克、蒲公英 200 克。各药洗净切碎，加水蒸馏，约得蒸馏液 2000 毫升，再重蒸馏 1 次，收取重蒸馏液约 850 毫升。余液与药渣煮沸 30 分钟取汁，药渣再加水 1000 毫升，煮沸 30 分钟，取过滤液，合并 2 次煎液浓缩至 200 毫升。加 95%乙醇 500 毫升静置 24 小时，过滤，回收乙醇，呈稠膏状。然后加入蒸馏液，搅拌均匀后，冷藏 24 小时，过滤，调 pH 至 5.5，加入吐温 80 和苯甲醇各 10 毫升，并加蒸馏水至 1000 毫升，过滤，灌封，印字，灭菌，即成含生药 1 克/毫升的注射液。肌内注射 5～30 毫升。

（三）功能主治

用于治疗猪风热感冒、肺炎和气管炎。

（四）临证应用

用抗菌灵注射液治疗猪风热感冒 335 例，治愈 328 例；治疗肺炎及气管炎 153 例，治愈 146 例。

嵌药

（一）源流出处

出自《中兽医学杂志》1991 年第 3 期。

（二）组成及用法

白砒 10 克、细辛 25 克、瓜蒌 25 克、皂角 25 克、胡椒 20 克。上药共为极细末，装瓶备用。在病猪耳背面中下部皮下，避开血管，用宽针向下作一长 1～2 厘米的袋形创口，嵌入药末 0.05～0.1 克，手压创口，轻揉几下。一般次日嵌药部位开始肿胀，第 3 日肿胀加剧，用宽针刺破，使血水流出，创口涂以桐油或醋即可。

（三）功能主治

攻毒泻热。主治猪发热。

（四）临证应用

(1) 对抗生素治疗无效的热证，该药多能收到满意疗效。嵌药后术部肿胀迅速，肿胀大者康复快，不肿或肿胀慢者效果较差。

(2) 曾以嵌药治疗 4 头架子猪。病猪精神不振、喜卧、鼻镜干燥、结膜潮红、粪干并时而带血、体温 4～5℃，他处用青霉素等治疗 3 日无效。按本方治疗后，次日体温降至 40.5℃，第三日体温恢复正常，开始进食，第四日全部康复。

阿石枣汤

（一）源流出处

出自《中兽医医药杂志》1984 年第 4 期。

（二）组成及用法

生石膏（捣细先煎半小时）60 克、生姜 21 克、大枣 30 克、甘草 21 克。用时煎 15 分钟，去渣。取 7 克阿司匹林研细，用上述药液溶化。猪一次胃管灌服。

（三）功能主治

发汗解表、清热散寒。主治猪寒包火症（重症感冒）。

（四）临证应用

(1) 阿石枣汤发汗力强，适用于外感风寒，对内有郁热的表里俱实者，用之不当易产生不良后果。

(2) 表里俱虚者禁用阿石枣汤，否则大汗亡阳。即使药证相符，亦须得汗即止，以免发汗过度。发汗过度时可用米粉、龙骨、牡蛎粉涂身止汗。兼有粪结时，方中加大黄、芒硝。

三石散

（一）源流出处

黑龙江省验方，原无方名。《中兽医方剂大全》中有收载。

（二）组成及用法

芒硝 60 克、滑石 30 克、石膏 30 克。为末，拌饲或水调灌服。

（三）功能主治

清热泻火、利尿。主治猪发热、便干、尿黄。

大青解毒散

（一）源流出处

出自《全国中兽医经验选编》。

（二）组成及用法

大青叶 90 克、石膏 30 克、贝母 30 克、板蓝根 30 克。为末，开水冲调，候温灌服。

（三）功能主治

清热解毒。主治猪丹毒、高热。

（四）临证应用

大青解毒散与《中华人民共和国兽药典》（2000 年版）中收载的清热散比较，少大黄、芒硝，多贝母，降低了泻下清热的作用，而以清热润肺见长。

白花蛇舌草散

（一）源流出处

出自《中兽医学杂志》1986 年第 3 期，原无方名。

（二）组成及用法

白花蛇舌草 200 克、茵陈 100 克、半枝莲 100 克、大青叶 100 克、生地 150 克、藿香 50 克、当归 50 克、赤芍 50 克、车前子 50 克、甘草 50 克。煎汤去渣，供 100 羽鸡 3 天饮服，或拌入饲料喂服。

（三）功能主治

清热解毒、祛湿止泻。主治急性禽霍乱。

（四）加减化裁

另有配套方，用于治疗慢性禽霍乱。其组方如下：白花蛇舌草 80 克、半枝莲 80 克、生地 50 克、车前子 60 克、茵陈 60 克、大黄 60 克、茯苓 60 克、白术 60 克、泽泻 60 克、生姜 50 克、半夏 50 克、桂枝 50 克、白芥子 50 克。

穿心莲片

（一）源流出处

出自《中兽医医药杂志》1987年第2期，原无方名。

（二）组成及用法

穿心莲60克、板蓝根60克、蒲公英50克、旱莲草50克、苍术30克。各药共为细末，加适量淀粉，压制成每片含生药0.45克，烘干。每只鸡每天给药3～4片，每日3次投服。

（三）功能主治

清热解毒。主治禽霍乱。

穿心莲散

（一）源流出处

出自《兽医验方新编》，原无方名。

（二）组成及用法

穿心莲90克、鸡内金8克、甘草2克。共为细末，雏鸡、雏鸭每只每次0.5～0.8克；成鸡、成鸭每只每次1～1.5克；鹅每只每次2～3克。灌服或混饲。

（三）功能主治

清热解毒、止泻。主治禽巴氏杆菌病、泻痢。

禽康灵

（一）源流出处

出自《黑龙江畜牧兽医》1986年第2期。

（二）组成及用法

巴豆霜4克、乌蛇2克、雄黄1克。各药共为末，3月龄以内的鸡每20～50只用药1克，成鸡每5～10只用药1克，拌饲喂给，或掺少许面粉做成条状填喂。

（三）功能主治

解毒杀虫。主治鸡霍乱、球虫病。

金蒲散

（一）组成及用法

蒲公英150克、野菊花100克、黄芩100克、紫花地丁100克、板蓝根100克、当归100克。各药共为末，混匀，按5%混入饲料内，分3次给药，每次1周，两次之间隔1周，从22日龄开始用药，直到56日龄。

（二）功能主治

清热解毒、消肿散痛。用于预防雏鸡葡萄球菌病。

通鼻散

（一）源流出处

出自《中兽医学杂志》1991年第1期，原无方名。

（二）组成及用法

白芷100克、防风100克、益母草100克、乌梅100克、猪苓100克、诃子100克、泽泻100克、辛夷80克、桔梗80克、黄芩80克、半夏80克、生姜80克、葶苈子80克、甘草80克。各药共为细末，拌喂（以上为100只鸡3日量），连用9天。

（三）功能主治

散风、化痰、通窍。主治鸡传染性鼻炎。

喉炎净散

（一）源流出处

出自《中华人民共和国兽药典》（2000年版）。

（二）组成及用法

板蓝根840克、蟾酥80克、合成牛黄60克、胆膏120克、甘草40克、青黛24克、玄明粉40克、冰片28克、雄黄90克。共为末，混饲喂鸡0.05～0.15克。

（三）功能主治

清热解毒、通利咽喉。主治鸡喉气管炎。

扶正解毒散

（一）源流出处

出自《中华人民共和国兽药典》（2000年版）。

（二）组成及用法

板蓝根60克、黄芪60克、淫羊藿30克。共为末，鸡0.5～1.5克。

（三）功能主治

扶正祛邪、清热解毒。主治鸡法氏囊病。

复方黄芪饮

（一）源流出处

出自《中国兽医杂志》1998年第3期，又名囊炎康。

（二）组成及用法

黄芪、石膏、茅根、甘草，制成口服液，每1毫升含生药1克。每次1～3毫升，每天服1～2次。

（三）功能主治

扶正祛邪、清热利水。主治鸡传染性法氏囊病。

银翘参芪饮

（一）源流出处

出自《中兽医学杂志》1997年第2期，原无方名。

（二）组成及用法

金银花500克、连翘500克、板蓝根500克、大青叶500克、黄芩500克、贝母400克、桔梗400克、党参400克、黄芪400克、甘草100克。加水15千克，煎煮20分钟，取汁，按1∶5饮水，连用3天。

（三）功能主治

清热解毒、化痰平喘、益气健脾。主治鸡传染性支气管炎。

定喘汤

（一）源流出处

出自《中兽医医药杂志》1987年第6期。

（二）组成及用法

麻黄300克、大青叶300克、石膏250克、制半夏200克、连翘200克、黄连200克、金银花200克、蒲公英150克、黄芩150克、杏仁150克、麦门冬150克、桑白皮150克、菊花100克、桔梗100克、甘草40克。上药煎汤去渣，拌于1天的日粮中喂5000只鸡。

（三）功能主治

清热解毒、化痰定喘。主治鸡传染性支气管炎。

镇喘散

（一）源流出处

出自《中华人民共和国兽药典》(2000年版)。

（二）组成及用法

香附30克、干姜30克、黄连20克、桔梗15克、山豆根10克、甘草10克、明矾5克、皂角14克、合成牛黄14克、蟾酥3克、雄黄3克。上药共为末，每只鸡0.5～5克。

（三）功能主治

清热解毒、止咳平喘、通利咽喉。主治鸡慢性呼吸道病、喉气管炎。

银翘蓝根煎

（一）源流出处

出自《畜禽鱼病防治新技术》，原无方名。

（二）组成及用法

金银花 15 克、连翘 20 克、板蓝根 20 克、秦皮 20 克、白茅根 20 克、车前子 15 克、麻黄 10 克、冬花 10 克、桔梗 10 克、甘草 10 克。上药煎汤去渣，按每日每只鸡 1 克生药计饮水，连用 3 天。

（三）功能主治

清热平喘、利水涩肠。主治鸡肾病变型传染性支气管炎。

参芪蓝根煎

（一）源流出处

出自《畜禽鱼病防治新技术》，原无方名。

（二）组成及用法

党参 10 克、黄芪 10 克、金银花 10 克、连翘 10 克、板蓝根 20 克、鱼腥草 20 克、黄柏 10 克、龙胆 10 克、茯苓 10 克、车前子 15 克、金钱草 15 克、枇杷叶 15 克、山楂 10 克、麦芽 10 克、甘草 10 克。上药煎汤去渣，按每日每只鸡 2 克生药计饮水，连用 3 天。

（三）功能主治

扶正祛邪、利水通淋、化痰止咳。主治鸡肾病变型传染性支气管炎。

喘咳清

（一）源流出处

出自《畜禽鱼病防治新技术》。

（二）组成及用法

金荞麦、凤茄花、鱼腥草、板蓝根、麻黄、杏仁、半夏、桔梗、山楂、甘草各等份。为末，鸡每千克体重 1 克，分早晚 2 次混饲，连用 4～5 天。

（三）功能主治

清热解毒、化痰平喘。主治鸡慢性呼吸道病。

鱼腥草散

（一）源流出处

出自《中兽医医药杂志》1989 年第 3 期，原无方名。

（二）组成及用法

鱼腥草360克、蒲公英180克、黄芩、葶苈子、桔梗、苦参各90克。共为末，每只雏鸡每次用药0.5克，1日3次，混于饲料中喂服。

（三）功能主治

清热解毒、消肿散痈。主治鸡曲霉菌病。

（四）加减化裁

(1)《禽病防治》方，由鱼腥草60克、蒲公英30克、筋骨草、桔梗各15克、山海螺30克组方，煎汤去渣，候冷以代饮水，供100只10～20日龄雏鸡1天饮用，连续用药2周。功能清热解毒、化痰理肺。主治禽曲霉菌病、气喘。

(2)《畜牧与兽医》1988年第4期方，由鱼腥草500克、蒲公英500克、苏叶500克、桔梗250克组方，煎汤去渣，拌料喂1000只鸡。功能清热解毒、消痈化痰。主治鸡曲霉菌病。

三黄汤

（一）源流出处

出自《福建畜牧兽医》1985年第4期。

（二）组成及用法

黄柏100克、黄连100克、大黄50克。加水1500毫升，微火煎至约1000毫升，滤出药液，再加水煎一次，合并两次药液，10倍稀释于饮水中，供1000只雏鸡自由饮服。

（三）功能主治

清热燥湿。主治雏鸡大肠杆菌病。

四黄药谷

（一）源流出处

出自《中兽医学杂志》1991年第4期，原无方名。

（二）组成及用法

黄连60克、黄芩60克、黄柏60克、大黄60克、苍术40克、厚朴40克、甘草30克，浓煎去渣，用药液煮稻谷而成，饲喂400～500羽成年鸭。

（三）功能主治

清热燥湿。主治鸭巴氏杆菌病。

（四）加减化裁

若为雏鸭，可根据病情选用下列配方：大黄25克、黄芩25克，乌梅30克、白头翁30克，苍术20克、厚朴20克，当归15克、党参15克，煎汁，拌喂1000～1200羽雏鸭。

鸡痢灵

（一）源流出处

出自《中华人民共和国兽药典》（2000 年版），收载名为鸡痢灵散。

（二）组成及用法

雄黄 10 克、藿香 10 克、黄柏 10 克、滑石 10 克、白头翁 15 克、诃子 15 克、马齿苋 15 克、马尾连 15 克。共为末，每只雏鸡 0.5 克。

（三）功能主治

清热解毒、涩肠止痢。主治雏鸡白痢。

四味穿心莲散

（一）源流出处

出自《中华人民共和国兽药典》（2000 年版）。

（二）组成及用法

穿心莲 45 克、辣蓼 15 克、大青叶 20 克、葫芦茶 20 克。共为末，每只鸡 0.5～1.5 克。

（三）功能主治

清热解毒、除湿化滞。主治鸡泻痢、积滞。

雏痢净

（一）源流出处

出自《中华人民共和国兽药典》（2000 年版）。

（二）组成及用法

白头翁 30 克、马齿苋 30 克、黄连 15 克、黄柏 20 克、乌梅 15 克、诃子 9 克、木香 20 克、苍术 60 克、苦参 10 克。共为末，拌料给药，每只雏鸡 0.3～0.5 克。

（三）功能主治

清热解毒、涩肠止泻。主治雏鸡白痢。

三白散

（一）源流出处

出自《中兽医医药杂志》1990 年第 3 期。

（二）组成及用法

白术 15 克、白芍 10 克、白头翁 5 克。共为细末，拌料给药，每日每只鸡 0.2 克。

（三）功能主治

燥湿健脾、清热止痢。主治雏鸡白痢。

制痢散

（一）源流出处

出自《中兽医方剂大全》。

（二）组成及用法

白头翁70克、黄连30克、广木香20克、山楂100克。共为细末，按1∶9与饲料混匀饲喂雏鸡。

（三）功能主治

清热解毒、行气止痢。主治雏鸡白痢。

四二三合剂

（一）源流出处

出自《中兽医临证要览》。

（二）组成及用法

白头翁4份、龙胆草2份。上药共研细末，用米饭加蜜适量拌匀，任雏鸡采食内服，每只雏鸡0.4～0.7克，连服2～3天。

（三）功能主治

清热解毒、涩肠止痢。主治雏鸡白痢。

蓼马汤

（一）源流出处

出自《中兽医临证要览》。

（二）组成及用法

辣蓼60克、马齿苋各60克。煎汤去渣，拌料喂100只雏鸡，或混于水中令其自饮。

（三）功能主治

解毒止痢。主治鸡白痢。

鱼鳅串合剂

（一）源流出处

出自《贵州畜牧兽医科技》，原无方名。

（二）组成及用法

鱼鳅串 5 份、吴茱萸 1 份、酒精 1 份。前 2 药鲜品切细与适量米饭混合拌在一起，喷洒酒精拌匀备用，每 100 只鸭用 10～50 克投服，或喂服，每日 2 次，连续 6 天。

（三）功能主治

清热解毒、理气、消食除胀。

（四）注意事项

方中鱼鳅串学名马兰（*Aster indicus* L.），为菊科紫菀属多年生草本植物，全草或根入药，性凉味辛，入肝、胃、大肠经，清热解毒、利湿、利尿、止血、散结消肿，可治急性咽喉炎、牙周炎、结膜炎、创伤出血、黄疸、痔疮、痈肿等症状。

板蓝根汤

（一）源流出处

出自《中国兽医杂志》1991 年第 7 期，原无方名。

（二）组成及用法

板蓝根 100 克。加水 1500 毫升煎汤，去渣，与 50 千克水混合，置饮水器中任其自饮。

（三）功能主治

清热解毒。用于防治鹌鹑瘟病。

（四）临证应用

板蓝根汤亦可用于治疗鸡瘟。

（五）加减化裁

近年来报道的治鸡瘟复方，也多数含有板蓝根。如：

（1）板蓝根、金银花、连翘、赤芍、葛根各 20 克，蝉蜕、甘草、竹叶各 10 克，桔梗 15 克，煎汤，100 只鸡饮用（《中兽医医药杂志》1984 年第 2 期）。

（2）板蓝根、金银花、黄柏各 80 克，丹皮、黄芩、山豆根、苦参、白芷、防风、皂角刺各 50 克，栀子、甘草各 100 克，每羽每日 0.5～2.0 克，煎汤拌饲（《中兽医学杂志》1987 年第 2 期）。

（3）板蓝根 100 克，金银花、蒲公英、山楂、甘草各 50 克，黄芩 30 克，为末，拌喂 100 羽鸡。

第十八章 畜产质量促进方剂

第一节 概 述

畜产质量促进剂可分为促进动物产品产量方剂和品质类方剂。主要是用于实际生产中提高动物产品产量和品质，对实际生产具有重要意义。

一、促进动物产品产量方剂

促进动物产品产量方剂是指以促进生长、加快催肥、促进产蛋、增加奶产量、促进鹿茸生长等为主要用途的方剂。从这类方剂的药味组成来看，大体通过以下几方面的作用来达到促进增产的目的。

(1) 补充营养 一些促进动物产品产量方中的麦饭石、蜂花粉、松针等，就是分别以给动物补充微量元素、氨基酸、维生素为主要方式而促进增产的。

(2) 增进食欲 通过增进食欲来达到促进生长和增产的目的，是此类方剂很常见的理法。配方中常用的中药有健脾理气类（如白术、苍术、陈皮、甘草、党参）、消食导滞类（如麦芽、神曲、山楂、槟榔、芒硝）、芳香调味类（如香附、肉桂、小茴香、肉豆蔻、甘草、辣椒、艾叶）等。

(3) 减少消耗 在处方中应用一些安神镇惊药（如酸枣仁、洋金花）、降低基础代谢药（如昆布、海藻）等，可使动物安静，减少活动，从而达到促进增重和催肥的目的。

(4) 抗御疾病 主要是在方剂中配伍能提高动物体非特异性免疫功能的中药，如黄芪、党参、甘草、当归、何首乌、淫羊藿、猪苓、刺五加等。动物的非特异性免疫功能增强后，就可以减少某些疫病的发生，或减轻疫病对动物产品生产带来的损失，从而达到促进增产的目的。

二、改善动物产品品质方剂

改善动物产品品质方剂是指以提高动物产品的质量为主要功用的方剂。例如配有红辣椒、松针等的方剂用于蛋鸡，可使所产蛋的蛋黄颜色加深；配有大蒜的方剂用于肉鸡，可改善鸡肉品质；用杜仲配成的方剂用于饲喂人工养殖的鳗鱼，可使加热烹饪后的鳗鱼肌肉不再松散，烤制成的鱼块与天然鳗鱼完全一样。

通过应用某些中药方剂，还可以提高食用畜产品的营养价值或医疗保健价值。如降胆增蛋散用于蛋鸡，可降低鸡蛋中胆固醇的含量；鸡的饲料中添加含海藻的方剂后，所产蛋的蛋黄颜色深、含碘量增加，而且薄壳率降低。海藻用于奶牛，牛奶中的含碘量明显增加。

此外，有些中药方剂还具有一定的美化宠物和提高竞技动物竞技能力的作用。如令宠物犬、猫的被毛有光泽，使赛马的速度提高和绿毛龟的培毛加快等。

第二节　常用畜产品质量促进方剂

艾叶散

(一) 源流出处

出自《河北农业科技》2004 年第 7 期。

(二) 组成及用法

艾叶为末，在饲料中添加 2%～2.5%。

(三) 功能主治

温中散寒、行气健胃。用于促进肉鸡增重和蛋鸡产蛋。

(四) 方义解析

艾叶具有温中散寒、行气健胃功效，能够健脾益胃、促进动物消化功能、提高饲料利用率。

(五) 临证应用

(1) 试验表明，按上述剂量喂白洛克雏鸡 71 天，增重提高 22.69%。另有人在饲料中用 0.5%的艾粉代替等量麸皮喂星布罗肉鸡和艾维茵肉鸡商品代混合雏，结果饲料利用率和增重均显著提高。

(2) 据报道，在饲料中用 0.5%的艾叶粉代替等量麸皮饲喂尼克蛋鸡，年平均产蛋率提高 4.87%、死亡率降低 50%。另有报道，在蛋鸡的基础日粮中添加 1.5%～2%的艾粉，产蛋率可提高 4%～5%，研究表明，少量艾叶内服，能促进胃液分泌、增进食欲。

(六) 加减化裁

据报道，可用于促进肉鸡增重的单味药物还有大蒜粉（在饲料中添加 50 毫克/千克）、蜂花粉（在饲料中添加 0.1%～0.2%）、钩吻（在饲料中添加 0.2%）、沸石（在饲料中添加 3%～5%）、麦饭石（添加 1%～2%）、松针粉（添加 0.3%～0.4%）等。

降脂增蛋散

(一) 源流出处

出自《中华人民共和国兽药典》(2000 年版)。

（二）组成及用法

党参80克、白术80克、刺五加50克、仙茅50克、何首乌50克、当归50克、艾叶50克，山楂40克、六神曲40克、麦芽40克、松针200克。共为末，混饲，鸡0.5～1克。

（三）功能主治

补肾益脾、暖宫活血。主治产蛋下降。本方可降低鸡蛋胆固醇含量、提高饲料利用率、加强禽机体代谢、增强抗病免疫能力、减少疾病发生、降低死淘率；防治产蛋疲劳症、脱肛、脚干、毛松、惊群、应激、白痢、稀青绿屎、消化不良、输卵管炎、减蛋无名综合征；增强食欲、促进生长发育。

（四）方义解析

本方中党参、白术具有健脾益气、补益脾胃、养血生津功能，为方中主药；刺五加具有益气健脾、补肾安神功效，当归具有补血活血、调经止痛、润肠通便功效；麦芽具有健胃开食、行气消食作用；山楂、神曲、具有健脾开胃功能。综合全方，具有健脾开胃、补益气血、促进动物消化吸收功能和免疫机能的作用。

（五）临证应用

（1）可用于因病毒感染或者多种应激因素（如过冷、过热、运输、转群等）引起的产蛋下降、沙壳蛋、畸形蛋等，可有效促使产蛋回升，并可延长产蛋高峰期。

（2）降脂减肥，降低鸡蛋胆固醇含量，提高鸡蛋和鸡肉品质，增强机体抵抗力，对肥胖引起的难产、脱肛、脂肪肝综合征具有较好的疗效。

增重散

（一）源流出处

出自《天然物中草药饲料添加剂大全》。

（二）组成及用法

黄芪50克、小茴香50克，艾叶100克、肉桂100克、钩吻100克、五加皮100克。共为末，混饲，每日每只鸡1～1.5克（10日龄开始）。

（三）功能主治

益气助阳、温胃进食。用于促进肉鸡增重。据青岛农业大学中兽医教研组试验，每只鸡平均多增重350克。

肥鸡散

（一）源流出处

出自《畜禽饲料添加剂》。

（二）组成及用法

肉桂50克、干姜20克、甘草9克、茴香7克、炒黄豆6克、硫酸亚铁8克。共为末，混饲，每日每只鸡0.5～1克。

（三）功能主治

温中散寒、增重催肥。用于促进肉鸡增重。

味香肥鸡散

（一）源流出处

出自《饲料研究》。

（二）组成及用法

桂皮 40 克、小茴香 30 克、羌活 10 克、陈皮 10 克，甘草 5 克、胡椒 5 克。共为末，混饲，每日每只鸡 1 克。

（三）功能主治

温中散寒、健脾理气。用于促进肉鸡增重。

健鸡散

（一）源流出处

出自《中华人民共和国兽药典》（2000 年版）。

（二）组成及用法

党参 20 克、黄芪 20 克、茯苓 20 克，六神曲 10 克、麦芽 10 克、山楂 10 克、甘草 5 克、槟榔（炒）5 克。共为末，在饲料中添加 2%。

（三）功能主治

益气健脾、消食开胃。主治鸡食欲缺乏、生长迟缓；可用于肉鸡增重。

雄黄散

（一）源流出处

出自《中兽医医药杂志》1989 年第 3 期。

（二）组成及用法

雄黄、寒水石各等份。共为细末，装入胶囊。每只公鸡每次 3 克，隔日 1 次，共 3 次。

（三）功能主治

抑制性机能、促进增重。

五味胡椒散

（一）源流出处

出自《黑龙江畜牧兽医》1989 年第 2 期。

（二）组成及用法

五味子10粒、白胡椒7～8粒。投服，每天1次，连用4～5天。

（三）功能主治

温中涩精。用于公鸡去势催肥。

激蛋散

（一）源流出处

出自《中华人民共和国兽药典》（2000年版）。

（二）组成及用法

虎杖100克、丹参80克、菟丝子60克、当归60克、川芎60克、牡蛎60克、肉苁蓉60克、地榆50克、白芍50克、丁香20克。共为末，在饲料中添加1%。

（三）功能主治

清热解毒、活血祛瘀、补肾强体。主治蛋鸡输卵管炎、产蛋功能低下。

蛋鸡宝

（一）源流出处

出自《中华人民共和国兽药典》（2000年版）。

（二）组成及用法

黄芪200克、党参100克、茯苓100克、白术100克、山楂100克、六神曲100克、麦芽100克、菟丝子100克、蛇床子100克、淫羊藿100克。共为末，在饲料中添加2%，连用3周。

（三）功能主治

益气健脾、补肾壮阳。用于提高蛋鸡产蛋率、延长产蛋高峰期。

蒜糖液

（一）源流出处

出自《中国禽业导刊》2000年第6期。

（二）组成及用法

大蒜100克、8%蔗糖水2000毫升。大蒜捣成泥，入糖水浸泡1～2小时后备用。每日每只产蛋鸡20毫升，加在饲料中喂给，连喂7天。

（三）功能主治

提供营养、帮助消化、提高产蛋率。用于促进产蛋。

八味促卵散

（一）源流出处

出自《山东中兽医》1989 年创刊号。

（二）组成及用法

当归 200 克、生地 200 克、阳起石 100 克、淫羊藿 200 克、苍术 200 克、山楂 150 克、鲜马齿苋 300 克、板蓝根 150 克。鲜马齿苋捣成浆，其他药为末，混合，再加白酒 300 毫升和水适量，制成颗粒剂。仅需少量加工时，可将混合揉捏的药团放在钉在木框的纱窗上来回搓动，纱窗孔内漏下的即为颗粒剂。晾干备用。

在配合料中加入本品 3%，饲喂 43 日龄母鸡至开产。

（三）功能主治

助阳促卵。用作母鸡开产前的饲料添加剂。山东省枣庄市畜牧兽医站报道，本方剂有明显的促进母鸡性发育的作用。试验组群体开产日龄比对照组提前了 20 天，开产期也相对集中、整齐；平均蛋重试验组比对照组高 11.1 克。

蛋黄增色剂

（一）源流出处

出自《天然物中草药饲料添加剂大全》，原名苍术粉。

（二）组成及用法

以苍术为末，在饲料中添加 2%。

（三）功能主治

健脾燥湿。用于鸡蛋蛋黄增色。

（四）方义解析

苍术具有燥湿健脾、祛风散寒功效。现代研究表明，苍术中含有苍术醇、茅术醇、苍术酮等，此外还含有挥发油等。

（五）功用相同方

据报道，可用于鸡蛋蛋黄增色的药物还有人参茎叶（在饲料中添加 5%～10%）、万寿菊花瓣（添加 0.3%）、聚合草（添加 5%）、紫苜蓿（添加 5%）、海藻（添加 2%～6%）、槐树叶（添加 5%）、胡枝子叶（添加 12%）、玉米花粉（添加 0.5%）、红辣椒（添加 0.1%）、紫菜（0.3 克/羽）等。

鸡宝康

（一）源流出处

出自《中兽医医药杂志》1992 年第 4 期。

（二）组成及用法

黄芪、酸枣仁、远志各20克。共为末，在饲料中添加1.5%，每隔5天添加1次。

（三）功能主治

补益气血、安神镇惊。用于促进生长、提高产蛋率。

龙胆保健砂

（一）源流出处

出自《养鸽技术及鸽病防治》，原名保健砂。

（二）组成及用法

蚝壳片250克、骨粉80克、陈石灰55克、中粗沙350克、红泥150克、木炭末5克、食盐40克、红铁氧15克、龙胆草5克、穿心莲3克、甘草2克。共为末，每对鸽每次15～20克，上午喂饲后给予。

（三）功能主治

促进生长、增进食欲、预防疾病。用于鸽只保健。

（四）加减化裁

本方为广东省家禽科学研究所配方。类似方尚有：

(1) 香港九龙鸽场配方：细沙600克、贝壳粉310克、食盐33克、牛骨粉14克、木炭末15克、旧石膏10克、明矾5克、甘草5克、龙胆草5克、二氧化铁3克。

(2) 广东一些鸽场常用的保健砂配方：黄泥100克、细沙100克、蚝壳粉150克、旧石灰60克、木炭末30克、骨粉40克、食盐15克、龙胆草末30克、甘草末20克等。

(3) 乳鸽保健砂（《中兽医学杂志》1998年第4期）：黄泥20克，细沙25克，贝壳粉25克，骨粉8克，含碘食盐3克，石膏2克，硫酸亚铁0.5克，木炭末2克，甘草、白芍各1克，苍术、龙胆各0.5克，亚硒酸钠0.04克，制成小颗粒，供乳鸽自由采食。功能防病促长。

十味育雏散

（一）源流出处

出自《山东中兽医》(1989年)。

（二）组成及用法

当归100克、黑芝麻50克、淫羊藿100克、生姜50克、苍术100克、山楂100克、苦参150克、干马齿苋100克、大蒜150克、板蓝根100克。生姜、大蒜捣成泥，加白酒200毫升搅拌；把黑芝麻炒至稍露香味后与其他药物共同粉碎为末。然后将以上诸品混合，加入少量温水拌匀，合成药团。把药团放在钉在木框的纱窗上来回搓动，纱窗孔漏下的即为颗粒剂。边搓边在漏下的颗粒上撒布饲料干粉，并不断振荡容器，防止粘结成块，以保证成粒。搓动药面团时用力要均匀，力求颗粒大小一致。晾干备用。在饲料中加入本品2%，喂饲

1～42 日龄的雏鸡。

（三）功能主治

扶正壮体、防治病虫。作为雏鸡饲料添加剂。

（四）方义解析

十味育雏散原名令牛马壮方，是一个比较全面的营养物质补充剂。《古兽医方集锦》认为："本方亦可用于其他家畜……对衰弱、食欲不良、脾胃虚弱的患畜，为理想的营养强壮性辅助消化药。"。

（五）临证应用

山东省枣庄市畜牧兽医站等试验表明，十味育雏散对雏鸡有促进综合发育的功能，有较强的保护力，试验组鸡的育成率比对照组高出 21%，生长速度是对照组的 1.92 倍，饲料报酬是对照组的 1.87 倍，体重是对照组的 1.72 倍。

（六）加减化裁

壮膘散（见《奇方类编》），由牛骨灰 200 克，糖糟、麦芽各 1500 克，黄豆 2250 克组方。各药为末，每次 30 克混饲。功能开胃进食、强壮增膘。主治马牛体瘦、草少。

梅花鹿增茸添加剂

（一）源流出处

出自《中草药饲料添加剂学》。

（二）组成及用法

党参、麦芽、黄芪、淫羊藿、麦饭石各等份。共为细末，用量为每天每头鹿饲料中添加 15 克。

（三）功能主治

益气健脾、补肾壮阳。用于提高鹿茸产量。据原沈阳军区军马防治研究所报道，使用本方每头鹿平均增茸 125.35 克。

鱼宝

（一）源流出处

出自《中国兽医秘方大全》。

（二）组成及用法

枳实 30～40 克、当归 30～40 克、丹参（或党参）30～40 克、辣蓼 40～50 克、艾叶 40～50 克、茵陈 40～50 克、苍术 40～50 克、石菖蒲 40～50 克、麦芽 200 克、谷芽 100 克、蒲公英 120 克、神曲 120 克、贯众 120 克、附子 30～40 克、石斛 30～40 克、地龙 50～100 克、乌蛇 50～100 克、蜈蚣（或全蝎）7～10 克、雄黄 5～10 克、朱砂 5～10 克、滑石 5～10 克、硼砂 5～10 克、炉甘石 50 克、蜂房灰 50 克、代赭石 40～50 克。按植物、动物、矿物归类，分别粉碎和存放，用时 3 类药材粉末放在一起混合均匀，在饲料中添加 0.4%，加工成软颗粒药饵喂鱼，日投 2～3 次。

（三）功能主治

促进生长、预防疾病。

（四）临证应用

用于鱼的生长阶段及开始表现发病征兆时。

（五）加减化裁

鱼类促长剂（见《水利渔业》1990 年第 6 期），由沸石、沙棘果渣各等份组方，沸石研成细粉，与沙棘果渣拌匀，在鱼饵中添加 10%。功能消食化滞、促进生长。用作鱼的促生长添加剂。

改善鱼肉风味饵

（一）源流出处

出自《天然物中草药饲料添加剂大全》。

（二）组成及用法

苦参 20 克、山栀子 100 克、大豆黄 100 克，加饲料 780 克制成药饵喂鱼。

（三）功能主治

改善肉质风味、促进生长、增强抗病力。

（四）临证应用

改善鱼肉风味剂。另据报道，5%山栀子、1%的桑皮饵均有改善黄尾笛鲷肉质风味的效果。

杜仲饵

（一）源流出处

出自《农业科技要闻》。

（二）组成及用法

杜仲 25 克为末，混于 1000 克饲料中，制成含杜仲 2.5%的饵料。

（三）功能主治

当鳗鱼饲养到 420 天时，投喂此种饵料 10 天，能改善鳗鱼肉质。据报道，用杜仲饵养大的鳗鱼，经加热后肌肉组织不再松散；烤成的鱼块，味道与天然生长的鳗鱼完全一样。

虾蟹脱壳促长散

（一）源流出处

出自《中华人民共和国兽药典》（2000 年版）。

（二）组成及用法

露水草 50 克、龙胆 150 克、泽泻 100 克、沸石 350 克、夏枯草 100 克、筋骨草 150 克、酵母 50 克、稀土 50 克。共为末，在虾蟹饲料中添加 0.1%。

（三）功能主治

促脱壳、促生长。主治虾、蟹脱壳迟缓。

（四）注意事项

方中露水草为鸭跖草科植物露水草（*Cyanotis arachnoides* *C. B. Clarke*）的全草。

当归液

（一）源流出处

出自《畜牧兽医科技信息》2000 年第 3 期。

（二）组成及用法

当归 50 克捣碎，用 2000～3000 毫升水浸泡 24 小时，去渣而得，用于浸泡基龟。

（三）功能主治

促进绿毛龟快速培毛。

（四）临证应用

基龟禁食 3 天，刷去泥土，放入当归液中浸泡 48 小时，清水洗净，拭干；再用纱布将甲壳摩擦粗糙，洗净，用基枝藻反复擦基龟甲壳，置阴凉处风干 8 小时；将擦过基龟的基枝藻用纱布包裹，在水中反复揉洗几次，再在此水中加入少量培育好的孢子水，将基龟放入水中，置半阴半阳处培毛，禁食，禁水。8～30 天即可萌生绿色，成功率 85%以上。

参考文献

[1]（明）喻本元．喻本亨撰．元亨疗马集（附：牛驼经）．北京：中华书局，1957.
[2]（元）卞管勾集注．痊骥通玄论．兰州：甘肃人民出版社，1959.
[3] 何静荣．中兽医方剂学．北京：北京农业大学出版社，1993.
[4] 张克家．中兽医方剂大全．北京：中国农业出版社，1994.
[5] 许剑琴，等．中兽医方剂精华．北京：中国农业出版社，2001.
[6] 中国兽药典委员会．中华人民共和国兽药典（2000 年版）．北京：化学工业出版社，2000.
[7] 王愈．蕃牧纂验方．南京：江苏人民出版社，1958.
[8]（清）沈莲舫．牛经备要医方．北京：农业出版社，1960.
[9]（宋）赵佶敕．圣济总录．海口：海南国际新闻出版中心，1995.
[10]（明）李时珍．白话全译本草纲目．西安：世界图书出版公司西安分公司，1998.
[11]（明）张时彻．摄生众妙方．北京：中医古籍出版社，1994.
[12]（清）吴谦，等．删补名医方论．北京：人民卫生出版社，1963.
[13]（汉）张仲景．伤寒论．北京：中国医药科技出版社，1991.
[14]（唐）王焘．外台秘要．北京：人民卫生出版社，1955.
[15]（宋）陈自明．校注妇人良方．上海：大东书局，1937.
[16]（清）吴谦．医宗金鉴．北京：人民卫生出版社，1965.
[17] 中华人民共和国卫生部药典委员会．中华人民共和国药典一部（2000 年版）．北京：人民卫生出版社，1990.
[18]（清）吴鞠通．温病条辨．北京：人民卫生出版社，1955.
[19]（唐）孙思邈．备急千金要方．济南：山东画报出版社，2004.
[20]（清）李南晖．活兽慈舟校注．四川省畜牧兽医研究所校注．成都：四川人民出版社，1980.
[21]（宋）钱乙原．小儿药证直诀．天津：天津科学技术出版社，2000.
[22]（唐）孙思邈．千金翼方．北京：人民卫生出版社，1955.
[23]（宋）陈承，等．太平惠民和剂局方．沈阳：辽宁科学技术出版社，1997.
[24]（明）张介宾．景岳全书．上海：上海科学技术出版社，1959.
[25] 中华人民共和国卫生部药典委员会．中华人民共和国药典一部（1990 年版）．北京：化学工业出版社，1990.
[26] 王冰注．内经．北京：科学技术文献出版社，1996.
[27]（清）张秉成．成方便读．上海：科技卫生出版社，1958.
[28] 张寿颐．小儿药证直诀笺正．北京：人民卫生出版社，1995.
[29]（明）王纶，（明）薛己注．明医杂著．济南：山东西报出版社，2004.
[30]（宋）骆龙吉．增补内经拾遗方论．上海：上海科学技术出版社，1958.
[31]（清）章楠，文杲，晋生．医门棒喝．北京：中医古籍出版社，1987.
[32]（唐）李石，等．司牧安骥集．北京：中华书局、1957.
[33]（清）张璐．张氏医通．北京：中国中医药出版社，1995.
[34]（清）俞根初．重订通俗伤寒论．杭州：浙江新医书局，1956.
[35]（明）吴有性．瘟疫论．上海：上海古籍出版社，1991.
[36]（明）喻本元，（明）喻本亨．牛经大全（绘图牛经大全）．上海：锦章书局，1954.

[37]（汉）张仲景．金匮要略．北京：中医古籍出版社，1997.
[38] 中国农业科学院中兽医研究所．中兽医治疗学．2 版．北京：农业出版社，1972.
[39]（明）陶节庵．伤寒六书．北京：人民卫生出版社，1990.
[40]（元）朱震亨．丹溪心法．沈阳：辽宁科学技术出版社，1997.
[41]（金）李杲原．内外伤辨惑论．天津：天津科学技术出版社，2003.
[42]（金）张从正．儒门事亲．沈阳：辽宁科学技术出版社，1997.
[43] 冉小峰．历代名医良方注释．北京：科学技术文献出版社，1983
[44]（清）喻嘉言．寓意草．上海：上海科学技术出版社，1959.
[45]（清）费伯雄．医方论．北京：中医古籍出版社，1987.
[46]（明）吴昆编．医方考．南京：江苏科学技术出版社，1985.
[47] 秦伯未．谦斋医学讲稿．上海：上海科学技术出版社，1964.
[48]（清）程国彭．医学心语．北京：科学技术文献出版社，1996.
[49]（清）汪昂．医方集解．北京：中国中医药出版社，1997.
[50] 牛医金鉴．邹介正评注．北京：农业出版社，1981.
[51] 裴耀卿．马牛病例汇集．北京：农业出版社，1959.
[52]（清）王清任．医林改错．上海：上海科学技术出版社，1966.
[53]（清）傅山．傅青主女科．上海：上海人民出版社，1978.
[54] 高国景，裴耀卿．中兽医诊疗经验·第二集．2 版．北京：农业出版社，1963.
[55]（宋）许叔微．普济本事方．上海：上海科学技术出版社，1959.
[56] 李峰编．中兽医方剂选解．济南：山东科学技术出版社，1980.
[57]（清）唐容川．血证论．上海：上海人民出版社，1977.
[58]（元）葛可久．十药神书．北京：人民卫生出版社，1956.
[59]（清）王维德．外科证治全生集．上海：上海科学技术出版社，1961.
[60]（清）柯琴．伤寒来苏集．上海：上海科学技术出版社，1959.
[61]（金）李杲．兰室秘藏．北京：中医古籍出版社，1986.
[62]（汉）华佗．华氏中藏经．北京：中华书局，1985.
[63]（金）李杲．脾胃论．北京：中华书局，1985.
[64]（宋）严用和．济生方．海口：海南国际新闻出版中心，1995.
[65] 全国中兽医经验选编编审组．全国中兽医经验选编．北京：科学出版社，1977.
[66] 张永祥．中药药理学新论．北京：人民卫生出版社，2004.
[67]（元）危亦林．世医得效方．北京：中国中医药出版社，1996.
[68]（明）王肯堂．证治准绳（线装）．上海：鸿宝斋书局．
[69]（明）虞抟．医学正传．海口：海南国际新闻出版中心，1995.
[70] 四川省农业科学研究所．中兽医猪病医疗经验．北京：农业出版社，1959.
[71] 赵德明，朱小平．养鸽技术及鸽病防治．北京：北京农业大学出版社，1990.
[72]（清）张宗法．三农纪校释．北京：农业出版社，1989.
[73] 石道全等．实用养鱼技术手册．南昌：江西科学技术出版社，1989.
[74] 长江水产研究所．常见鱼病防治手册．北京：农业出版社，1972.
[75] 北京市饲料工业协会天然物中草药饲料添加剂委员会．天然物中草药饲料添加剂大全．北京：学苑出版社，1996.
[76] 贵州省兽医实验室校订．猪经大全．北京：农业出版社，1960.
[77] 全国兽医中草药制剂经验选编编写组．全国兽医中草药制剂经验选编．北京：科学出版社，1977.
[78] 张世梧，刘承华．中兽医方药应用选编．上海：上海科学技术出版社，1989.

[79] 蒋宗泽．畜禽饲料添加剂．长沙：湖南科学技术出版社，1985.
[80] 徐立．中草药饲料添加剂学．北京：中国农业科技出版社，1994.
[81] 于船，张力群．中国兽医秘方大全．太原：山西科学技术出版社，1992.
[82] 张锡纯．医学衷中参西录．2 版．石家庄：河北人民出版社，1974.
[83]（宋）杨倓．杨氏家藏方．北京：人民卫生出版社，1988.
[84] 河北省定县中兽医学校．中兽医外科学．北京：农业出版社，1961.
[85]（清）俞根初．通俗伤寒论．杭州：浙江新医书局，1956.
[86]（明）陈实功．外科正宗．北京：人民卫生出版社，1983.
[87]（清）王士雄．温热经纬．北京：人民卫生出版社，1966.
[88] 国家药典委员会编．中华人民共和国药典（2015 年版）．北京：中国医药科技出版社，2015.